쉽게 배우는

제도

김재근 백인철 지음

도서출판 동화기술

머리말

제도는 각종 제품을 제작해서 사용하데 가장 중요한 기본과정으로 기계, 금속, 전기, 토목 등의 공업 분야를 공부하는 학생들이 필히 습득해야 할 지식입니다. 그래서 공업 분야의 다수에 국가 자격증 및 공무원 임용 필기시험에서 중요과목으로 출제되고 있습니다.

제도란 설계자가 어떤 제품을 설계하여 제작에 필요한 요구사항을 제작자 및 사용자 등에게 정확하게 전달하기 위하여 약속된 규칙에 따라서 선과 문자 그리고 기호 등을 사용하여 도면을 작성하는 과정을 의미합니다.

제품을 개발하려는 사람들은 자기의 생각을 다른 사람에게 정확히 전달하기 위하여 여러 가지 매체를 이용할 수 있지만, 음악에서 악보를 사용하는 것처럼 가장 편리하고 정확한 방법으로 평면 또는 입체적으로 표현하는 것이 제도입니다. 그래서 제도를 공학의 언어, 국제적인 통용어라고도 합니다.

산업현장에서 도면을 작성할 줄 모르거나 작성된 도면을 해석할 수 없다면 기술자로서의 역할을 할 수 없으므로 제도는 기술자가 숙지하여야 할 기본이라 할 수 있습니다. 도면은 과학기술의 발달과 함께 정보전달의 한 수단으로 그 중요성과 이용도가 지속적으로 확대되어 가고 있습니다.

본 교재는 제도에 대하여 독자가 이해하기 쉽도록 도면을 사례로 들어서 시각적으로 설명하였습니다. 또한 도면 작성과 해독을 쉽게 할 수 있도록 이론과 실무도면 위주로 연습문제를 정리하여, 연습문제 풀이과정에서 실무능력을 높일 수 있도록 구성하였습니다.

향후 공학관련 분야로 진로를 꿈꾸는 많은 수험생, 취업 준비생들에게 도움이 될 수 있도록 본 교재를 정리하였습니다. 다양한 분야에 활용되는 제도에 대하여 한 권의 책으로 정리하였기에 다소 미흡한 부분이 있을 수 있으나 앞으로 꾸준히 보완해 나갈 것을 약속드립니다.

끝으로 이 책이 완성되기까지 수고를 아끼지 않으신 출판사 사장님 이하 편집부 직원 선생님께도 감사의 뜻을 표합니다.

저 자 올림

차례

Part 2

투상도법

Part 3

도면의 치수 기입법

Part 6

기하 공차 및 도시법

Part 7

제도관련 연습문제

PART 1.

제도의 기본

01 도면의 개요

다양한 분야의 제품들은 설계자에 의해 작성된 설계도를 바탕으로 제도자가 제도규칙에 따라서 도시된 도면으로 제작자가 완성된다. 이때 제품의 도면은 제작자, 판매자, 사용자 등이 유용하게 활용된다.

본 절에서는 제품 제작 및 활용 등을 위한 도면의 활용, 제도의 기본요건, 제도규격 등에 대하여 학습한다.

1.1 도면의 활용

인간이 일상생활에서 사용하는 기계를 포함한 각종 생활제품 및 구조물 등의 각 부분품은 서로 조화롭고 정확히 조립되어 동작하여야 한다.

이들을 제작할 때 각 부분은 목적에 맞게 작동되도록 **구조, 모양, 크기** 등을 안전성과 경제성을 고려하여 결정하고, 재료와 가공법 등을 적합하게 선택하는 것을 **최적 설계(Optimum Design)**라고 한다. 이때 **도면은 제품을 설계한 설계자의 요구 내용을 제작자, 사용자 등에게 전달하기 위한 방법의 하나이다.**

도면을 정해진 규칙에 따라 작성하는 것을 제도(Drawing)라고 한다. 이때 도면을 취급하는 모든 사람은 제도를 위한 제도규칙(제도 통칙)을 필수적으로 숙지하여야 도면을 정확히 이해할 수 있다.

설계자가 어떤 제품을 설계하여 모든 정보를 일상 언어로 제품을 제작하는 제작자에게 전달하는 것은 매우 불편하고 많은 시간이 소요된다. 그러나 음악과 지형을 설명할 때 언어보다는 악보나 지도에서 기호나 형상에 의해 의미를 전달할 수 있는 것처럼 공업 분야는 제품 제작자 및 사용자 등에게 제도에 의해 완성된 도면을 사용한다. 그래서 **도면을 공학의 언어라고도 한다.**

도면에는 선, 기호, 문자 등으로 물체의 각 부분의 형상, 크기, 위치, 구조,

재질 및 제작방법 등이 명시된다. 또한 도면은 제품 제작과정부터 공정, 성능, 원가 계산에 이르기까지 설명되어야 한다.

따라서 제도의 일정한 규칙, 즉 제도법을 알고 있으면 누구나 도면에 도시된 형상, 구조 등을 이해할 수 있으며, 제작부터 사용하는데 까지 필요한 모든 정보를 알 수 있다.

제도법은 국내·외에서 통용되도록 한국 산업규격(KS, Korean Industrial Standards)과 국제 표준화기구(ISO, International Organization Standardization)에 정의되어 있으므로 외국인도 우리나라에서 제도된 도면으로 제품을 제작할 수 있으므로 도면을 **국제적인 통용어**라고 할 수 있다.

도면은 설계자의 의사를 전달하는 중요한 수단으로 사용되며, **제품제작에만 필요한 것 뿐 아니라 기계의 취급, 설치, 견적, 판매 및 공정관리 등 여러 가지 목적으로 활용된다.**

1.2 제도의 역사

제도는 고대 그리스 시대부터 시작되었다고 추정된다. 그 과정을 간단히 정리하면 다음과 같다.

1) B.C. 1000년경에 세워진 고대 그리스의 다양한 건물과 솔로몬의 석조 신전 등을 건축할 때 기초적인 도면이 사용되었을 것으로 추정된다.
2) 15세기 초부터 이탈리아의 건축가들 사이에 투상의 원리를 사용되었음이 알려져 있으며, 15세기 말에 정면도, 평면도가 그려졌을 것으로 추정된다.
3) 이탈리아의 예술가이며 기술자였던 레오나르도 다빈치(Leonardo da Vinci)는 각종 기계를 고안하였다. 이때 기계들의 도면은 그 이전보다 진보된 제도 화법으로 표현하였을 것으로 추정된다.
4) 18세기 말 프랑스의 수학자이며, 화법 기하학자인 가스파르 몽주(Gaspard Monge)는 제1각법으로 요새도를 도시하였다. 이것이 제도 원리의 기원으로 추정하며, 제1각법은 점차 유럽 여러 나라로 전파되었다.
5) 우리나라는 15세기 측우기와 각종 화포, 거북선 등을 제작할 때 상당히 진보된 제도법이 사용되었을 것으로 추정된다.
6) **우리나라에서 많이 적용되는 제3각법은** 미국에서 연구 개발되었으며, 19세기 말에 미국 국가규격으로 활용되고 있다.

1.3 도면의 기본요건

제도를 통해 완성된 도면은 제품 제작자, 판매자 및 사용자 모두 용이하게 활용하기 위해 아래와 같은 기본요건을 갖추어야 한다.

1) 물체의 도형과 함께 **크기, 모양, 자세, 위치 등**에 대한 정보와 상황에 따라 **표면 거칠기, 재료, 가공 방법 등에 관한 정보**가 있어야 한다.
2) 제품의 **모든 정보는 명확하고 이해하기 쉬운 방법으로 표현**되어 있어야 한다.
3) 해석에 있어 **모호성을 배제하고 표현상 명확한 뜻**을 가져야 한다.
4) 국제간 교류 관점에서 **표현의 국제성**을 가져야 한다.
5) 가능한 넓은 분야에 **정확성, 보편성**을 가져야 한다.
6) 도형의 크기와 대상물의 크기와의 사이는 올바른 비례관계를 유지하도록 도시한다. 다만, 잘못 볼 염려가 없다고 생각되는 도면은 투상도의 일부 또는 전부에 대하여 이 비례관계는 지키지 않아도 된다.
7) 사진촬영 등을 포함한 복사, 도면의 보존, 그리고 이용이 확실히 될 수 있도록 **내용과 양식이 구비**되어야 한다.

과거에 제도자는 도면을 손으로 도시하였으나, 현재는 컴퓨터를 활용하여 산업 전반에 사용되는 프로그램을 이용하고 있다.

기계 분야는 오토 케드(Auto CAD), 카티아(Catia), 프로이(pro－e) 등의 소프트웨어들이 많이 활용되고 있으며, 전기·전자분야에서 회로도 구성을 위해 도면 제작은 전자 케드(e－CAD) 프로그램 등이 활용되고 있다.

1.4 제도규격

제도자는 설계자의 의도를 제품을 제작하는 작업자가 정확히 이해할 수 있도록 정해진 규칙에 의해 도면을 작성하여야한다. **이를 위해 적용하는 규칙을 "제도규격"이라 한다.**

제도규격에 따라서 완성된 도면은 제품의 생산 능률을 향상시키며, 호환성을 확보할 수 있다. 또한 품질향상 및 원가절감에 기여할 수 있다.

세계 각국은 각 나라의 실정에 맞는 제도규격을 제정하고 있으며, 국제 표준화기구(ISO)는 1947년에 제도규격을 표준화시켜 국제적인 언어로 만들었으며 이를 수정 및 변경하며 활용하고 있다.

[표 1.1]은 대표적인 국가의 표준규격이다.

[표 1. 1] 각국의 표준규격

국가 및 기구	규 격 기 호	제정 연도
영국 산업규격	BS (British Standards)	1901
독일 산업규격	DIN (Deutsche Industrie Normen)	1917
스위스 산업규격	VSM (Verein Schweizerischer Maschinenindustrielle)	1918
미국 산업규격	ANSI(American National Standards Institute)	1918
일본 산업규격	JIS (Japanese Industrial Standards)	1952
국제 표준화기구	ISO (International Organization for Standardization)	1947
한국 산업규격	KS (Korean Industrial Standards)	1964

우리나라는 공업 표준화법이 1961년 제정되어 공포된 후 현재의 한국 산업규격(KS)이 제정되었다. 이중 1962년에 토목 및 건축제도의 통칙이 제정되었으나, 폐지된 후 각 공업 분야에서 사용하는 도면을 작성할 때 총괄적으로 사용되는 제도 통칙이 KS A 0005(1966년 12월 22일 상공부고시 제 2999호)로 제정되었다.

기계제도는 KS B 0001로 1967년에 제정되었다. KS는 산업 표준화법 제11조의 규정에 따라 **5년마다 한국산업 표준심의회에서 확인, 개정 또는 폐지되고 있다.** 그러나 제정은 그렇지 않다.

한국 산업규격인 KS는 [표 1.2]와 같이 총 17개 부문으로 구성되어 있다. KS의 "규격 명별 색인"은 국어사전의 가, 나, 다, 순으로 정리된 것처럼 규격 명칭만으로 쉽게 찾을 수 있도록 정리되어 있다.

KS 번호는 부문을 나타내는 알파벳 기호와 KS의 고유번호인 4자리의 수자로 구성되어 있다.

[표 1. 2] KS의 부문별 분류기호

분류 기호	부 문	분류 기호	부 문
KS A	기 본 부 문	KS L	요 업 부 문
KS B	기 계 부 문	KS M	화 학 부 문
KS C	전 기 부 문	KS P	의 료 부 문
KS D	금 속 부 문	KS Q	품 질 경 영 부 문
KS E	광 산 부 문	KS R	수 송 기 계
KS F	토 건 부 문	KS V	조 선 부 문
KS G	일 용 품 부 문	KS W	항 공 부 문
KS H	식 료 품 부 문	KS X	정 보 산 업
KS K	섬 유 부 문		

02 도면의 분류

도면은 제도자에 의해 다양한 종류로 제작된다. 이때 도면은 **도면의 성질, 사용 목적 및 용도**에 따라 주관적으로 분류된다.

본 절에서는 도면의 세부적인 분류와 내용에 대하여 학습한다.

2.1 성질에 따른 분류

도면은 그 성질에 따라 **스케치도, 원도, 트레이싱도, 청사진도, 복사도** 등으로 나눈다.

1) 스케치도 : 큰 형식에 구애받지 않고 자유롭게 도시한 도면.
2) 원도 : 제도지에 연필로 제도규칙에 따라 도시한 도면.
3) 트레이싱도 : 복사를 목적으로 원도 위에 투명하고 얇은 용지인 트레이싱지(Tracing Paper)를 겹쳐 놓고 잉크 펜으로 도시한 도면.
4) 복사도 : 복사도는 청사진도와 백사진도가 있는데, 청사진도는 청사진 기계에 트레이싱 도면과 감광지를 동시에 통과시키면 청색 바탕에 도형과 치수가 하얀색으로 복사되어 나타나는 도면이며, 백사진도는 현재 대중적으로 사용되는 복사된 도면.

2.2 내용에 따른 분류

도면은 투상도의 내용에 따라 **부품도, 조립도, 상세도, 기초도, 배치도, 배근도, 장치도** 등으로 [표 1.3]과 같이 분류한다.

제작도는 제품 생산현장에 제품 제작자에게 설계자의 의도가 간단, 명료하게 전달하기 위해 도시된 도면이다. 이때 **제품을 생산할 경우에 필요한 제작도는 부품도, 조립도 등이 있다.**

부품도는 제품의 부품에 상세한 내용을 도시한 상세도, 작업공정을 나타낸 공정도 등이 있으며, 조립도는 전체조립도와 부분조립도가 있다.

[표 1. 3] 도면의 내용에 따른 분류

분류	도면의 종류	설 명
내용	전체조립도	구조물의 전체조립을 나타낸 도면으로 물체의 전체구조를 파악할 수 있음
	부분조립도	전체 조립상태를 몇 개의 부분으로 나누어 각 부분마다 조립상태를 나타낸 도면
	부품도	제품의 부품을 개별적으로 상세하게 도시한 도면으로 제작과정에서 중요함
	상세도	필요한 일부분을 부분적으로 확대하여 상세하게 표시한 도면으로 확대도라고도 함
	접속도	전기·전자기기의 내부, 상호간 접속 상태 및 기능을 도시한 도면
	배선도	펌프, 밸브의 위치, 관의 굵기와 길이, 배관의 위치와 설치방법 등을 도시한 도면
	기초도	콘크리트의 기초 높이, 치수 등을 설치되는 기계나 구조물과의 관계를 기초적으로 도시한 도면
	설치도	보일러, 기계 등을 설치할 때 관계되는 사항을 도시한 도면
	배치도	건물의 위치나 기계 등의 설치 위치를 도시한 도면
	배근도	철근의 치수와 배치를 도시한 도면 (건축, 토목 부문)
	장치도	각 장치의 배치와 제조공정 등의 관계를 도시한 도면

2.2.1 부품도

부품도란 기계를 구성하는 각 부품을 자세하게 도시한 도면으로 [그림 1.1]이 부품도의 예이다.

[그림 1.1]은 지그판을 도시한 부품도로서 부품을 제작하는데 필요한 모든 사항 즉, 명칭, 형상, 구조, 크기, 공차, 다듬질 정도, 표제란 등이 기입되어 있다.

부품도는 제도용지 1장에 1개의 부품만을 제도한 것이 **1품 1장방식이며, 이는 관리상 매우 편리하여 현장에서 많이 사용되고 있다.** 그러나 1장의 제도용지에 나타낼 수 없는 큰 부품은 **여러 장으로 나누어 제도하는 것은 1품 다장방식**이라고 한다.

1장의 제도용지에 몇 개의 부품을 제도한 것은 다품 일장방식이라고 하지만 제품 제작현장에서 많이 사용되지 않는다.

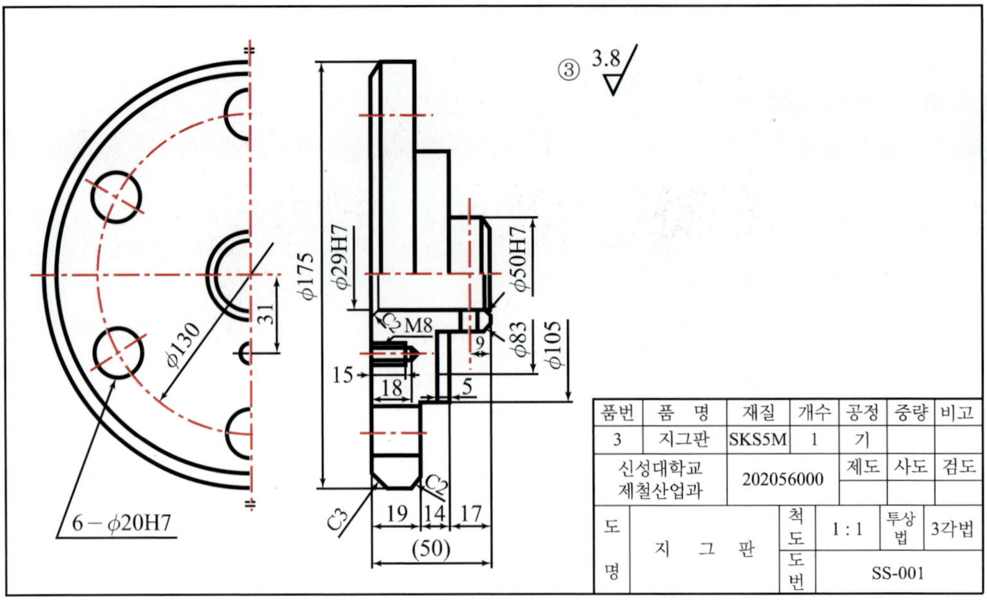

[그림 1. 1] 지그판 부품도

2.2.2 조립도

조립도는 제작물이나 구조물에 모든 기계요소의 조립 형태를 도시한 도면이다. 이때 조립에 필요한 조립 관계 등을 도면에 포함하며, 모든 부품은 부품표(부품란)에 기입한다. 조립도는 조립작업의 순서도 알 수 있다

조립도 중 제품 전체의 조립을 나타낸 도면을 전체 조립도라고 한다. **전체 조립도는 제품의 구조나 제품 각 부분의 단위와 부품의 관련성을 설명한다.** 또한 조립에 필요한 치수 외에는 다른 부가적인 치수를 기입되지 않는다. [그림 1.2]는 천공지그의 조립도이다.

복잡한 제품은 한 장의 제도용지에 조립도의 모든 사항을 빠짐없이 기입하지 못할 경우가 많다.

이와 같은 경우는 조립도를 **몇 개의 부분으로 나누어 그 부분마다 자세한 조립을 도면에 표시한다. 이것을 부분 조립도라고 한다.**

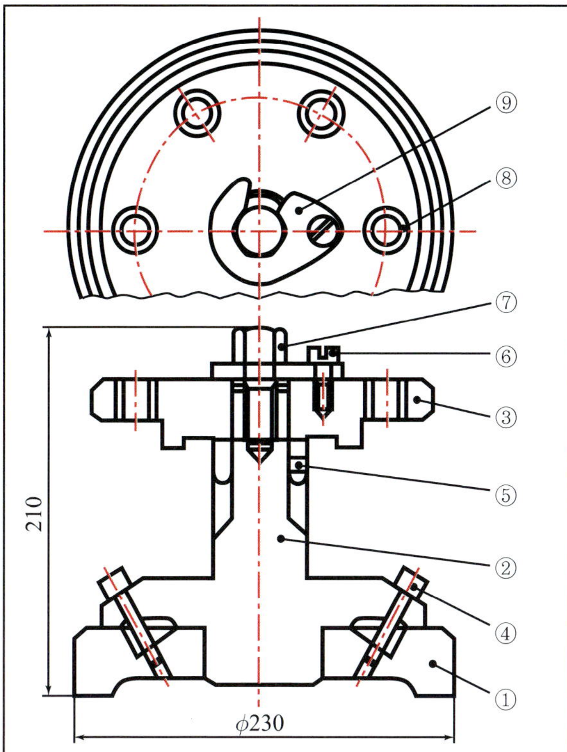

품번	품명	재질	개수	공정	중량	비고
9	키 와 셔	S25C	1			KS B 1341
8	부 시	BrC	6			KS B 1030
7	6각 볼 트	S30C	1	기		
6	볼 트	S30C	1	기		
5	노 크 핀	S50C	1	기		
4	위치 결정핀	S50C	1	기		
3	지 그 판	SB41	1	기		
2	심 봉	SB41	1	기		
1	기 준 판	SB41	1	기		

신성대학 제철산업과	202056000	제도	사도	검도
도명 천공 지그 조립도	척도	1 : 20	투상법	3각법
	도번	SS-002		

[그림 1. 2] 천공 지그 조립도

2.3 사용목적에 따른 분류

도면은 사용목적에 따라서 **공정도, 배치도, 계획도, 제작도, 견적도, 설명도, 승인도, 주문도 등**으로 [표 1.4]와 같이 주관적으로 분류한다.

[표 1. 4] 도면의 사용목적에 따른 분류

분류	도면의 종류	설 명
사용목적	공정도	제조 과정의 공정별 처리방법, 사용 기계, 사용 공구 등을 상세히 나타낸 도면
	스케치도	기계나 장치 등을 제도법의 형식과 관계없이 자유롭게 도시한 도면
	배치도	제품 생산 현장에 많은 기계를 설치할 때 각 기계의 위치를 도시한 도면
	계획도	설계자가 제품을 만들고자 하는 계획을 나타낸 도면으로 제작도의 기초가 됨
	제작도	제품을 제작할 때 사용되는 도면으로 설계자의 의도를 제작자에게 정확히 전달시키는 도면
	견적도	견적서에 첨부하여 주문자에게 제품 내용과 가격 등을 설명하기 위한 도면
	설명도	사용자에게 제품구조, 기능, 작동원리, 취급법 등을 설명하기 위한 도면
	승인도	제품 주문자 또는 기타 관계자의 승인을 얻기 위한 도면
	주문도	주문하는 제품의 모양, 정밀도, 기능 등을 주문 받는 사람에게 제시하기 위한 도면

03 도면의 크기와 형식

제도자는 규정된 크기의 제도용지에 도면을 도시한다. 이때 도면에는 **윤곽선, 표제란, 중심마크를 필수적으로 설치**되어야 하며, 표제란 내에는 척도, 투상법, 도면 명칭 등을 기입하여야 한다.

본 절에서는 도면의 크기와 일반적인 형식에 대해서 학습한다.

3.1 도면의 크기

제도용지는 [표 1.5]와 같이 종이의 재단치수(KS A 5201-77)의 A열 사이즈 중 A_0에서 A_4까지 크기가 주로 사용된다. A_4 이하는 메모지 등 다양한 용도로 활용되고 있다.

[표 1. 5] KS 규격에 의한 분야별 분류 (크기 단위 : mm)

열 / 번호	A 열 사이즈	B 열 사이즈
0	841 ×1189	1030 ×1456
1	594 × 841	728 ×1030
2	420 × 594	515 × 728
3	297 × 420	364 × 515
4	210 × 297	257 × 364
5	148 × 210	182 × 257
6	105 × 148	128 × 182
7	74 × 105	91 × 128
8	52 × 74	64 × 91
9	37 × 52	45 × 64
10	26 × 37	32 × 45
11	18 × 26	22 × 32
12	13 × 18	16 × 22

제도용지는 제도규격(KS B 0001)과 도면의 크기 및 양식(KS A 0106)에서 규정한 [표 1.6]의 A 열 사이즈를 사용한다.

특별한 크기의 제도용지가 요구될 때는 [표 1.6]의 연장 사이즈를 사용한다. 그리고 복사한 도면을 접을 때의 크기는 원칙적으로 A_4 규격으로 한다.

도면의 폭과 높이의 비는 $1 : \sqrt{2}$ 이다.

[표 1. 6] 도면크기에 따른 윤곽의 여백 치수 (크기단위 : mm)

A열 사이즈					연장 사이즈				
호칭 방법	치수 a×b	c (최소)	d (최소) 철하지 않을 때	d (최소) 철할 때	호칭 방법	치수 a×b	c (최소)	d (최소) 철하지 않을 때	d (최소) 철할 때
–	–	–	–	–	$A_0 \times 2$	1189×1682	20	20	25
A_0	841×1189	20	20	25	$A_1 \times 3$	841×1783			
A_1	594×841				$A_2 \times 3$ $A_2 \times 4$	594×1261 594×1682			
A_2	420×594	10	10		$A_3 \times 3$ $A_3 \times 4$	420×891 420×1189	10	10	
A_3	297×420				$A_4 \times 3$ $A_4 \times 4$ $A_4 \times 5$	297×630 297×841 297×1051			
A_4	210×297				–	–	–	–	–

※ a, b, c, d 는 [그림 1.3]에 표시하였음.

3.2 도면의 형식

도면에 필수적으로 설정되어야 하는 사항은 도면의 윤곽(윤곽선), 중심마크, 표제란이다. 또한 필수사항은 아니지만 도면 해석에 도움이 될 수 있는 비교눈금, 도면의 구역(구분 기호), 재단마크, 부품란, 도면의 변경란 등을 설정하는 것이 바람직하다.

3.2.1 윤곽과 윤곽선

제도자는 도면내용의 영역을 정의하고, 제도용지 내의 가장자리에 도시한 사항이 손실 여부를 파악할 수 있도록 도면에 윤곽을 설정하는데 이를 나타낸 선이 윤곽선이라 한다.

윤곽은 원칙적으로 [표 1.6]의 치수에 따라서 [그림 1.3]과 같이 **굵은 실**

선(0.5mm 이상)으로 윤곽선을 도시한다. 이때 제도용지의 크기에 따라서 c와 d의 여백을 설정한다.

d는 좌철(여러 장의 도면을 묶거나 제본)하였을 경우의 여백이며, A_3 이상인 도면은 긴 쪽을 가로방향으로 놓고 사용하며, A_4는 짧은 쪽을 가로방향으로 놓고 사용한다.

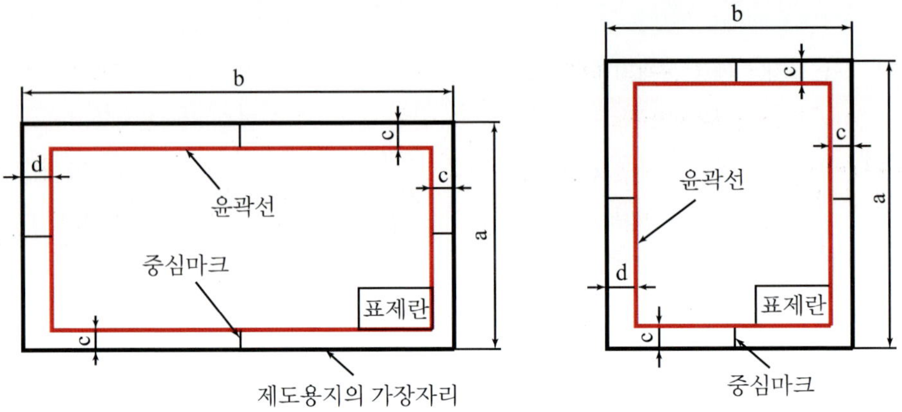

(a) A_0 ~ A_3용지는 긴 쪽을 가로방향으로 놓은 경우

(b) A_4용지는 짧은 쪽을 가로방향으로 놓은 경우

[그림 1. 3] 도면의 윤곽선, 중심마크 및 표제란

3.2.2 중심마크

제도자는 도면의 윤곽선 바깥 상, 하, 좌, 우면에 [그림 1.4]와 같이 KS A 0106에 따라 중심마크를 설치한다.

도면의 축소 또는 확대 사진 촬영할 경우에 편의를 위해서 중심마크를 도시하고, 필요에 따라서 비교눈금을 [그림 1.5]와 같이 설치한다.

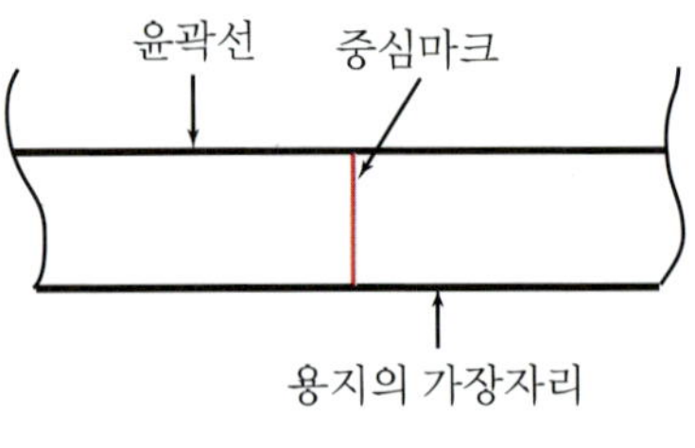

[그림 1.4] 중심마크

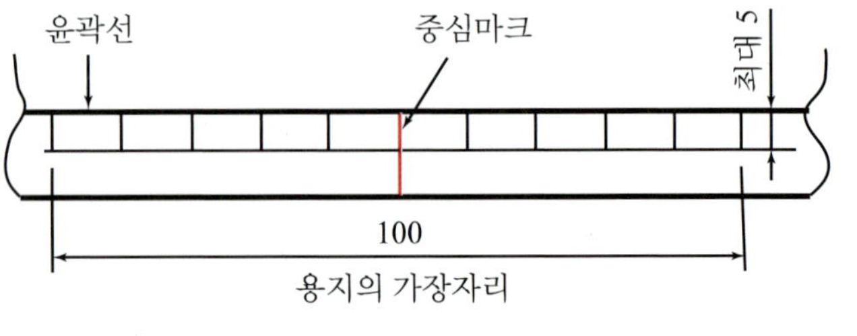

[그림 1.5] 비교눈금(단위 : mm)

최근 제도용지는 중심마크 및 비교눈금이 인쇄되어 있는 경우가 많다. 중심마크는 제도용지의 네 면에 설치된 윤곽선 중앙에 굵기 0.5mm 의

수직한 직선으로 허용치는 ±0.5mm이며, 비교눈금은 눈금의 간격이 10mm에서 100mm 이상의 길이에 최대 높이 5mm 이내로 설치한다.

3.2.3 표제란

표제란은 도면관리에 필요한 사항(주민등록 등본과 유사한 사항)을 기입한다.

[그림 1.3]과 같이 표제란은 도면 윤곽선 안 오른쪽 아래에 설치하며, 원칙적으로 **도면번호(도번), 도면명칭(도명), 기업(단체)명, 책임자 서명, 도면 작성 연월일, 척도 및 투상법 등**을 기입한다.

표제란 내의 문자는 도면의 정 위치에서 읽는 방향으로 기입하고, 폭의 크기는 제도용지 크기를 고려하여 170mm 이하로 작성한다.

3.2.4 부품란

부품란은 도면을 활용하는 대상의 필요에 따라 도면에 도시된 대상물 또는 구성하는 부품의 세부내용을 작성하는 란이다.

부품란의 위치는 도면의 오른쪽 위 또는 오른쪽 아래의 표제란 위에 설치하며, **부품 번호(품번), 부품 명칭(품명), 재질, 수량, 무게, 공정, 비고란**을 기입한다. 이때 부품란이 오른쪽 위쪽에 위치할 때 품번은 확장성을 높이기 위해 위에서 아래로, 오른쪽 아래에 위치할 때는 아래에서 위로 나열하여 작성한다.

3.2.5 도면의 구역

도면의 크기가 크면 세부위치를 파악하기 쉽게 하도록 구역을 설정한다. 이때 도면에서 특정 부분의 위치를 지시할 때는 [그림 1.6]과 같이 **윤곽선을 짝수로 등분하여 선을 긋고, 숫자 또는 문자를 기입**한다.

아라비아 숫자는 도면의 정 위치에서 좌측 모서리부터 가로방향으로 1, 2, 3…의 숫자를 기입하며, 세로 변에는 위에서 부터 A, B, C…의 알파벳의 대문자를 사용한다. 이때 상, 하 및 좌, 우의 상대 측면에는 같은 숫자와 알파벳을 기입한다. 도면의 구역표시는 지도에서 위도와 경도의 역할과 같다.

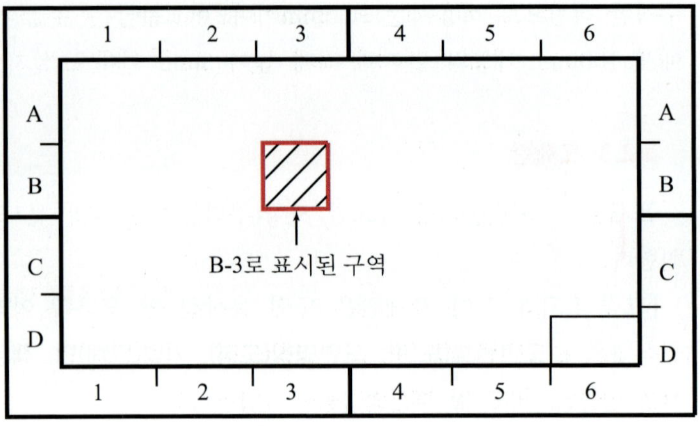

[그림 1.6] 도면구역의 표시

3.2.6 도면 접는 법

도면을 취급하는 사람은 도면은 접지 않는 것이 일반적이나, 불가피하게 **접을 경우 최종 접은 도면의 크기는 이동이 편리하도록 A_4 크기로 하고, 표제란이 앞면에 위치하도록 접어야 한다.**

도면을 접는 방법은 [그림 1.7]과 같다. 즉, 큰 도면(A_0, A_1 등)과 작은 도면(A_3)을 접었을 때에 최종 접은 크기는 같아야 한다. 또한 원도를 **말아서 보관할 경우는 안지름이 40mm 이상으로 하되, 손에 잡을 수 있는 크기로 한다.**

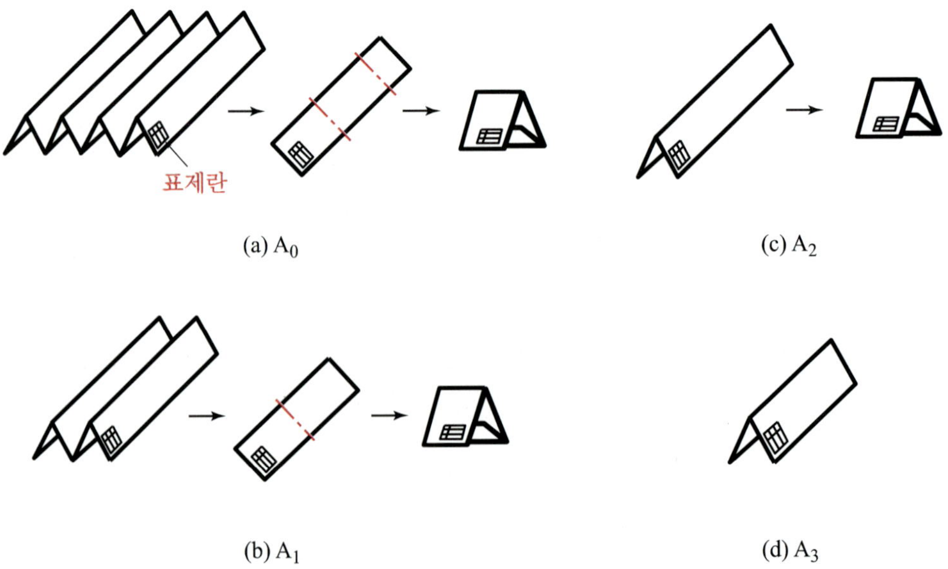

[그림 1.7] 도면을 접는 법

04 도면의 척도

제도자가 도면에 투상도를 도시할 때에 척도는 도면에서 형상과 대상물체의 실제 크기의 비율을 의미한다.

본 절에서는 현척, 축척, 배척 등에 대하여 학습한다.

4.1 척도의 종류 및 표시방법

척도의 종류는 **축척, 현척 그리고 배척**이 있다. 제도의 대상 실물과 도면의 도형의 크기가 동일하게 제도한 것은 현척이며, 가장 편리하므로 많이 사용되고 있다. 축척은 실물보다 축소해서 도시하며, 배척은 실물보다 확대해서 도시한 것이며, 척도 값은 [표 1.7]과 같다.

[표 1.7] 축척, 현척 및 배척의 값

종류	란	척도 값
축 척	1	1 : 2　1 : 5　1 : 10　1 : 20　1 : 50　1 : 100　1 : 200
	2	1 : $\sqrt{2}$　1 :2.5　1 : 2$\sqrt{2}$　1 : 3　1 : 4　1 : 5$\sqrt{2}$　1 : 25　1 : 250
현 척		1 : 1
배 척	1	2 : 1　5 : 1　10 : 1　20 : 1　50 : 1
	2	$\sqrt{2}$: 1　2.5$\sqrt{2}$: 1　100 : 1

[표 1.7]에서 1란의 척도를 우선으로 사용하며, A : B 또는 A/B와 같은 형식으로 표시한다. 여기서 **A는 도면에서 투상도의 크기, B는 대상물의 실제 크기를 나타낸다.**

이때 도면에서 투상도의 크기는 척도에 비례에서 도시한다. 그러나 축척 또는 배척의 도면에서도 도형의 치수는 대상물과 동일한 크기로 기입한다.

4.2 척도의 기입방법

도면에서 공통적으로 사용되는 **척도는 표제란에 기입된다.** 그러나 같은 도면에서 부분 확대도와 같은 특정 부분만 척도가 다른 경우에는 해당 그림 부근에 관련 척도를 표시한다.

만약 **도면의 투상도 크기가 실물의 크기와 비례하지 않을 때 즉, 척도를 무시하고 도면을 도시하였을 경우는 NS(Not to Scale) 또는 "비례가 아님" 과 같은 문자로 표기한다.**

한편 척도에 따라 투상도를 도시하고 치수를 기입하고 있으나, 투상도 일부에서 물체의 크기를 고려하지 않고 치수를 기입하였다면 그 치수에 밑줄을 친다.

05 도면제작 공정

5.1 도면제작 순서

제품 생산에 앞서 가장 먼저 완성하는 것이 설계도이다. 그러나 설계도는 보통 개략적인 것을 도시한 것이기 때문에 제품 제작자는 설계도만으로 제작하고자 하는 제품의 상세한 내용을 이해할 수 없다. 그래서 설계도는 제품 제작자가 충분히 이해할 수 있도록 도면으로 다시 도시하는데, 이렇게 완성된 도면을 제작도 또는 공작도라고 한다.

설계에서 제품 완성까지의 공정에 활용되는 도면들은 아래와 같다.

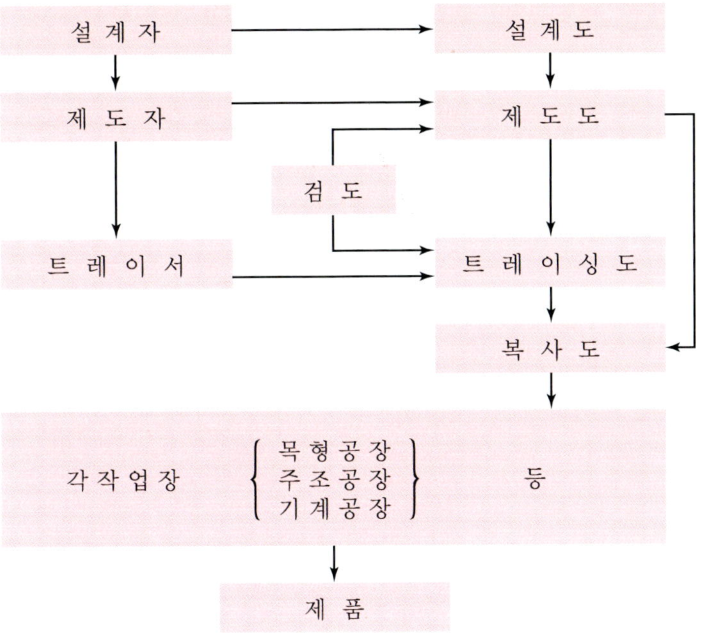

[그림 1.8] 설계에서 제품 생산까지의 공정도

5.2 제도의 순서

제도자는 설계도를 기초로 정 투상법으로 도면을 작성할 때는 다음과 같은 순서로 작성한다.

1) 도면의 **척도를 결정**한다.
2) **투상도의 수를 결정**한다.
3) **제도지의 크기를 결정**한다.
4) 윤곽선을 도시하고, 표제란과 부품표의 윤곽을 설정한다.
5) 도형을 도시한다.
   ① 주 투상도(정면도)를 선택하고, 각 투상도의 배치를 결정한다.
   ② 중심선과 기준선을 도시한다.
   ③ 주요한 외형선 부터 세부적으로 도시한다. 이때 선은 가볍게 긋고 각 투상도의 관련 있는 부분은 같은 위치에 도시한다. 각 투상도는 같은 정도로 진행하고, 동시에 끝나도록 도시하는 것이 바람직하다.
   ④ 큰 원에서 작은 원으로 규정된 굵기로 도시한다.
   ⑤ 직선부는 규정된 굵기로 도시한다. 이때 원호와 연결이나 모서리 부분은 특히 주의하여 도시한다.
   ⑥ 숨은선과 가상선을 도시한다.
   ⑦ 예비선 또는 지나치게 길게 도시한 불필요한 선은 지운다.
6) 치수보조선, 치수선, 지시선, 화살표를 도시한다.

7) 치수, 끼워 맞춤 기호, 치수 허용차, 면의 지시 기호, 부품 번호 등을 기입한다.
8) 해칭 또는 스머징(smudging)을 실시한다.
9) 표제란과 부품란에 세부내용을 기입한다.
10) 완성된 도면을 최종적으로 정확한지를 확인(검도)한다.

06 선과 문자

도면은 주로 선으로 제품의 구조를 포함한 형상 등을 표현한다. 이때 선은 규정(제도 규칙)에 따라 명확하게 도시해야 이해하기 쉽다.

치수, 가공법 등은 도형이나 기호로 표시하는 것보다도 글자(수치, 문자)를 사용하는 것이 간단명료하게 나타낼 수 있다.

따라서 도면은 글자와 도형을 병용하여 나타내면 도면을 이해하기 쉽다. 본 절에서는 도면에서의 선과 글자에 대하여 학습한다.

6.1 선의 종류

KS(A 0005)에 의하면 선은 **실선, 숨은선(은선), 1점 쇄선, 2점 쇄선** 4종류로 정하고 있다. 이때 **실선은 가는 실선, 굵은 실선, 아주 굵은 실선**으로 구분되며, 숨은선과 1점 쇄선은 가는 선과 굵은 선으로 구분된다.

[그림 1.9]와 같이 실선은 연속하여 선을 도시한 것 이며, 숨은선(은선)은 짧은 선을 좁은 간격으로 나란히 도시한 것이다.

1점 쇄선은 긴 선과 하나의 극히 짧은 선을 번갈아 나란히 도시한 것이며, 2점 쇄선은 긴 선과 2개의 짧은 선을 번갈아 나란히 도시한 선이다.

KS에서 **선의 굵기 기준은 0.18mm, 0.25mm, 0.35mm, 0.5mm, 0.7mm,**

1mm로 규정하고 있다.

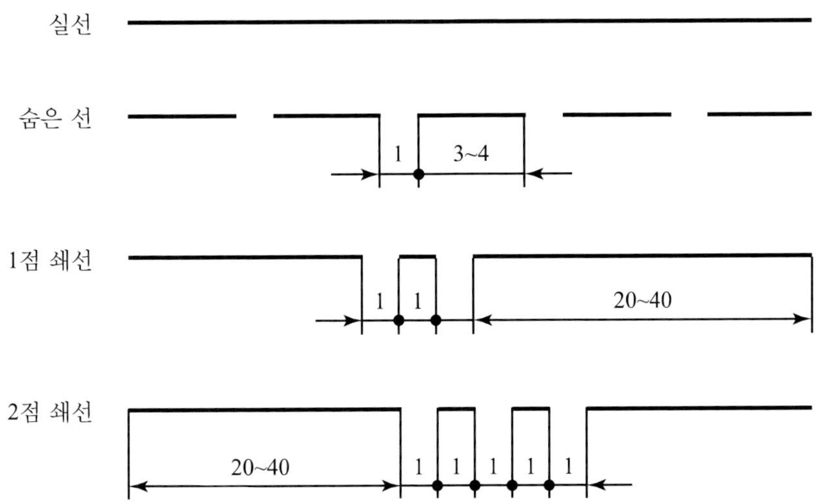

[그림 1.9] 선의 종류 (단위 : mm)

선은 용도에 따라 [표 1.8]과 같이 사용되며, [표 1.8]의 선의 종류에 의한 용도는 [그림 1.10]의 예시(KS 예시)와 같다.

가는 선과 굵은 선의 굵기 비율은 1 : 2로 한다. 따라서 외형선(굵은 실선)을 0.5mm의 굵기를 사용하면 치수선 등의 가는 선은 0.25mm 굵기로 한다.

도면을 샤프 또는 연필을 사용하여 도시할 때 선의 굵기는 사용하는 심의 굵기에서 정해지므로 실제로 가는 선과 굵은 선을 뚜렷이 구별할 수 있도록 한다. 이때 같은 도면 또는 관계있는 도면은 선의 굵기가 같아야 한다.

아주 굵은 선이 필요할 때는 굵은 선의 2배 굵기로 한다. 따라서 **가는 선, 굵은 선, 아주 굵은 선의 비는 1 : 2 : 4 이다.**

[표 1.8] 선의 종류에 따른 용도

용도에 의한 명칭	선의 종류	선의 용도	그림 1.10 번호
외형선	굵은 실선	눈에 보이는 물체 부분의 형상(물체의 모양)을 나타내는 표시선	1.1
치수선	가는 실선	치수 기입을 위한 표시선	2.1
치수 보조선		치수를 기입하기 위해 도형으로부터 끌어내는 표시선	2.2
지시선		치수, 기호 등을 표시하기 위해 끌어내는 선	2.3
회전 단면선		물체의 단면을 끊은 곳의 형상을 90°회전하여 도형(단면도)을 표시한 선	2.4
중심선		도형의 중심을 간략하게 표시한 선	2.5
수준면선		수면, 유면 등의 위치 표시선	2.6
숨은선	가는 파선, 굵은 파선	대상물이 보이지 않는 부분의 모양 표시선	3.1
중심선	가는 1점 쇄선	(1) 도형의 중심 표시선 (2) 중심이 이동한 중심궤적 표시선	4.1 4.2
기준선		특히 위치 결정의 근거가 된다는 것을 명시	4.3
피치선		되풀이 하는 도형의 피치를 취하는 기준을 표시한 선	4.4
기준선	굵은 1점 쇄신	기준선 중 강조하고 싶은 것을 표시선	5.1
특수 지정선		특수한 가공을 하는 부분 등 특별한 요구사항을 적용할 수 있는 범위 표시선	
가상선(1)	가는 2점 쇄선	(1) 인접 부분을 참고한 표시선 (2) 공구, 지그 등의 위치를 참고로 나타내는데 표시한 선 (3) 가동부분을 이동 중의 특정한 위치 또는 이동 한계의 위치 표시선 (4) 가공 전, 후의 모양 표시선 (5) 되풀이 하는 것을 나타내는 선 (6) 단면도에서 도시된 단면의 앞쪽에 있는 부분을 표시한 선	6.1 6.2 6.3 6.4 6.5 6.6
무게 중심선		단면의 무게중심의 위치를 표시한 선	6.7
파단선	파형의 가는 실선(2) 또는 지그재그선	대상물의 일부를 파단한 경계 또는 일부를 떼어낸 경계를 표시한 선	7.1

절단선	가는 1점 쇄선으로 끝부분 및 방향이 변하는 부분을 굵게 한 것(3)		단면도를 도시한 경우 그 절단 위치를 투상도에 표시한 선	8.1
해칭	가는 실선으로 규칙적으로 나란한 것		도형의 한정된 특정 부분을 다른 부분과 구별하는데 사용하는 것으로 단면도의 절단된 부분을 표시한 선	9.1
특수한 용도선	가는 실선		(1) 외형선 및 숨은선의 연장을 표시한 선 (2) 평면이란 것을 나타내는 선 (3) 위치를 명시한 선	10.1 10.2 10.3
	아주 굵은 실선		얇은 부분의 단면을 도시한 선	11.1

(주) (1) 가상선은 투상법 상태에서 도형에 나타나지 않지만 편의상 필요한 형상을 표시하는데 사용한다. 또한 기능상, 제작상의 이해를 돕기 위하여 도형을 보조적으로 표시하기 위해 사용한다.
(2) 파형의 가는 실선은 자유롭게 형상을 도시한다. 또한 지그재그선의 지그재그 부분도 자유롭게 도시해도 된다.
(3) 다른 용도와 혼돈할 염려가 없을 때는 끝 부분 및 방향이 변하는 부분을 굵게 할 필요는 없다.

[보기 1]

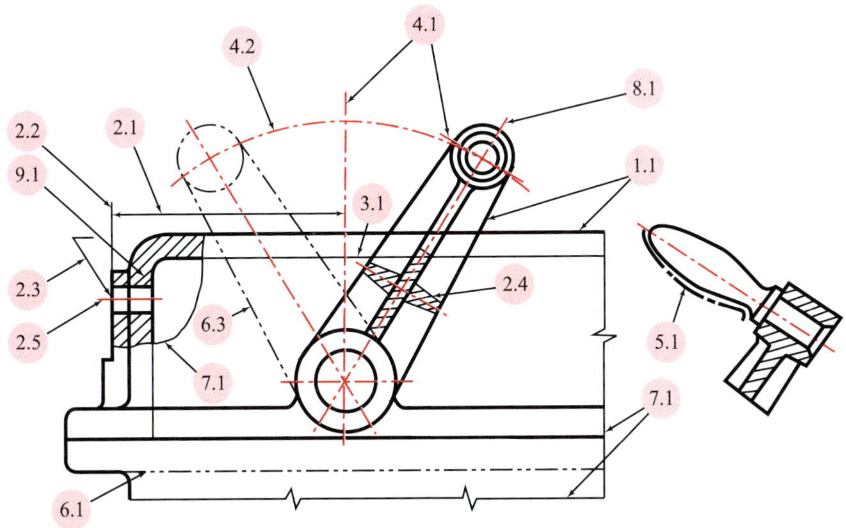

[보기 2]

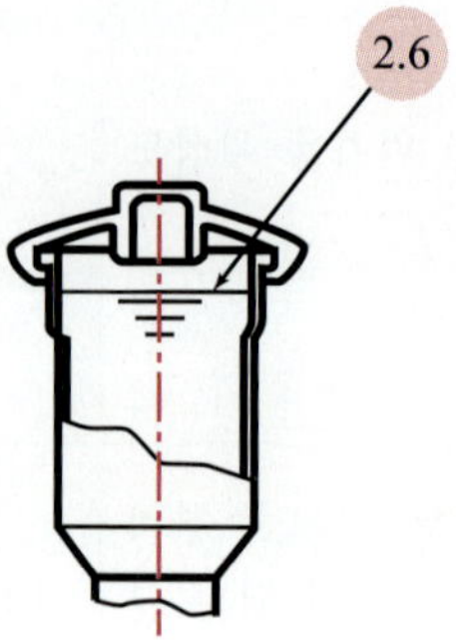

[보기 3]

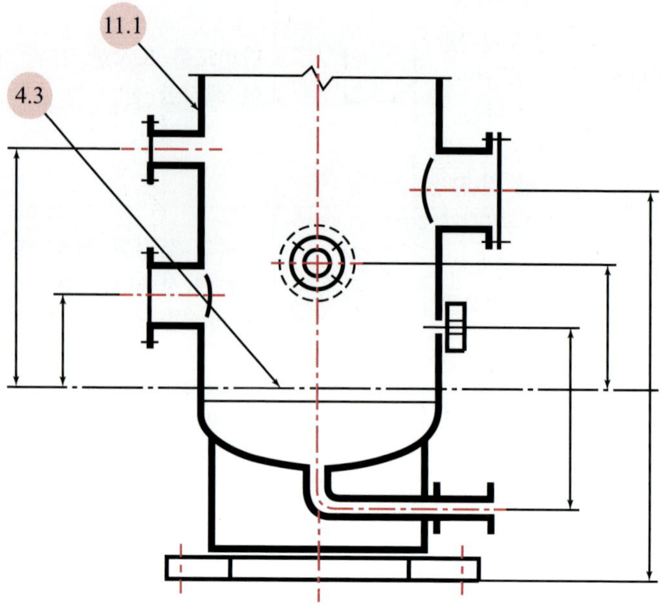

[보기 4]

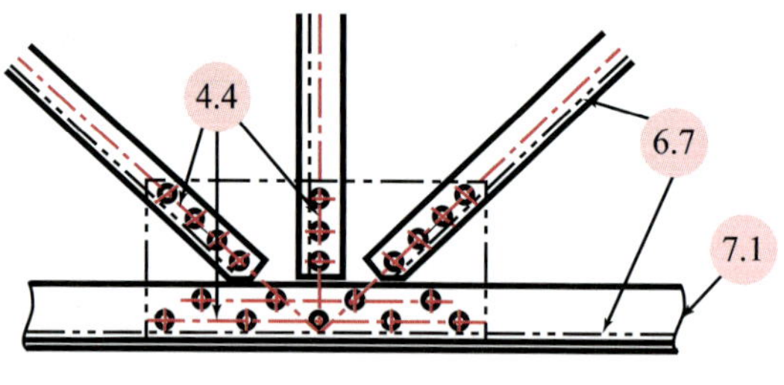

[보기 5]

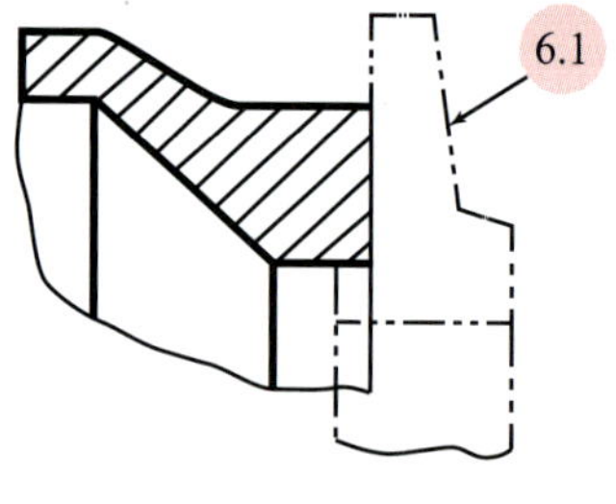

[보기 6]

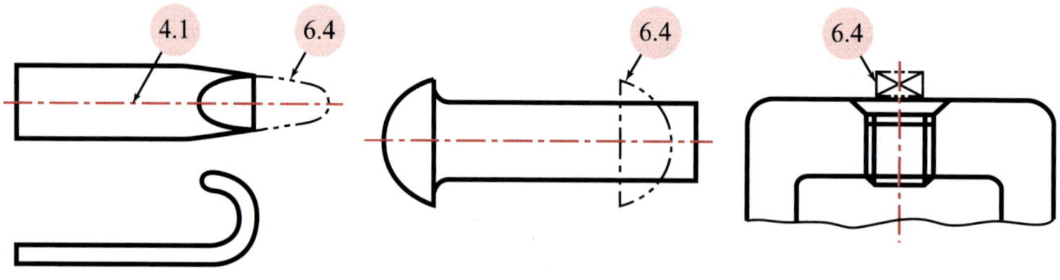

(a) (b) (c)

[보기 7]

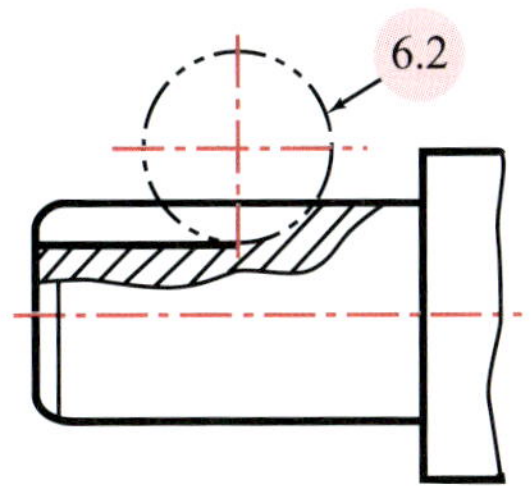

[보기 8]

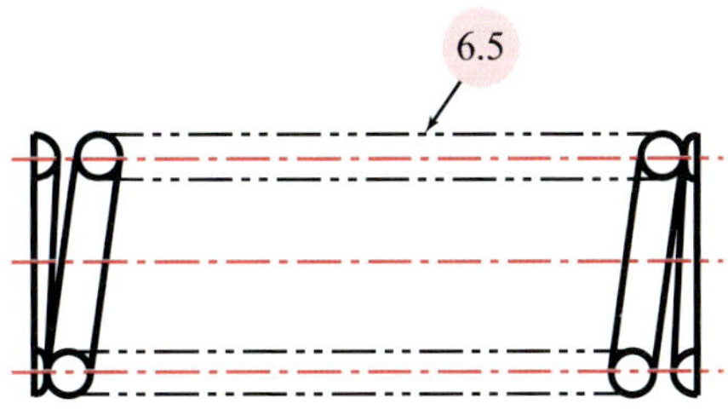

[보기 9]

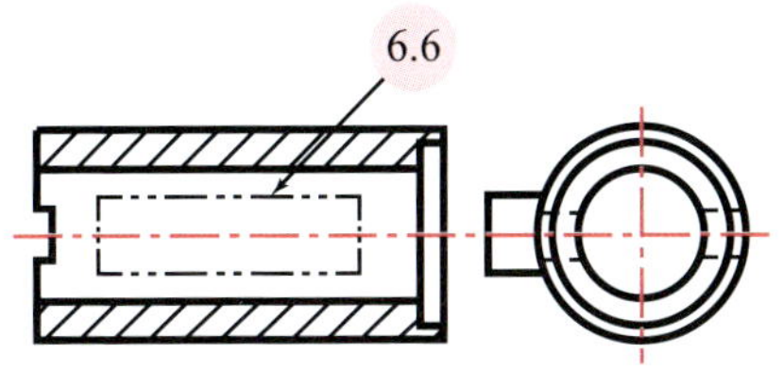

[보기 10]

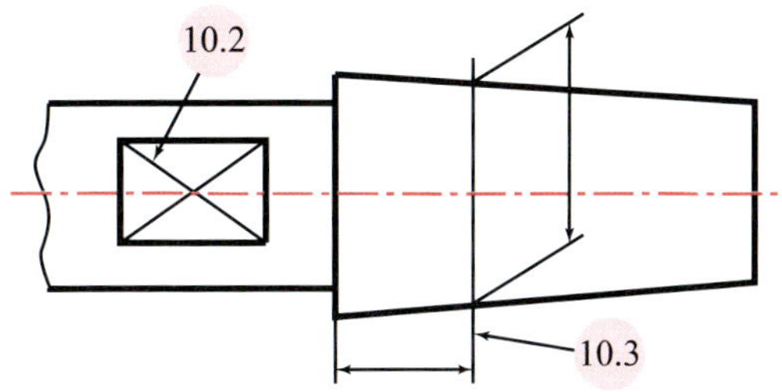

[보기 11]

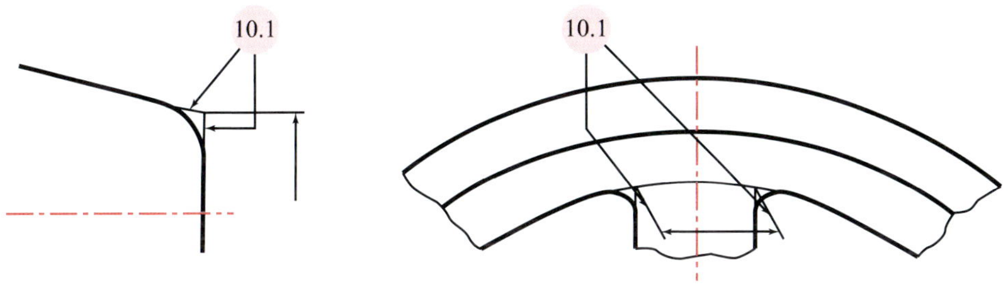

(a) (b)

[그림 1.10] 선 사용법의 그림 보기

서로 근접한 선이 평행할 경우 두 선의 간격(중심 거리)은 실제치수와 관계없이 **선에 굵기의 3배 이상으로 하거나, 간격을 0.7mm 이상으로 한다.**

밀집한 교차선의 경우 [그림 1.11]의 (a)와 같이 선 간격을 선에 굵기의 4배 이상으로 한다.

[그림 1.11]의 (b)와 같이 다수의 선이 1점에 집중할 경우는 선에 간격이 선 굵기의 약 3배가 되는 위치에서 선을 정지하고 서로 만나는 점 주위를 비우면 명료하게 된다.

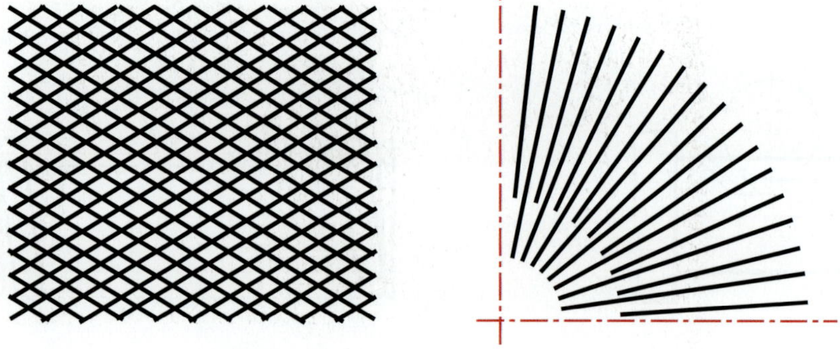

(a) (b)

[그림 1.11] 선 간격

도면에서 2종류 이상의 선이 같은 장소에 겹치는 경우에는 [그림 1.12]와 같이 우선순위에 따라 도시한다. 우선순위는 다음과 같다.

① 외형선
② 숨은선
③ 절단선
④ 중심선
⑤ 무게 중심선
⑥ 치수 보조선

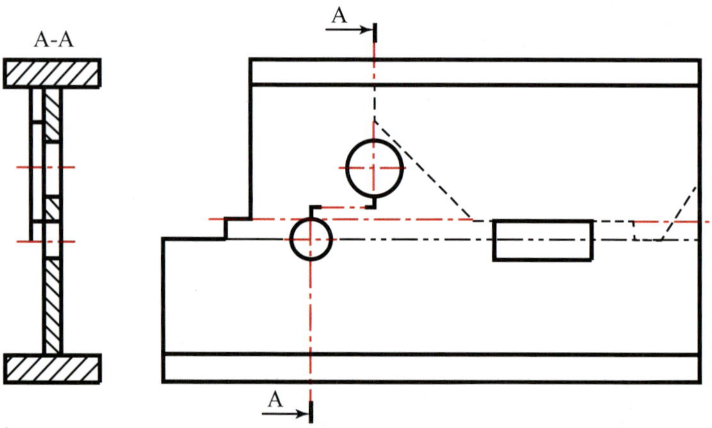

[그림 1.12] 겹치는 선의 우선순위

6.2 글자와 문자

도면에 사용되는 글자와 문자를 쓰는 방법은 다음과 같다.

1) 글자는 명백히 쓰고, 글자체는 고딕체로 하여 수직 또는 15° 경사로 쓰는 것을 원칙으로 한다.
2) 한글의 크기는 KS에[(1)] 2.24mm[(2)], 3.15mm, 4.5mm, 6.3mm 및 9mm

의 5종류가 있다. 특별한 경우는 다른 치수를 사용하여도 된다.

3) 아라비아 숫자의 크기는 2.24mm, 3.15mm, 4.5mm, 6.3mm 및 9mm의 5종류이나, 특별한 경우는 이에 따르지 않아도 된다.

4) 영문은 주로 로마자의 대문자를 사용한다.

5) 문장은 왼쪽에서 오른쪽으로 가로 쓰기를 원칙으로 한다. 또한 서체는 원칙적으로 [그림 1.14]와 같이 J형 서체, [그림 1.15]와 같이 B형 서체를 사용한다. 그러나 J형과 B형 서체를 혼용은 불가하다.

크기 9mm	가	나	다	라
크기 6.3mm	가	나	다	라
크기 4.5mm	가	나	다	라
크기 3.15mm	가	나	다	라
크기 2.24mm	가	나	다	라

[그림 1.13] 한글의 서체

(1) KS A 0107의 5.1(문자 크기의 표시 방법)에 따른다.

(2) 어떤 종류의 복사 방식에서는 이 크기는 적합하지 않다. 특히, 연필로 그릴 경우는 주의가 요구된다.

크기 9mm ***1234567890***

크기 4.5mm ***1234567890***

크기 6.3mm ***ABCDEFGHIJ***
KLMNOPQR
STUVWXYZ
abcdefghijklm
nopqrstuvwxyz

[그림 1.14] J형 서체의 아라비아 숫자 및 영자의 서체

크기 9mm *1234567890*

크기 4.5mm *1234567890*

크기 6.3mm *ABCDEFGHIJ*
KLMNOPQR
STUVWXYZ
abcdefghijklm
nopqrstuvwxyz

[그림 1.15] B형 서체의 아라비아 숫자 및 영자의 서체

연 습 문 제

01 **제도에 관한 설명 중 틀린 것은?**

① 도면은 가급적 산업분야의 국제적 언어로 작성한다.
② 도면에 치수는 이해가 쉽고 정확하게 기입한다.
③ 해석에 있어 모호성을 배제하여야 하며, 이해하기 쉬운 방법으로 표현하여야 한다.
④ 도면은 물건을 만드는 제작자와 설계자에게만 활용된다.

02 **KS에서 제도 규칙의 개정 또는 폐지할 수 있는 기간은?**

① 2년 ② 3년 ③ 5년 ④ 7년

03 **KS의 부분별 기호가 잘못 연결된 것은?**

① A-일반부분 ② C-전기부분
③ D-광산부분 ④ Q-품질 경영 부분

04 **국가별 산업규격 중 잘못 연결된 것은?**

① JIS-일본 ② BS-프랑스
③ ANSI-미국 ④ DIN-독일

05 **제도의 기본요건을 설명한 것 중 틀린 것은?**

① 대상물의 크기, 모양, 자세, 위치, 표면 거칠기, 재료, 가공 방법 등에 대한 정보가 표현되어야 한다.
② 해석에 있어 모호성을 배제하여야 하며, 이해하기 쉬운 방법으로 표현하여야 한다.
③ 국제성을 자져야 하며, 정확성 및 보편성을 가져야 한다.
④ 과거와 달리 현재는 도면의 보존 및 이용에 따른 내용과 양식은 무시하여도 된다.

06 **제작하고자 하는 제품의 부품을 개별적으로 상세하게 도시한 도면은?**

① 상세도 ② 부분조립도 ③ 계획도 ④ 부품도

07 **제품의 조립을 나타낸 도면으로서 구조나 부품끼리 관련 있게 도시한 것은?**

① 조립도 ② 배선도 ③ 부품도 ④ 구조도

08 **도면에 필수적으로 설정해야 하는 사항이 아닌 것은?**

① 표제란 ② 부품란 ③ 윤곽선 ④ 중심마크

09 **표제란에 기입하지 않는 항목은?**

① 척도 ② 투상법 ③ 제도자 ④ 품명

10 **표제란에 대한 설명 중 틀린 것은?**

① 도면 윤곽선 안 오른쪽 아래 위치한다.
② 도면 관리에 필요한 품명, 품번, 제도자, 척도, 투상법 등을 기입한다.
③ 표제란 폭을 170mm 이하로 설치한다.
④ 문자는 도면의 정위치에서 읽는 방향으로 기입한다.

11 **선의 굵기에서 가는 선, 굵은 선, 아주 굵은 선의 비율은?**

① 1 : 1 : 2 ② 1 : 1.5 : 3 ③ 1 : 2 : 3 ④ 1 : 2 : 4

12 **선이 겹칠 경우 우선순위가 맞는 것은?**

① 외형선 → 숨은선 → 절단선 → 치수선
② 외형선 → 숨은선 → 치수선 → 절단선
③ 외형선 → 절단선 → 치수선 → 숨은선
④ 외형선 → 절단선 → 숨은선 → 치수선

13 **가는 1점 쇄선으로 표시하며, 끝 부분 및 방향이 변하는 부분에 굵은 실선으로 사용하는 것은?**

① 절단선 ② 특수 지정선 ③ 가상선 ④ 파단선

14 **파형 또는 지그재그 형상의 가는 실선의 명칭은?**

① 특수지정선 ② 파단선 ③ 해칭선 ④ 수준면선

15 **물체 단면의 형상을 표시하기 위해 물체를 절단하고 절단면에 겹쳐서 단면을 90° 회전시켜 도시할 때 사용하는 선은?**

① 굵은 실선 ② 가상선 ③ 절단선 ④ 가는 실선

16 **가상선(2점 쇄선)의 용도가 아닌 것은?**

① 인접 부분을 참고로 표시하는데 사용한다.
② 가공 전, 후의 모양을 표시하는데 사용한다.
③ 특수한 가공, 열처리 등 특별 요구사항을 적용할 수 있는 범위를 표시하는데 사용한다.
④ 도시된 단면의 앞쪽에 있는 부분을 표시하는데 사용한다.

17 **특수한 용도의 선으로 가는 실선이 사용되는 경우는?**

① 특수한 가공 등을 요구하는 부분의 영역을 표시할 때
② 물체의 중심이 이동한 중심 궤적의 표시
③ 물체의 치수 기입의 기준이 되는 선
④ 가공 전, 후의 모양을 표시할 경우

18 **특수한 가공, 열처리 등 특별 요구사항을 적용할 수 있는 범위를 표시하는데 사용하는 선의 종류는 어느 것인가?**

① 굵은 실선 ② 굵은 1점 쇄선
③ 가는 2점 쇄선 ④ 가는 1점 쇄선

19 **도면에서 물체의 중심이 이동한 궤적을 표시하는 선은?**

① 가는 실선 ② 가는 파선
③ 가는 1점 쇄선 ④ 가는 2점 쇄선

20 **가동부분을 이동 중의 특정한 위치 또는 이동 한계의 위치 표시선 어떠한 선으로 표시하는가?**

① 외형선 ② 절단선 ③ 파단선 ④ 가상선

21 **치수, 기호 등을 별도로 기입하기 위해 도형 등에서 빼내는 선은?**

① 치수보조선 ② 치수선 ③ 파단선 ④ 지시선

22 **굵은 실선은 어느 때 사용하는가?**

① 도형의 중심선
② 도형의 외형선
③ 도형의 절단 부위
④ 기어의 피치원선

23 **숨은선(은선)을 사용하는 곳은?**

① 도형의 외형
② 단면도의 단면
③ 도형의 보이지 않는 부분
④ 치수 기입 및 조립 기준

24 **굵은 1점 쇄선을 사용하는 곳은?**

① 도형의 외형선
② 보이지 않는 부분의 외형
③ 치수 기입 및 조립 기준
④ 특수 가공을 나타낼 때

25 **가는 실선은 어느 때 사용하는가?**

① 도형의 일부 파단부분
② 특수 가공을 나타낼 때
③ 도형의 외형선
④ 보이지 않는 부분의 외형

26 **지그재그선, 파형모양의 가는 실선은 어느 때 사용하는가?**

① 수준면을 표시
② 부품 제작시 접는 부분을 표시
③ 도형의 해칭 표시
④ 물체 일부 단면을 파단부분을 표시

[문제 27~31 관련 그림]

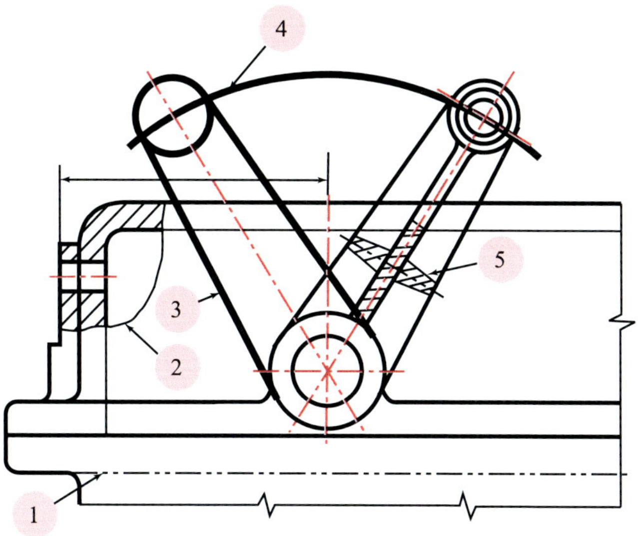

27 **상기 그림에서 선 ①의 명칭은?**

① 무게 중심선 ② 기준선 ③ 절단선 ④ 파단선

28 **상기 그림에서 ②의 표시한 선의 명칭은?**

① 무게 중심선 ② 기준선 ③ 절단선 ④ 파단선

29 **상기 그림에서 ③로 표시한 선은?**

① 숨은선 ② 2점 쇄선 ③ 가는 실선 ④ 가는 1점 쇄선

30 **상기 그림에서 ④로 표시한 선은?**

① 숨은선 ② 2점 쇄선 ③ 가는 실선 ④ 가는 1점 쇄선

31 **상기 그림에서 ⑤로 표시한 선은?**

① 숨은선 ② 2점 쇄선 ③ 가는 실선 ④ 가는 1점 쇄선

[문제 32~33 관련 그림]

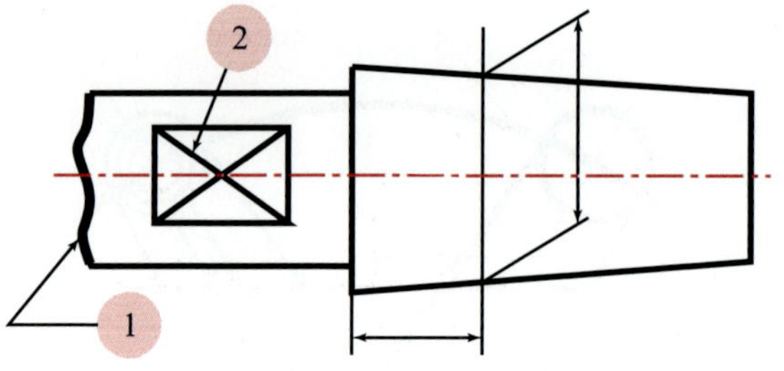

32 상기 그림에서 ①로 표시한 선은?

① 숨은선　② 2점 쇄선　③ 가는 실선　④ 가는 1점 쇄선

33 상기 그림에서 ②로 표시한 선은?

① 숨은선　② 2점 쇄선　③ 가는 실선　④ 가는 1점 쇄선

34 그림에서 Ⓐ로 표시한 선은 액체의 위치를 나타낸 선이다. 어느 선으로 도시하여야 하는가?

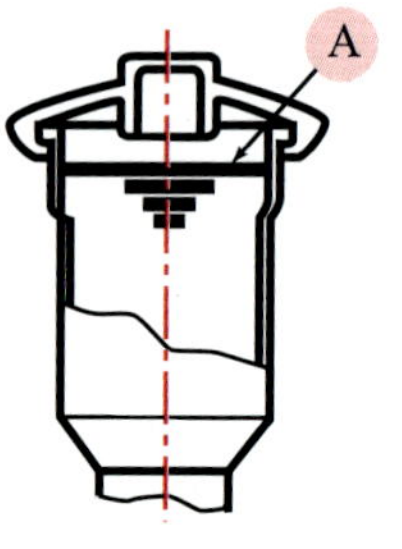

① 숨은선
② 가는 실선
③ 굵은 실선
④ 가는 1점 쇄선

35 그림에서 Ⓐ로 표시한 선은 가공 전에 형상으로 접합한 선은?

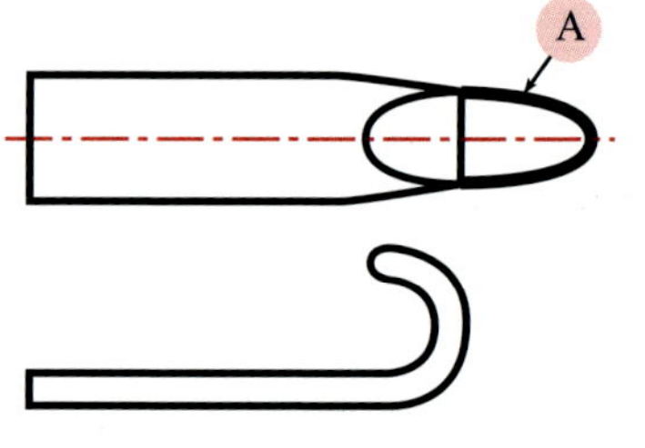

① 가는 실선
② 숨은선
③ 가는 2점 쇄선
④ 굵은 1점 쇄선

36 그림에서 Ⓐ로 표시한 선은?

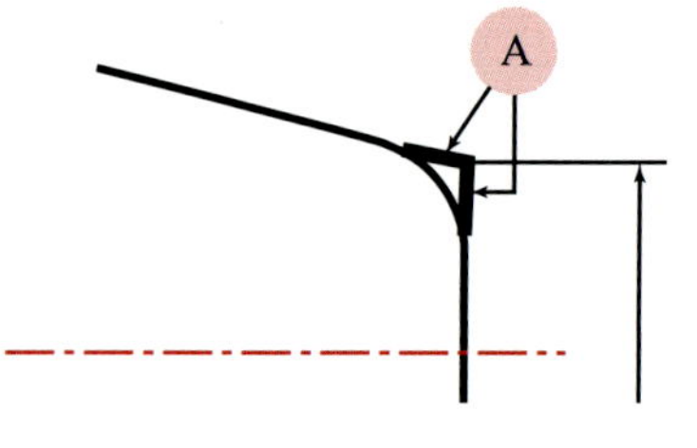

① 숨은선
② 가는 실선
③ 가는 1점 쇄선
④ 굵은 실선

37 제도용지 중 A4의 크기는?

① 420×594 ② 841×1189
③ 297×420 ④ 210×297

38 일반적으로 윤곽선의 굵기는(선의 굵기 단위 : mm)?

① 0.25 ② 0.35 ③ 0.4 ④ 0.5

39 KS에 규정된 제도용지의 폭과 길이의 비는?

① $1 : \sqrt{2}$ ② $1 : \sqrt{3}$ ③ $1 : \sqrt{4}$ ④ $1 : \sqrt{5}$

40 도면에서 표제란 바로 위쪽에 부품란을 붙여서 설치했을 경우 부품 번호를 바르게 기입하는 방법은?

① 위에서 아래로 쓴다. ② 좌에서 우로 쓴다.
③ 편리한대로 쓴다. ④ 아래에서 위로 쓴다.

41 다음 중에서 부품란에 기입하지 않는 것은 어느 것인가?

① 투상법 ② 품 번 ③ 수 량 ④ 재 질

42 도면에서 크기를 A, 물체의 실제크기를 B라고 할 경우 도면에 기입하는 척도의 올바른 표시 방법은 어느 것인가?

① A / B ② A → B ③ B → A ④ B / A

43 도면의 척도에 대한 설명(KS 기준) 중 올바른 것은?

① 1장의 도면 안에서 서로 다른 척도를 사용할 수 있다.
② 도면의 척도는 현척, 축척, 배척으로 만 사용한다.
③ 척도는 도면의 표제란에만 기입할 수 있다.
④ 부품란에 척도를 필수적으로 기입하여야 한다.

44 도면에서 도형의 형태가 치수에 비례하지 않을 때 표시는?

① NS ② CS ③ KS ④ FS

45 실물이 200mm인 것을 척도가 1 : 2일 때 설명 중 맞는 것은?

① 도면에 도형의 길이는 100mm, 치수 기입은 200mm
② 도면에 도형의 길이는 200mm, 치수 기입은 200mm
③ 도면에 도형의 길이는 200mm, 치수 기입은 100mm
④ 도면에 도형의 길이는 100mm, 치수 기입은 100mm

46 KS B에 의한 축척은 어느 것인가?

① 1 : 5　② 1 : 15　③ 1 : 30　④ 1 : 60

47 KS의 B에 의한 배척은 어느 것인가?

① 2 : 1　② 3 : 1　③ 15 : 1　④ 30 : 1

48 척도가 1 : 2일 때 도면에서 도형의 크기가 100mm이면, 물체의 실제 크기는?

① 100mm　② 150mm　③ 200mm　④ 250mm

49 공작물을 1 : 2의 척도로 도시하려 하는데, 실제 길이는 50mm이다. 도면에 기입할 치수는?

① 25mm　② 50mm　③ 75mm　④ 100mm

50 필요한 치수를 자의 눈금에서 따서 제도용지에 옮기거나 선, 원주 등을 일정한 길이로 도형을 작도하는데 사용하는 제도 용구는?

① 디바이더　② 삼각자　③ T자　④ 컴퍼스

51 다음 중 디바이더의 용도로 가장 적합하지 않은 것은?

① 치수를 옮김　② 원호를 도시　③ 선의 등분　④ 원둘레의 등분

52 불규칙한 곡선을 그을 때 사용하는 것은?

① 디바이더　② 자유곡선자　③ 스케일　④ 대 컴퍼스

53 **도면 작성 순서가 적합한 것은?**

① 척도 결정 → 투상도 수 결정 → 용지크기 결정
② 투상도 수 결정 → 용지크기 결정 → 척도 결정
③ 척도 결정 → 용지크기 결정 → 투상도 수 결정
④ 투상도 수 결정 → 척도 결정 → 용지크기 결정

제1장 연습문제 정답

문제 1 : ④	문제 2 : ③	문제 3 : ③	문제 4 : ②	문제 5 : ④
문제 6 : ④	문제 7 : ①	문제 8 : ②	문제 9 : ④	문제 10 : ②
문제 11 : ④	문제 12 : ①	문제 13 : ①	문제 14 : ②	문제 15 : ④
문제 16 : ③	문제 17 : ③	문제 18 : ②	문제 19 : ③	문제 20 : ④
문제 21 : ④	문제 22 : ②	문제 23 : ③	문제 24 : ④	문제 25 : ①
문제 26 : ④	문제 27 : ①	문제 28 : ④	문제 29 : ②	문제 30 : ④
문제 31 : ③	문제 32 : ③	문제 33 : ③	문제 34 : ②	문제 35 : ③
문제 36 : ②	문제 37 : ④	문제 38 : ④	문제 39 : ①	문제 40 : ④
문제 41 : ①	문제 42 : ①	문제 43 : ①	문제 44 : ①	문제 45 : ①
문제 46 : ①	문제 47 : ①	문제 48 : ③	문제 49 : ②	문제 50 : ①
문제 51 : ②	문제 52 : ②	문제 53 : ①		

PART 2.

투상도법

01 투상법

제도자는 어떤 물체를 도면에 나타낼 때 물체의 형태를 쉽게 이해하도록 도시하여야 한다. 그러나 지구상에 존재하는 모든 물체는 3차원 형상이나, 제도는 2차원인 제도용지 평면에 물체를 투상법으로 도시해야 한다.

투상법이란 눈으로 물체를 보고 물체의 형태 즉, 형상, 크기, 위치 등을 정해진 법칙에 따라서 평면 위에 도시하는 방법으로 KS의 A 3007에 [표 2.1]과 같이 평행투상과 투시투상으로 대분류한다.

평행투상은 직각투상과 사투상으로 분류되며, 사투상은 물체를 3차원 형상으로 도시하는 방법이다. 직각투상은 정투상과 축측투상으로 분류된다. 본 절에서는 투상도를 도시하는 투상법에 대해서 학습한다.

[표 2.1] 투상법의 분류

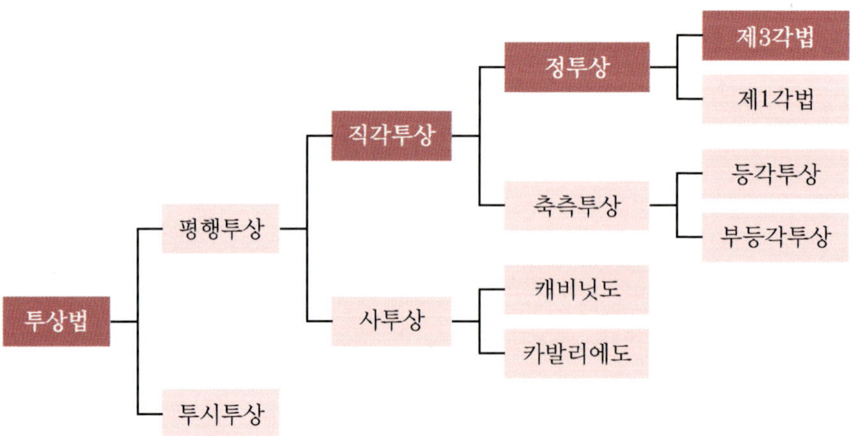

[그림 2.1]과 같이 대상물의 형태를 평면상인 투상면에 투영하여 도시한 그림을 **투상도**라고 한다. 이때 투상에 의해 평면에 도시하는 곳을 **투상면**

이라고 하며, 대상물을 도시할 때 눈의 위치를 **시점**이라고 한다.

시점과 공간에 있는 점을 연결한 선을 **시선**이라고 하며, 시선과 대상물의 각 점을 연결하여 대상물의 형태를 투상면에 도시하기 위해 사용하는 선을 **투상선**이라고 한다.

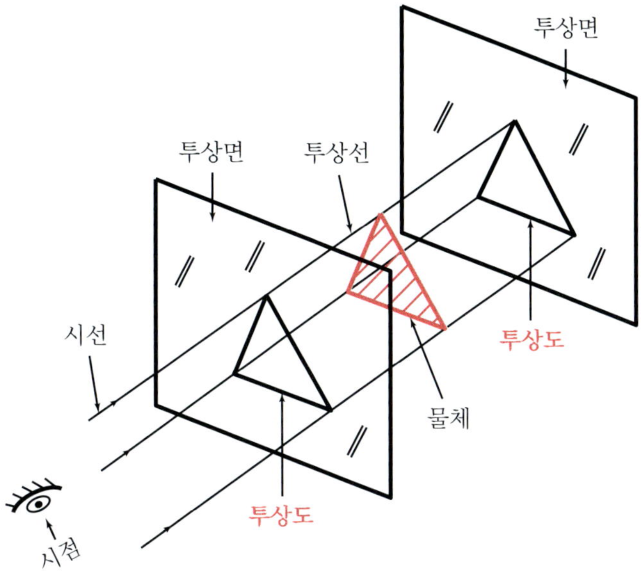

[그림 2.1] 투상법 관련 용어

1.1 정 투상법

물체의 한 면을 투상면에 직각으로 투상(Projection)하여 도시하는 방법을 정 투상법이라고 한다. 이때 **투상선은 투상면에 대하여 수직으로 투상한다.**

물체의 주요기능 등을 고려하여 정면을 선정하고, 투상하여 도시한 투상도를 **정면도**, 정면도를 기준으로 위에서 보고 도시한 투상도를 **평면도**, 옆에서 보고 도시한 투상도를 **좌, 우측면도**, 뒤에서 보고 도시한 투상도를 **배면도**, 밑에서 보고 도시한 투상도를 **저면도**라고 한다.

이렇게 각기 다른 방향에서 물체의 형상을 나타낸 투상도를 조합하여 표현하는 방법을 정 투상법이라 한다.

정 투상법에 의해 도시한 투상도는 1개의 투상면에서 한방향의 투상도만 얻어지므로 [그림 2.2]와 같이 서로 직교하는 투상도를 몇 개 추가하고, 각각의 면에 수직인 광선을 비춰서 투상을 하면 필요한 방향에서 투상도를 얻는다.

[그림 2.2]의 (a)는 물체의 3차원 입체도이고, 그림의 (b)는 정 투상법에 의해 도시된 정면도, 평면도, 우측면도이다.

제도자는 평면상인 제도용지에 도시한 각각의 투상도에서 서로의 정보를 보완하여 전체의 입체도형에 관한 정보를 완성한다. 이때 정 투상법의 제1각법과 제3각법에 따라서 투상도 들을 배치한다.

정 투상법은 여러 개의 투상도가 필요하므로 "복면 투상법"이라고도 한다.

정 투상법에 의한 도시된 도면은 여러 면의 투상도를 도시하여야 하는 번거로움이 있으나, 각 면의 형상, 크기 등에 관한 정보를 정확히 전달할 수 있는 장점이 있다. 그래서 기계, 선박, 항공 등 공업 분야에서는 제품을 제작하는데 필요한 도면을 정 투상법에 의한 제도를 많이 한다.

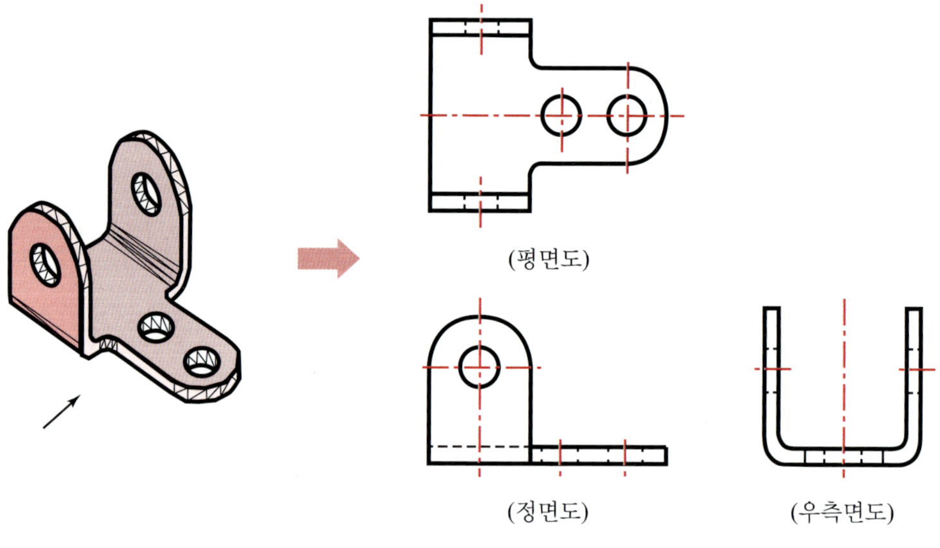

(a) (b)

[그림 2.2] 정 투상법에 의한 투상도

1.2 축측 투상법

정 투상법은 다수의 투상도가 필요하다. 또한 투상도를 나타내면 평행 광선에 의해 투상되기 때문에 형상에 따라 선이 겹쳐서 이해하기 어려운 단점이 있다. 이와 같은 단점이 없는 것이 축측 투상법이다.

축측 투상법은 대상물에서 서로 직각으로 만나는 세모서리를 좌표축으로 하여 투상도를 도시한 것 즉, **물체를 3차원 형태의 입체적으로 나타낸 것으로 경사진 광선에 의해 투상하는 투상법이다.**

물체를 투상면의 각도를 가지고 투상할 경우 물체의 실제길이는 축의 각도에 따라 축소되어 도시된다. 이때 축소된 정도를 **축소율**이라고 한다.

이런 투상은 **3축에 따라 각각의 축소율에 의한 길이를 측정하여 작도하기 때문에 축측 투상법이라고 한다.**

축측 투상법의 종류는 X, Y, Z의 3개축의 각도를 같게 놓고 투상시키는 **등각 투상도, 2개축의 각도만 같은 이등각 투상도 그리고 3개축의 각도가 모두 다른 부등각 투상도**가 있다.

1.2.1 등각 투상도

등각 투상도는 **3개축이 모두 같은 척도로 3각이 동일할 때**로서 [그림 2.3]의 (a)와 같이 $\overline{OX}$, $\overline{OY}$, $\overline{OZ}$ 주축이 서로 120°씩의 같은 각도가 되도록 놓고, α, β의 두 경사각을 30°로 경사시켜 투상한 화법이다. 물체를 입체적으로 편리하게 표현할 수 있어서 설명도 등으로 많이 활용된다.

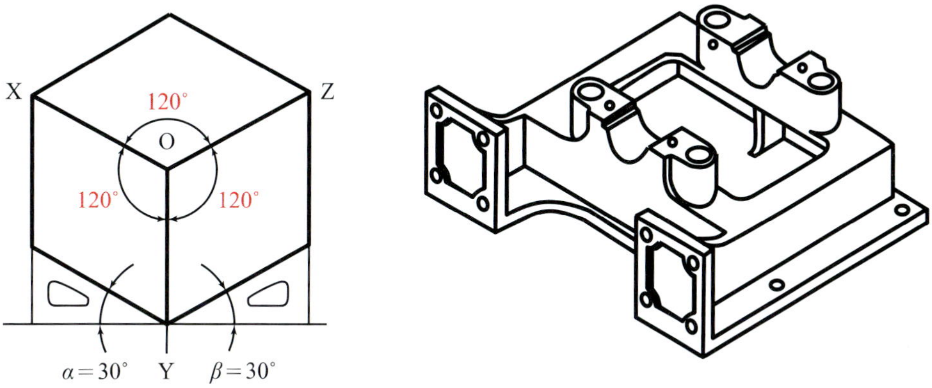

(a) (b) 기계 받침대

[그림 2.3] 등각 투상도

1.2.2 이등각 및 부등각 투상도

[그림 2.4]의 (a)에서 α, β각에 따른 X, Y, Z 축의 각도인 A, B, C가 2개는 같고, 1개가 다른 경우 **이등각 투상도**라고 한다.

한편 **부등각 투상도**는 **세 개의 축이 각기 다른 축척을 가지며**, A, B, C **세 각이 다를 때**로서 α, β각이 다르게 투상된 경우의 화법이다. 이 화법은 $\overline{OX}$, $\overline{OY}$, $\overline{OZ}$축 길이가 모두 일치하지 않는다.

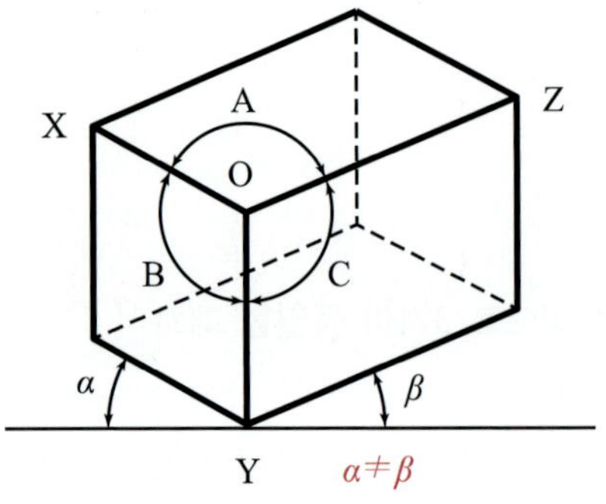

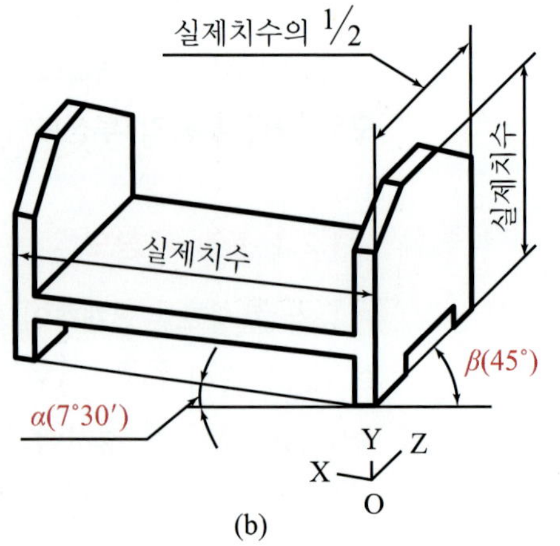

[그림 2.4] 이등각 및 부등각 투상도

1.3 사 투상법

사 투상법은 [그림 2.5]와 같이 물체의 면을 중심으로 하고, 물체의 뒷부분을 α 각도만큼 경사시켜 입체적으로 도시하는 방법을 사 투상법이라 한다. 따라서 사 투상법은 정면도의 크기와 모양은 그대로 도시하고, **평면과 측면을 경사시켜 도시하므로 실제 크기와 다르게 보인다.**

사 투상법의 종류는 **캐비닛도(Cabinet Project Drawing)와 카발리에도(Cavalier Project Drawing)가 있다.**

캐비닛도는 X축의 경사각이 보통 60°로 올려 도시한 투상도이며, X축의 길이는 실제길이의 1/2로 단축하여 도시한다. 반면 카발리에도는 3축이 모두 같은 실제 축척이며, 경사선의 각도는 45°로 올려 도시한 투상도이다.

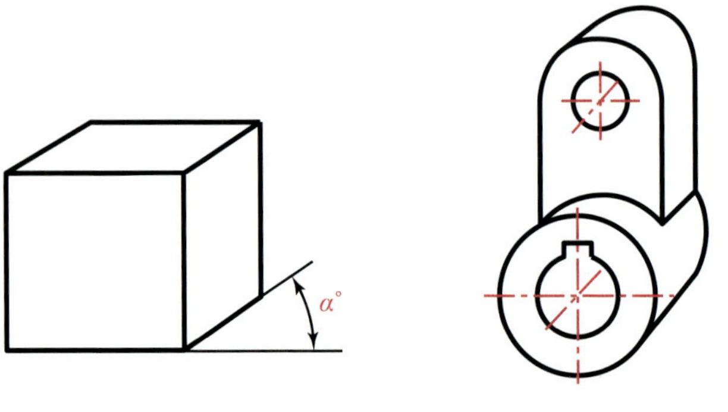

(a)

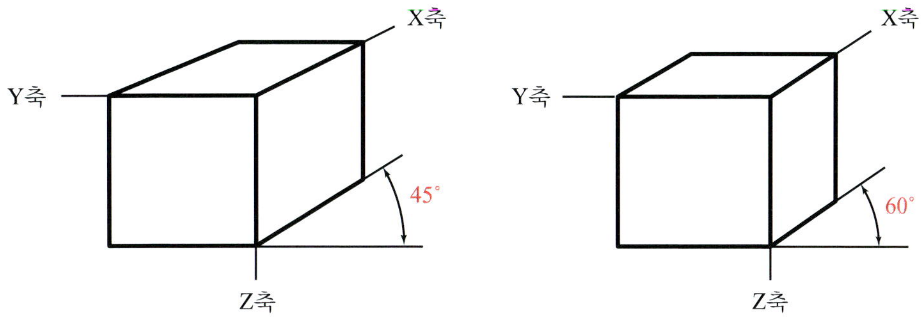

(b) 카발리에도 (c) 캐비닛도

[그림 2.5] 사 투상도

1.4 투시 투상법

투시 투상법은 [그림 2.6]의 (a)와 같이 소실점(Vanishing Point) S와 물체의 각 점을 연결시켜 방사형 투상선으로 도형을 도시하는 방법으로 **시점에 가까운 부분일수록 크게 나타나는 화법이다.**

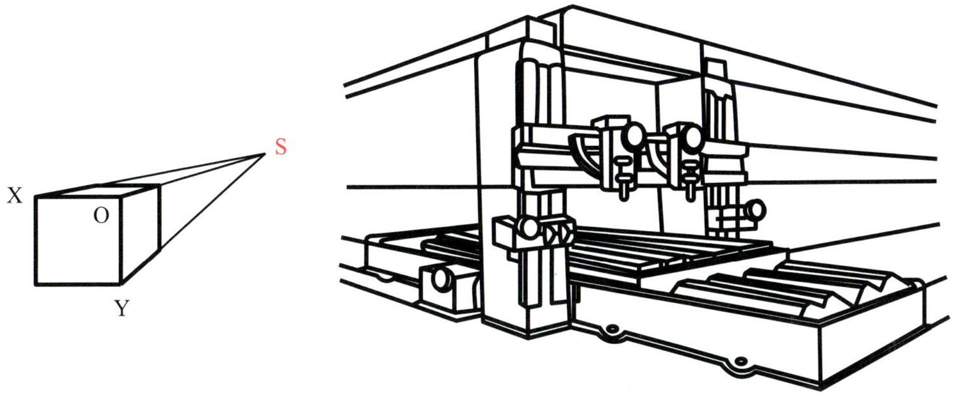

(a) (b)

[그림 2.6] 투시 투상도

이 화법은 원근법을 적용한 것으로 미술 및 각종 실내 인테리어 관련 도면 등에서 많이 사용된다. 그러나 물체의 실제크기를 나타내지 않는 것과 화법이 복잡하게 되는 단점이 있어 공업용 제품생산과 관련된 제도에는 많이 사용되지 않는다.

축측 투상도, 사투상도, 투시 투상도는 입체도로서 1개의 그림으로 도시하기 때문에 **단면 투상도**라고도 한다. 그러나 **기계 제도에서는 가장 많이 사용되는 것이 복면 투상도인 정 투상법이다.**

02 제1각법과 제3각법의 비교

서로 직교하는 투상면의 공간을 4등분한 것을 **투상각**이라고 한다. [그림 2.7]과 같이 2개 평면을 서로 직각으로 교차시키면 4개의 공간이 된다. 위 오른쪽에서 반시계 방향으로 **제1각, 제2각, 제3각** 그리고 **제4각**이다.

본 절에서는 정 투상법의 제1각법과 제3각법을 숙지하고 도면에서 투상도의 배치에 대해서 학습한다.

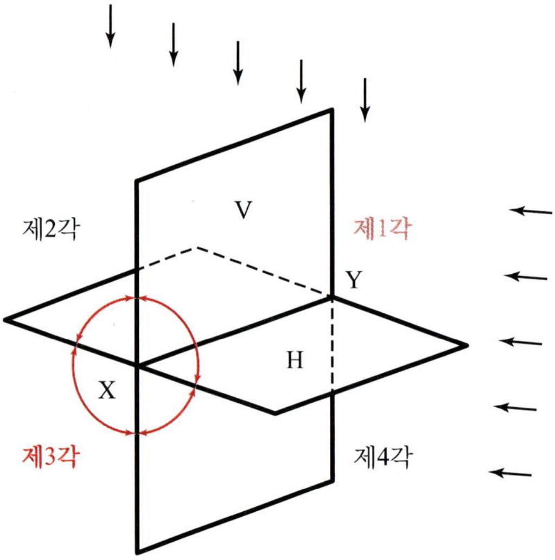

[그림 2.7] 투상각

정 투상법은 물체의 투상도가 정면도를 기준으로 이면 투상도들이 어느 공간에 위치하는가에 따라서 제1각법과 제3각법으로 구분한다.

2.1 도면의 활용

[그림 2.8]의 (a)는 제1각 안에 물체를 놓고 오른쪽과 위쪽에서 평행광선을 비추면 그 물체의 형태가 V, H의 두 평면(V는 수직 투상면, H는 수평 투상면)에 나타낸 것이다. 즉, 정면도를 기준으로 보는 방향과 반대 쪽에 투상도가 배치된다. 이 원리를 이용한 제도법이 제1각법이다.

실제로 한 평면 위에 몇 개의 투상도를 도시해야 하므로 투상한 후 기선 $\overline{XY}$에 V의 수직 투상면을 H의 수평 투상면까지 시계 반대 방향으로 회전시킨 것으로 가정하고 투상도를 배열한 것이다. 즉, **정면도(V면 투상도)를 기준으로 평면도(H면 투상도)는 정면도의 밑에 배치하게 된다.**

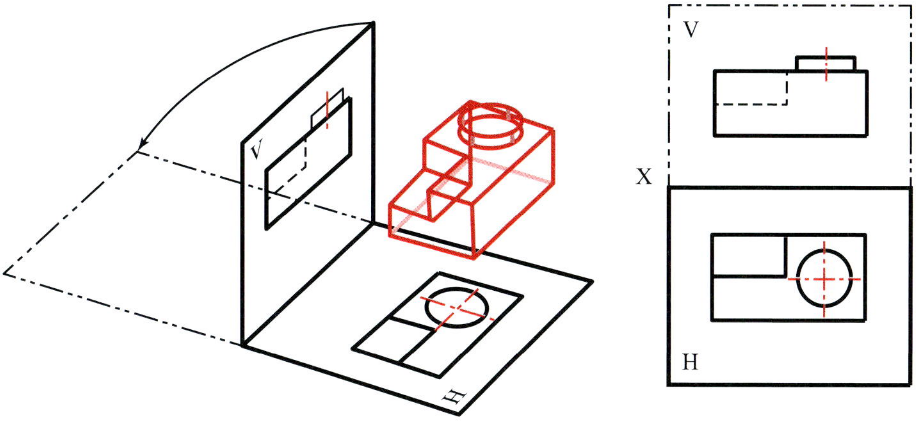

(a) 제1각법

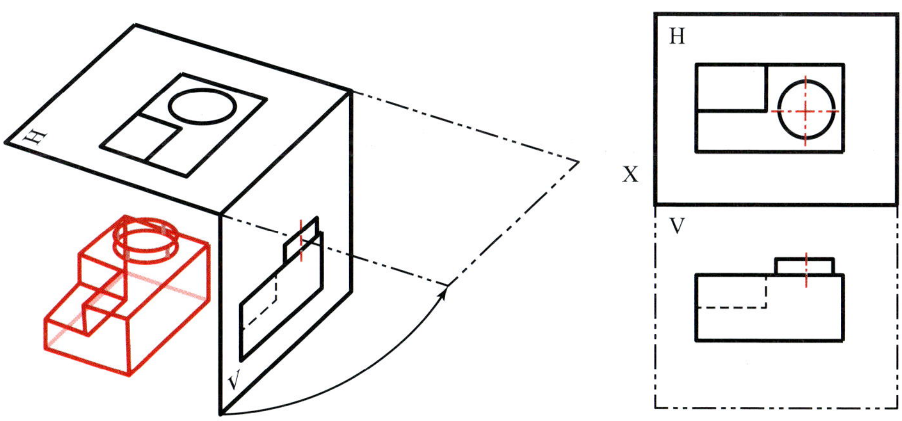

(b) 제3각법

[그림 2.8] 제1각법과 제3각법에 의한 투상도의 위치

2.2 제3각법

[그림 2.8]의 (b)는 물체를 제3각법으로 나타낸 것이다. 제3각 안에 물체를 놓고 오른쪽과 위쪽에서 평행광선을 투영하여 H, V의 두 투상면에 나타낸 것이다. 이 원리를 응용한 화법이 제3각법이다.

제2각 또는 제4각 안에 물체를 투상한 제2각법 및 제4각법은 정면도와 평면도가 겹쳐져 해석하기 어려운 도면이 되므로 사용되지 않는다.

제1각법과 제3각법의 차이는 정면도를 기준으로 측면도와 평면도 등의 배치가 각각 반대로 된다. 즉, 제1각법은 정면도를 중심으로 평면도는 아래에, 저면도는 위에 배치되므로 보는 방향과 반대쪽에 배치한다.

제3각법은 정면도를 중심으로 평면도는 위에, 저면도는 아래에 있는 모양 그대로 배치할 수 있어서 비교나 대조할 때 편리하다.

우리나라의 경우 **KS의 제도규격에서 「제3각법을 원칙으로 하되, 필요시 1각법으로 도시한다.」 라고 규정되어 있다.**(3)

제3각법은 눈(시점) → 투상면 → 물체이나, **제1각법은 눈(시점) → 물체 → 투상면**으로 표현된다.

완성된 도면의 투상법은 표제란에서 "제3각법" 또는 "제1각법"으로 표기된 것을 보고 확인할 수 있다. 이때 제3각법과 제1각법을 기호로 표현하기도 한다.

2.3 투상도의 기준배치

[그림 2.9]는 제3각법과 제1각법에 의해 투상도의 배치를 비교하기 위해 도시한 것이다. 제3각법은 주 투상도인 정면도를 중심으로 그 상, 하에 평면도와 저면도를 배치하며, 좌, 우에 각각 좌측면도와 우측면도를 배치한다. 그러나 배면도(물체의 뒤쪽 면을 도시한 투상도)가 필요할 경우 **배면도를 우측면도 오른쪽에 배치하는 것이 기본이나, 투상 관계가 확실하면 기타의 위치에 배치해도 된다.**

투상도는 실질적으로 필요한 것만 도시하며, 불필요한 투상도는 생략해도 된다. 도면의 투상법은 표제란에 문자 또는 기호로 명시해야 한다.

[그림 2.10]은 제3각법과 제1각법의 기호를 비교 도시한 것이다. 도면내의 표제란에서 투상법을 기입하는 항에 "제3각법" 또는 "제1각법"으로 표기하는 대신 아래 기호를 대신 기입하여도 된다.

---

(3) 각국의 규격을 보면, 미국(ANSI)에서는 제3각법, 독일(DIN), 스위스(VSM)에서는 제1각법을 규정하고 있다. 영국(BS)과 ISO에서는 이 양자를 규정하고 있지만, 예시 도면은 제1각법을 사용하고 있다.

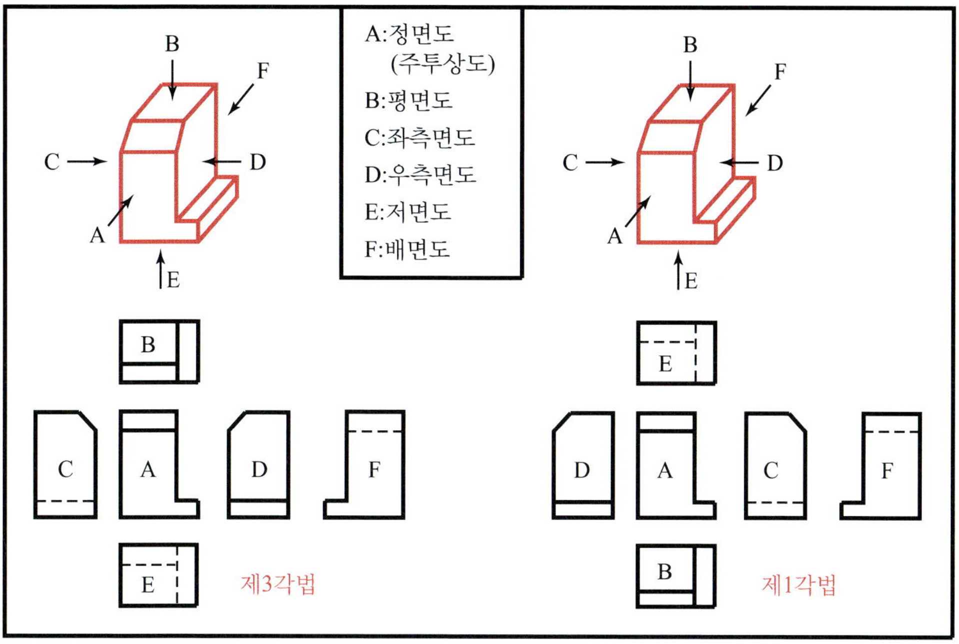

[그림 2.9] 도면에서 투상도 배열

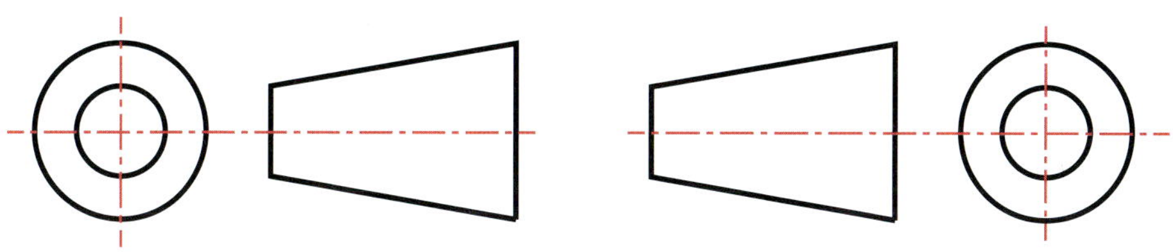

(a) 제3각법 기호

(b) 제1각법 기호

[그림 2.10] 투상법의 기호

2.4 투상 방법

물체의 모양을 투상한 투상도는 선과 선에 의한 면이 많이 사용된다. 선과 면을 표시하는 방법은 다음과 같다.

2.4.1. 외형선

외형선은 **사람의 눈에 보이는 물체 부분의 외부 형상을 나타내는 선**으로 [그림 2.11]에서 1, 5와 같이 투상면과 나란한 직선은 실제 길이로 나타내며, 투상면에 수직한 직선은 점으로 나타낸다. 또한 [그림 2.11]에서 3, 4와 같이 투상면에 경사진 직선은 실제 길이보다 짧게 나타낸다.

2.4.2 평면

[그림 2.11]에서 투상면과 나란한 평면(a면)은 실제 형태로 나타내며, 투상면에 수직한 평면(b, e면)은 직선으로, 투상면에 경사진 평면(c, f면)은 실제 크기보다 축소되어 나타낸다. 또한 곡면은 2와 같이 직선으로 나타낸다.

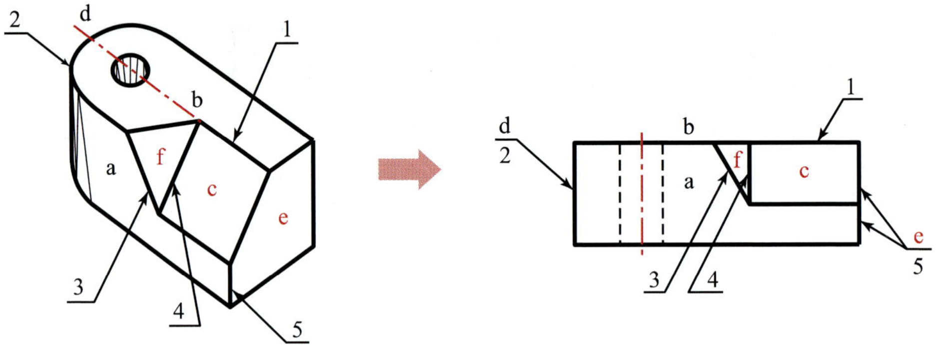

[그림 2.11] 투상도에서 외형선과 면

2.4.3 숨은선

숨은선은 물체의 구멍이나 홈과 같이 투상면에서 보이지 않는 부분의 모양을 표시한다. 이때 숨은선이 많으면 도면이 복잡해 보일 뿐만 아니라 잘못 해석하기 쉽다.

2.4.4 중심선

중심선은 원, 원호, 구의 중심선 및 원통, 원뿔 등의 대칭축에 표시한다. 또한 원, 구는 직교하는 두 중심선의 교점을 중심으로 하여 도시한다. [그림 2.12]와 같이 중심선은 외형선으로 부터 2∼3 mm정도 밖으로 연장하여 도시한다. 더 길게 도시하면 새로운 의미(대칭)로 해석될 수 있다.

도형을 도시할 때 여러 종류의 선이 겹치는 경우가 많이 있다. 이때는 선의 우선순위에 따라 나타내어야 한다.
투상도에서 두 종류 이상의 선이 같은 장소에서 겹치게 되면 **외형선 → 숨은선 → 절단선 → 중심선 → 무게중심선 → 치수보조선** 순으로 도시한다. 경우에 따라 우선되는 한 선만 도시한다.

제작도 도면은 반드시 **물품 각 부의 실제 모양**과 물품의 **가로(W)×세로(L)×높이(H)**의 치수가 반드시 표시되어야 한다.

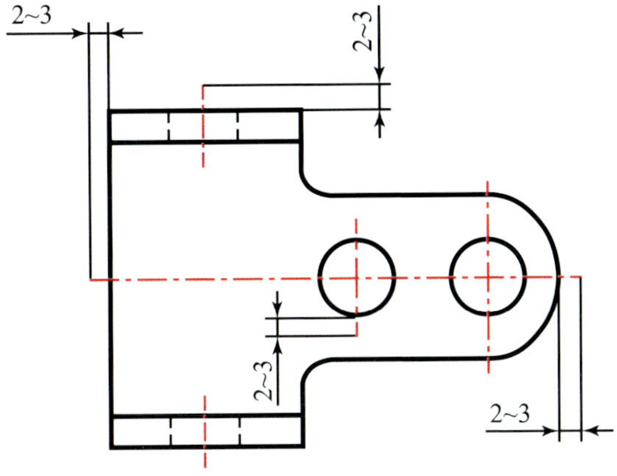

[그림 2.12] 중심선의 사용 예

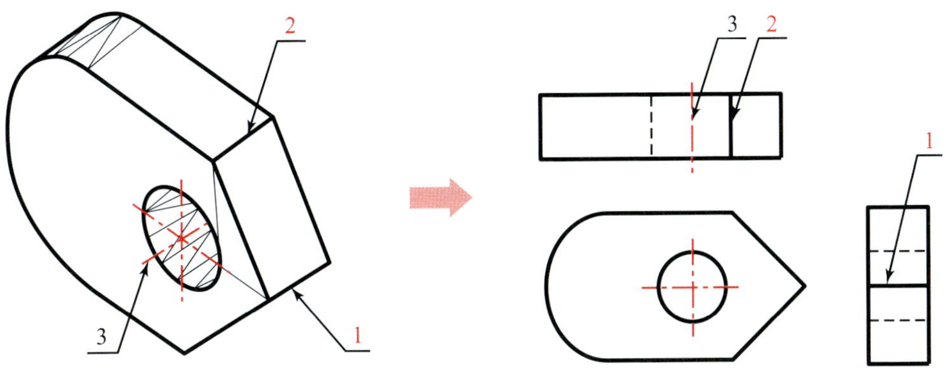

[그림 2. 13] 선의 우선순위

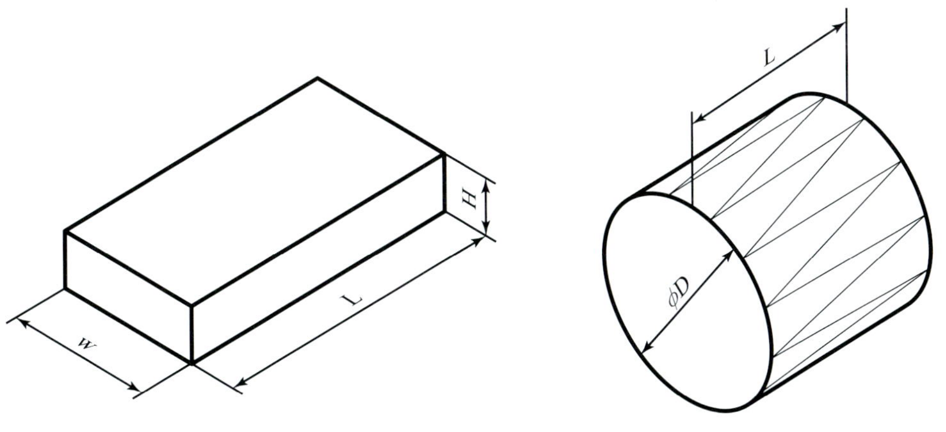

[그림 2 .14] 도형의 각 방향의 크기

03 정 투상법에 의한 도형의 표시법

제도자는 도면에 투상도를 도시할 때 도면을 취급자가 해석이 쉬우며, 제품 제작이 용이하도록 제도규칙에 따라서 도시해야 한다.

본 절에서는 제도의 기본 원리와 각종 투상법을 기초로 정확히 제도하는데 필요한 정 투상법에 의한 도형의 표시법에 대하여 학습한다.

3.1 정면도의 선택법

물체를 투상할 때는 정면도(주 투상도)로 선택할 방향을 먼저 결정해야 한다. 일반적으로 인간은 얼굴을 정면이라 하지만, 물체는 특정한 면이 정해져 있지 않다.

그래서 제도자는 물체의 **형상과 기능을 가장 잘 나타내는 면**을 정면도로 선택하고 투상도를 도시한다. 또한 **물체의 모양을 판단하기 쉬고 숨은선이 적은 면을 정면도로 선택한다.**

[그림 2.15]는 자동차의 정면도를 선택한 투상도의 예이다.

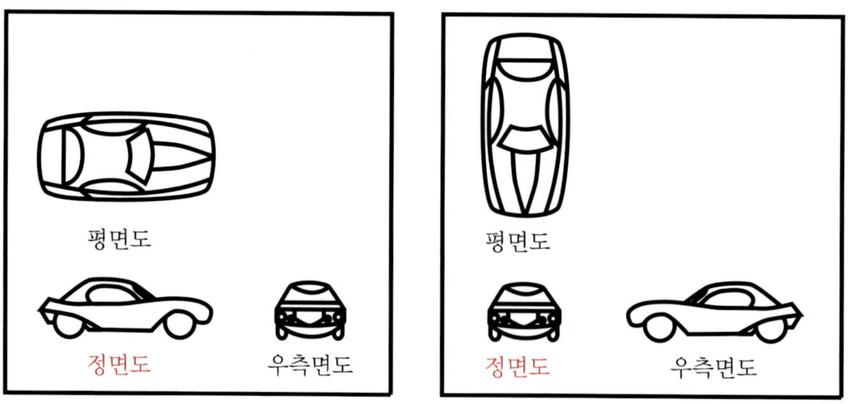

(a) 양호 (b) 불량

[그림 2.15] 자동차 투상에서 정면도 선택

3.2 필요한 투상도의 수

제도자는 정 투상법으로 물체의 투상도를 제도용지에 도시할 때 먼저 정면도를 결정 후 이것을 보충할 수 있는 측면도와 평면도를 선택한다. 도면은 물체의 6개의 면 중에서 필요한 것만을 선택하여 도시하는데, 1개의 정면도로 충분한 경우도 있다. 이것을 1면도라고 한다.

도면에서 정면도 1개로 물체를 모든 것을 표현하기 어려운 경우는 투상면을 추가해 도시하여 물체의 정보를 명확히 해석할 수 있도록 해야 한다.

제도자는 도면을 명확히 해석할 수 있도록 정면도에 평면도, 측면도, 기타 투상면 중 **필요한 투상면을 추가하여 도면을 완성한다.** 이때 물체의 정면도 이외의 1개의 투상도를 추가한 것은 **2면도**라고 하고, 2개 이상 추가된 도면은 **복면도**라고 한다.

[그림 2.16]과 같이 물체의 투상도 중 우측면도가 좌측면도와 동일한 경우 좌측면도를 생략하며, 평면도와 저면도의 형상이 동일하며 평면도를 선택하되, 숨은선이 적은 투상도를 선택한다.

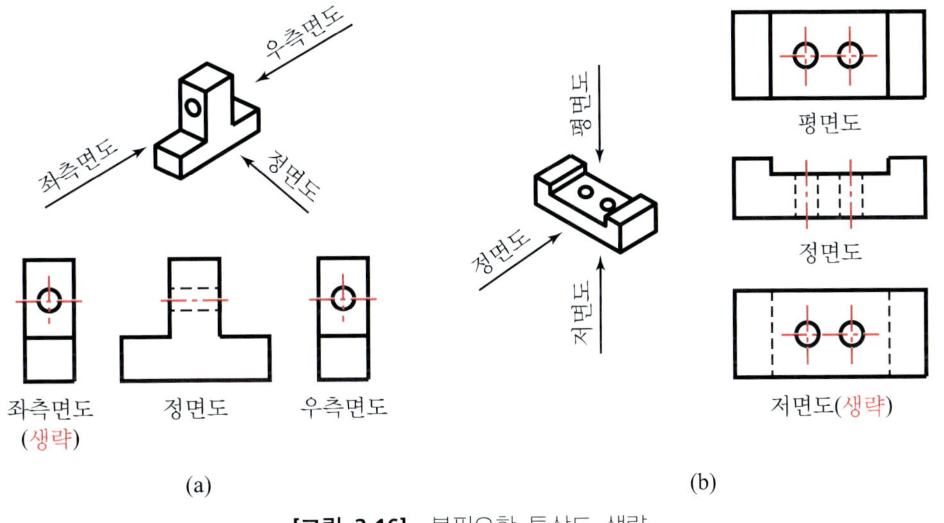

[그림 2.16] 불필요한 투상도 생략

[그림 2.17]과 같이 실선으로 표시되도록 평면도를 선택하여 배치하는 것이 도면을 이해하기 쉽다. 그러나 [그림 2.18]과 같이 비교하는 것이 불편한 경우는 숨은선(은선)을 사용한 좌측면도를 선택하고, 우측면도를 생략한다.

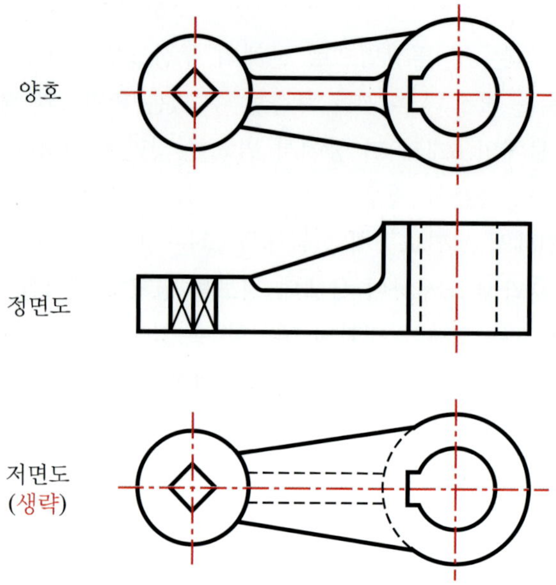

[그림 2.17] 숨은선을 사용하지 않는 면을 선택

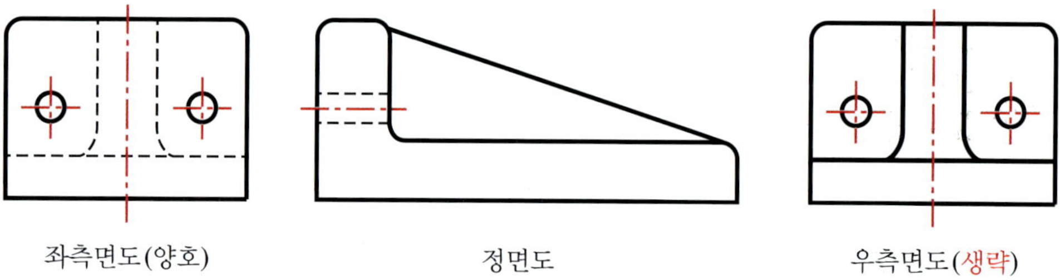

[그림 2.18] 비교가 편한 면을 선택

[그림 2.19]는 숨은선을 올바르게 사용하는 것을 설명한 것으로 그림의 (b)는 양호하게 사용한 것과 미숙하게 사용한 것을 비교하였다.

숨은선, 1점 쇄선, 2점 쇄선은 시작과 끝나는 지점은 실선으로 도시한다.

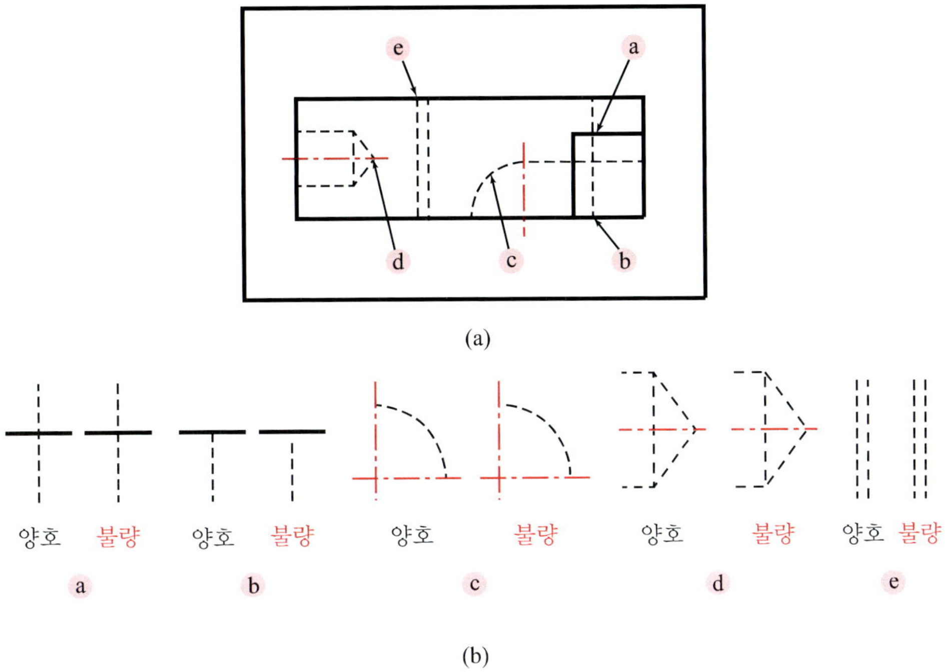

[그림 2.19] 숨은선 도시방법

ⓐ 숨은선이 외형선과 교차할 때 숨은선의 실선이 외형선과 교차하게 도시한다.
ⓑ 숨은선이 시작하는 실선은 외형선과 만나도록 도시한다.
ⓒ 숨은선으로 원호를 도시할 경우 원호의 시작과 끝나는 점에서 반드시 인접한 선(중심선)과 만나도록 도시한다.
ⓓ 숨은선이 교차할 때는 반드시 실선이 만나도록 도시한다.
ⓔ 근접하는 평행한 숨은선은 실선이 어긋나게 도시한다.

3.3 도형의 방향

제작자가 제품을 생산할 때 가공모양에 따라 공작 기계를 선택한다. 이때 환봉과 같은 둥근 형상은 주로 선반, 보링, 실린더 연삭기 등으로 가공하며, 평면 부분은 세이퍼, 밀링, 플레이너 등으로 가공한다.

제작자가 물체의 가공량이 가장 많은 공정을 기준으로 가공할 때 놓는 상태와 같은 방향으로 도시하는 것이 좋다.

절삭되는 물체는 [그림 2.20]의 (a), (b)와 같이 그 중심선을 수평으로 하고, 작업의 중점이 오른쪽에 위치하도록 한다. 또한 평면 절삭인 물체는 [그림 2.20]의 (b)와 같이 길이 방향을 수평으로 하고, 가공면이 도면의 표면이 되도록 도시하는 것이 좋다.

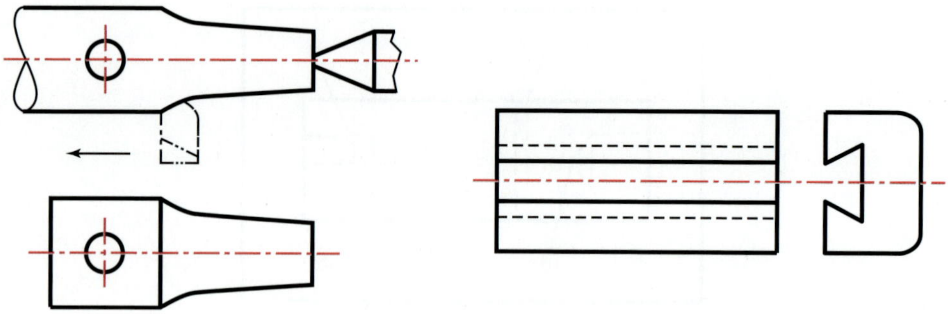

(a) 선삭 (b) 평면절삭

[그림 2.20] 가공 상태와 같은 방향으로 투상도 도시

참고로 공작 기계에 공작물의 설치 상태는 [그림 2.21]과 같다.

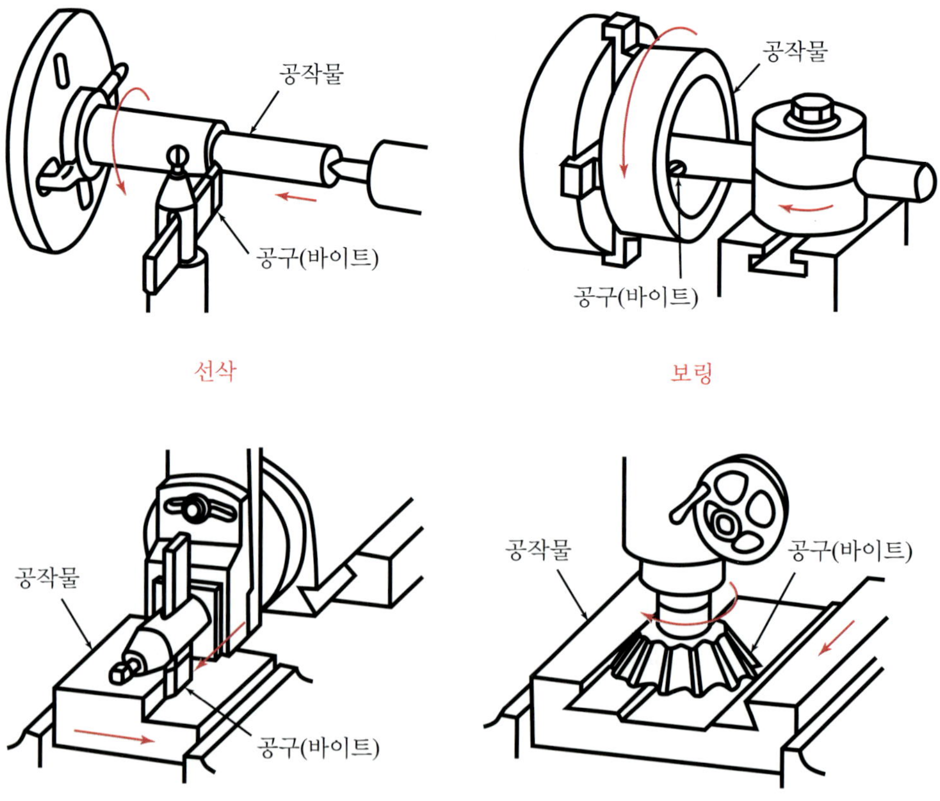

[그림 2.21] 공작 기계 작업대에 물체의 설치 상태

3.4 보조 화법

도면에 투상도를 도시하였으나, 이해하는데 다소 어려움이 있을 수 있다. 이때 투상도를 자세히 나타내기 위해 추가로 투상도를 도시하여 자세히 정보를 전달하기 위한 것이 보조 화법이다.

이는 언어에서도 문장을 구성하는 특별한 단어에 대해 괄호 속에 추가로 영문 또는 한문으로 보충하거나, 각주를 활용하여 본문의 어떤 부분의 뜻을 보충하거나 풀이하기 위한 글과 같이 제도에서는 보조 화법에 의한 투상도를 추가로 도시하여 해석을 정확하게 하고 있다.

보조 화법의 종류는 보조 투상도, 국부 투상도, 부분 투상도, 회전 투상도, 전개도, 상세 확대도, 가상 투상도 등이 있다.

3.4.1 보조 투상도

일부 물체는 경사면의 형상이 많이 있다. 정 투상법은 경사면의 경사각만큼 변형하여 투상시키기 때문에 실제 길이로 나타나지 않는다.

보조 투상도는 경사면부가 있는 대상물에서 그 경사면의 실제 형상으로 표시할 필요가 있는 경우는 보조 투상도로 표시한다.

[그림 2.22]와 같이 **경사면과 맞서는 위치에 보조 투상면을 놓고 중심선을 연결한 투상도이다.**

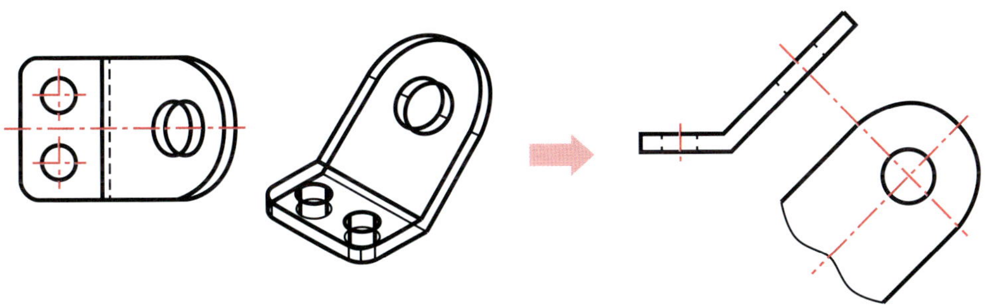

[그림 2.22] 보조 투상도

투상면의 여백에 제한을 받아서 보조 투상도를 경사면에 마주보는 위치에 도시할 수 없을 때는 [그림 2.23]의 (a)와 같이 화살표와 영문 대문자를 사용하여 투상관계를 표시하거나, 투상면의 기타 여백을 활용하여 [그림 2.23]의 (b)와 같이 구부린 중심선을 연결하고 투상관계를 나타내도 좋다.

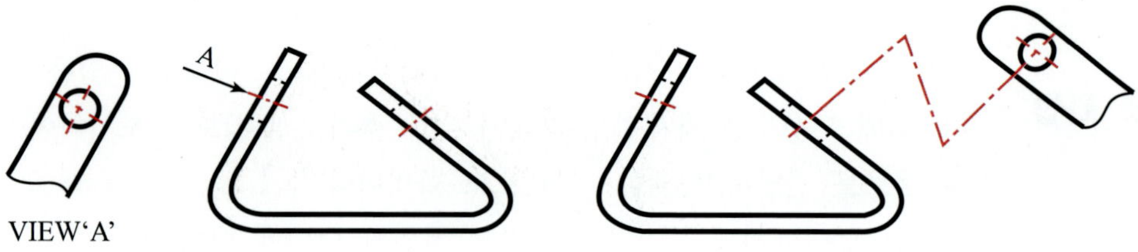

(a) 문자에 의한 표시

(b) 중심선 꺾어서 연결 표시

[그림 2.23] 보조 투상도의 위치 변경

3.4.2 국부 투상도

투상 대상물에 **구멍 또는 홈의 한 국부만을 도시해도 충분한 경우**는 [그림 2.24]와 같이 **필요한 일부분을 도시한 것을 국부 투상도라고 한다**. 국부 투상도는 **제도시간과 제도용지의 공간을 절약하는 장점**이 있다.

국부 투상도는 투상도 간의 분명한 상호관계를 위해 **중심선, 기준선, 치수보조선 등으로 상호관계 위치를 연결해야 한다.**

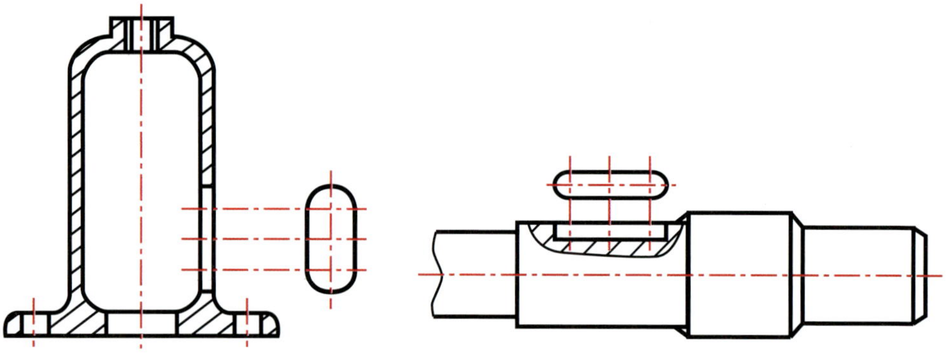

[그림 2.24] 국부 투상도

3.4.3 부분 투상도

부분 투상도는 국부 투상도와 마찬가지로 물체의 일부를 도시하는 것으로 필요한 부분만을 부분 투상도로 표시한다.

[그림 2.25]와 같이 **생략한 부분과의 경계를 파단선**으로 나타내지만 명확한 경우 파단선을 생략하고 도시해도 된다.

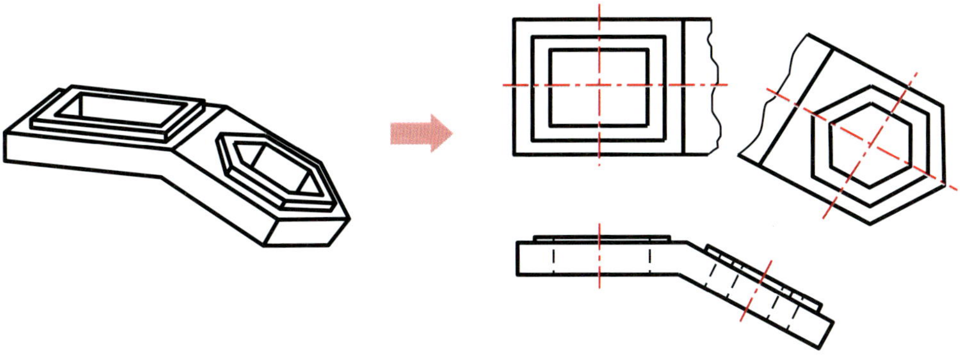

[그림 2.25] 부분 투상도

3.4.4 회전 투상도

투상면은 일정 각도를 가지고 있기 때문에 그 실제 형상을 나타낼 수 없을 때가 있다. 이때 그 부분을 회전시켜 실제 모양으로 도시한다.

[그림 2.26]은 회전 투상도로서 도면을 **잘못 해석할 것을 예방하기 위해 작도에 사용한 선(2점 쇄선)을 남겨 놓아도 된다.**

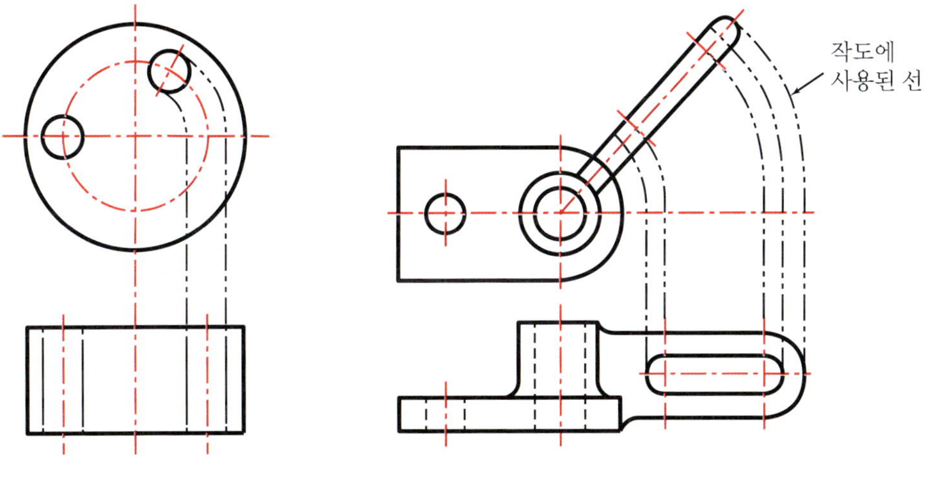

(a) 원형배열 물체 (b) 각도선이 있는 물체

[그림 2.26] 회전 투상도

3.4.5 전개도

판금작업 등에서 제품을 구부려서 만드는 경우에 원자재의 형상을 나타내기 위해 [그림 2.27]과 같이 전개한 투상도를 사용한다. 이때 **전개도의 위쪽 또는 아래쪽에 "전개도"라고 기입한다.**

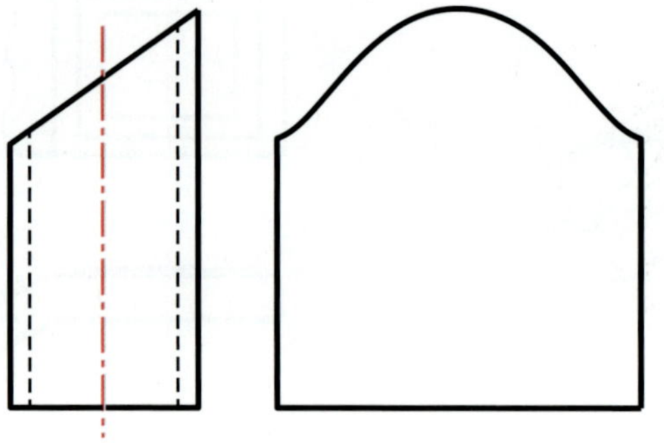

[그림 2.27] 전개도

3.4.6 부분 확대도(상세도)

물체에서 일부 특정한 부분의 크기가 작기 때문에 상세하게 형상을 표현하지 못하거나 치수 기입을 할 수 없을 때는 [그림 2.28]과 같이 그 부분을 가는 실선으로 경계를 도시하고, 영문 대문자로 표시함과 동시에 다른 장소에 확대하여 배척으로 도시한 투상도를 부분 확대도라고 하며, 표시하는 문자 및 척도를 기입한다.

확대한 그림의 척도를 나타낼 필요가 없을 때는 생략해도 된다.

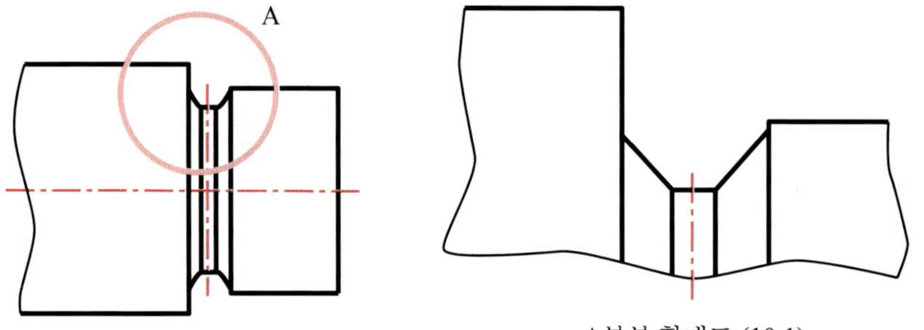

[그림 2.28] 부분 확대도

3.4.7 가상 투상도

가상선(가는 2점 쇄선)을 사용하여 물체나 일부분을 가상적으로 나타낸 것을 가상 투상도라고 한다. 이때 가상선은 ISO는 사용되지 않으나 KS에서는 사용된다. 2점 쇄선으로 도시한 가상 투상도는 다음과 같다.

1) 가공 전, 후의 형상

[그림 2.29]는 리벳의 가공 전의 형상에 2점 쇄선으로 가공 후에 형상을 추가하여 도시한 가상 투상도이다.

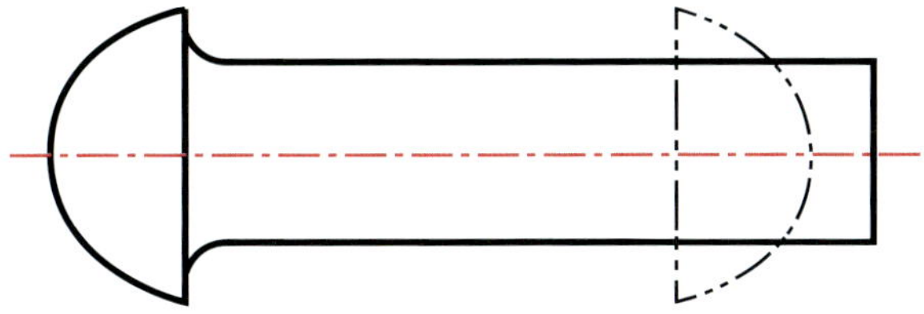

[그림 2.29] 가공 후 형상

[그림 2.30]은 가공 후의 형상에 가공 전의 형상을 2점 쇄선으로 추가하여 도시한 가상 투시도이다.

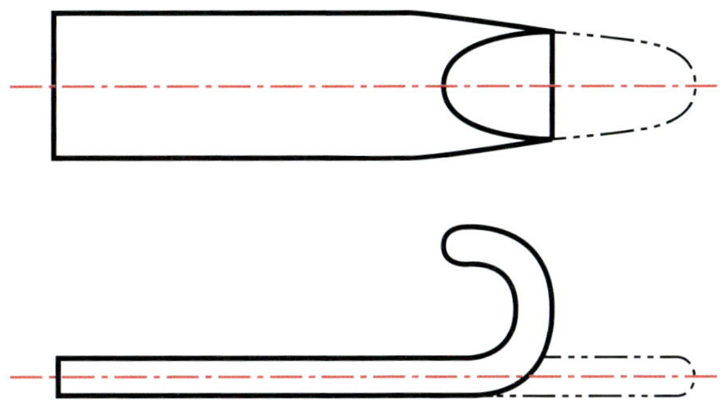

[그림 2.30] 가공 전 형상

2) 가공에 사용하는 공구, 지그 등의 형상을 도시
공작물 가공에 사용하는 공구, 지그 등의 형상을 참고로 도시할 경우는 [그림 2.31]과 같이 가상선으로 투상도를 표시한다.

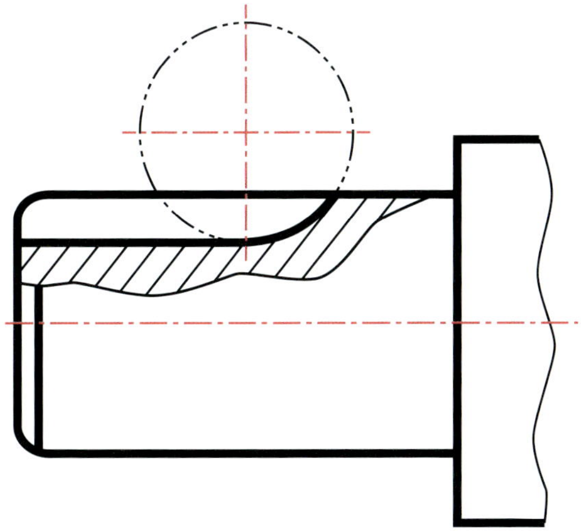

[그림 2.31] 공구의 형상

3) 단면도에서 절단면 앞쪽에 있는 부분의 도시

단면도에서 절단면 앞쪽에 있는 부분은 투상되지 않지만, 이것 중 일부분을 도시할 필요가 있을 경우는 [그림 2.32]와 같이 가상 투상도로 도시한다.

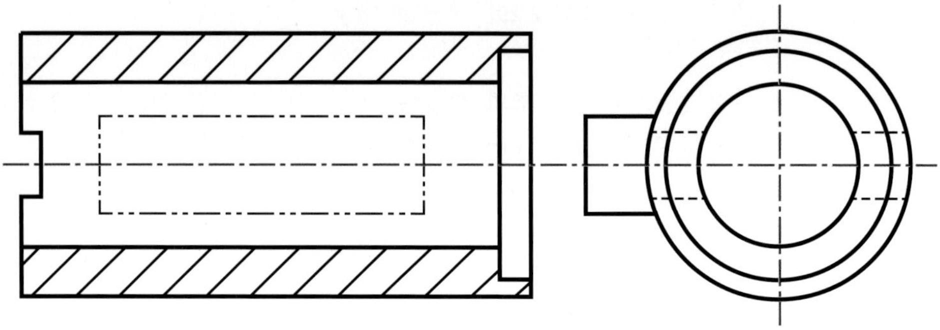

[그림 2.32] 절단면의 앞쪽에 있는 부분

4) 인접한 부분의 도시

대상물에 인접한 부분을 참고로 도시할 필요가 있을 경우는 [그림 2.33]과 같이 가상 투상도로 도시한다. 대상물의 도형은 인접한 부분에 숨겨지더라도 숨은선으로 표현하면 안 된다. 또한 **단면도에 인접한 부분은 단면이라도 해칭하지 않는다.**

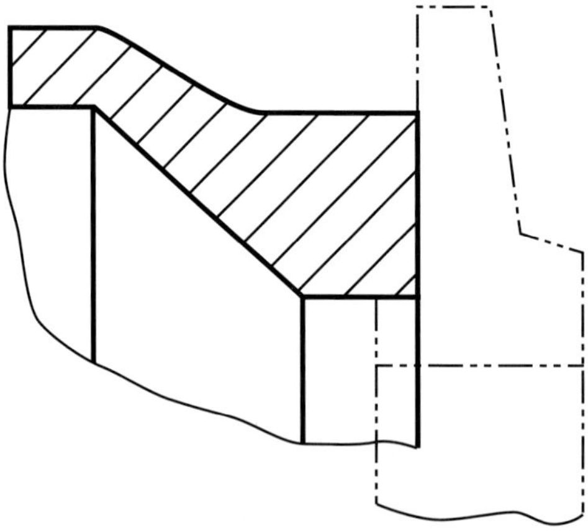

[그림 2.33] 인접한 부분

3.5 생략 도시법

3.5.1 대칭 도형의 생략

각종 기계 및 부품은 좌, 우 또는 상, 하 대칭인 것이 많다. 이와 같은 경우 제도하는 시간과 제도지의 여백을 절약하기 위해서 대칭의 한쪽을 생략하여 도시할 수 있다. 이때 다음과 같이 대칭 중심선을 기준으로 한쪽을 생략한다.

1) [그림 2.34]와 같이 대칭 중심선의 한쪽 도형만 도시하고, 대칭 중심선의 **양끝 부분에 짧은 2개의 가는 평행선(대칭 도시기호)**을 표시한다.
2) [그림 2.35]와 같이 대칭 중심선을 일반 도형의 **중심선 보다 길게 연장하여 도시하고, 대칭 도시기호를 생략해도 된다.**

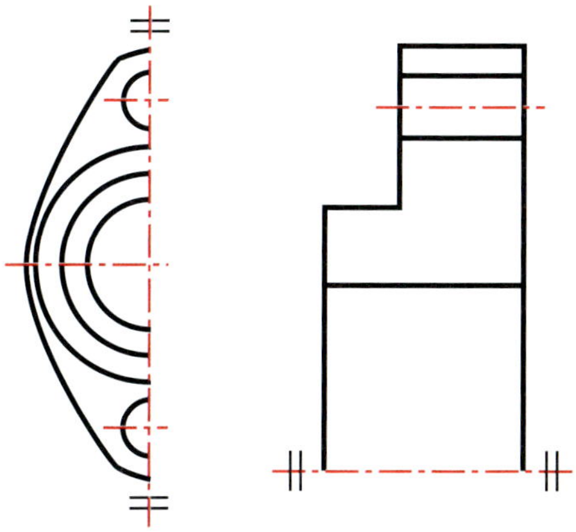

(a) (b)

[그림 2.34] 대칭도형의 생략(1)

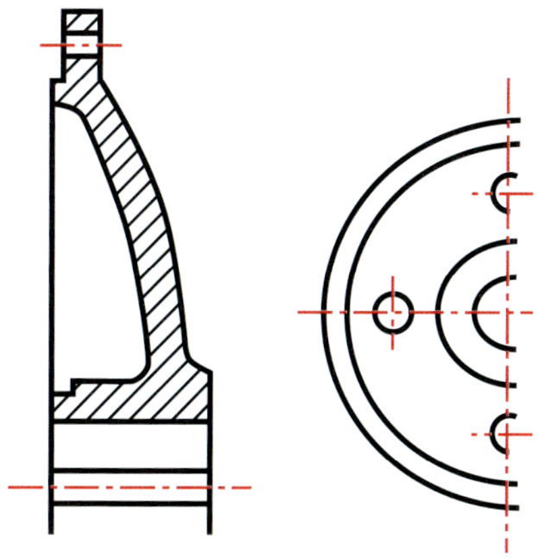

(a) (b)

[그림 2.35] 대칭도형의 생략(2)

3.5.2 중간 부분 생략

물체의 축, 봉, 관 등과 같이 동일한 형상의 긴 면은 중간 부분을 절단하고 생략하여 도시하는 경우가 있다. 이때 절단해서 생략한 **경계 부분은 파단선(가는 실선)**으로 [그림 2.36]과 같이 나타낸다.

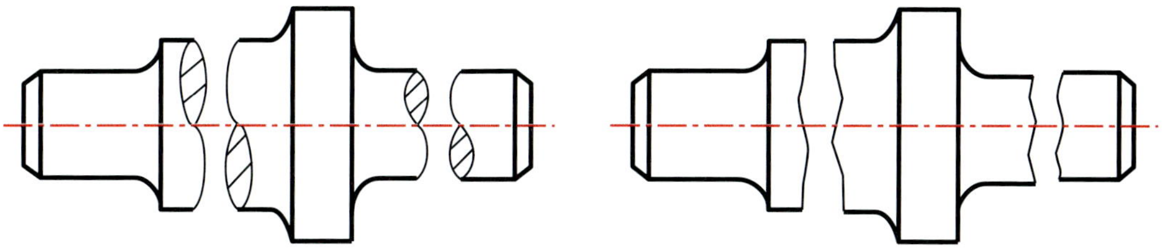

(a) (b)

[그림 2.36] 축의 중간 부분의 생략

파단선은 자연스럽게 가는 실선으로 도시한다. 파단선을 도시하지 않아도 파단된 것이 분명한 경우 [그림 2.37]과 같이 생략해도 된다.

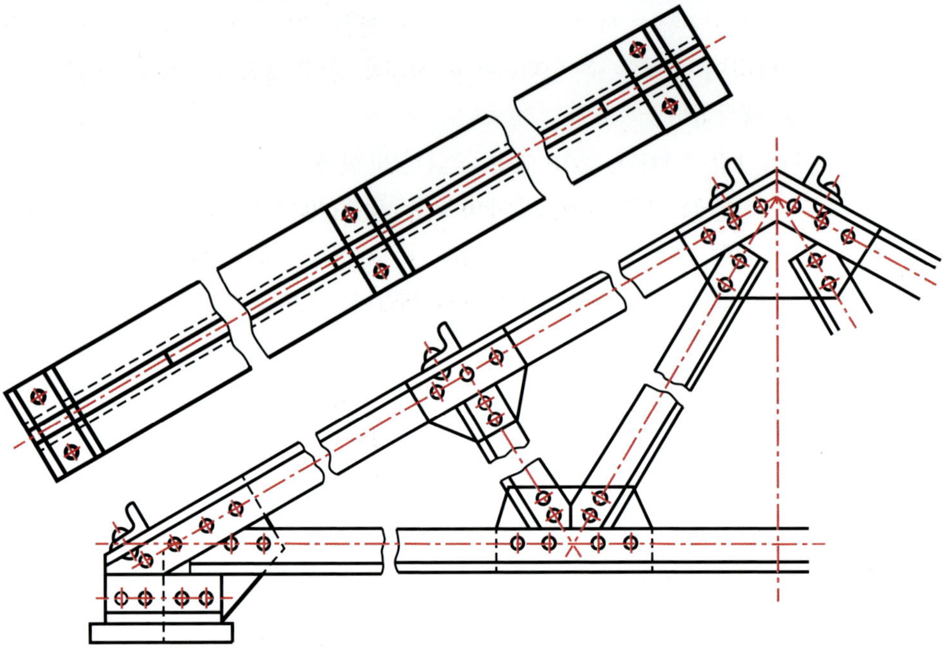

[그림 2.37] 중간 부분의 생략 및 파단선 생략

테이퍼나 기울기를 가진 형상의 물체에 중간 부분을 생략한 경우는 어긋남이 생기지만, [그림 2.38]의 (a)와 같이 경사가 급격한 것은 실제의 각도로 도시하지 않아도 된다. 또한 경사가 완만한 도형도 [그림 2.38]의 (b)와 같이 일직선으로 연결시켜 도시해야 도면해독이 편리하다.

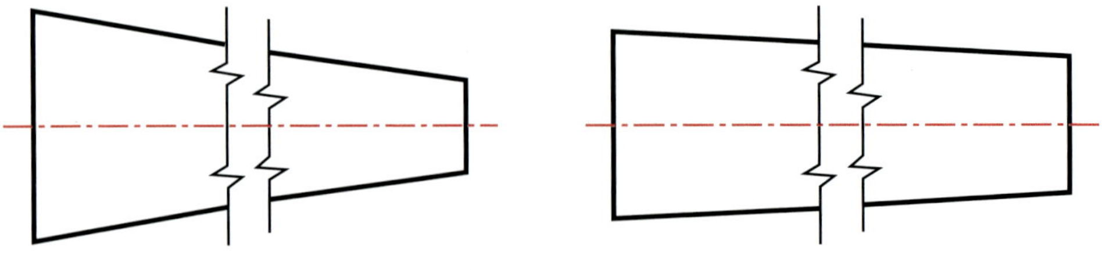

(a) 경사가 급격한 경우 (b) 경사가 완만한 경우

[그림 2.38] 테이퍼 중간 부분의 생략

3.5.3 반복 도형의 생략

같은 형상의 도형이 다수가 나란히 있을 경우에 제도자는 이들을 모두 도시하는데 많은 시간을 소비한다. 그래서 이를 간단히 표현하고자 기호 등으로 대신할 수 있다.

[그림 2.39]의 (a)와 (b)와 같이 그 중요한 부분 몇 개만 도시하고, 나머지 도형은 도면의 **중심선 또는 기호**로 대신하고, 치수 기입으로 세부적인 형상을 나타낼 수 있다.

[그림 2.39]의 (c)와 같이 특정한 지점에만 같은 형상들의 있을 때는 생략한 부분에 굵은 점(·)과 같은 기호를 활용하여 그 위치를 표시하고, 도형 기호의 뜻을 알기 쉬운 위치에 기술한다.

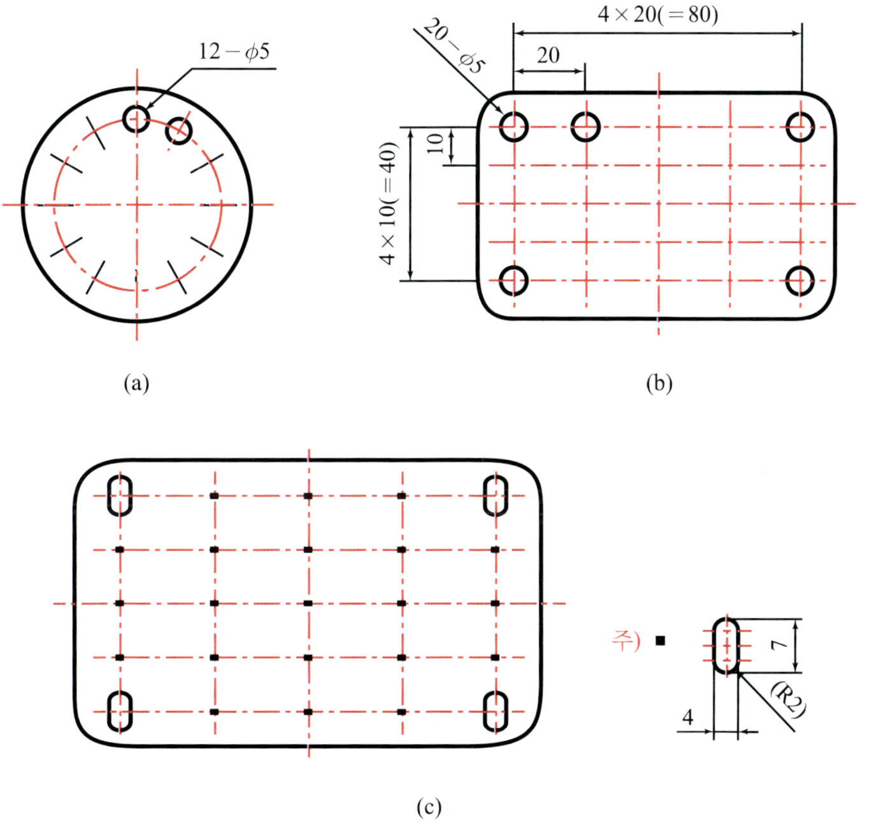

[그림 2.39] 반복 도형의 생략

또한 도형의 기호는 점(·) 외에도 +, * 등으로 사용할 수 있으며, 혼동될 염려가 없을 때는 2종류 이상의 기호를 동시에 사용해도 된다.

04 단면도

물체의 내부 구조를 명백하게 나타내기 위하여 절반 또는 일부 등을 절단한 것으로 가정한 상태에서 그 절단하고 제거한 맞은편을 단면을 도시한 투상도를 단면도라고 한다.

본 절에서는 단면도의 목적, 단면도의 종류 등에 대하여 학습한다.

4.1 단면도의 개요

4.1.1 단면도의 목적

물체 내부의 보이지 않는 부분은 숨은선으로 [그림 2.40]의 (a)와 같이 도시되지만, 도형이 복잡한 경우는 실선과 숨은선이 함께 있어 해석하는 데 혼란을 준다. 이와 같은 경우에는 단면도를 사용한다.

단면도는 [그림 2.40]의 (b)와 같이 물체의 앞면을 절단했다고 가정하여 절단면의 앞쪽 부분을 제거하고 도시한 투상도이다.

단면도를 사용하면 숨은선 대신에 외형선을 사용하여 형상을 표시할 수 있는 장점이 있다. 따라서 **단면도 사용의 목적은 숨은선을 외형선으로 나타내어 물체의 내부 형상을 명확히 표현하여 도면해독을 정확히 하기 위함이다.** 그러나 회전 단면도의 목적은 숨은선을 실선으로 나타내기 위한 목적은 아니다.

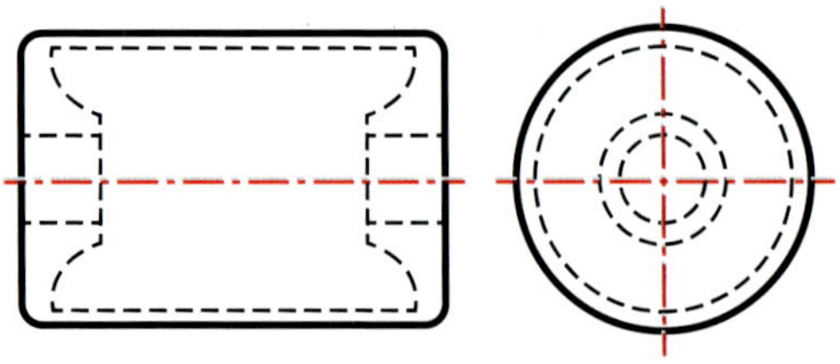

(a)

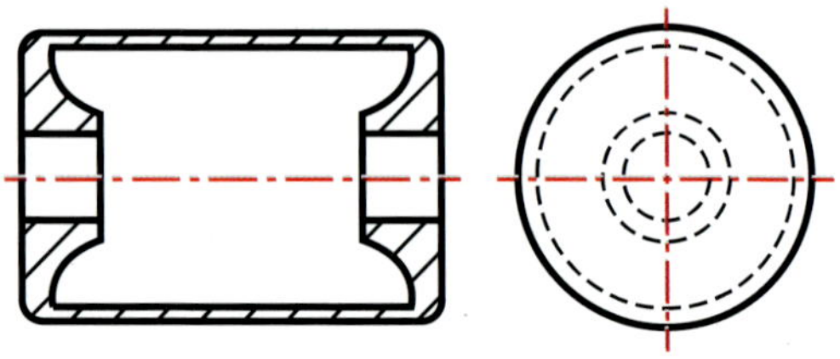

(b)

[그림 2.40] 단면도

4.1.2 단면도의 해칭

단면도는 물체의 한 면을 절단하고 맞은편에 보이는 절단면의 형상을 도시한 도면으로 [그림 2.41]과 같이 절단으로 생긴 면을 도시하는 것으로는 형상을 이해하는데 충분하지 않기 때문에 반드시 [그림 2.41]의 (b)와 같이 그 맞은편에 보이는 선을 표시하여야 한다.

이때 투상도는 **절단된 단면과 텅 빈 공간이 함께 나타내지만 절단으로 생긴 단면을 분명히 표현하기 위해서 해칭(경사선)을 단면에 도시한다.**

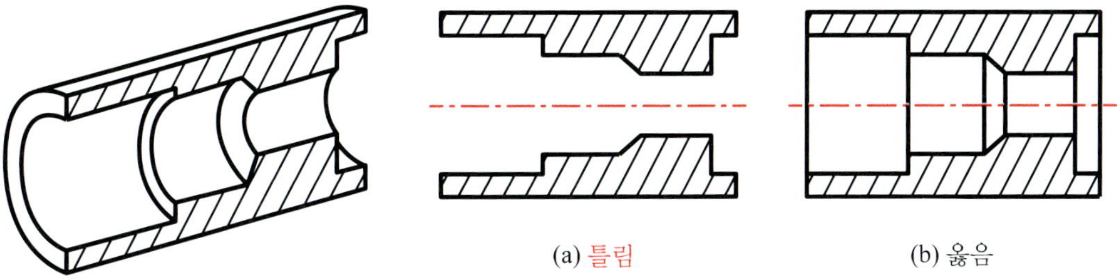

[그림 2.41] 단면의 맞은편에 보이는 선의 연결

해칭은 절단면을 표시하기 위한 것이지만, 긴 제도시간과 많은 노력이 요구되기 때문에 필요한 경우만 표시 하는 것이 좋다. **일반적으로 조립도나 복잡한 도면 외에는 특별히 사용하지 않는다.**

해칭은 [그림 2.42]와 같이 중심선 또는 외형선과 45° 경사시켜 같은 간격으로 도시한다. **같은 부품의 절단면이 떨어져 있어도 같은 방향의 해칭을 한다.** 또한 45°경사의 해칭이 혼동될 때는 [그림 2.43]과 같이 각도를 변경하여 도시하다. 이때 **선의 간격은 보통 2~3mm가 적당하다.**

[그림 2.42] 해칭

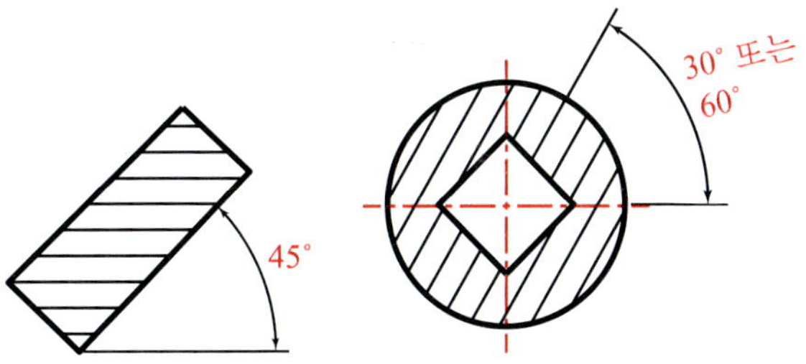

[그림 2.43] 해칭의 경사각도 변경

물체가 인접했을 때 단면에 해칭은 [그림 2.44]와 같이 선의 방향 또는 각도를 변경하여 도시하여 물체를 구별한다.

단면이 넓은 물체는 [그림 2.45]와 같이 외형선에 따라 적절한 범위로 해칭을 하는 것이 좋다.

해칭 부분 내에 문자, 기호 등을 기입할 경우 해칭을 중단하고 기입한다.

해칭 대신 [그림 2.46]과 같이 절단면의 주변을 연필 등으로 엷게 칠한 것을 **스머징**이라 한다. 이는 간편하기 때문에 자주 사용되고 있다.

한편 금속 및 비금속 재료의 단면으로 특별히 재질을 명시할 때는 [그림 2.47]과 같이 재료별 단면을 표시한다. 이때 부품도의 재질은 문자를 사용하여 표기한다.

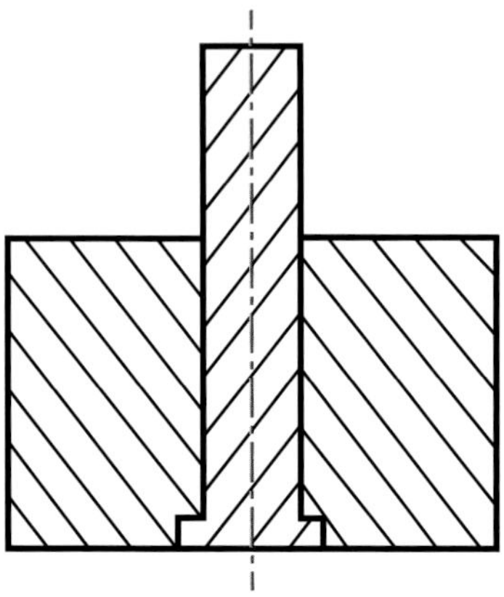

[그림 2.44] 인접한 단면

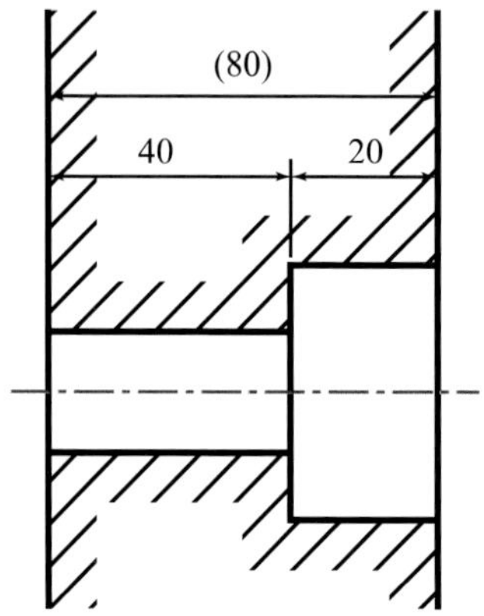

[그림 2.45] 넓은 단면의 해칭

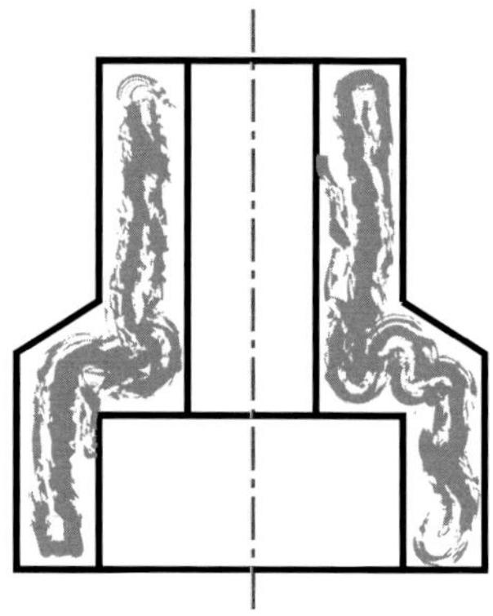

[그림 2.46] 스머징

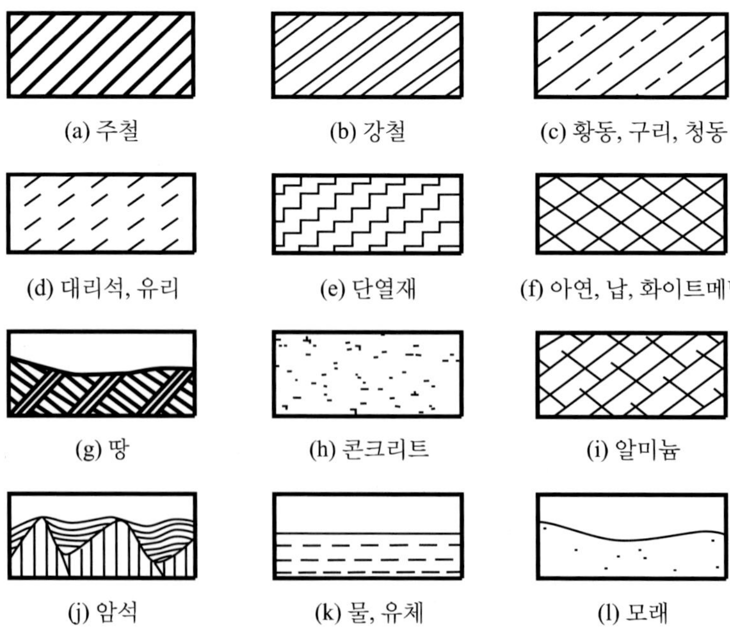

[그림 2.47] 재질에 따른 단면 표시법

철강 및 비철금속, 단열재, 콘크리트 등에 대한 재질에 따른 단면 표시법은 건설 현장 등에서 많이 활용되며, 땅, 암석, 모래 등의 단면 표시법은 토목 및 지구과학 분야에서 활용되고 있다.

4.1.3 절단선

단면도를 도시하는 경우 입체도에 절단 위치를 표시하는 선을 절단선이라고 한다.

절단선은 가는 1점 쇄선으로 표시되고, 양끝을 굵은 실선으로 한다. [그림 2.48]의 (a)는 양끝을 굵게 나타낸 것으로 절단선을 표시한 것이다. 또한 절단면은 1개의 평면뿐만 아니라 필요에 따라 몇 개의 평면 또는 곡선을 조합시켜서 사용하여도 된다. [그림 2.48]의 (b)와 같이 양끝뿐만 아니라, 절단면이 접속한 중요 부분도 굵은 실선으로 나타낸다.

(a) (b)

[그림 2.48] 절단선

절단선을 중심선과 같은 가는 1점 쇄선을 사용하는 것은 **절단이 중심선 상에서 행해지는 경우가 많아서 절단선이 중심선을 겸하는 것이 가능**하기 때문이다.

4.2 단면도의 종류

단면도를 도시할 때 물체의 내부구조, 형상 등을 고려하여 소수의 도면으로 명확하게 표시할 수 있는 절단위치를 선택한다.

4.2.1 전 단면도

물체 형상의 중심을 기준으로 2개로 절단(1/2 절단)하여 투상도 전체를 단면으로 표시한 것을 전 단면도 또는 온 단면도라고 한다.

전 단면도에서 절단면은 투상도에 평행하고, 중심선을 지나는 것이 원칙이지만 **형상에 따라서 반드시 기본 중심을 지날 필요는 없다.**

[그림 2.49]는 물체를 기본 중심선으로 정확히 2개로 절단하여 나타낸 전 단면도로서 절단 각도는 180°이다.

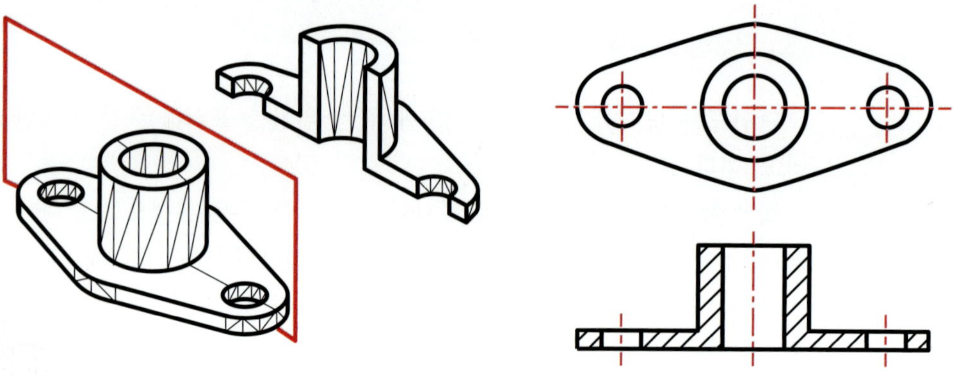

[그림 2.49] 전 단면도

단면이 **기본 중심선을 지나는 경우는 절단선은 생략한다**. 단, [그림 2.50]과 같이 기본 중심이 아닌 단면에서 절단했기 때문에 전 단면도라고 이해할 수 없다. 이때는 그림과 같이 **절단선으로 절단 위치와 화살표로 단면을 보는 방향을 표시**한다.

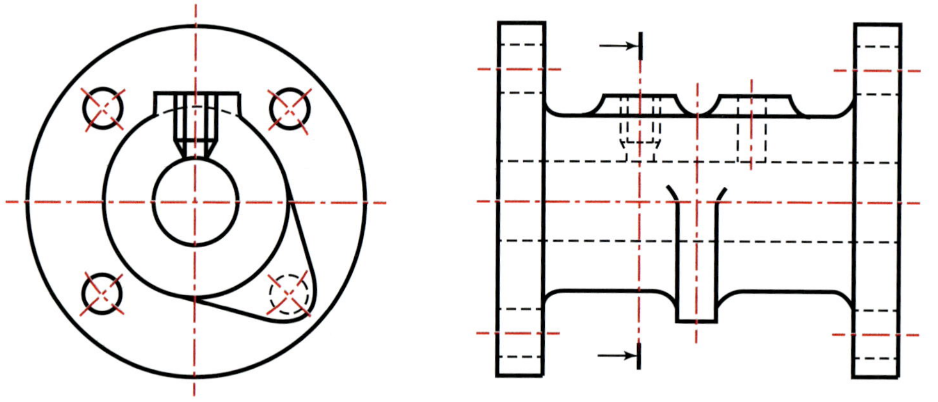

[그림 2.50] 중심선이 없는 위치의 절단

4.2.2 반 단면도

반 단면도는 [그림 2.51]과 같이 **상, 하 또는 좌, 우 대칭인 물체의 1/4**(절단 각도는 90°)을 **잘라내었다고 가정하고 절반은 외형도, 다른 절반은 단면도로 도시한다.**

이때 반 단면도에서 중심선을 기준으로 절단면이 대칭이므로 [그림 2.51]의 (b)와 같이 절단면에 대칭면의 숨은선을 나타내면 잘못된 단면도이다. 또한 직교하는 2개의 절단면에 절단선을 기입하지 않는다.

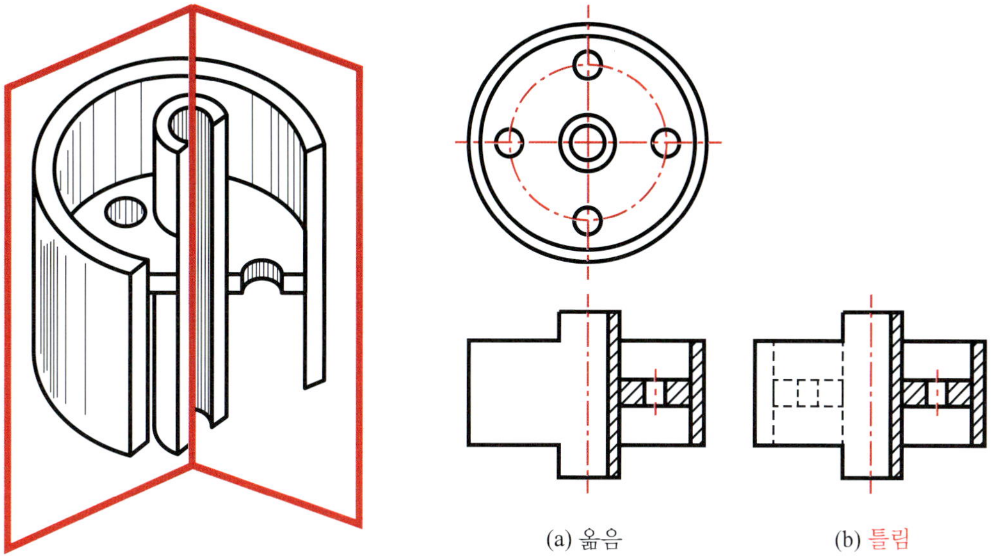

[그림 2.51] 반 단면도

4.2.3 부분 단면도

[그림 2.52]와 같이 물체의 일부분을 절단하고 국부적으로 단면도를 표시한 투상도를 부분 단면도라고 한다. 이때 절단된 영역을 표시하는 경계선은 **파단선(가는 실선으로 자유롭게 손으로 도시)을 사용**한다.

파단 영역을 제외한 모든 부분의 내부 형상은 숨은선으로 도시한다.

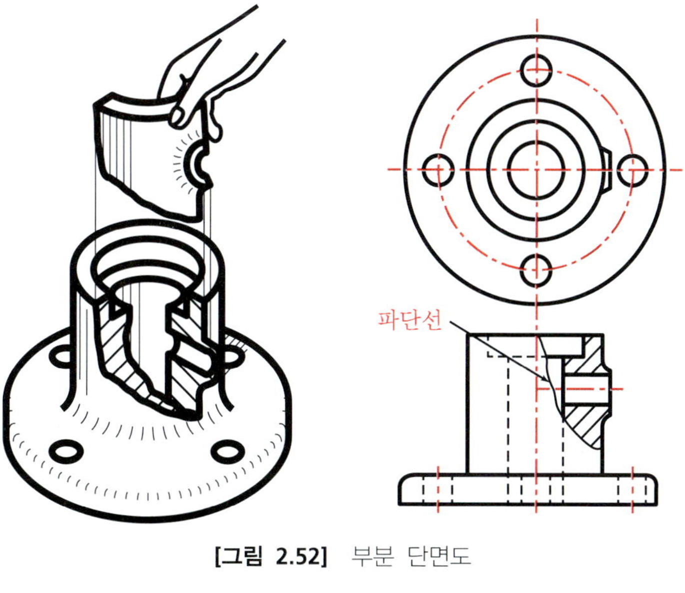

[그림 2.52] 부분 단면도

4.2.4 회전 단면도

회전 단면도는 물체의 어떤 부분을 국부적으로 절단하여 절단면을 90° 회전시켜 도시한 투상도이다. 이때 회전 단면도는 **단면의 형상을 나타내기 위한 목적으로 도시**하며, 투상 위치는 몇 가지 방법이 있다.

[그림 2.53]은 투상도를 파단하고 파단된 중간에 회전 단면도를 위치시켜 도시하였다. 이때 회전 단면도는 외형선(굵은 실선)으로 도시하고 내부는 해칭을 한다.

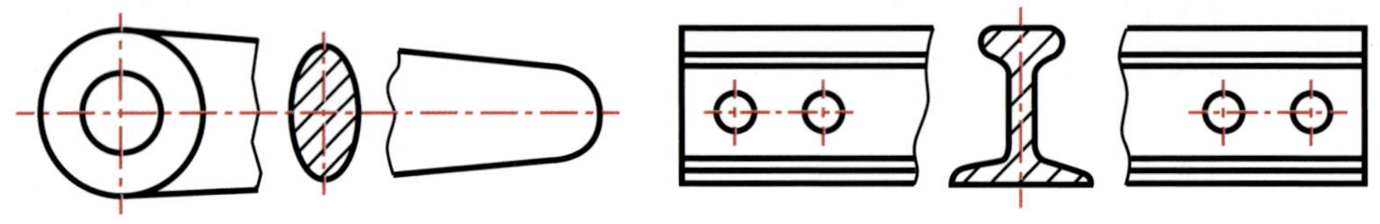

(a) (b)

[그림 2.53] 회전 단면도

[그림 2.54]는 투상도 내의 절단 위치에 겹쳐서 회전 단면도를 가는 실선으로 도시한 것이다. 단면도가 다수면 [그림 2.55]와 같이 절단선의 연장선 위에 도시한다.

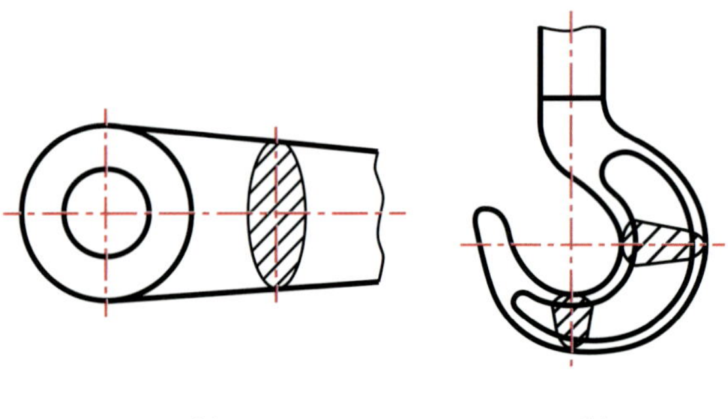

(a) (b)

[그림 2.54] 도형 내의 절단 위치에 겹쳐 회전 단면도 도시

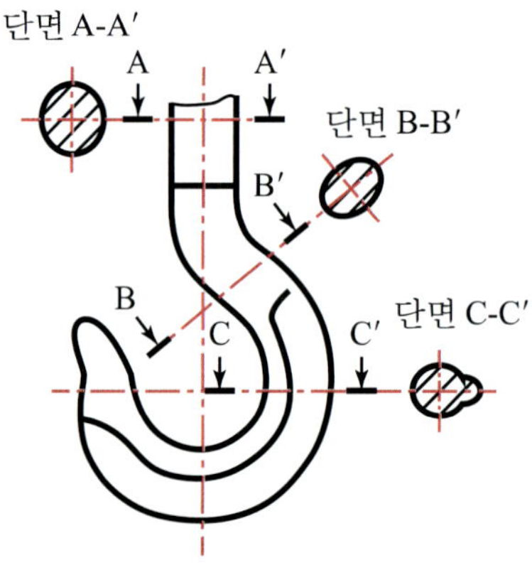

[그림 2.55] 절단선의 연장선 위에 회전 단면도 도시

4.2.5 조합에 의한 단면도

2개 이상의 절단면을 조합하여 도시한 단면도는 단면을 투상 하는 방향을 표시하는 화살표와 문자기호를 기입한다. 문자기호는 영문 대문자를 사용하며, 절단면의 위치는 절단선의 방향과 관계없이 단면도 위에 기입한다.

[그림 2.56]과 같이 대칭형 또는 대칭 유사형의 대상물은 대칭의 중심선

을 경계로 한쪽을 투상면에 평행하게 절단하고, 다른 쪽을 투상면과 임의 각도로 절단하고 도시한 조합에 의한 **대칭형 또는 대칭 유사형 단면도**이다. 이때 단면도는 **절단 각도만큼 투상면 쪽으로 회전하여 도시한다.**

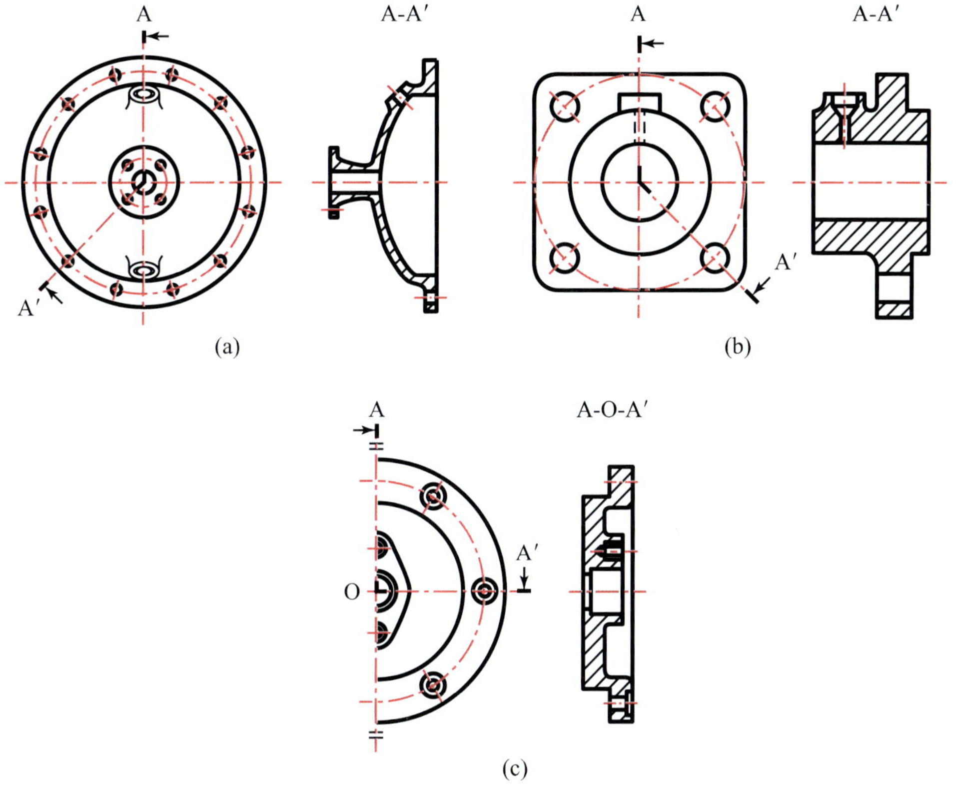

[그림 2.56] 대칭 또는 대칭 유사형 단면도

2개 이상의 평행한 평면에서 절단하고 도시한 단면도는 필요한 부분만을 합성하여 표시할 수 있다. 이때 절단선으로 절단의 위치를 표시하고, [그림 2.57]과 같이 조합한 **계단식 단면도**를 나타내기 위해 2개 이상의 절단선을 임의의 위치에서 연결할 필요가 있다.

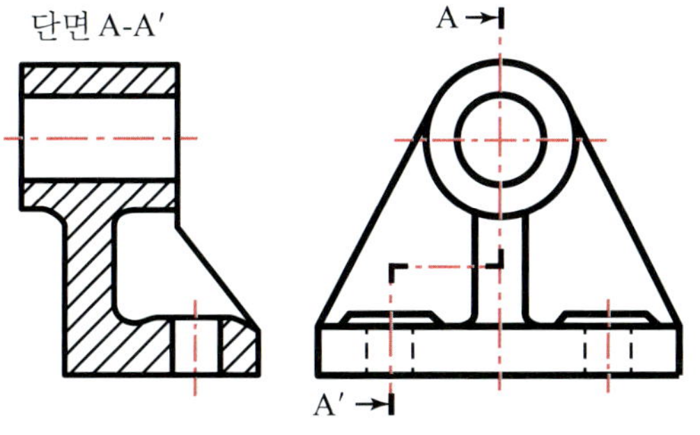

[그림 2.57] 계단식 단면도

[그림 2.58]은 곡관의 단면을 중심선을 따라 절단하고 투상한 **곡관 단면도**이다.

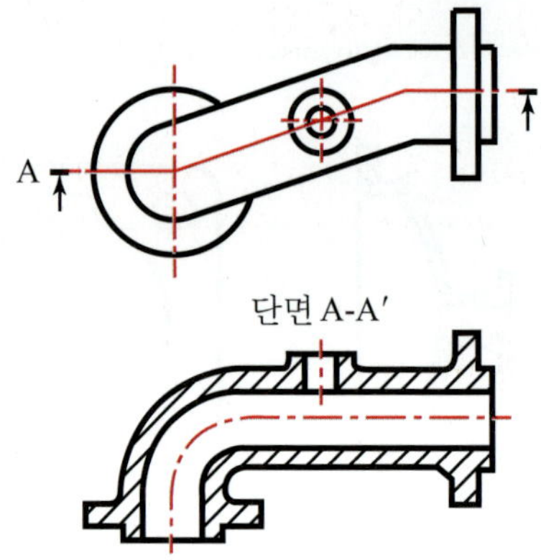

[그림 2.58] 곡관 단면도

단면도는 필요에 따라서 앞에서 제시한 방법을 조합시켜 표시할 수 있다. [그림 2.59]는 그 예를 나타낸 단면도이다.

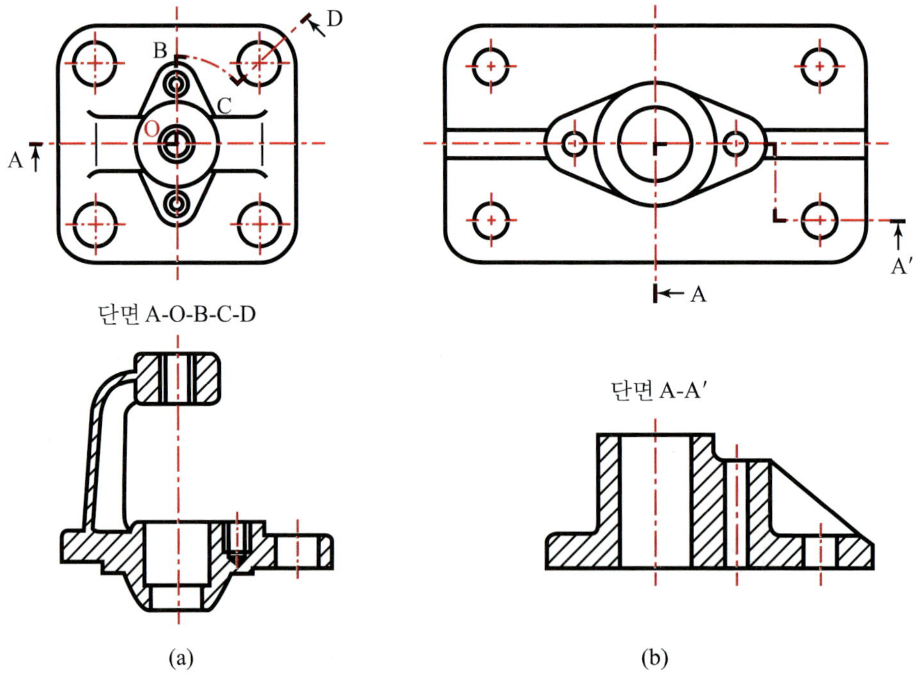

[그림 2.59] 종합적인 조합에 의한 단면도

4.2.6 다수의 단면도에 의한 도시

[그림 2.60]의 (a)와 같이 대상물의 형상(헬리콥터 날개와 유사한 형상)

이 서서히 변화는 경우 한 투상도에 다수의 단면도를 표시할 수 있다. 또한 치수 기입과 단면을 이해하는데 편리하도록 일련의 단면도는 투상의 방향을 맞추어서 도시하는 것이 좋다.

[그림 2.60]의 (b)와 같이 절단선의 연장선상에 또는 중심선 상에 배치하는 것이 바람직하다.

[그림 2.61]과 같이 복잡한 대상물은 다수의 단면도로 도시한다.

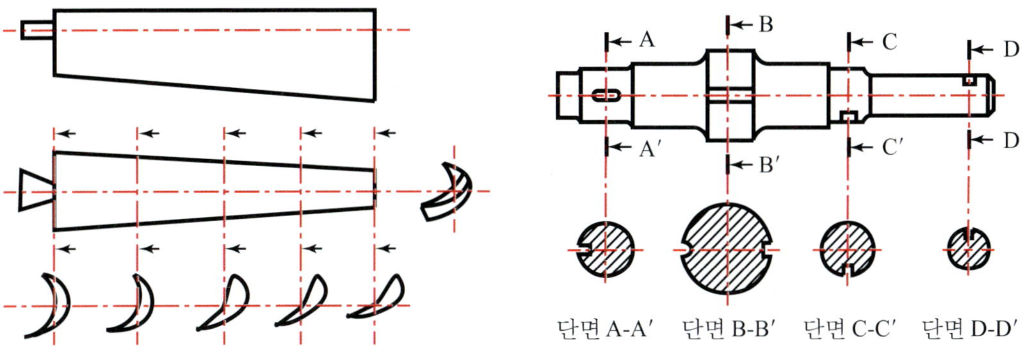

(a) 형상이 서서히 변화하는 경우 (b) 절단선의 연장선상에 배치한 경우

[그림 2.60] 다수의 회전 단면도

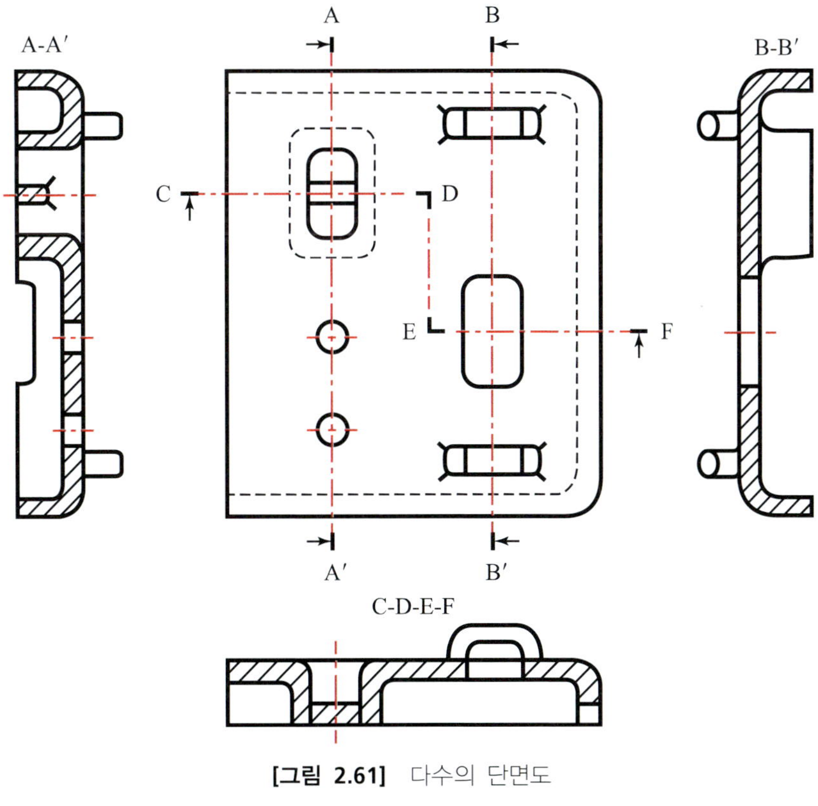

[그림 2.61] 다수의 단면도

4.2.7 얇은 단면도

개스킷(Gasket), 박판, 형강 등과 같이 물체의 단면이 얇은 물체의 경우 [그림 2.62]와 같이 철판을 용접한 단면을 진하게 도시하거나, [그림 2.63]과 같이 실제의 치수와 관계없이 아주 굵은 실선으로 표시한다.

[그림 2.62] 아주 굵은 실선으로 도시한 얇은 단면도

그러나 얇은 단면이 인접하고 있을 때의 도형은 실제로 접해 있지만 정확한 해석을 위해 도형사이(다른 도형과의 사이도 포함)를 약간의 간격(0.7mm 이상)을 두고 도시한다.

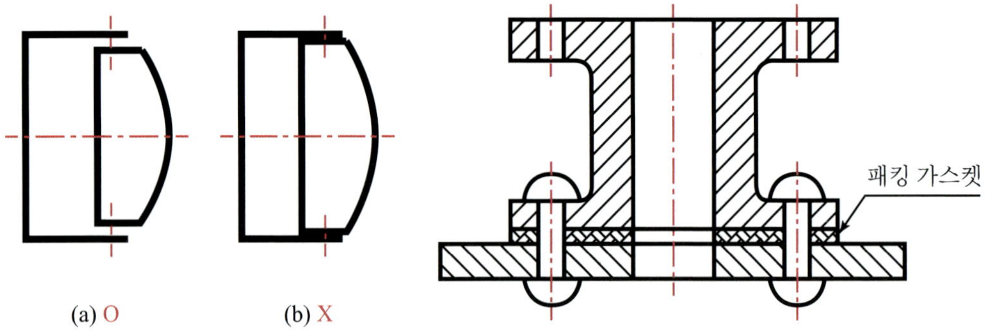

[그림 2.63] 인접한 물체의 얇은 단면도

4.3 단면도로 도시하지 않는 경우

공작물 중 핀(Pin), 키(Key), 볼(Boll)과 같은 물체는 단면도로 도시하면 이해하는데 혼돈을 주므로 단면도로 도시하지 않는다.

[그림 2.64]의 (a)에서 리브의 부분까지 절단을 하면 그림의 (d)와 같이 되고, 이것은 도면이 명확하게 이해하기 어렵기 때문에 제도자는 절단면은 리브 부분을 제외하고 (c)와 같이 도시한다. 또한 [그림 2.64]의 (e)와 같이 볼트, 너트, 키, 핀 및 핀 등의 단면 역시 절단하고 단면도로 도시하지 않는다.

KS는 **축, 핀, 볼트, 리벳, 키, 코터, 리브, 암, 기어의 이, 볼 베어링의 볼(강**

구), 원통 롤러 등은 일반적으로 길이 방향으로 절단하지 않고 도시하는 것을 원칙으로 정해져 있다.

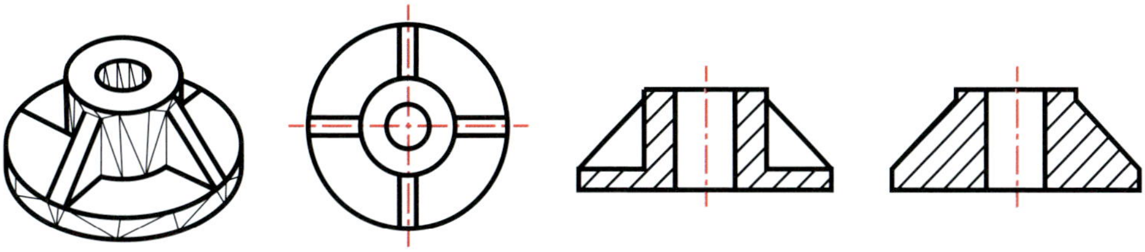

(a) (b) (c) 옳음 (d) 틀림

리브가 있는 물체의 단면

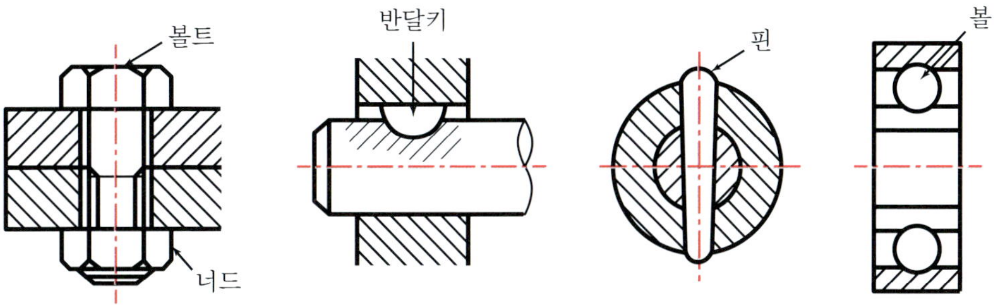

볼트 · 너트의 단면 키 핀 볼

(e) 절단하지 않는 부품

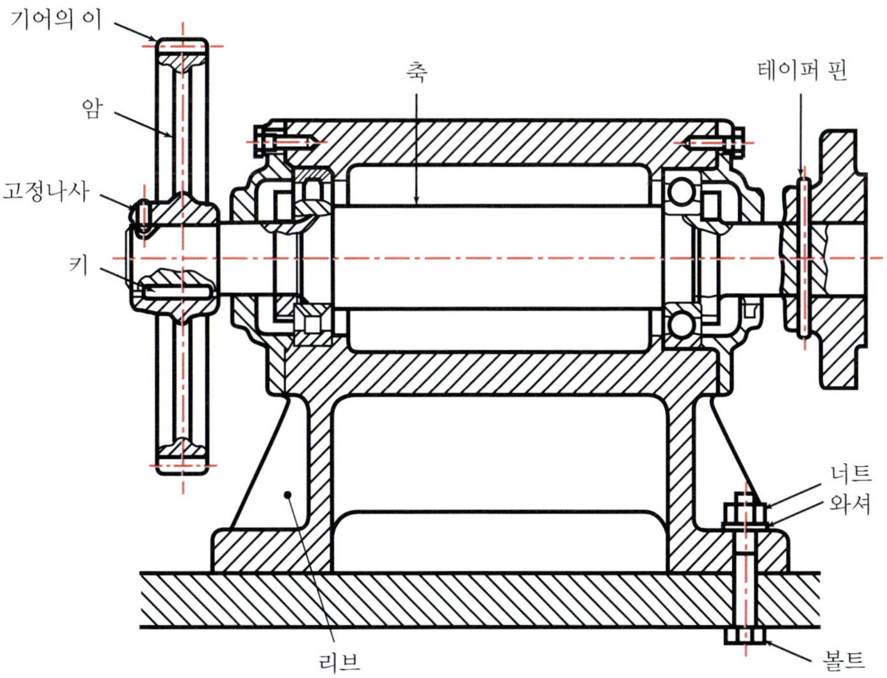

[그림 2.64] 축, 볼트 등의 길이 방향으로 절단하지 않는 도시 예

05 관용도법

도면 해석이 명확하고 제도시간을 줄이기 위해 투상법의 원칙을 일부 무시하고 **관습적(습관적)으로 도시하는 방법을 관용도법이라 한다.**

본 절에서는 관용도법에 의해 투상도를 도시하는 방법에 대해서 학습한다.

5.1 투상면의 교차 부분의 도시법

5.1.1 2개 면의 교차 부분의 도시법

투상면과 면의 만나는 부분이 각을 이루지 않고, 둥근 모양일 때 둥근 부분을 다른 투상도에 표시할 경우에는 2개의 투상면이 둥글기가 없이 교차한 위치에서 투상하여 [그림 2.65]와 같이 도시한다.

이는 둥글기가 작은 경우로서 도면을 쉽게 해석하기 위함이다. 이때 둥근 부분을 표시하는 선은 굵은 실선으로 외형선에 연결하는 것이 일반적이지만 [그림 2.65]의 (b)와 같이 간격을 두고 도시하기도 한다.

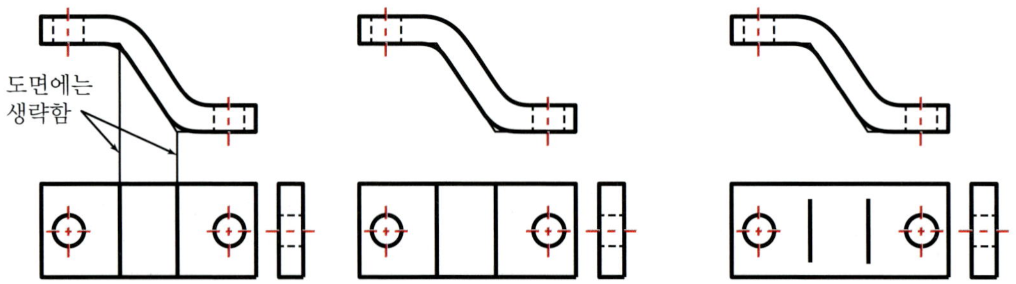

(a) (b)

[그림 2.65] 둥글기가 있는 면의 교차부분의 관용적 도시

5.1.2 리브 등의 도시법

나무를 이식 또는 식목할 때 바람 등으로 넘어지는 것을 막기 위해 지주목으로 지탱한다. 이처럼 기계 부품을 비롯한 다양한 물체에서 두께가 얇은 부분을 보강 및 지탱하기 위하여 덧붙이는 뼈대(肋材)를 리브라고 하며, 리브 등을 표시하는 선의 끝 부분은 관습적으로 [그림 2.66]의 (a)와 같이 직선 그대로 멈추게 도시한다.

또한 관련 있는 둥글기의 반지름이 현저하게 다른 경우는 [그림 2.66]의 (b), (c)처럼 끝 부분을 도시한다.

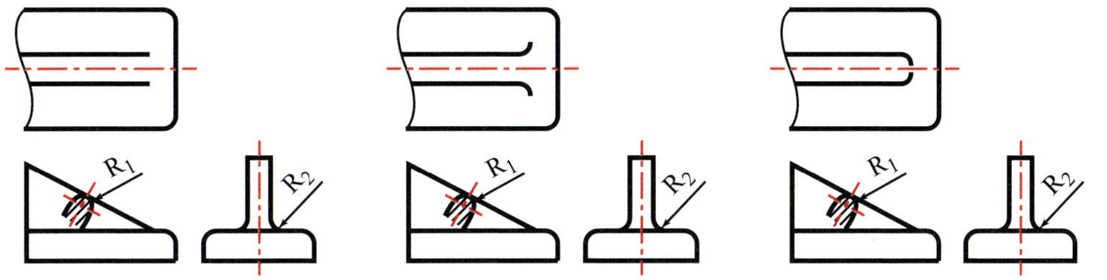

(a) 일반적인 경우 (b) $R_1 < R_2$인 경우 (c) $R_1 > R_2$인 경우

[그림 2.66] 리브의 도시

5.1.3 곡면과 곡면, 곡면과 평면이 교차하는 상관선 도시법

도면 작성에서 크기가 현저하게 다른 원형관이 교차하는 부분 또는 곡면과 평면이 교차하는 부분은 [그림 2.67]과 같이 **원통 지름의 차이가 큰 경우**는 관용적으로 간단히 직선으로 표시한다.

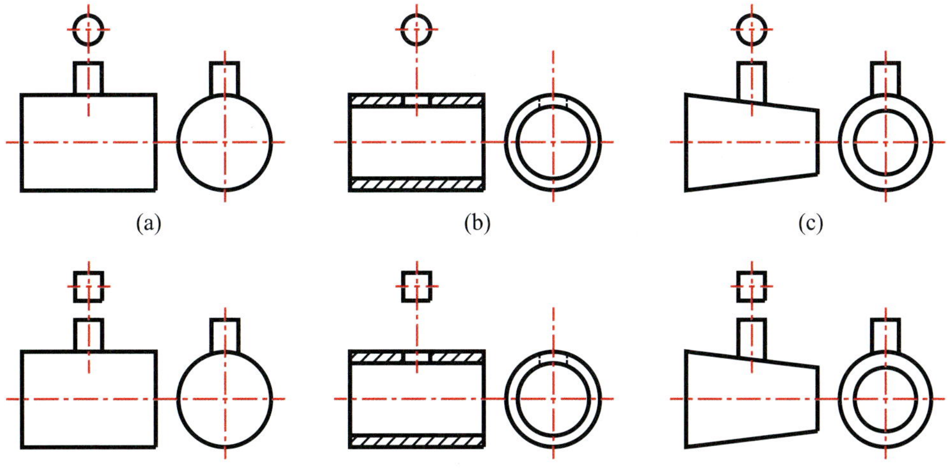

(a) (b) (c)

(d) (e) (f)

[그림 2.67] 상관선의 도시법(지름 차이가 큰 경우)

그러나 [그림 2.68]과 같이 **지름의 차이가 상대적으로 작은 경우**는 투상법에 따라 원호를 도시한다.

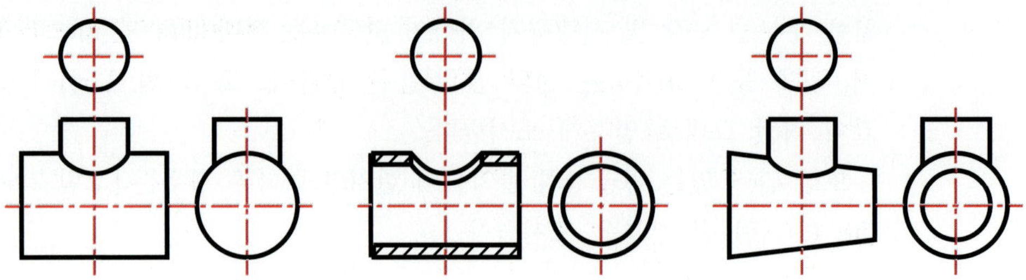

(a) (b) (c)

[그림 2.68] 상관선의 도시법(지름 차이가 작은 경우)

5.2 관용된 도시법

5.2.1 간단하고 명료한 도시법

① 부분 투상도에 의한 도시

[그림 2.69]의 (a)와 같이 좌측면도를 도시하면 겹치는 부분 때문에 이해하기 어려우므로 그림 (b)과 같이 부분 투상도에 의해 좌, 우로 반씩 나누어 도시하는 것이 해석함에 있어 명확하다.

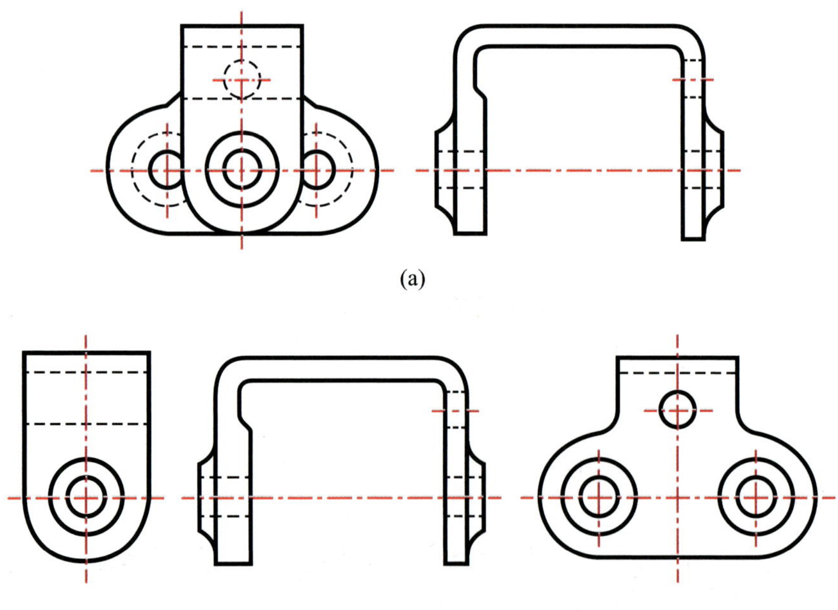

[그림 2.69] 부분 투상도

[그림 2.70]은 부분 투상도이다. 보충한 투상도에 보이는 부분을 전부 도시하면, 도면이 도리어 알기 어렵게 될 경우에는 부분 투상도로 도시하는 것이 좋다.

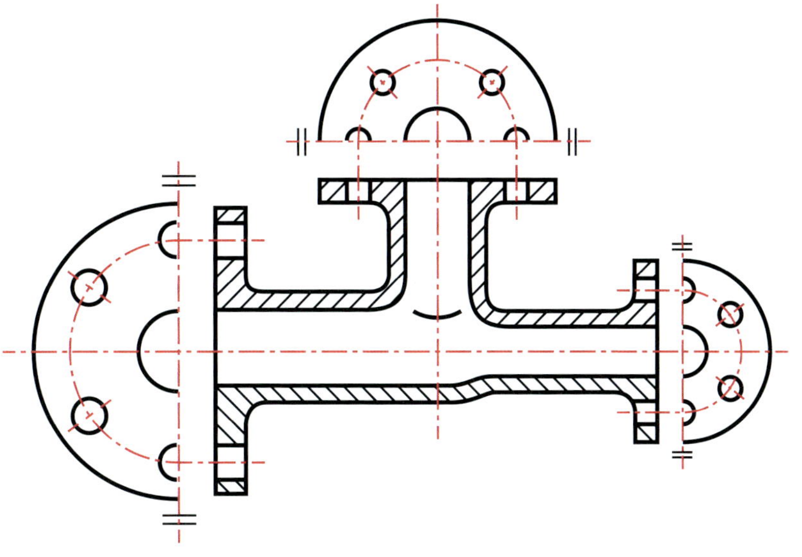

[그림 2.70] 부분 투상도

② 피치원에 배치하는 원형의 도시

[그림 2.71]과 같이 피치원 상에 배치된 원형은 측면의 투상도(단면도 포함)에서 피치원을 만드는 원통을 표시하는 가는 1점 쇄선과 그 한쪽에만 1개의 구멍을 투상관계에 상관없이 도시하고, **다른 구멍의 도시를 생략할 수 있다.** 또한 구멍 배치는 이것을 표시하는 도면에 나타내는 등의 방법으로 분명하게 표시한다.

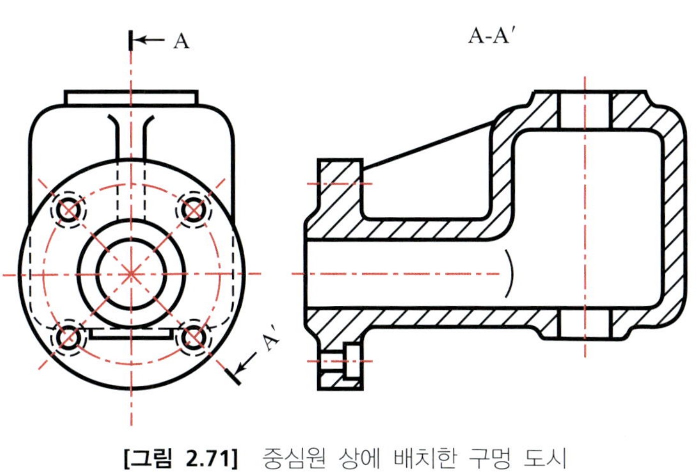

[그림 2.71] 중심원 상에 배치한 구멍 도시

5.2.2 특정한 형상이 있는 경우 도시법

키의 홈이 있는 보스 구멍, 구멍이 있는 관, 갈라진 링 등과 같이 특정한 형상이 있는 부분을 도시할 때는 [그림 2.72]와 같이 **특정한 형상 부분이 위쪽에 위치하도록 도시한다.**

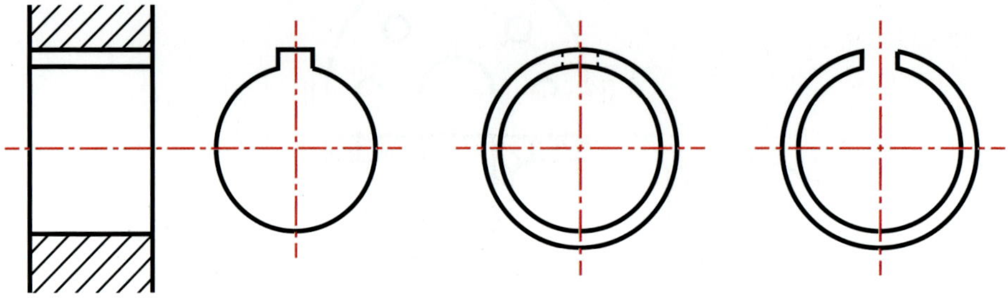

(a) (b) (c)

[그림 2.72] 특정한 형상부분 위쪽 도시

5.2.3 평면 부분 도시법

[그림 2.73]과 같이 **평면인 도형을 표시할 때는 해당 면에 가는 실선으로 대각선을 도시한다.** 또한 [그림 2.73]의 (b)와 같이 감추어진 부분도 모두 가는 실선으로 도시한다.

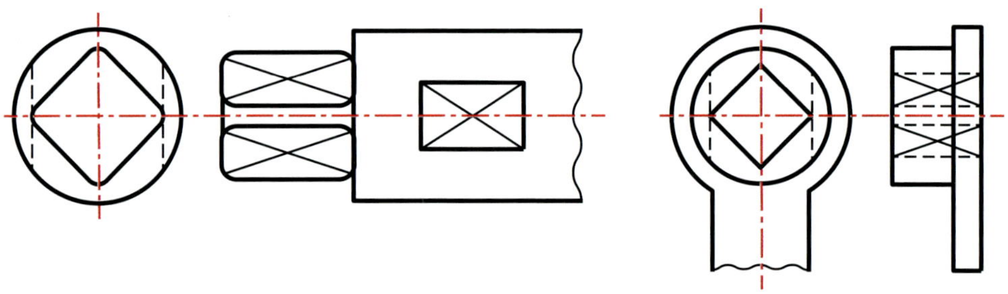

(a) (b)

[그림 2.73] 평면부분 도시

5.2.4 널링, 철망 및 줄무늬 강판의 생략 도시법

공구류의 손잡이는 미끄러지지 않도록 얇은 깊이의 자국을 많이 만들어 제작하는데 이를 **널링**이라 한다. 널링은 [그림 2.74]의 (a)와 같이 일부분만 도시한다. 또 철망이나 줄무늬 강판 등은 그림 (b), (c)처럼 모양을 도시 한다.

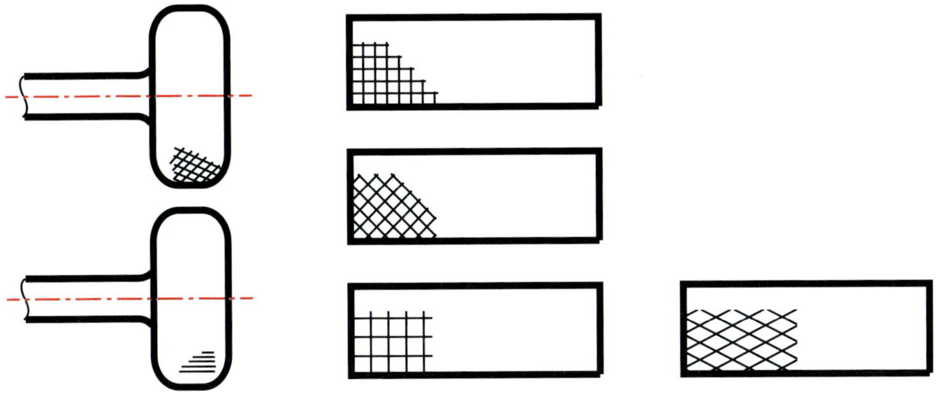

(a) 널링가공 부분　　(b) 철망　　(c) 줄무늬 강판

[그림 2.74] 널링(철망, 줄무늬 강판)

5.2.5 특수한 가공부분 도시법

공작물의 일부분을 특수 가공할 때는 [그림 2.75]와 같이 그 범위를 외형선에 평행하게 특수 지정선(굵은 1점 쇄선)으로 나타낸다. 도형 중에 특정한 범위를 지시할 때는 그림 (b), (c)와 같이 그 범위를 둘러싸도록 도시한다.

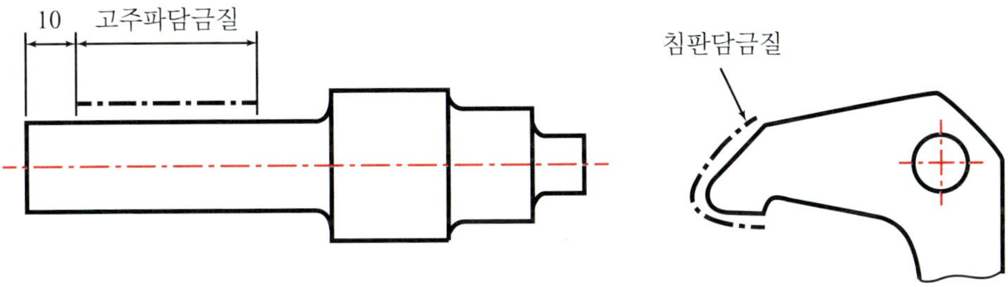

(a) 온둘레의 경우　　(b) 부분의 경우

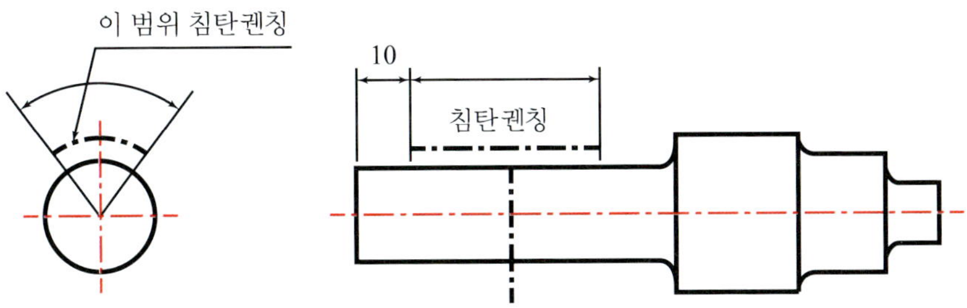

(c) 부분의 경우

[그림 2.75] 특수한 가공 부분의 도시법

연 습 문 제

01 정 투상법에 대한 설명 중 가장 옳게 설명한 것은?

① 물체의 형태를 법칙에 따라 평면위에 도시하는 방법이다.
② 물체의 형태를 법칙에 따라 3차원 모델링하는 방법이다.
③ 정 투상법은 직각 투상과 사 투상법이 있다.
④ 정 투상법은 평행투상과 투시 투상법으로 분류한다.

02 정 투상법에서 투상선과 투상면의 경사 각도는?

① 30° ② 60° ③ 90° ④ 120°

03 물체의 형상에 관한 정보를 1면도로 정확한 크기를 나타내기 어려운 것을 보완할 수 있는 투상법은?

① 투시투상법 ② 축측 투상법 ③ 정 투상법 ④ 사 투상법

04 다음 중에서 제3각법의 투시 순서는?

① 눈 → 투상면 → 물체 ② 물체 → 투상면 → 눈
③ 눈 → 물체 → 투상면 ④ 물체 → 눈 → 투상면

05 다음 중에서 제1각법의 투시 순서는?

① 눈 → 투상면 → 물체 ② 물체 → 투상면 → 눈
③ 눈 → 물체 → 투상면 ④ 물체 → 눈 → 투상면

06 KS에 정해져 있는 우리나라의 정 투상법은?

① 제3각법으로 필수적으로 사용하여야 한다.
② 제3각법을 원칙으로 하고 필요시 제1각법을 사용한다.
③ 제1각법으로 필수적으로 사용하여야 한다.
④ 제1각법을 원칙으로 하고 필요시 제3각법을 써도 좋다.

07 투상법 중 제1각법에 의한 도면의 배치 중 배면도 위치는?

① 저면도의 우측　② 정면도의 아래
③ 우측면도의 우측　④ 좌측면도의 우측

08 다음 그림은 어느 투상법의 기호인가?

① 1각법
② 2각법
③ 3각법
④ 4각법

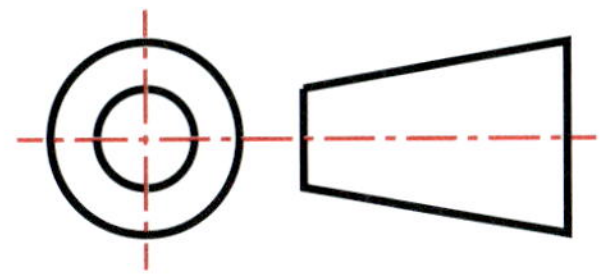

09 다음 도면은 어떤 입체도를 제3각법으로 투상한 투상도인가?

① 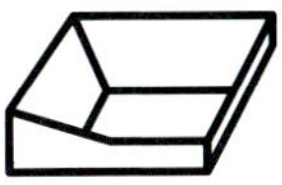
② 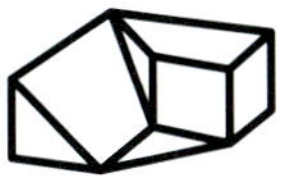
③ 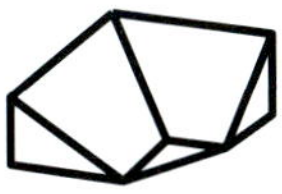
④ 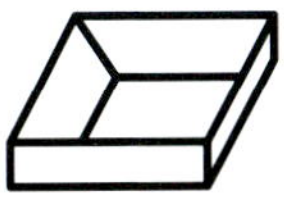

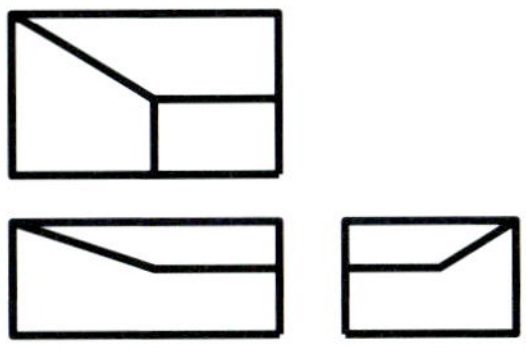

10 입체도를 보고 화살표 방향을 정면도로 했을 때 제3각법으로 올바르게 투상도를 도시한 것은?

① 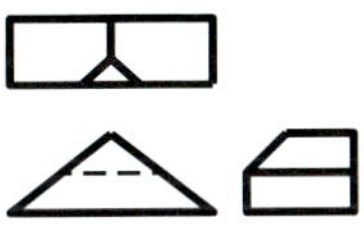
② 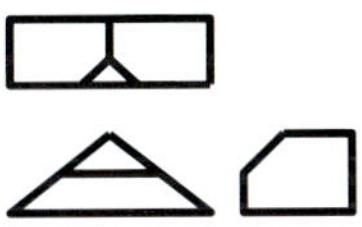
③ 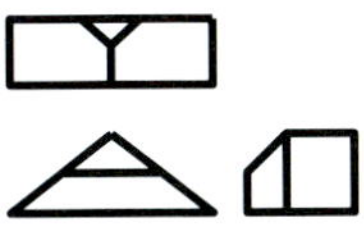
④ 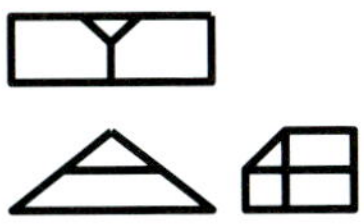

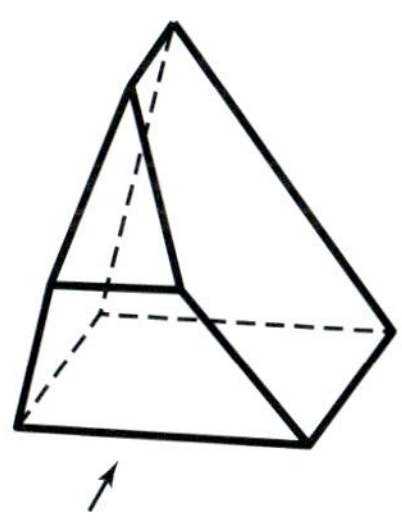

11 입체도의 화살표방향에서 보고 도시한 투상도는?

① 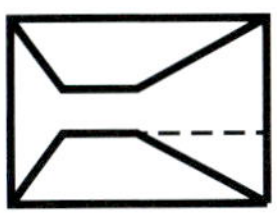
② 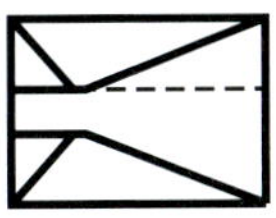
③ 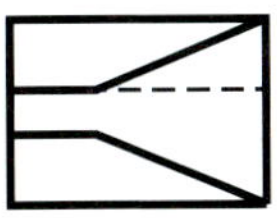
④ 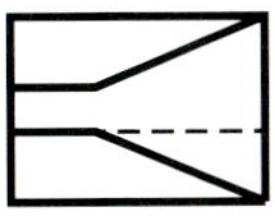

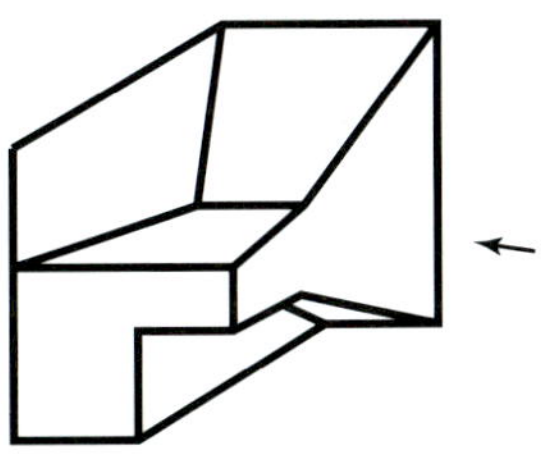

12 입체도의 화살표 방향에서 보고 도시한 투상도는?

① 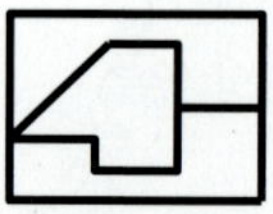
② 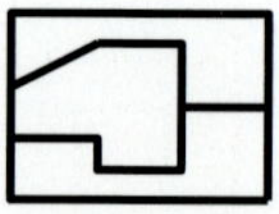
③ 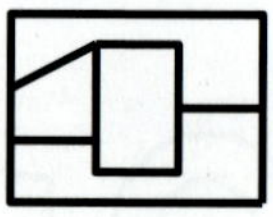
④ 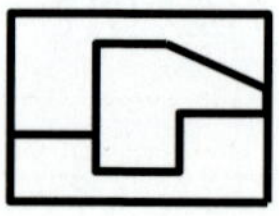

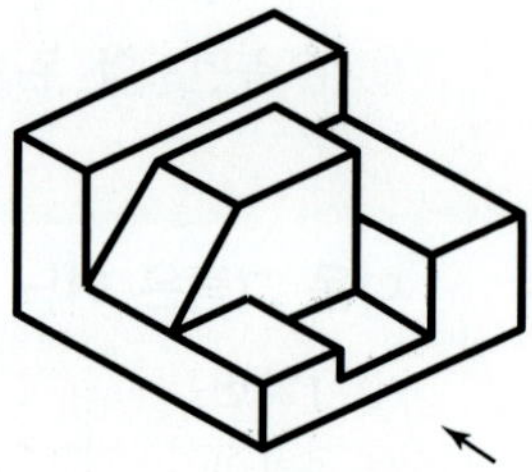

13 입체도에서 화살표방향에서 보고 도시한 투상도는?
(단, 홈은 모두 관통 되었다.)

① 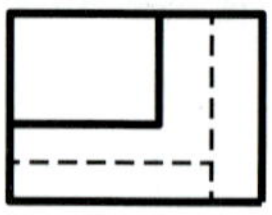
② 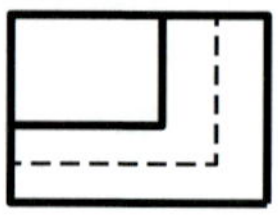
③ 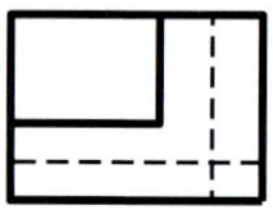
④ 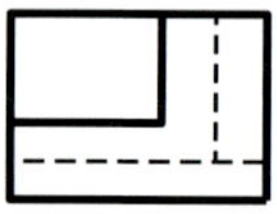

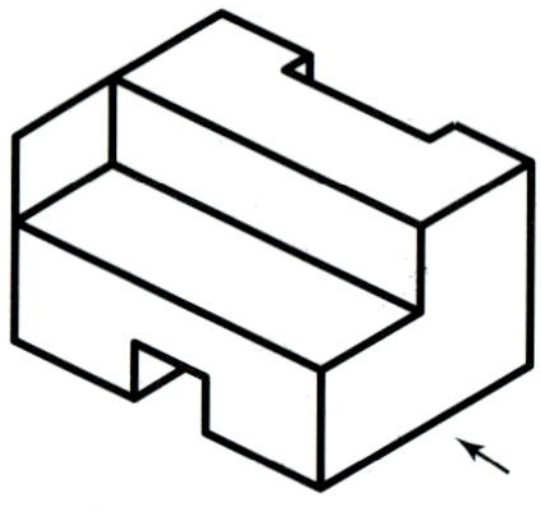

14 다음과 같은 평면도를 보고 정면도로 맞게 도시한 것은?
(단, 원기둥위에 형상은 삼각기둥임)

① 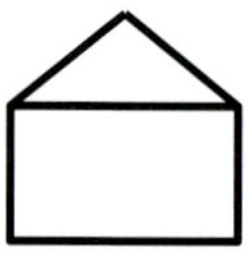
② 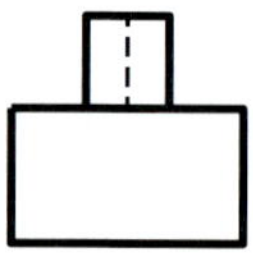
③ 
④ 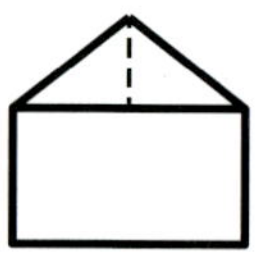

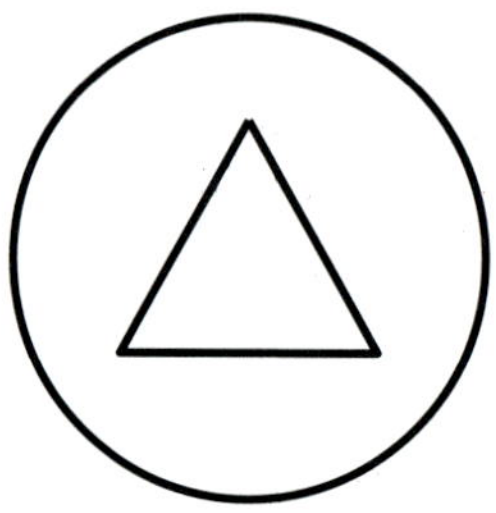

15 입체도의 화살표 방향을 정면도로 할 때 제3각법에 의해 투상한 평면도는?

① 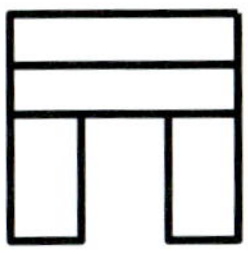
② 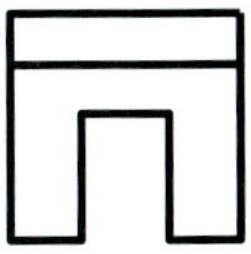
③ 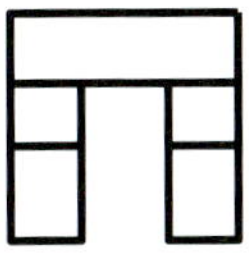
④ 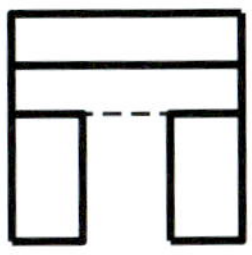

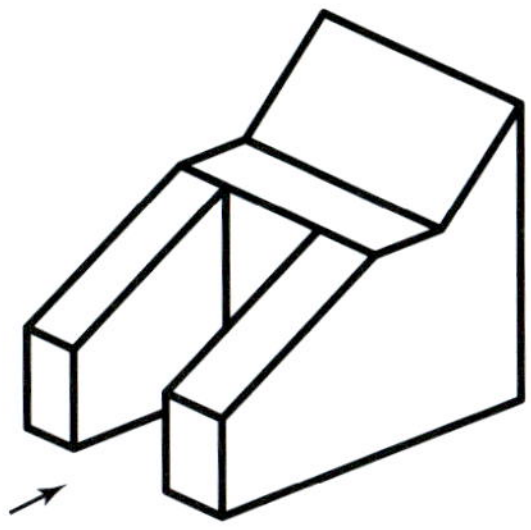

16 다음 도면은 3각법으로 투상한 정면도와 평면도일 경우 우측면도로 적합한 투상도는?

① 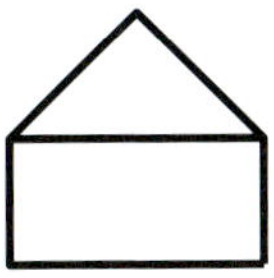
② 
③ 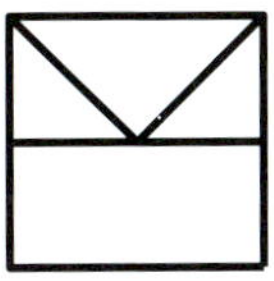
④ 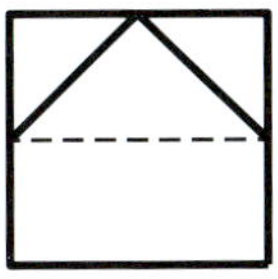

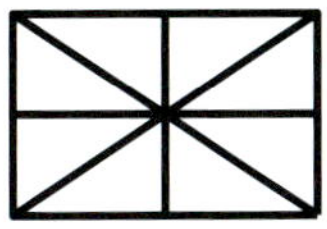
평면도

정면도

17 제3각법으로 제도된 우측 도면에서 평면도를 완성할 때 적합한 것은?

① 
② 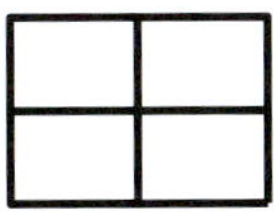
③ 
④ 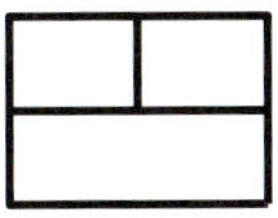

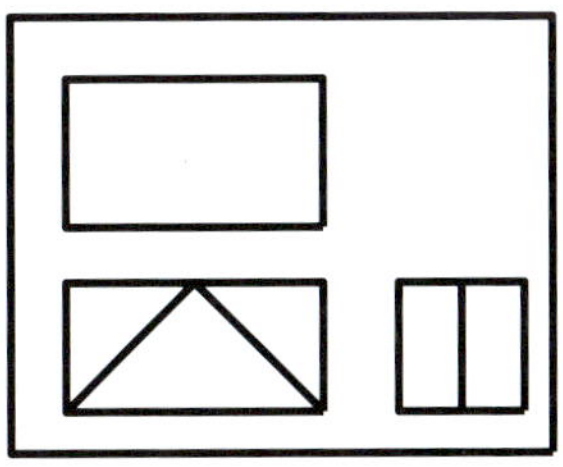

18 제3각법으로 제도된 투상도에 적합한 입체도는?

① 
② 
③ 
④ 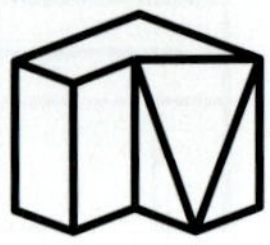

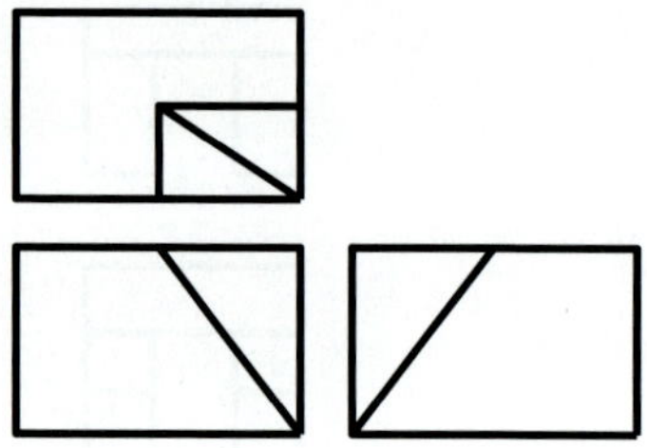

19 화살표의 방향을 정면도로 결정했을 때 제3각법에 의해 투상한 측면도와 정면도는?

① 
② 
③ 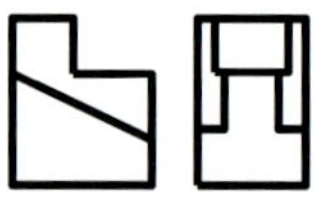
④ 

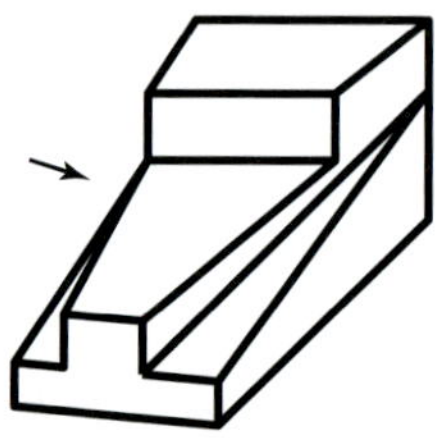

20 입체도를 보고 물체를 이해하는데 정 투상법에 의해 투상 했을 때 필요한 투상도 수(투상도 명)는?

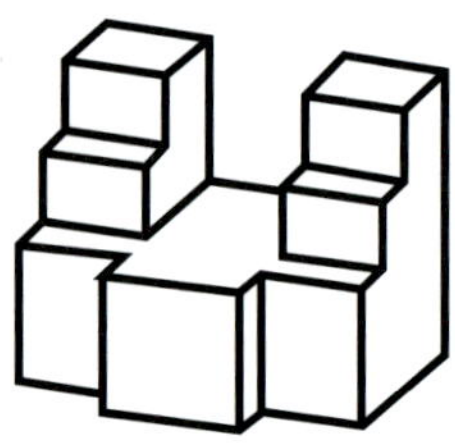

① 1개(정면도)
② 2개(정면도, 우측면도)
③ 2개(정면도, 평면도)
④ 3개(정면도, 평면도, 측면도)

21 입체도의 화살표방향에서 보고 도시한 투상도는?

① 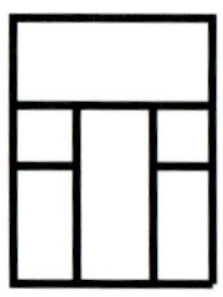
② 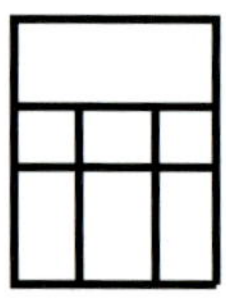
③ 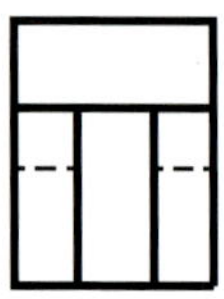
④ 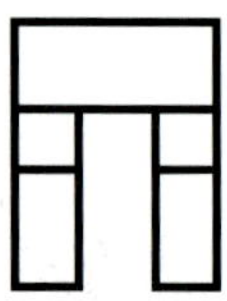

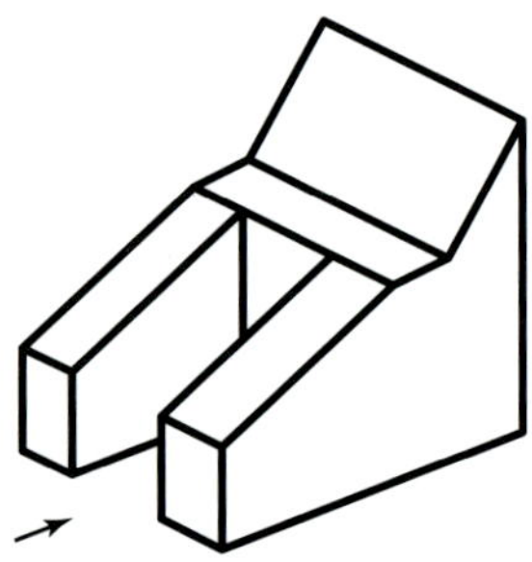

22 입체도의 화살표방향에서 보고 도시한 투상도는?

① 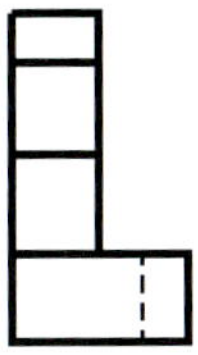

② 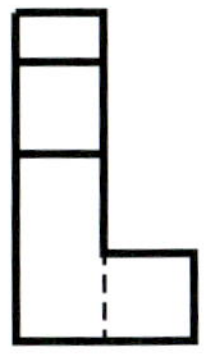

③ 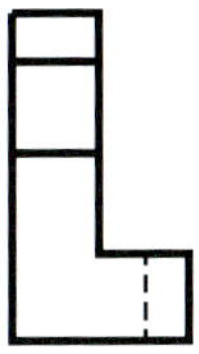

④ 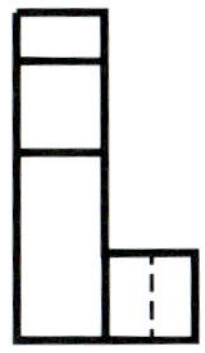

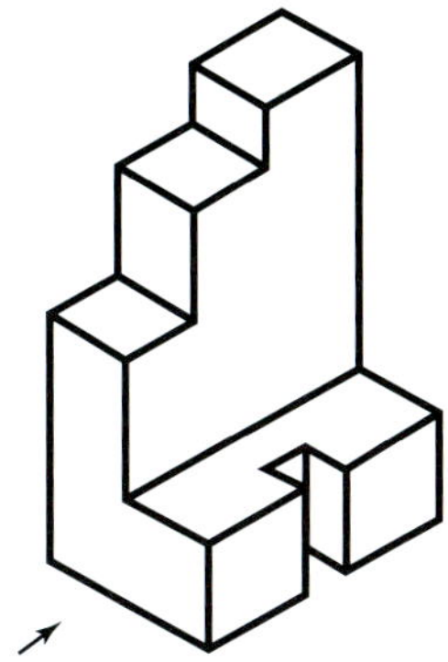

23 투상도 중에서 화살표 방향에서 보았을 때 제3각법에 의해 투상한 평면도는?

① 

② 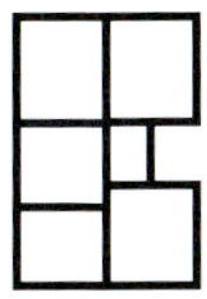

③ 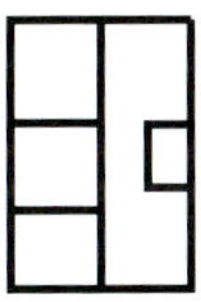

④ 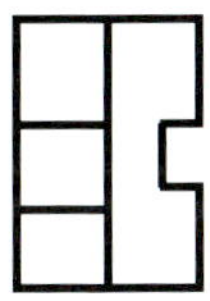

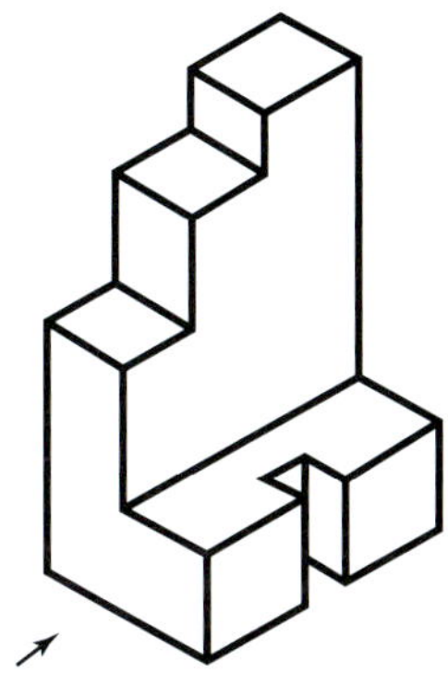

24 입체도의 화살표 방향을 정면도로 할 때 제3각법에 의해 투상한 평면도는?

① 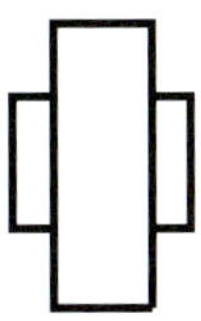

② 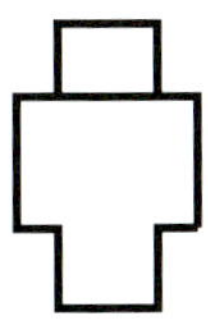

③ 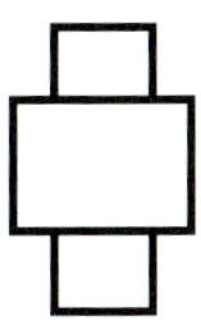

④ 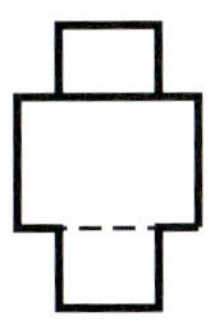

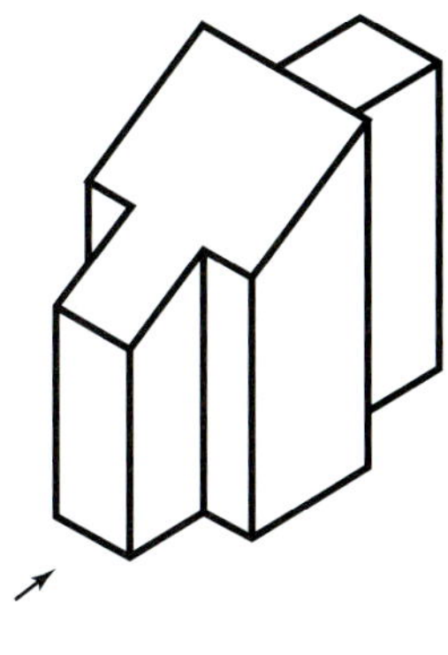

25 입체도의 화살표 방향을 정면도로 할 때 제3각법에 의해 투상한 평면도는?

① 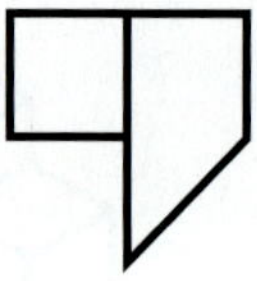 ② 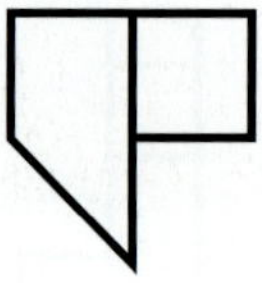

③ 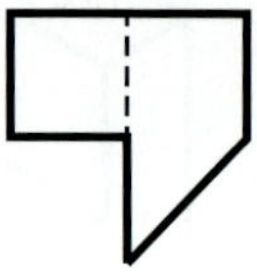 ④ 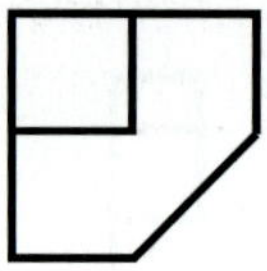

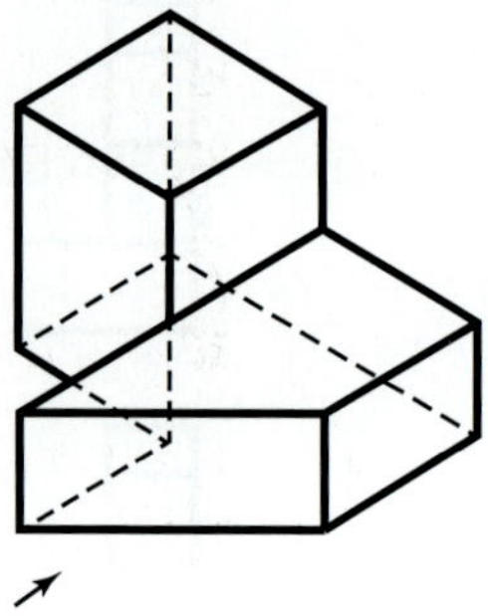

26 입체도의 화살표 방향을 정면도로 할 때 제3각법에 의해 투상한 우측면도는?

① 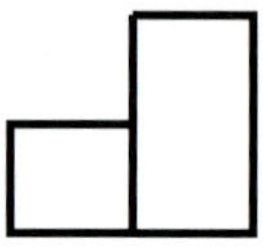 ② 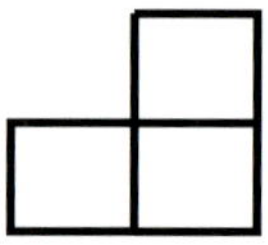

③ 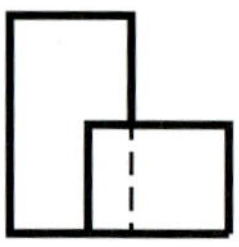 ④ 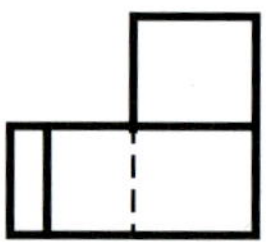

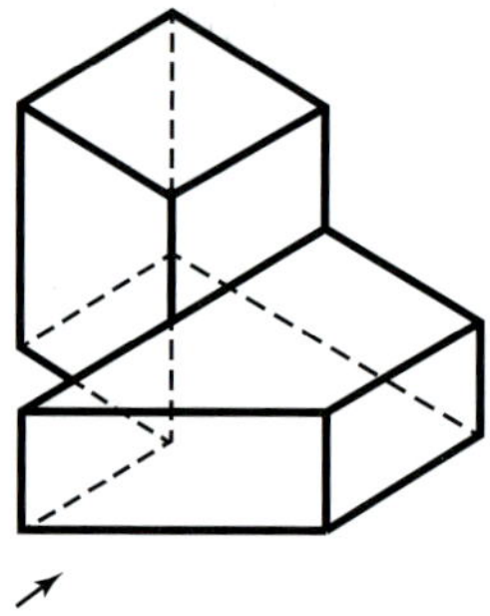

27 입체도의 화살표방향에서 보고 도시한 투상도는?

① 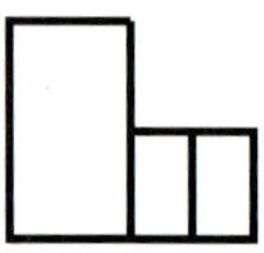 ② 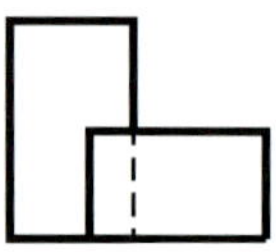

③ 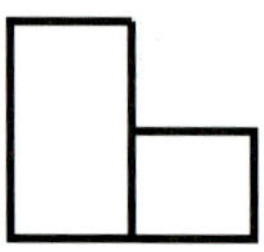 ④ 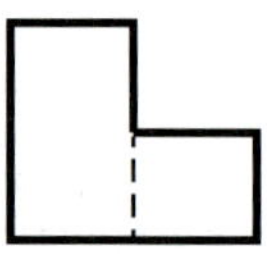

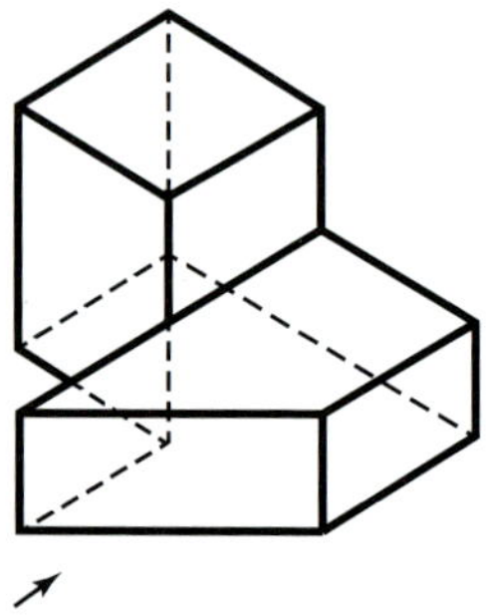

28 입체도의 화살표 방향을 정면도로 할 때 제3각법에 의해 투상한 평면도는?

① 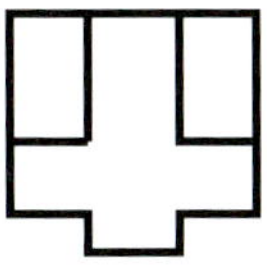

② 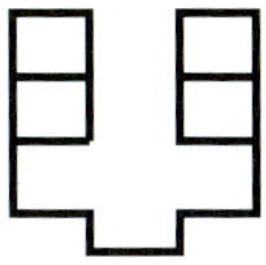

③ 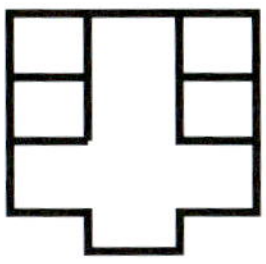

④ 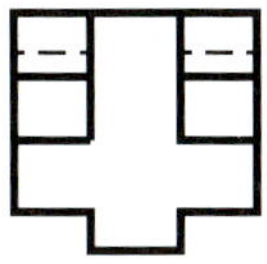

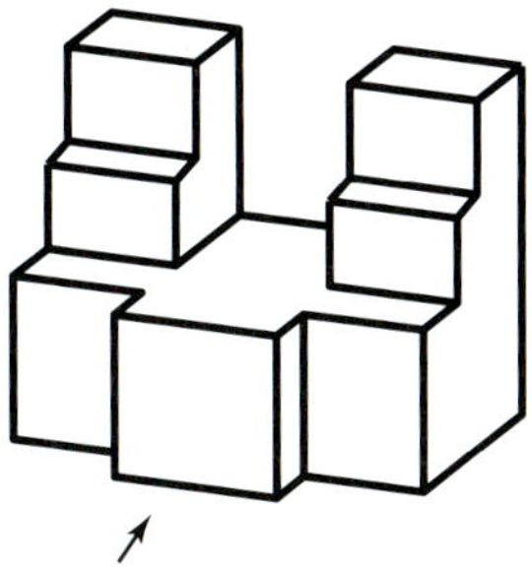

29 입체도의 화살표방향에서 보고 도시한 투상도는?

① 

② 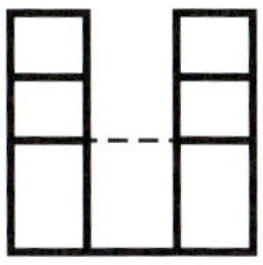

③ 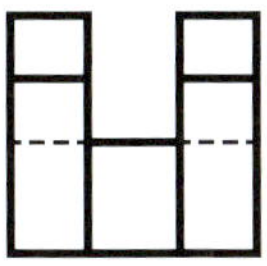

④ 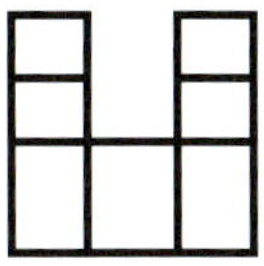

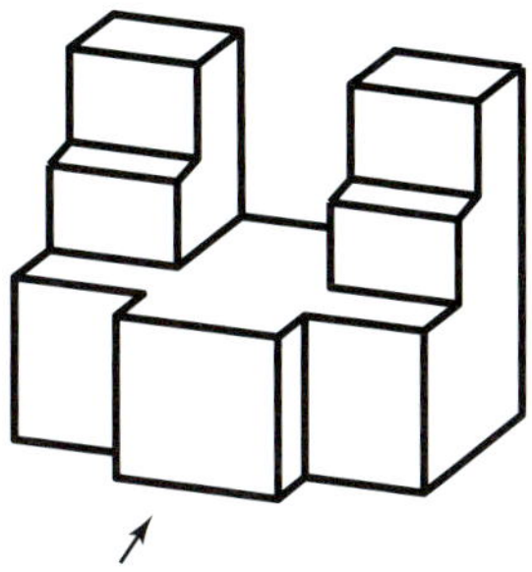

30 입체도의 화살표 방향을 정면도로 할 때 제3각법에 의해 투상한 평면도는?

① 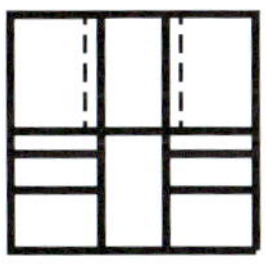

② 

③ 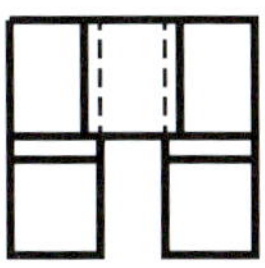

④ 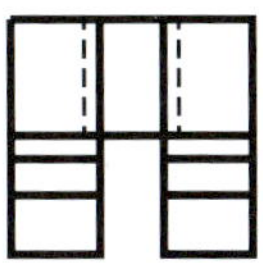

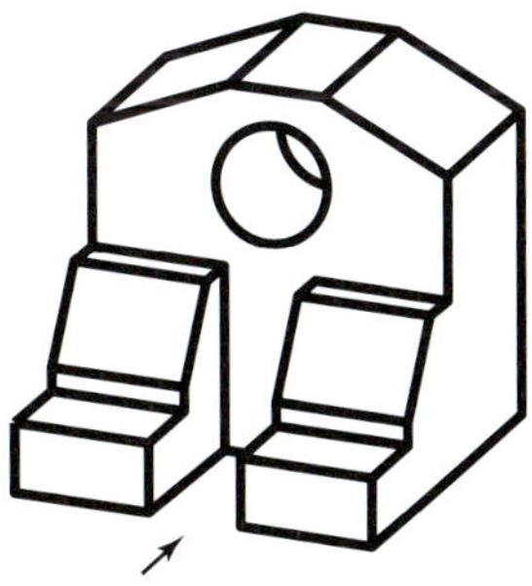

31 입체도의 화살표 방향을 정면도로 할 때 제3각법에 의해 투상한 좌측면도는?

① 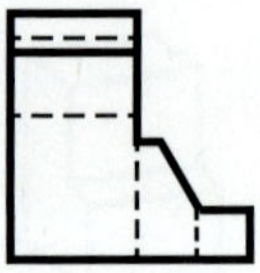

② 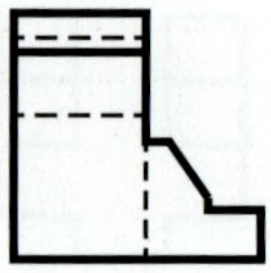

③ 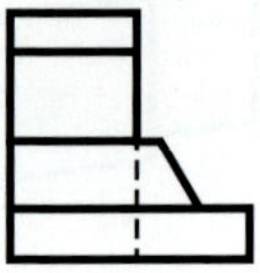

④ 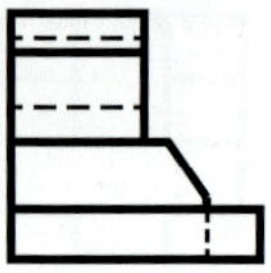

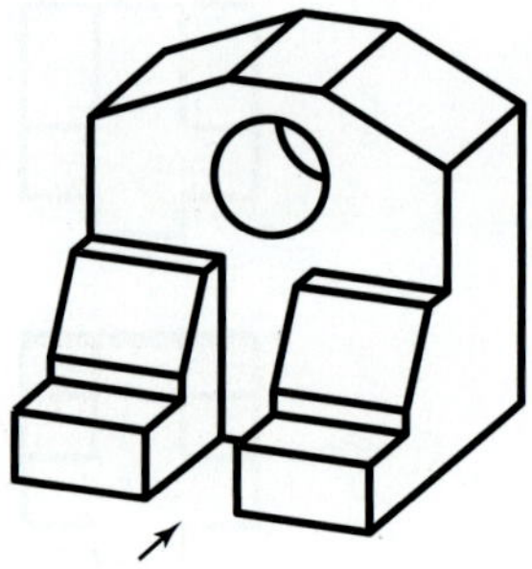

32 입체도의 화살표 방향을 정면도로 할 때 제3각법에 의해 투상한 평면도는?

① 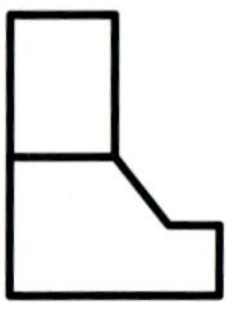

② 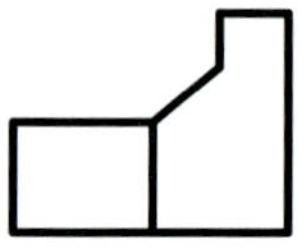

③ 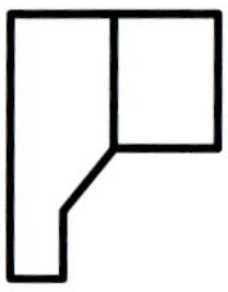

④ 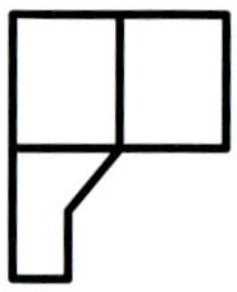

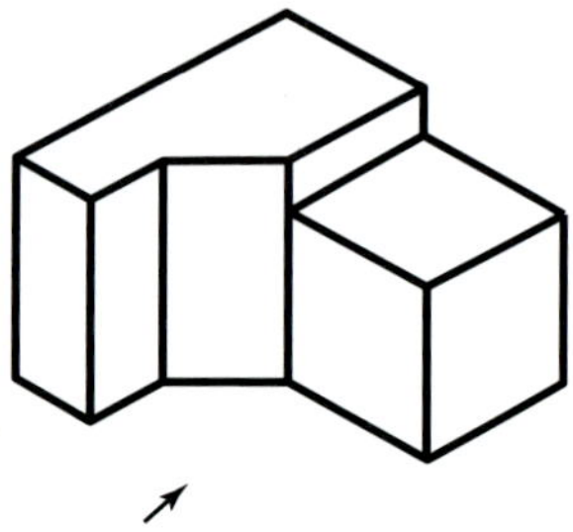

33 입체도의 화살표 방향을 정면도로 할 때 제3각법에 의해 투상한 우측면도는?

① 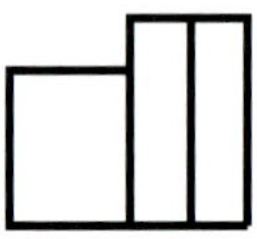

② 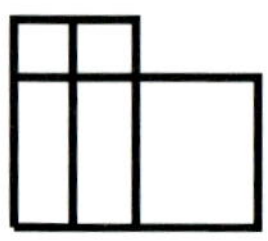

③ 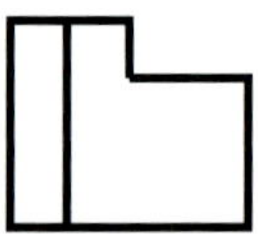

④ 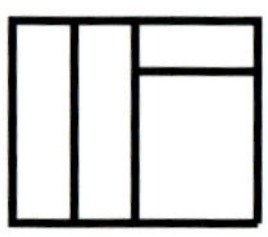

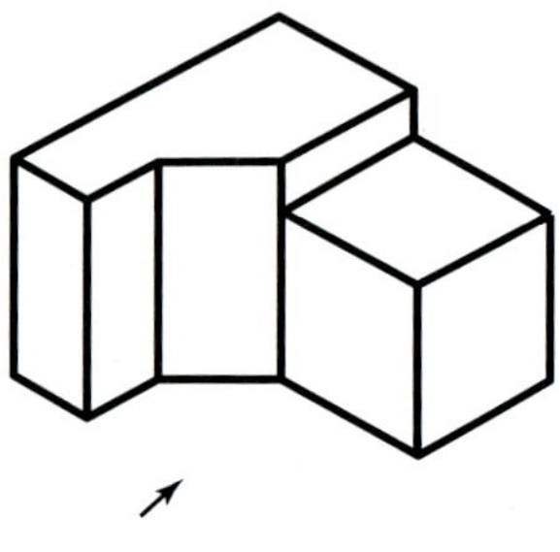

34 입체도의 화살표 방향을 정면도로 할 때 제3각법에 의해 투상한 평면도는?

① 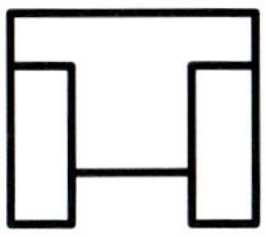 ② 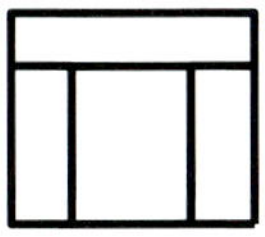

③ 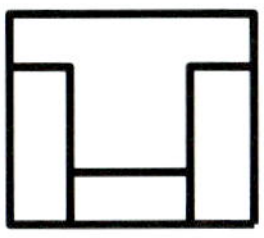 ④ 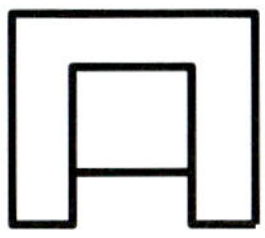

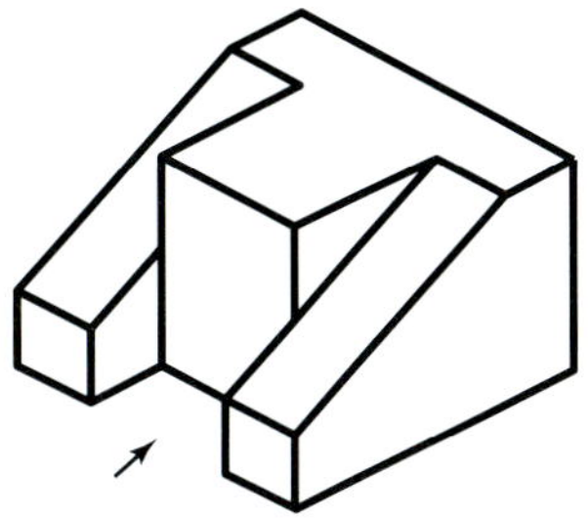

35 입체도의 화살표 방향을 정면도로 할 때 제3각법에 의해 투상한 우측면도는?

① 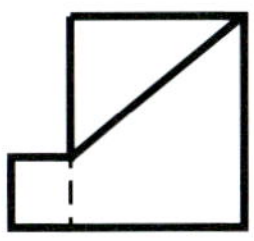 ② 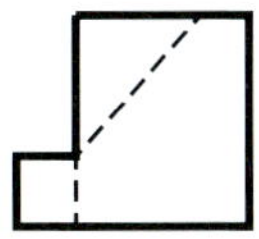

③ 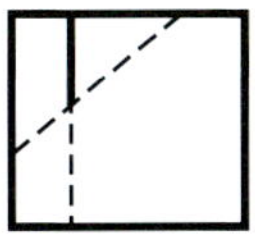 ④ 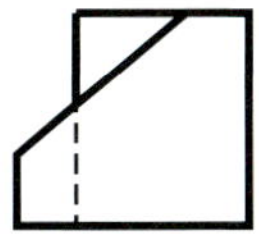

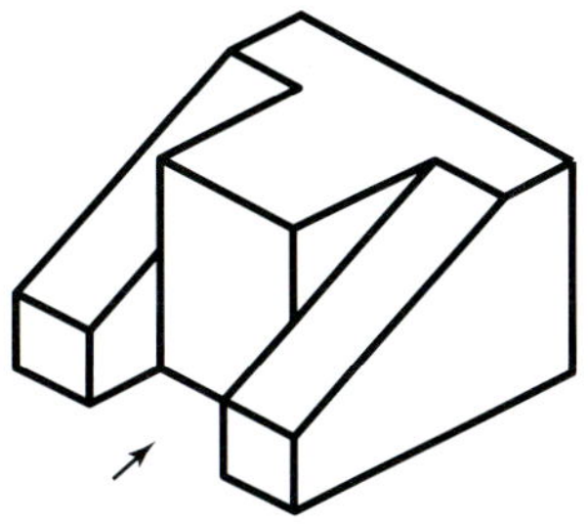

36 입체도의 화살표 방향을 정면도로 할 때 제3각법에 의해 투상한 평면도는?

① 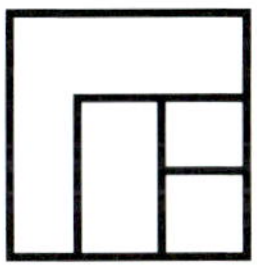 ② 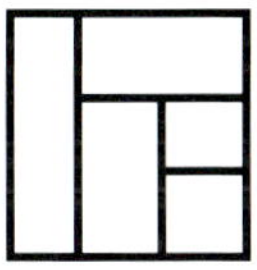

③ 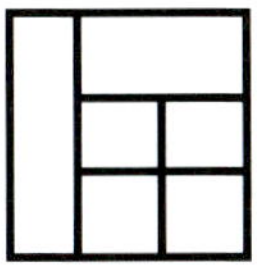 ④ 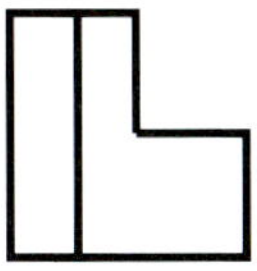

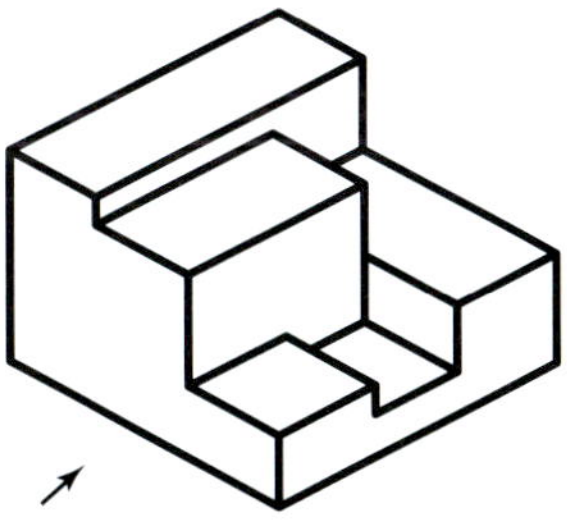

37 입체도의 화살표 방향을 정면도로 할 때 제3각법에 의해 투상한 우측면도는?

① 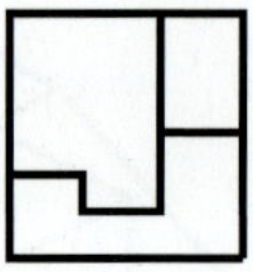
② 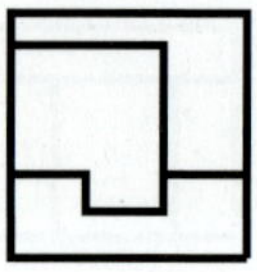
③ 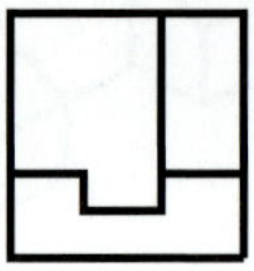
④ 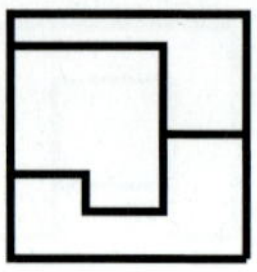

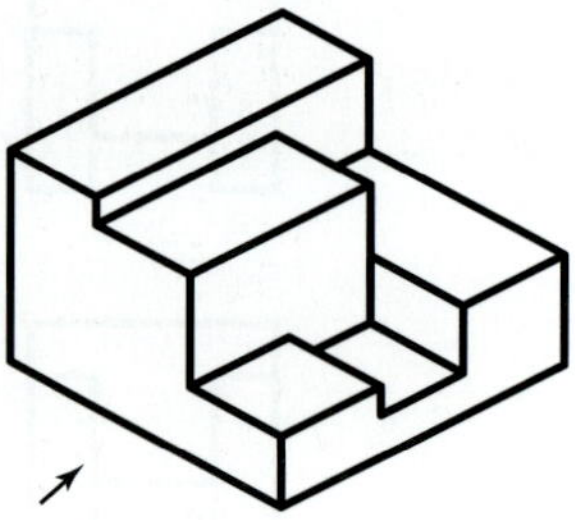

38 입체도의 화살표방향에서 보고 도시한 투상도는?

① 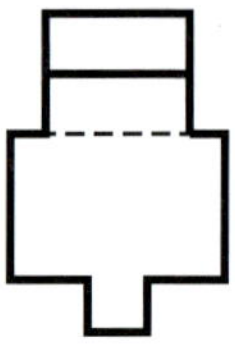
② 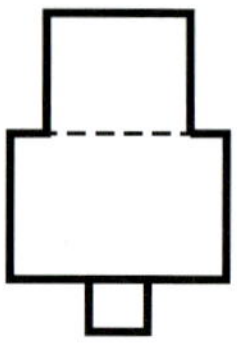
③ 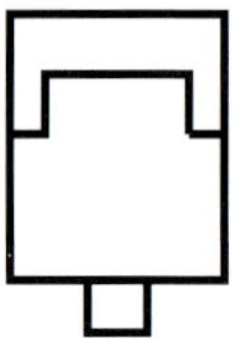
④ 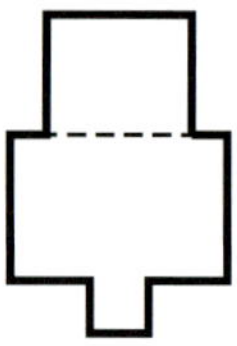

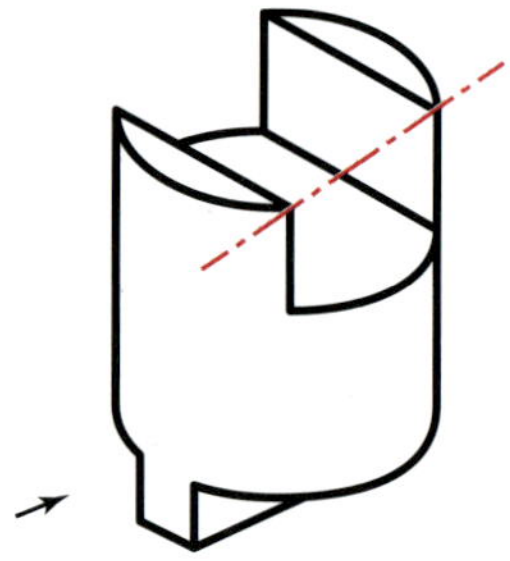

39 입체도의 화살표 방향을 정면도로 할 때 제3각법에 의해 투상한 평면도는?

① 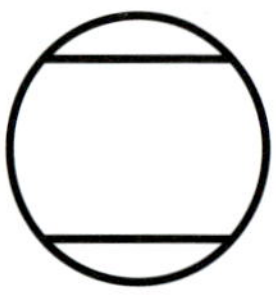
② 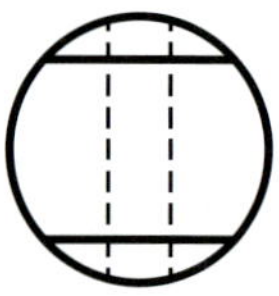
③ 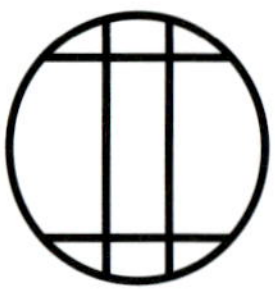
④ 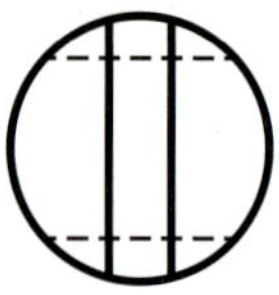

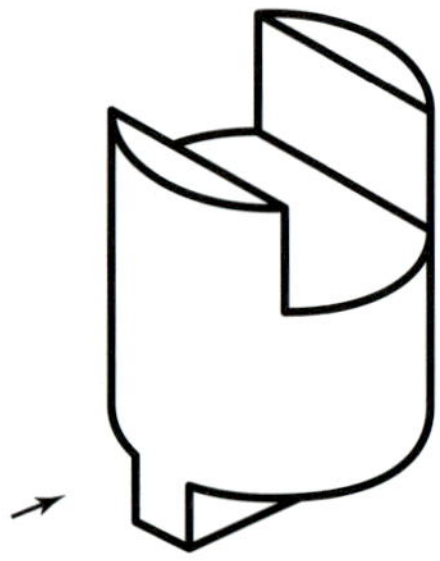

40 입체도의 화살표 방향을 정면도로 할 때 제3각법에 의해 투상한 우측면도는?

① 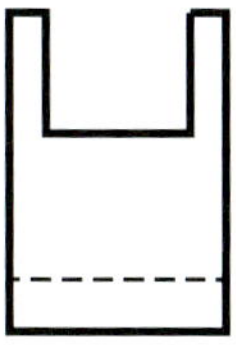
② 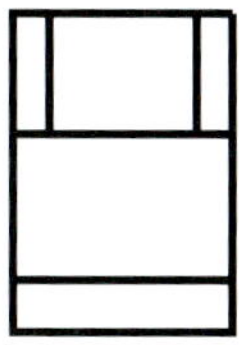
③ 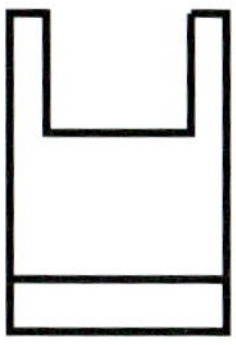
④ 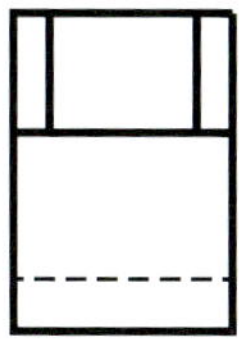

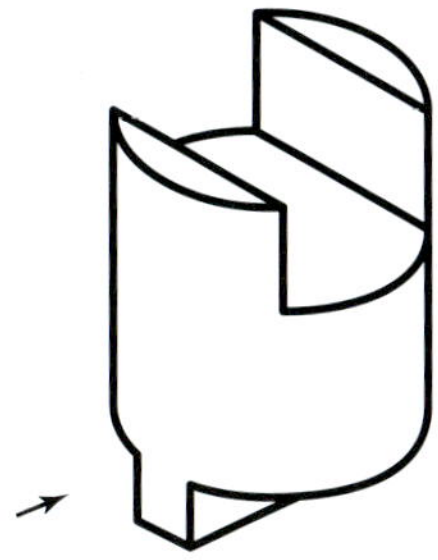

41 입체도의 화살표방향에서 보고 도시한 투상도는?

① 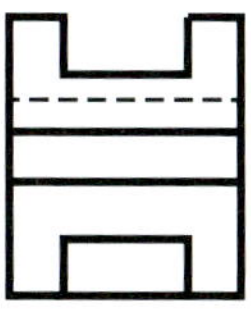
② 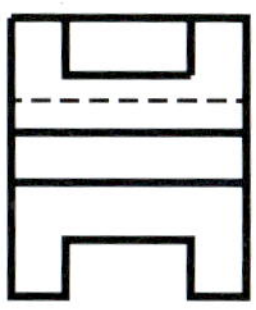
③ 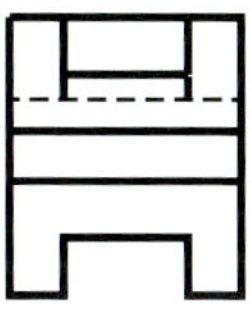
④ 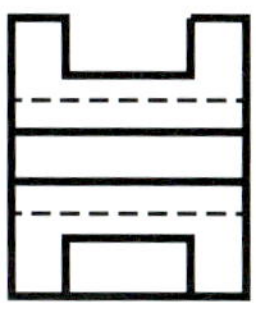

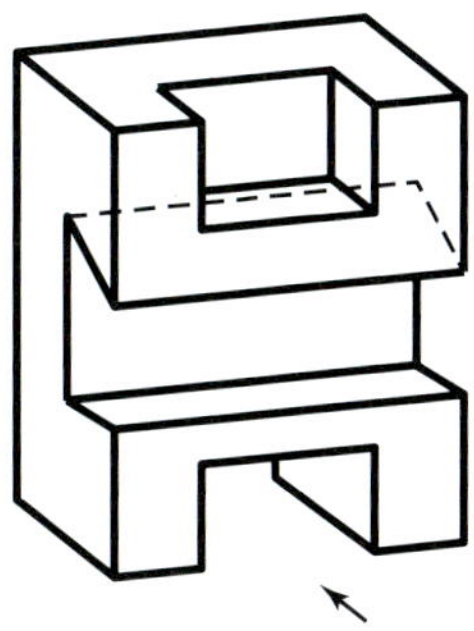

42 입체도의 화살표 방향을 정면도로 할 때 제3각법에 의해 투상한 우측면도는?

① 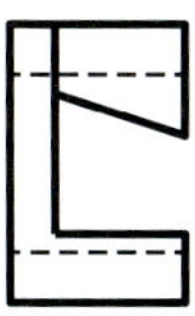
② 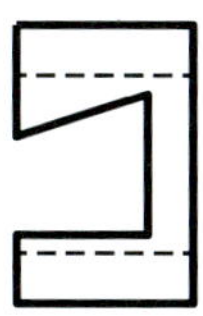
③ 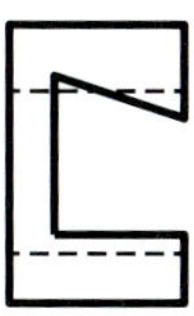
④ 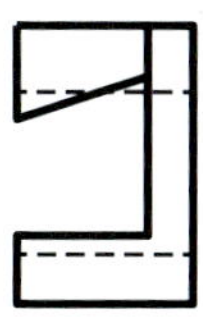

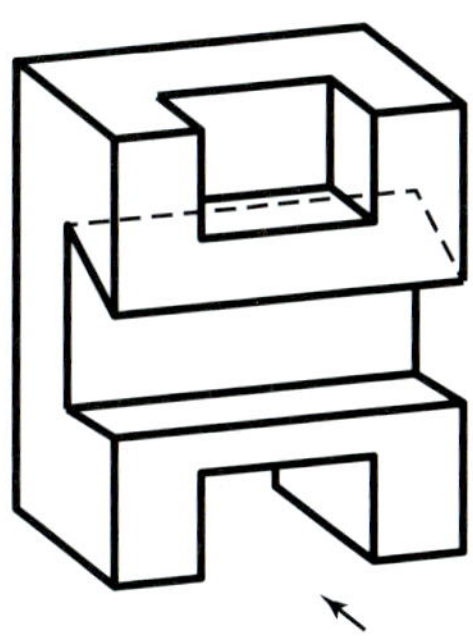

43 입체도의 화살표방향에서 보고 도시한 투상도는?

① 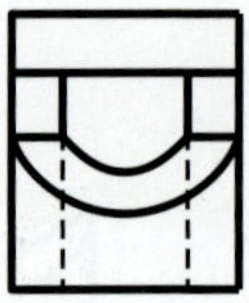
② 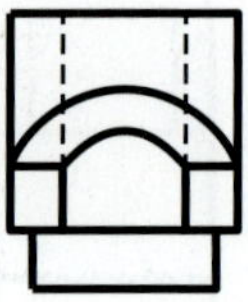
③ 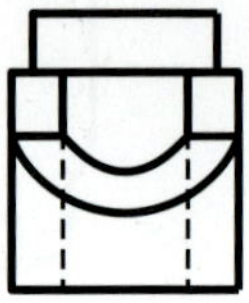
④ 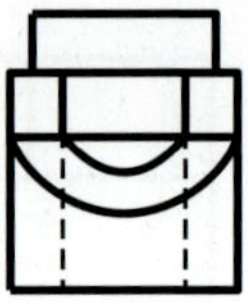

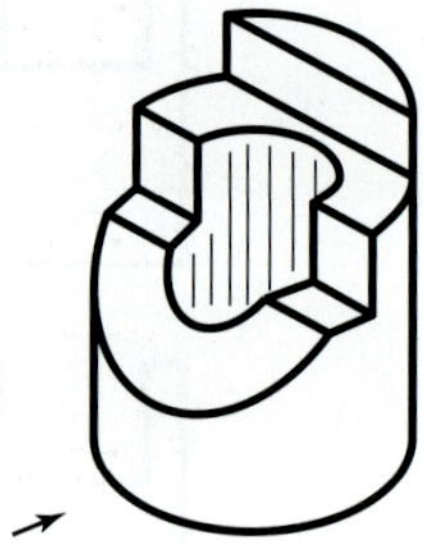

44 입체도의 화살표 방향을 정면도로 할 때 제3각법에 의해 투상한 평면도는?
단, 구멍은 밑까지 뚫린 상태임.

① 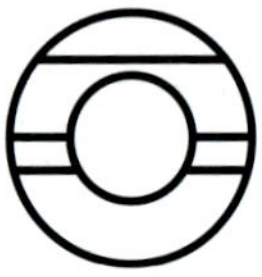
② 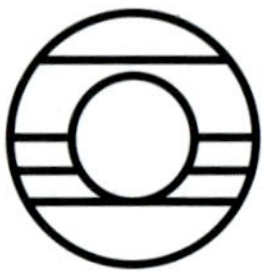
③ 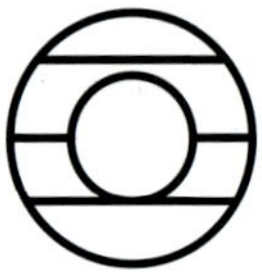
④ 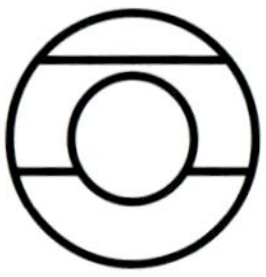

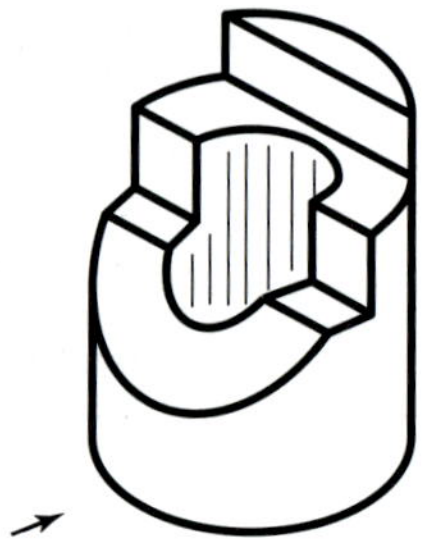

45 입체도의 화살표방향에서 보고 도시한 투상도는? 단, 홈은 끝까지 뚫린 상태임.

① 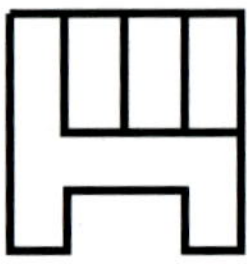
② 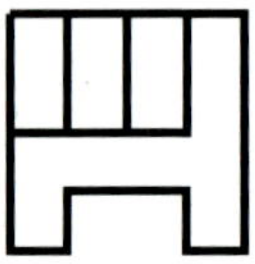
③ 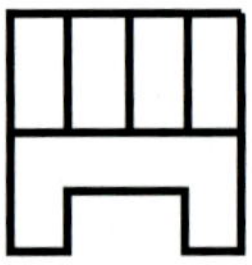
④ 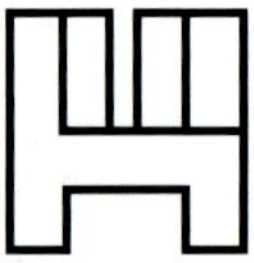

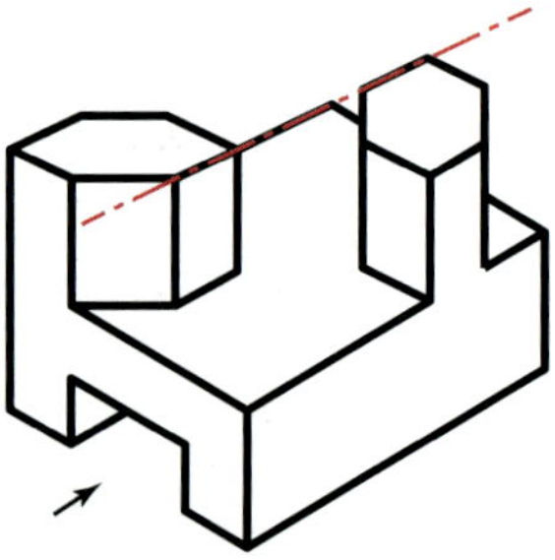

46 입체도의 화살표 방향을 정면도로 할 때 제3각법에 의해 투상한 우측면도는? 단, 홈은 끝까지 뚫린 상태임.

① 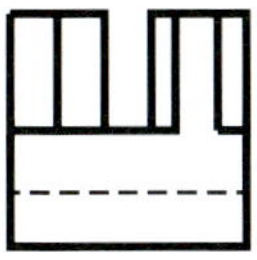
② 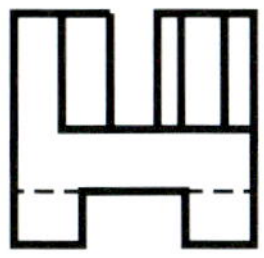
③ 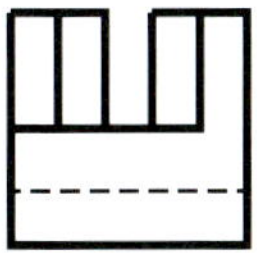
④ 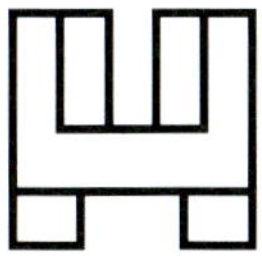

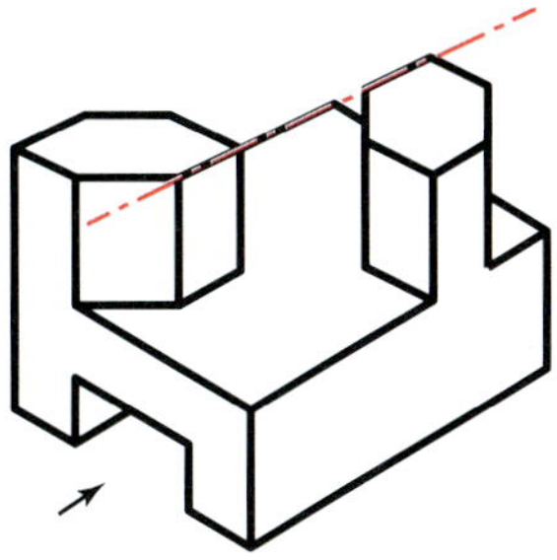

47 입체도의 화살표 방향을 정면도로 할 때 제3각법에 의해 투상한 평면도는?

① 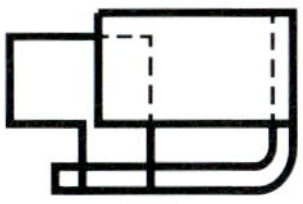
② 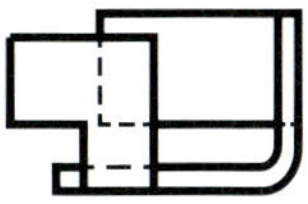
③ 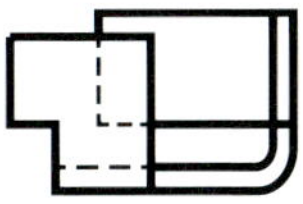
④ 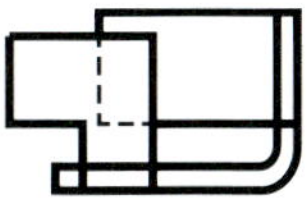

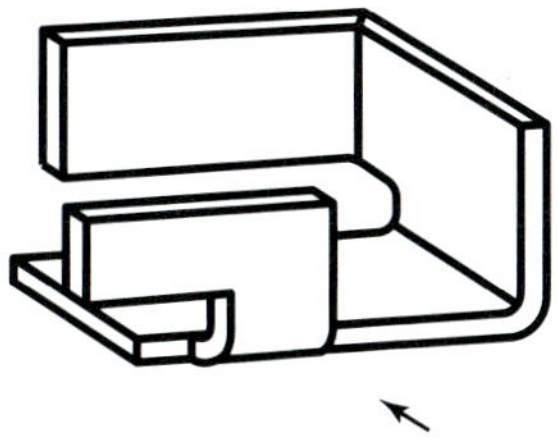

48 입체도의 화살표 방향을 정면도로 할 때 제3각법에 의해 투상한 좌측면도는?

① 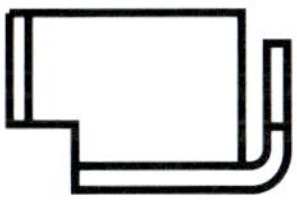
② 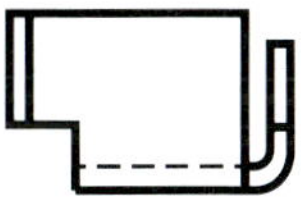
③ 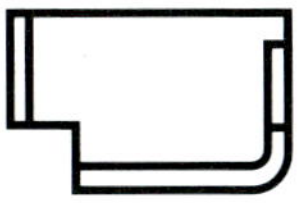
④ 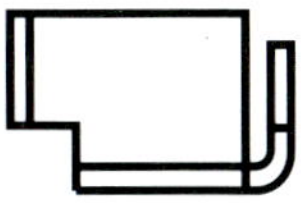

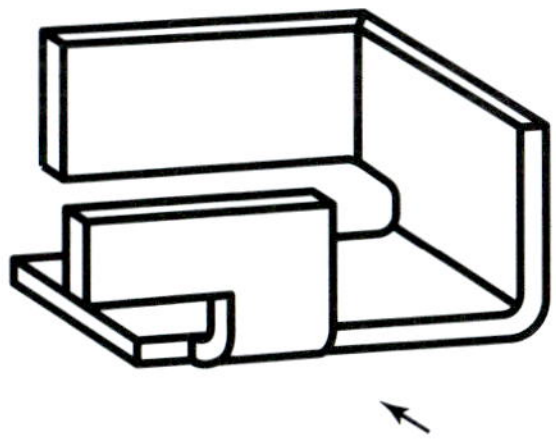

49 입체도의 화살표방향에서 보고 도시한 투상도는?

① 

② 

③ 

④ 

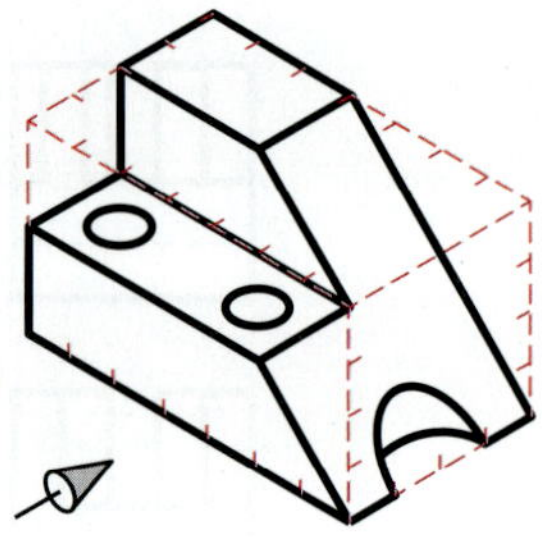

50 입체도의 화살표 방향을 정면도로 할 때 제3각법에 의해 투상한 우측면도는?

① 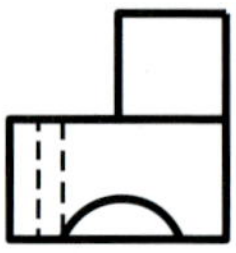

② 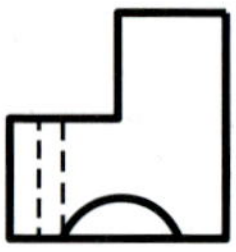

③ 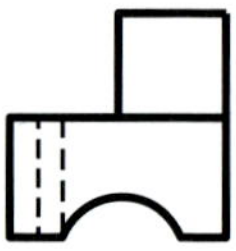

④ 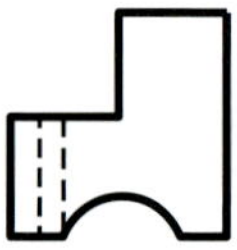

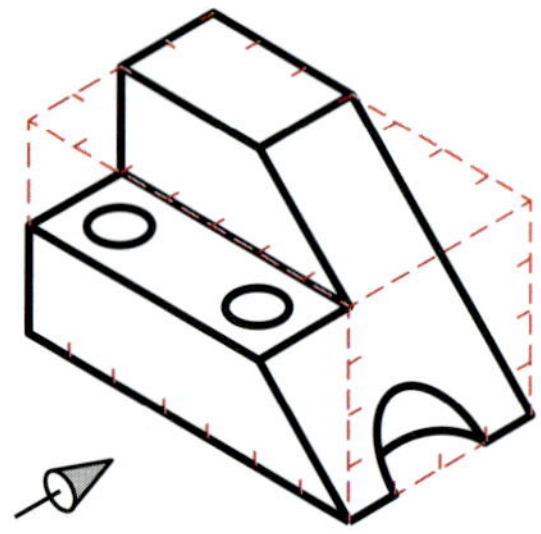

51 입체도의 화살표 방향을 정면도로 할 때 제3각법에 의해 투상한 평면도는?

① 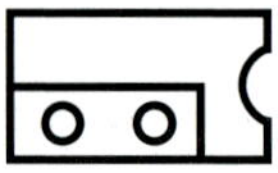

② 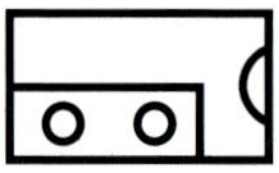

③ 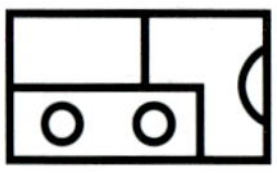

④ 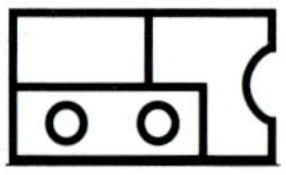

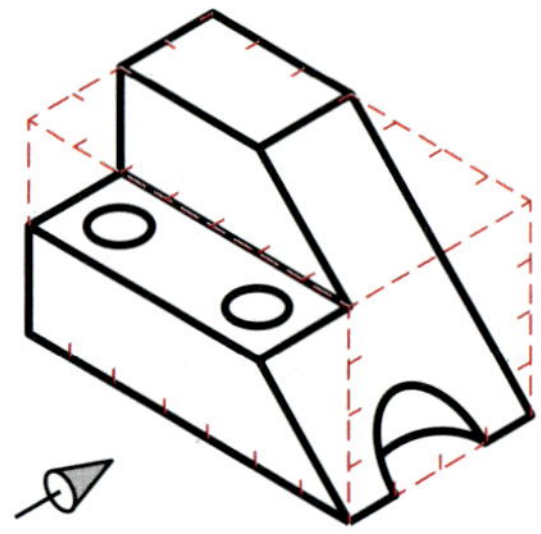

52 입체도의 화살표방향에서 보고 도시한 투상도는?

① 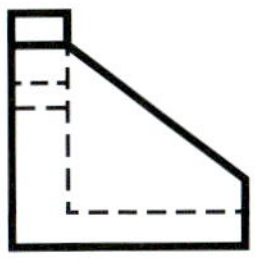

② 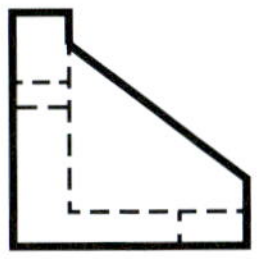

③ 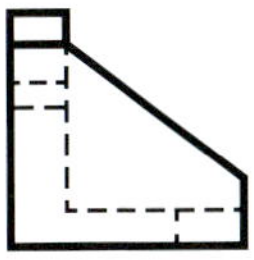

④ 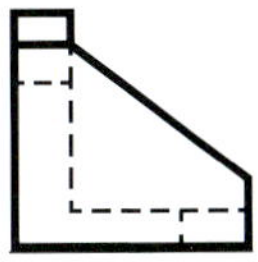

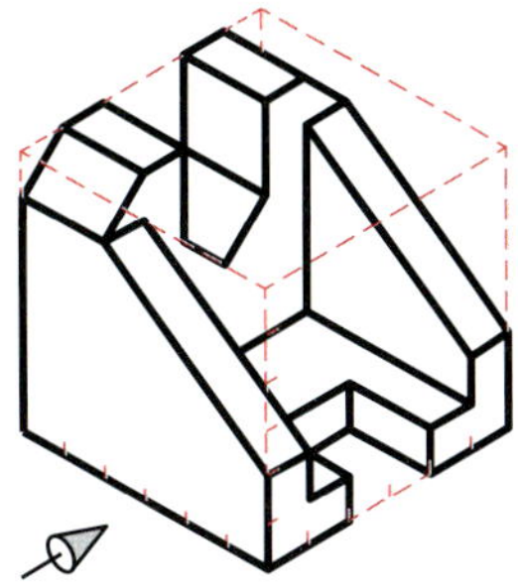

53 입체도의 화살표 방향을 정면도로 할 때 제3각법에 의해 투상한 평면도는?

① 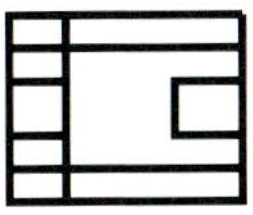

② 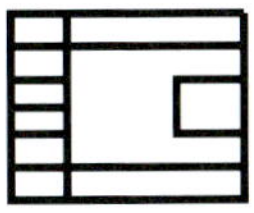

③ 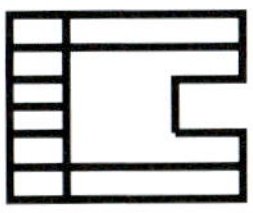

④ 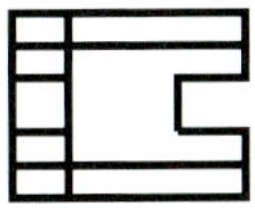

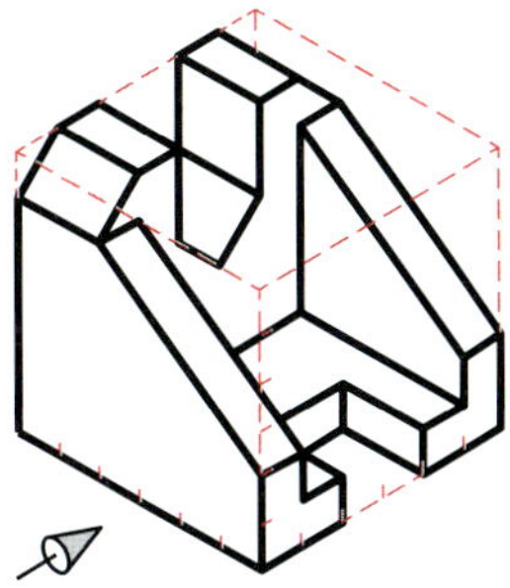

54 입체도의 화살표방향에서 보고 도시한 투상도는?
단, 홈은 직선방향으로 끝까지 뚫린 상태임.

① 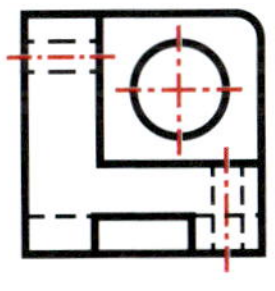

② 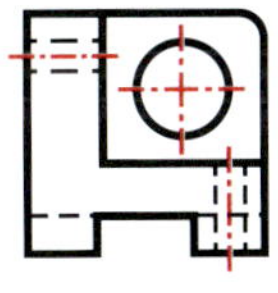

③ 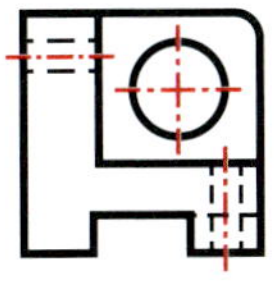

④ 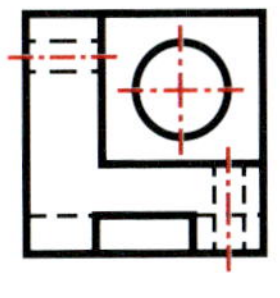

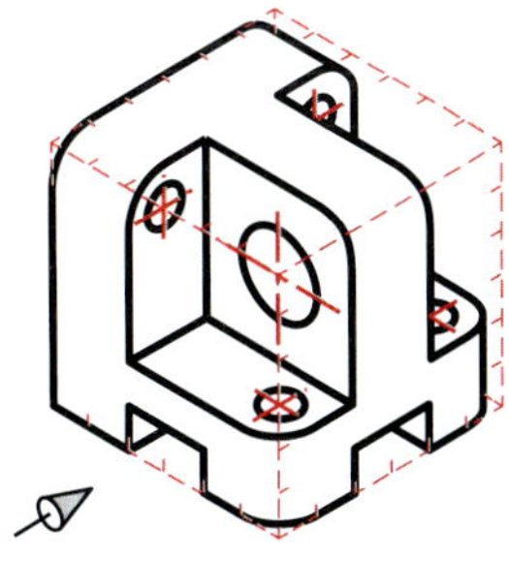

55 **입체도의 화살표 방향을 정면도로 할 때 제3각법에 의해 투상한 평면도는?**

① 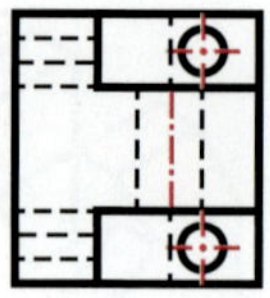
② 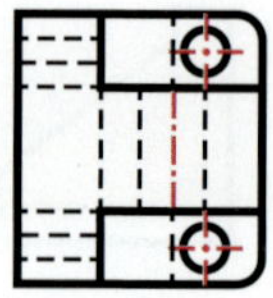
③ 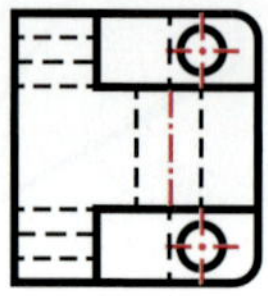
④ 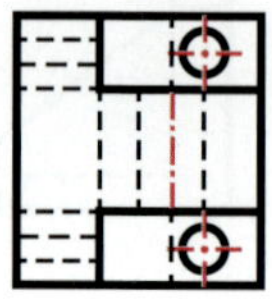

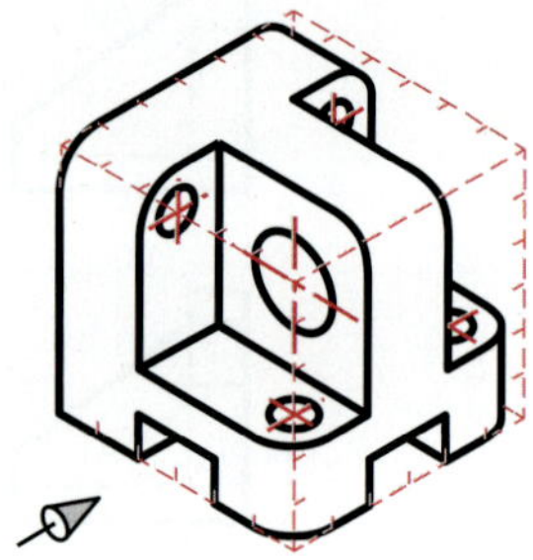

56 **입체도의 화살표 방향을 정면도로 할 때 제3각법에 의해 투상한 우측면도는?**

① 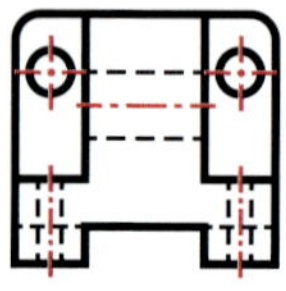
② 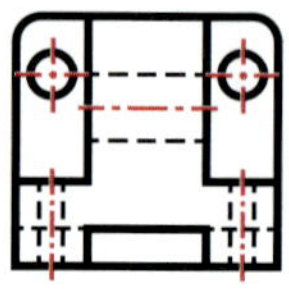
③ 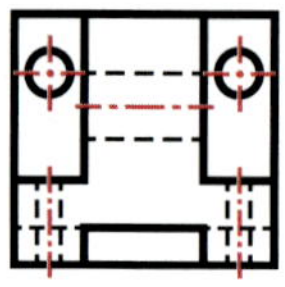
④ 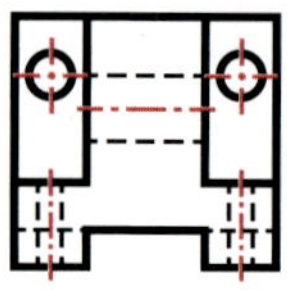

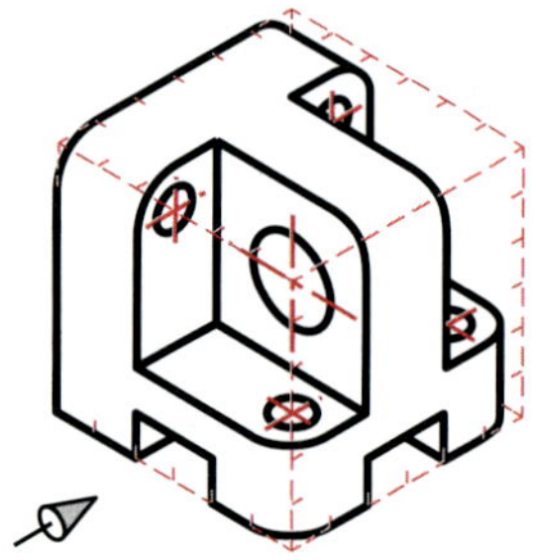

57 **정 투상법에서 정면도를 선택하는 방법에 대한 설명 중 틀린 것은?**

① 물체의 형상과 기능을 잘 나타내는 면
② 조립도 등 주로 기능을 표시하는 도면에서 대상물을 사용하는 상태의 면
③ 부품도의 경우는 그 부품이 최초로 가공해야 하는 공정에 부품이 놓이는 상태의 면
④ 가공하기 위한 도면에서 가장 많이 이용하는 공정에서 대상물을 놓은 상태의 면

58 **투상도 중 보조 화법에 대해서 설명한 것 중 옳은 것은?**

① 물체의 투상도에 형상과 크기 등의 해석이 용이하도록 부가적으로 투상도를 도시하는 투상법이다.
② 도면의 모든 투상도는 보조 화법의 투상도를 도시한다.
③ 도면에서 혼동을 많이 주는 숨은선을 제거하고자 보조 화법의 투상도를 도시하는 투상법이다.
④ 도면의 치수 해석만을 위해 부가적으로 투상도를 도시하는 투상법이다.

59 **경사진 부분의 측면도 등의 형상을 나타내기 힘들 때 사용하는 보조 화법의 투상도는?**

① 회전 투상도 ② 가상 투상도
③ 보조 투상도 ④ 부분 투상도

60 **보조 화법 중 국부 투상도에 대한 설명 중 맞는 것은?**

① 경사진 부분의 측면도 등의 형상을 나타내기 힘들 때 사용하는 보조 화법의 투상도
② 특정한 물체의 일부분이 크기가 작기 때문에 치수 기입이 어려울 때 사용하는 보조 화법의 투상도
③ 물체에서 구멍이나 홈과 같은 곳을 일부만을 도시하여도 충분할 경우 도시한 보조 화법의 투상도
④ 대상물의 인접한 부분을 참고로 도시할 필요가 있을 때 참고로 도시한 보조 화법의 투상도

61 **보조 화법 중 부분 확대도에 대한 설명 중 맞는 것은?**

① 경사진 부분의 측면도 등의 형상을 나타내기 힘들 때 사용하는 보조 화법의 투상도
② 특정한 물체의 일부분이 크기가 작기 때문에 치수 기입이 어려울 때 사용하는 보조 화법의 투상도
③ 물체에서 구멍이나 홈과 같은 곳을 일부만을 도시하여도 충분할 경우 도시한 보조 화법의 투상도
④ 대상물의 인접한 부분을 참고로 도시할 필요가 있을 때 참고로 도시한 보조 화법의 투상도

62 **보조 화법 중 가상 투상도에 대한 설명 중 맞는 것은?**

① 경사진 부분의 측면도 등의 형상을 나타내기 힘들 때 사용하는 보조 화법의 투상도
② 특정한 물체의 일부분이 크기가 작기 때문에 치수 기입이 어려울 때 사용하는 보조 화법의 투상도
③ 물체에서 구멍이나 홈과 같은 곳을 일부만을 도시하여도 충분할 경우 도시한 보조 화법의 투상도
④ 대상물의 인접한 부분을 참고로 도시할 필요가 있을 때 참고로 도시한 보조 화법의 투상도

63 **그림은 보조 화법 중 어느 투상도 인가?**

① 국부투상도
② 보조투상도
③ 회전투상도
④ 부분투상도

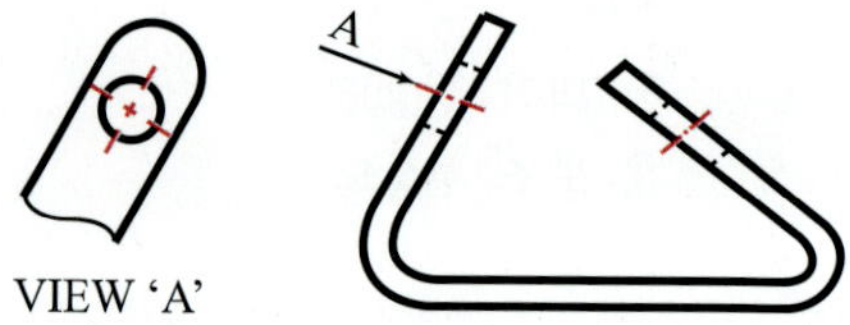

64 **그림은 보조 화법 중 어느 투상도 인가?**

① 국부투상도
② 보조투상도
③ 회전투상도
④ 부분투상도

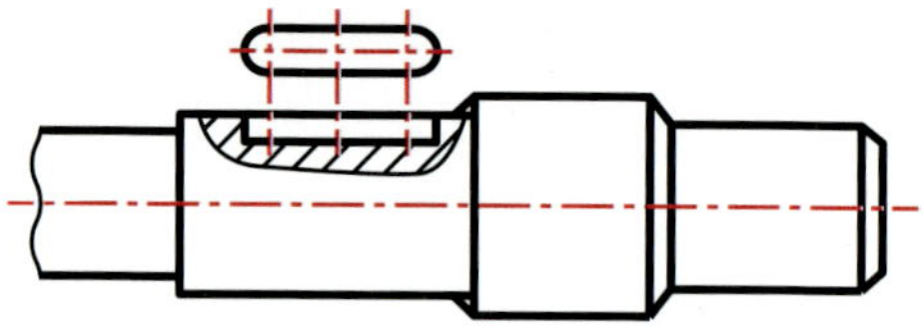

65 **그림은 보조 화법 중 어느 투상도 인가?**

① 회전투상도
② 보조투상도
③ 국부투상도
④ 부분 확대투상도

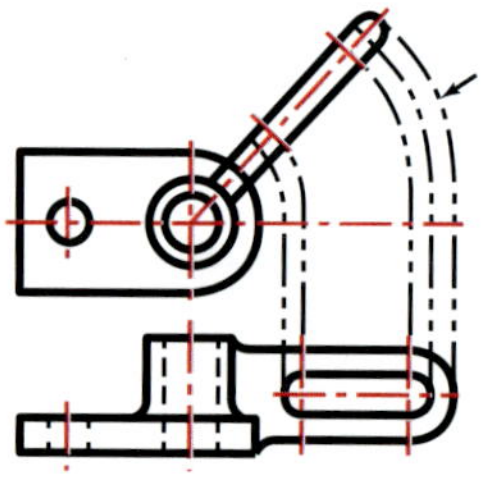

66 **그림은 보조 화법 중 어느 투상도 인가?**

① 회전투상도
② 보조투상도
③ 국부투상도
④ 가상투상도

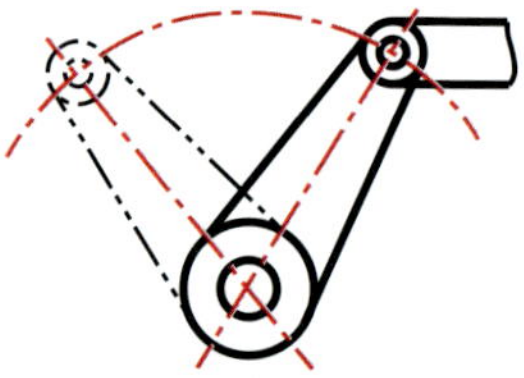

67 **그림들은 보조 화법 중 어느 투상도 인가?**

① 회전투상도
② 가상투상도
③ 국부투상도
④ 보조투상도

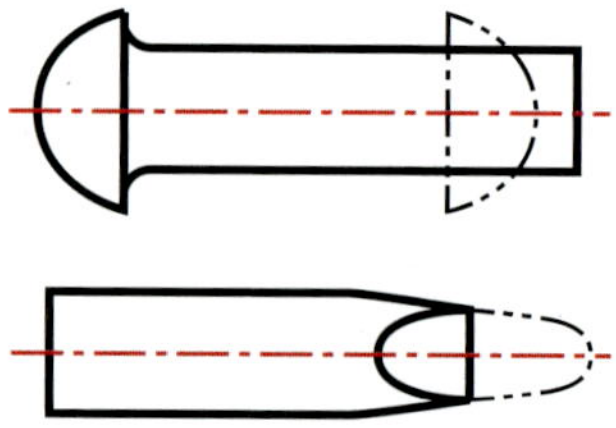

68 **보조 화법 중 부분 확대도에 대한 설명 중 틀린 것은?**

① 특정한 부분을 도시할 때 그 부분을 가는 실선으로 에워싼다.
② 부분 확대도는 영문 대문자로 표시하고 척도를 표기한다.

③ 확대한 그림의 척도를 나타낼 필요가 없는 경우는 척도 대신 부분 확대도라고 표기한다.
④ 특정부분을 도시하고자 할 때 이점쇄선으로 에워싼다.

69 **가상 투상도를 사용하지 않는 것은?**

① 인접부분을 참고로 나타내는 경우
② 투상도에서 숨은선을 제거하고자 할 경우
③ 가공 전, 후의 형상을 도시하는 경우
④ 단면도에서 절단면의 앞쪽에 있는 부분을 도시하는 경우

70 **도면에서 투상도의 일부를 생략하는 경우가 아닌 것은?**

① 대칭 도형의 경우 중심선을 기준으로 생략
② 축, 봉, 관 등의 동일한 형상이 긴 부분을 중간부의 생략
③ 같은 종류의 형상이 반복되는 경우 도형의 생략
④ 구조물의 규모가 큰 경우 작은 형상의 도형의 생략

71 **투상도에서 단면도를 도시하는 주 목적은?**

① 투상도의 크기 치수를 명확히 기입하기 위해서
② 물체의 내부 숨은선을 외형선으로 도시하여 형상을 명확하게 표현하기 위해서
③ 도형의 절반 또는 일부를 제거하고 도시하므로 제도시간 및 제도지 공간을 절감하기 위해서
④ 주 투상도에 부가적으로 투상도를 도시하여 주 투상도의 형상을 명료하게 해석하기 위하여

72 **단면도의 종류가 아닌 것은?**

① 회전 단면도 ② 국부 단면도 ③ 전 단면도 ④ 반 단면도

73 **단면도에 해칭선을 도시하는 방법 중 틀린 것은?**

① 해칭선 간의 간격은 절단면의 크기를 고려하여 선택한다.
② 단면적이 넓을 경우 제도시간 절약을 위해 가장자리에만 해칭 할 수 있다.
③ 해칭선은 단면의 중심선 기준으로 45° 기울기로 도시하나, 물체의 형상에 따라서 30° 또는 60°로 도시해도 된다.
④ 치수와 해칭선이 겹칠 경우 치수의 위치를 변경하고, 해칭선을 우선 도시한다.

74 **단면도에서 해칭에 관한 설명 중 틀린 것은?**

① 해칭은 투상도의 주된 중심선에 대하여 45°로 도시하는 것이 기본이나, 상황에 따라서 각도를 변경해도 된다.
② 인접단면의 해칭은 선의 방향이나 각도를 변경한다.
③ 해칭선을 강조할 때는 굵은 실선을 사용한다.
④ 해칭을 하는 부분 안에 글자, 기호를 기입하기 위해 해칭을 중단할 수 있다.

75 **다음 그림과 같은 단면도는 어떤 단면도인가?**

① 전단면도
② 반단면도
③ 국부 단면도
④ 부분 단면도

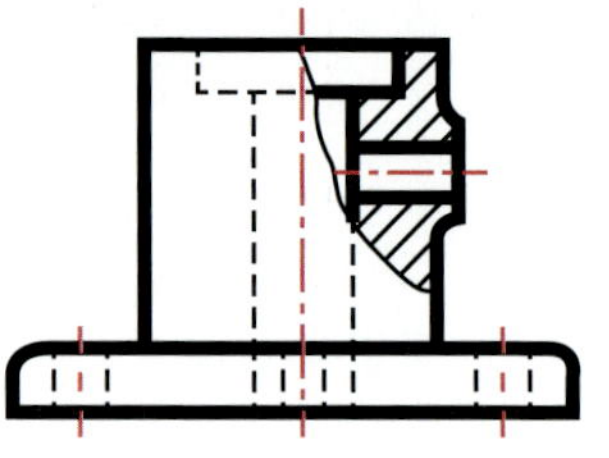

76 **다음 그림과 같은 단면도는 어떤 단면도인가?**

① 전단면도
② 반단면도
③ 국부 단면도
④ 부분 단면도

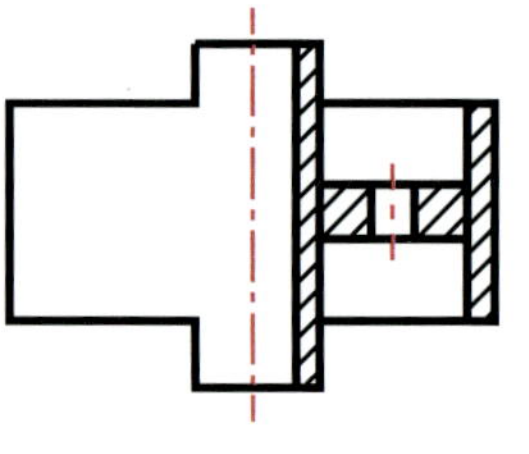

77 **다음 그림과 같은 단면도는 어떤 단면도인가?**

① 전단면도
② 반단면도
③ 회전 단면도
④ 부분 단면도

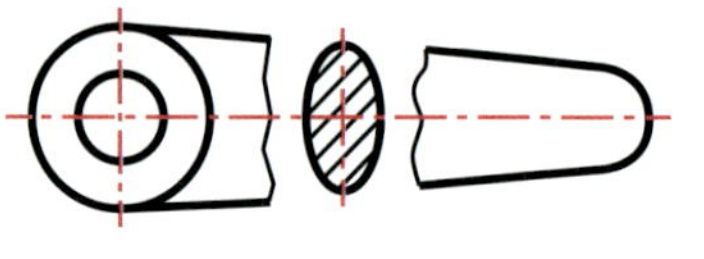

(a)

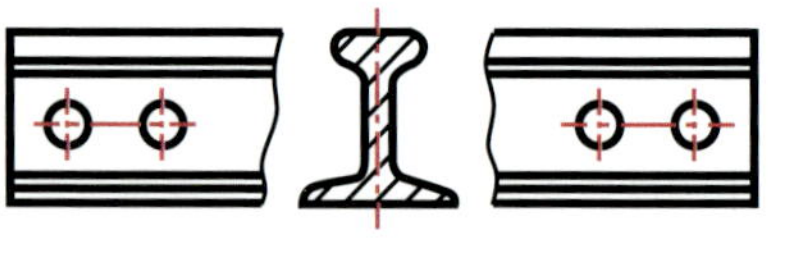

(b)

78 **투상도를 반단면도로 도시할 때 설명이 잘못된 것은?**

① 반단면도에서 절단 위치를 파단선으로 표시한다.
② 단면으로 잘리지 않는 면은 외형선만 도시한다.
③ 단면 전에 숨은선은 단면 후 외형선으로 표현된다.
④ 물체의 형상이 상, 하 또는 좌, 우 대칭일 때 물체의 1/4을 제거하고 도시한 단면도

79 다음 그림의 단면도 경계의 지시선(A)의 종류는?

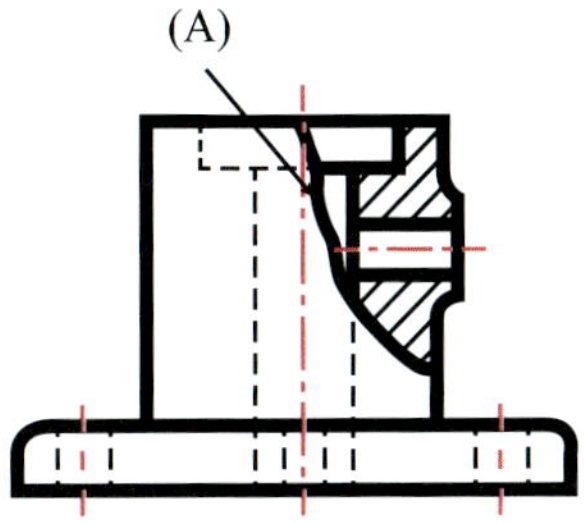

① 가는 1점 쇄선
② 굵은 1점 쇄선
③ 가는 실선
④ 굵은 실선

80 회전단면도에 대한 설명 중 올바른 것은?

① 단면을 45° 회전시켜 도시한다.
② 단면을 90° 회전시켜 도시한다.
③ 단면을 120° 회전시켜 도시한다.
④ 단면을 150° 회전시켜 도시한다.

81 다음 그림의 단면도 경계의 지시선(A)의 종류는?

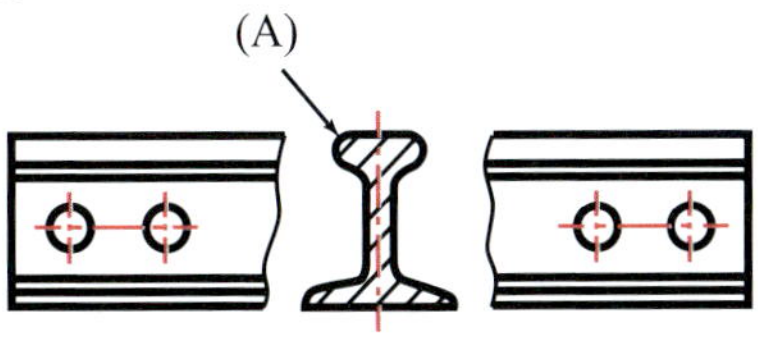

① 가는 1점 쇄선
② 굵은 1점 쇄선
③ 가는 실선
④ 굵은 실선

82 다음 중 단면도로 표시하는 기계요소는 어느 것인가?

① 리브 ② 축 ③ 코터 ④ 밸브

83 용접되어 있는 2개의 얇은 두께 물체의 단면도는 몇 mm 이상의 간극으로 도시하는가?

① 0.0 ② 0.5 ③ 0.7 ④ 1.0

84 아래의 단면도에 관한 설명 중 틀린 것은?

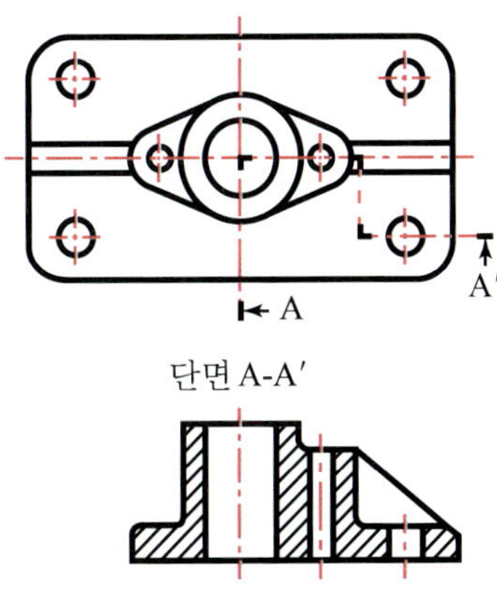

① 단면 A-A'는 단면도에 속한다.
② 보이지 않는 부분은 단면도에 나타낼 필요가 없다.
③ 단면 A-A'는 조합에 의한 단면도이다.
④ 단면도에서 절단선의 끝부분은 굵은 실선으로 도시한다.

85 아래의 단면도에 관한 설명 중 틀린 것은?

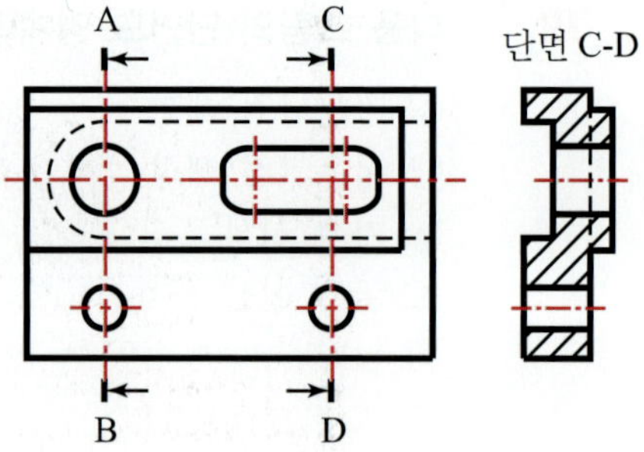

① 단면 C-D는 단면도에 속한다.
② 단면 A-B는 단면 C-D에는 들어 있지 않다.
③ 단면 C-D는 회전단면도이다.
④ 단면도의 외형선은 굵은실선이다.

86 투상도의 (A)에 관한 설명 중 맞는 것은?

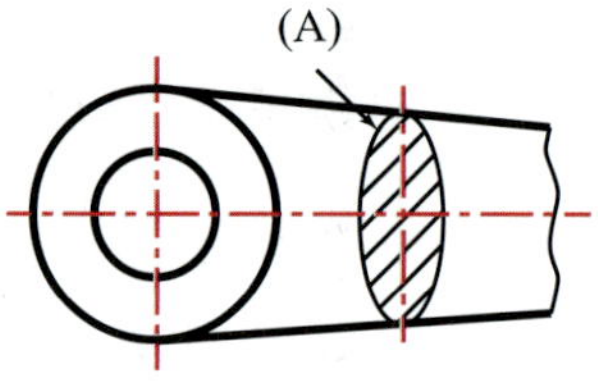

① (A)는 회전투상도이다
② (A)는 숨은선을 실선으로 도시하기 위한 투상도이다.
③ (A)의 외형선은 굵은 실선으로 도시한다.
④ (A)는 단면을 90° 회전시킨 단면도이다

87 투상도의 (A)로 지시한 대각선에 관한 설명 중 맞는 것은?

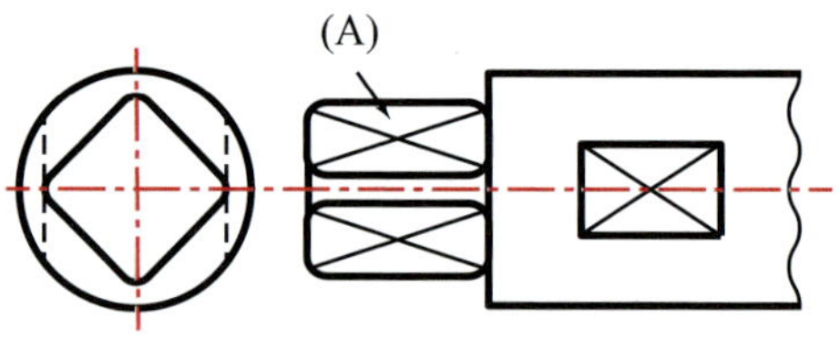

① 평면이다.
② 원형이다.
③ 정밀 가공한다.
④ 열처리한다.

88 다음 중 단면도로 표시하는 기계요소는 어느 것인가?

① 브레이크 드럼 ② 파이프 ③ 코터 ④ 밸브

89 투상도의 (A)의 선의 종류와 명칭 중 맞는 것은?

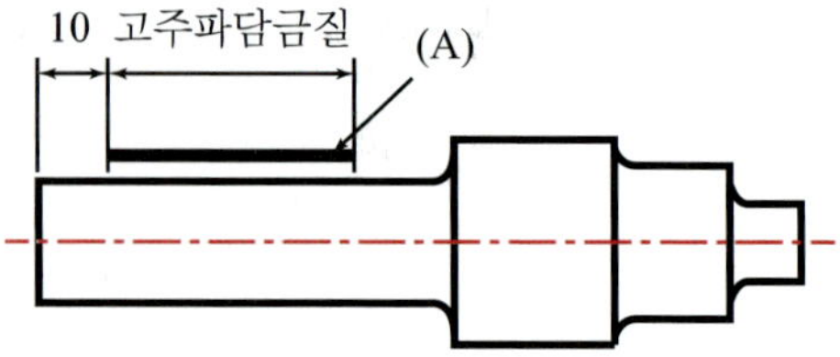

① 굵은 실선(외형선)
② 가는 실선(특수한 용도선)
③ 굵은 1점 쇄선(특수한 용도선)
④ 2점쇄선(가상선)

90 다음 중 단면도로 표시하는 기계요소는 어느 것인가?

① 기어의 이　② 리브　③ 파이프　④ 키

91 다음 재질의 단면 표기가 잘못된 것은?

① 
주철

② 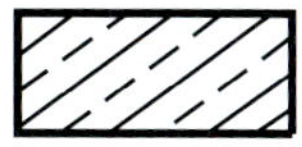
구리

③ 
황동

④ 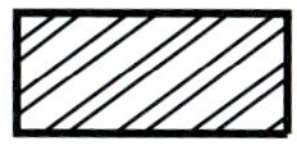
강철

92 투상도 도시에 있어 관용도법에 대한 설명 중 틀린 것은?

① 큰 원기둥과 매우 작은 원기둥을 직각으로 만하는 부분의 선은 직선으로 도시한다.

② 곡관의 경사도가 큰 부분을 이면 투상도를 도시할 때 곡면이 둥글기가 없이 교차한 위치에서 투상하여 도시한다.

③ 키 홈이 있는 보스구멍, 구멍이 있는 관, 갈라진 링 등과 같이 특정한 형상이 있는 부분을 위쪽에 위치하도록 도시한다.

④ 2점 쇄선으로 가공 전, 후의 형상을 표시한다.

93 아래 투상도는 무엇을 근거로 도시한 것일까?

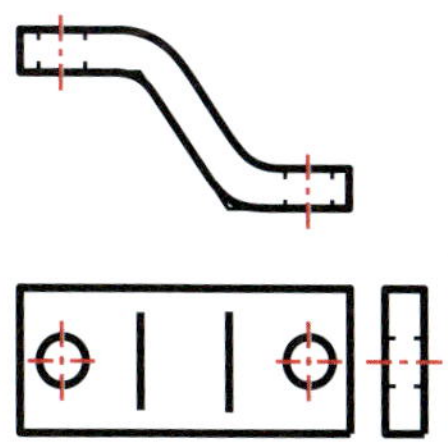

① KS 규격에 따라서 도시
② ISO 규격에 따라서 도시
③ 관용적 표현으로 도시
④ 잘못된 표현으로 도시

94 리브의 어떤 상태를 관용적 표현으로 도시한 투상도인가?

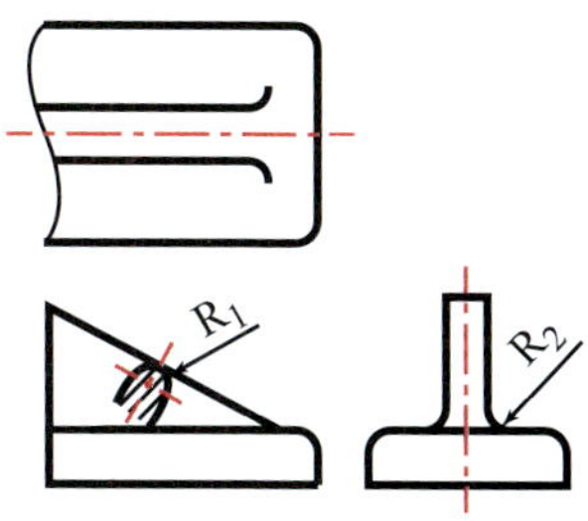

① 일반적인 경우
② $R_1 > R_2$의 경우
③ $R_1 < R_2$의 경우
④ $R_1 = R_2$의 경우

95 아래 투상도에 대한 설명 중 맞는 것은?

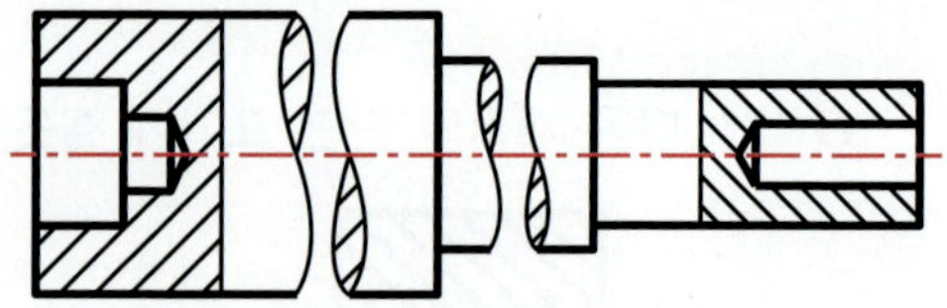

① 축의 절단 부위는 가는 일점쇄선으로 표시한다.
② 왼쪽 부위의 해칭은 파단선으로 해야 한다.
③ 하나의 축에서 두 개의 절단면을 나타내지 않는다.
④ 모든 절단면의 단면은 한 종류로 해칭해야 한다.

96 아래 투상도는 무엇을 근거로 도시한 것일까?

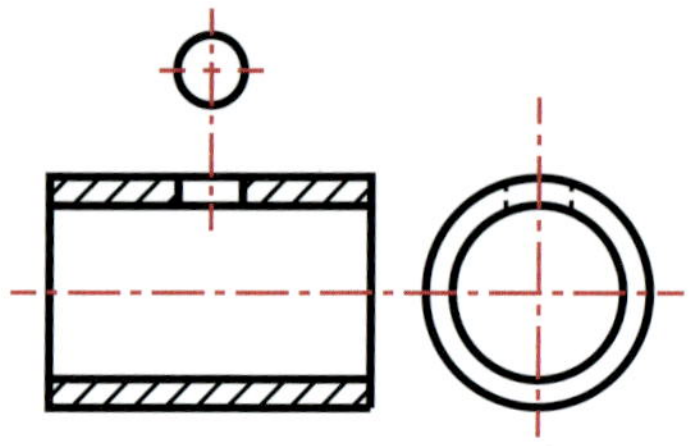

① KS 규격에 따라서 도시
② ISO 규격에 따라서 도시
③ 관용적 표현으로 도시
④ 잘못된 표현으로 도시

97 다음 도면에 관한 설명 중 옳은 것은 어느 것인가?

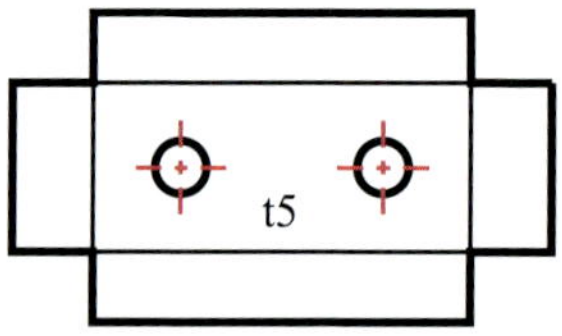

① 가는 실선 부분은 절단부분임
② 가는 실선 부분은 판금작업에서 접어야 할 부분임
③ 가는 실선과 똑같은 크기의 물체가 저면에 있음
④ t5이라는 것이 표시되었어도 우측면도가 요구됨

98 큰 원기둥이 매우 작은 원기둥과 만나는 부분의 선을 직선으로 도시하는 투상도는?

① 전개 투상도 ② 보조 투상도
③ 회전 투상도 ④ 관용 투상도

99 키 홈을 가지는 보스 구멍 등 전체에서 일부가 특정한 모양일 경우 투상도에서 특정부분의 위치는?

① 도면의 상부 ② 도면의 좌우
③ 도면의 하부 ④ 장소와 무관함.

100 아래 그림은 무엇을 표시한 것인가?

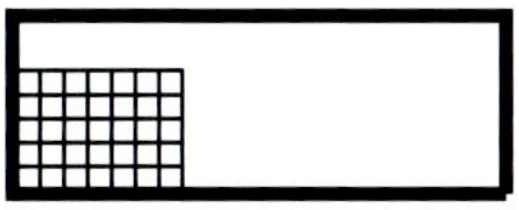

① 구면
② 철망
③ 평면
④ 널링

제2장 연습문제 정답

문제 1 : ①	문제 2 : ③	문제 3 : ③	문제 4 : ①	문제 5 : ③
문제 6 : ②	문제 7 : ④	문제 8 : ③	문제 9 : ①	문제 10 : ②
문제 11 : ③	문제 12 : ①	문제 13 : ③	문제 14 : ②	문제 15 : ①
문제 16 : ②	문제 17 : ③	문제 18 : ②	문제 19 : ④	문제 20 : ④
문제 21 : ①	문제 22 : ③	문제 23 : ④	문제 24 : ②	문제 25 : ①
문제 26 : ②	문제 27 : ③	문제 28 : ③	문제 29 : ④	문제 30 : ④
문제 31 : ②	문제 32 : ③	문제 33 : ④	문제 34 : ①	문제 35 : ④
문제 36 : ②	문제 37 : ④	문제 38 : ④	문제 39 : ②	문제 40 : ③
문제 41 : ②	문제 42 : ②	문제 43 : ③	문제 44 : ①	문제 45 : ①
문제 46 : ①	문제 47 : ②	문제 48 : ④	문제 49 : ②	문제 50 : ②
문제 51 : ④	문제 52 : ③	문제 53 : ③	문제 54 : ②	문제 55 : ②
문제 56 : ①	문제 57 : ③	문제 58 : ①	문제 59 : ③	문제 60 : ③
문제 61 : ②	문제 62 : ④	문제 63 : ②	문제 64 : ①	문제 65 : ①
문제 66 : ④	문제 67 : ②	문제 68 : ④	문제 69 : ②	문제 70 : ④
문제 71 : ②	문제 72 : ③	문제 73 : ④	문제 74 : ③	문제 75 : ④
문제 76 : ②	문제 77 : ③	문제 78 : ①	문제 79 : ③	문제 80 : ②
문제 81 : ④	문제 82 : ④	문제 83 : ③	문제 84 : ②	문제 85 : ③
문제 86 : ④	문제 87 : ①	문제 88 : ③	문제 89 : ③	문제 90 : ③
문제 91 : ③	문제 92 : ④	문제 93 : ③	문제 94 : ③	문제 95 : ④
문제 96 : ③	문제 97 : ②	문제 98 : ④	문제 99 : ①	문제100 : ②

PART 3.

도면의 치수 기입법

제도에서 도면을 완성함에 있어 치수 기입은 가장 중요한 것 중 하나이다. 도면의 형상이 완벽해도 치수 기입이 누락되거나 오류가 있다면 제품은 불량품으로 생산되며, 이때 사용된 도면은 불량이다.

치수 기입이 좋고, 나쁨은 제품 생산의 능률에 큰 영향을 미치므로 제도자는 치수를 정확하고 합리적으로 기입하여야 한다.

본 장에서는 도면의 치수 기입의 전반적인 사항에 대하여 학습한다.

01 치수의 단위

도면에서 **치수는 물체의 크기, 자세, 위치 등을 나타내며**, 길이와 각도 단위가 가장 많이 사용된다.

본 절에서는 치수의 단위 중 길이와 각도에 대해 학습한다.

1.1 길이의 단위

길이단위는 km, m, cm, mm 등이 있으나, KS에 의하면 도면에 기입하는 **치수 중 길이단위는 mm이며, 단위는 생략하고 치수만 기입한다.** 그러나 km, cm, m 등의 길이단위는 반드시 도면에 기입해야 한다.

또한 도면에 길이를 mm 이하 단위의 치수로 나타낼 때는 일반적으로 소수를 사용하며, 소수점은 치수 밑에 점으로 표시한다. 이때 소수점은 숫자 사이를 띄고 중간에 하첨자로 표기한다. 정수의 **단위수가 많은 경우는 3자리 수 마다 숫자 사이를 조금 띄우지만 컴마(Comma)는 사용하지 않는다.**

[예] 100.25, 40.00, 20 300 (옳음),
100·25, 40·00, 20,300 (틀림)

1.2 각도의 단위

투상도에서 각도치수는 도(°)의 단위를 주로 사용하며, 치수의 오른쪽 위에 기입한다. **도(°)보다 작은 치수는 분('), 초(")를 병행**하여 사용한다.

그러나 각도가 라디안(radian)의 단위로 사용될 경우는 치수 뒤에 각도 기호인 "rad"를 기입하며, 그 예로 0.15rad, 1πrad 등과 같이 기입한다.

여기서 라디안은 호도법에서 호의 각도단위이다. 원의 반지름 길이와 같은 길이의 호에 대한 중심각을 1라디안으로 정의하며, 1rad을 도(°)의 단위로 환산하면 약 57°17'44.8"이다.

02 치수 기입의 구성

치수기입의 구성은 [그림 3.1]과 같이 치수선, 치수 보조선, 치수 및 치수 보조기호 등으로 한다. 또한 필요에 따라서 지시선을 이용하여 치수를 기입한다.

본 절에서는 치수 기입의 구성에 대하여 학습한다.

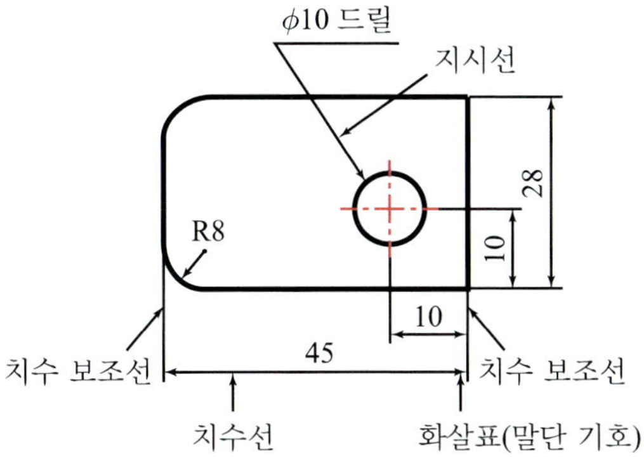

[그림 3.1] 치수 기입의 구성

2.1 치수선 및 치수 보조선

치수선은 [그림 3.2]와 같이 기입하려는 치수에 해당하는 외형선과 평행이 되도록 가는 실선을 사용한다. 이때 치수 보조선은 기본적으로 외형선부터 시작하여 치수선에 직각으로 치수선을 약간(2∼3mm) 지나치도록 도시한다.

치수선은 물체의 **길이 또는 각도를 측정하는 크기와 동일하게 도시하고, 양끝에 화살표(말단 기호)를 붙여 치수의 범위를 명확하게 표시한다.**

몇 개의 치수선이 나란히 있을 때에 각 치수선 간의 거리는 등 간격(8∼10mm)으로 한다.

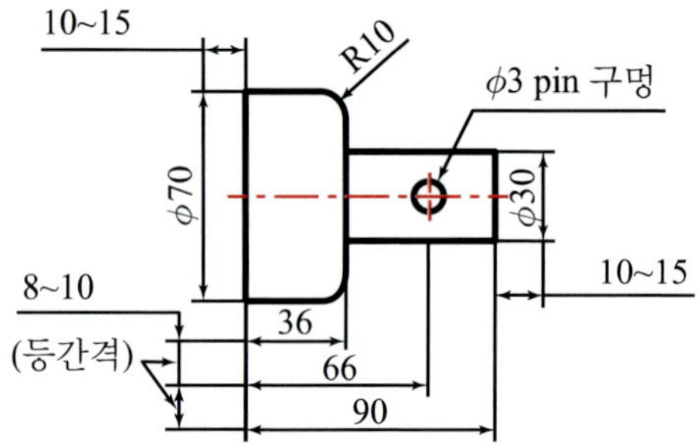

[그림 3.2] 치수선과 치수 보조선

치수 보조선의 위치를 경사지게 표시하려면 [그림 3.3]의 (a)와 같이 적당한 각도(약 60°)로 서로 평행하게 도시한다. 그러나 치수 보조선 때문에 도면이 혼동되면 [그림 3.4]의 (b)와 같이 치수 보조선은 생략한다.

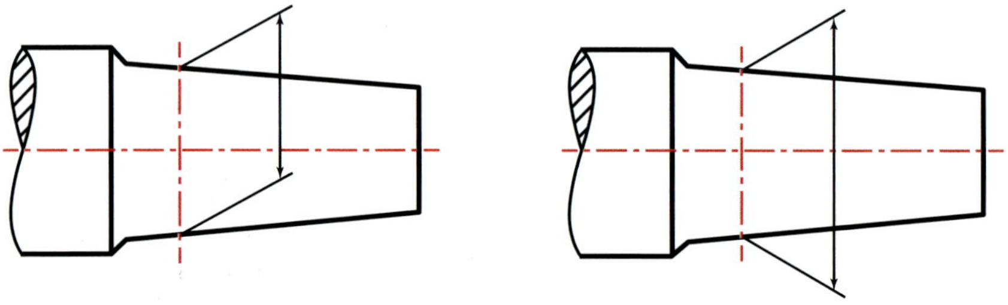

(a) 양호 (b) 불량

[그림 3.3] 테이퍼의 치수 보조선

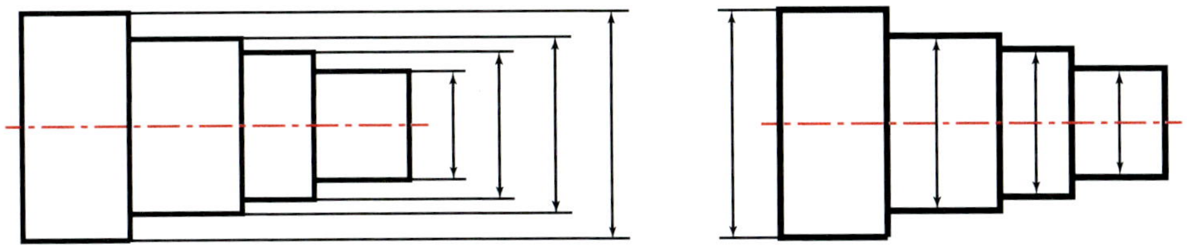

(a) 치수보조선의 기입 (b) 치수보조선의 생략

[그림 3.4] 치수 보조선

각도 기입을 위한 치수선은 [그림 3.5]와 같이 각도를 이루는 2변 또는 그 연장선(치수 보조선)의 교점을 중심으로 양변 또는 연장선의 사이에 원호를 도시하고, 양끝에 화살표를 붙인다. 또한 치수 보조선과 외형선이 겹치거나 혼돈되면 치수 보조선을 생략할 수 있다.

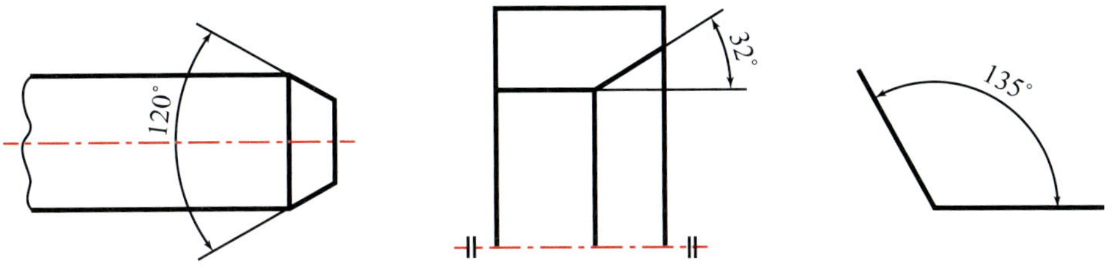

[그림 3.5] 각도를 기입하는 치수선

2.2 말단 기호

말단 기호는 [그림 3.6]과 같이 **치수 또는 각도를 기입하기 위해 치수선의 양끝 끝부분에 표시하는 화살표 등이다.**

도면에서 말단 기호는 [그림 3.6]의 (a)에 표시된 화살표를 주로 사용한다. 이들 기호는 **동일한 도면 또는 관계있는 도면에서는 같은 모양과 크기로 기입한다.**

말단 기호인 화살표를 기입할 여백이 없을 때는 [그림 3.6]의 (b), (c)와 같이 둥근점 또는 경사선으로 화살표를 대신하여 말단 기호로 도시한다.

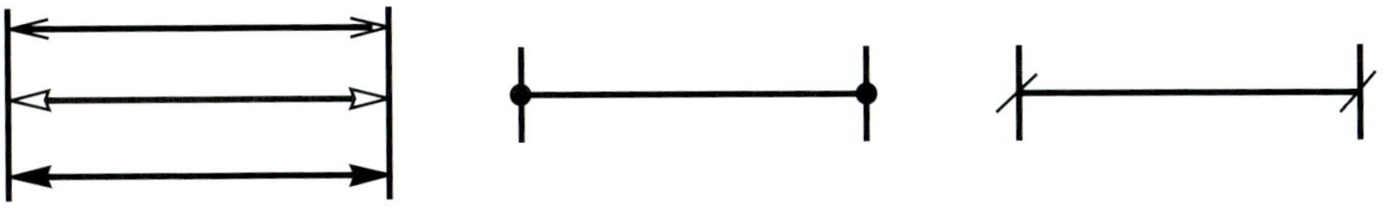

(a) 화살표 (b) 둥근점 (c) 경사선

[그림 3.6] 말단 기호

2.3 지시선

치수선 위에 공간이 좁아 치수를 기입할 수 없을 경우는 [그림 3.7]과 같이 지시선을 치수선에 일정 경사각으로 지시하고, 그 끝을 수평으로 구부린 후 위쪽에 치수를 기입한다. 이때 지시선이 지시하는 공간이 부족한 경우에는 지시선 **끝에 말단 기호(화살표 등)를 생략해도 된다.**

지시선은 좁은 공간에 치수 기입을 위해서 사용하는 것 외에도 제품의 **가공 방법, 부품 기호, 다듬질 기호 등을 기입하는데도 이용된다.** 이때 치수는 치수선 중앙 위쪽에 약 1mm 위에 기입한다.

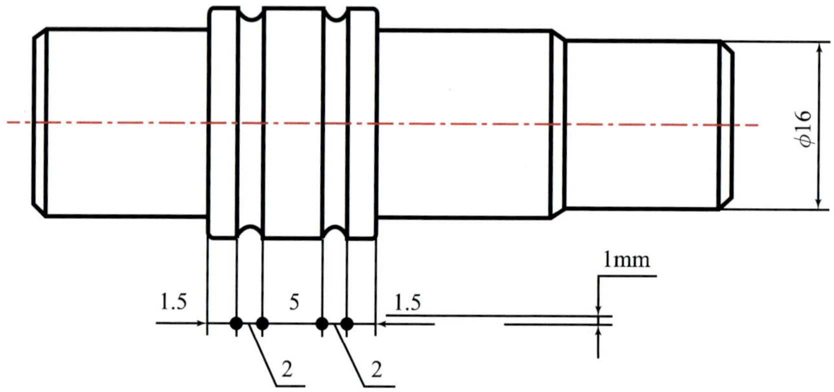

[그림 3.7] 지시선을 사용한 치수 기입

2.4 치수 기입

치수는 도면 해독을 정확하고 읽기 쉽게 기입되어야 하며, 제도자는 다음과 같은 원칙에 따라서 기입한다.

2.4.1 치수 기입의 위치

치수선은 [그림 3.8]의 (a)와 같이 치수선을 끊지 않는 **연속식**과 [그림 3.8]의 (b)와 같이 치수선 중간을 끊고 치수를 기입하는 **중단식**이 있다.

연속식에서 치수 기입의 위치는 수평방향의 치수선 위 중앙에, 수직 방향의 치수선에서는 치수선 상단의 좌측방향 중앙에 치수를 기입한다.

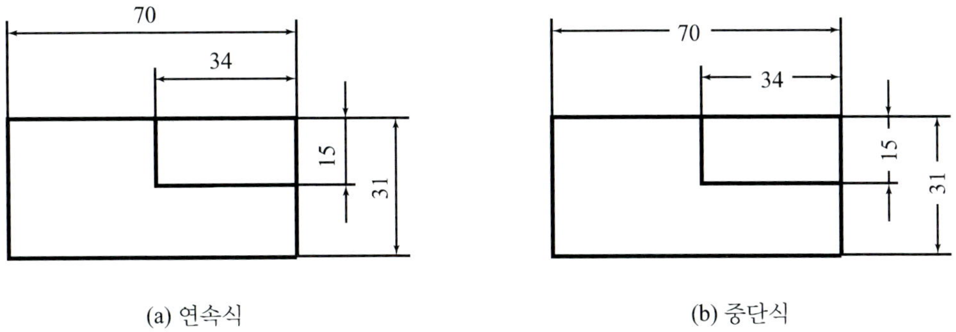

[그림 3.8] 치수의 기입방법 및 위치

2.4.2 치수선의 중단 금지

KS는 [그림 3.8]의 (a)와 같이 연속식을 채택하고 있어, 치수선은 중단하지 않는다. 중단식의 치수 기입법의 사용은 권장하지 않는다.

2.4.3 경사 방향의 치수선에 치수 기입

경사 방향의 치수선에서 치수는 [그림 3.9]와 같이 치수선 위쪽 중앙에 기입한다.

각도는 [그림 3.10]과 같이 제1각과 제2각에 치수선이 위치하면 치수선 밖의 위 중앙, 제3각과 제4각의 경우 치수선 안쪽 **위의 중앙에** 치수를 기입한다.

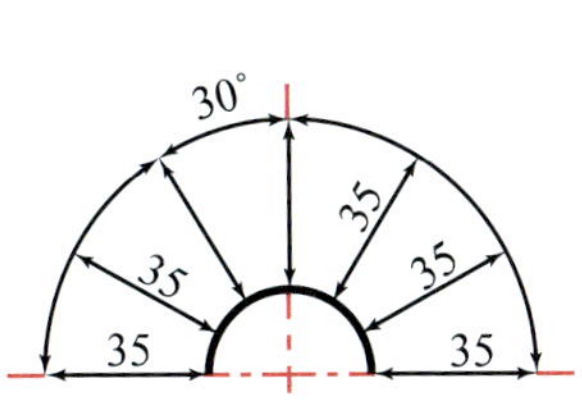

[그림 3.9] 경사 방향의 치수 방향

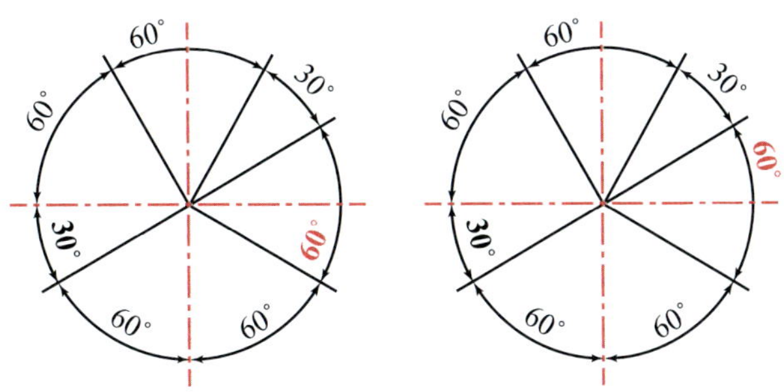

[그림 3.10] 각도의 치수 방향

2.4.4. 혼돈하기 쉬운 방향의 치수 기입

[그림 3.11]과 같이 해칭으로 표시한 위치는 혼돈을 피하기 위해 치수 기입을 피하고, 위쪽 또는 물체에 지시선을 사용하여 기입한다.

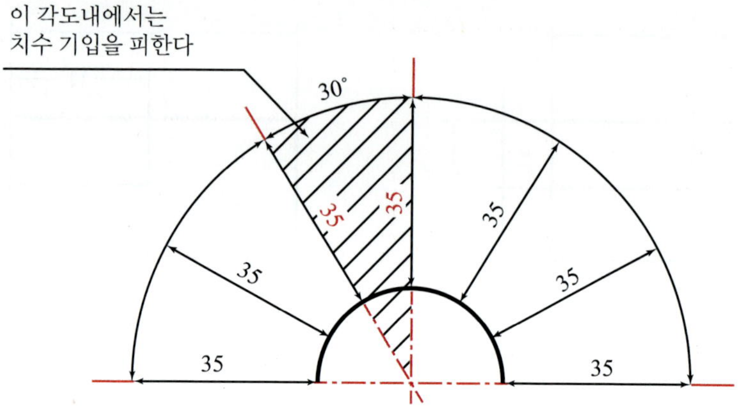

[그림 3.11] 치수 기입을 생략하는 위치

03 치수 보조기호

치수를 기입할 때 단순하게 치수로만 그 의미를 표현하는데 한계가 있을 경우는 치수의 의미를 명확하게 나타내기 위해 치수 보조기호를 사용한다.

기계 부품을 비롯하여 각종 제품들은 원의 형상들이 많이 있다. 원기둥을 투상도로 도시할 때는 일반적으로 둥글지 않는 쪽을 정면도로 선택하면 평면도 또는 측면도는 원형으로 정해진다. 이때 [그림 3.12]와 같이 지름치수 **앞에 치수 보조기호(ϕ)를 기입하면 원형 쪽의 측면도인 그림의 (b)는 생략해도 된다.**

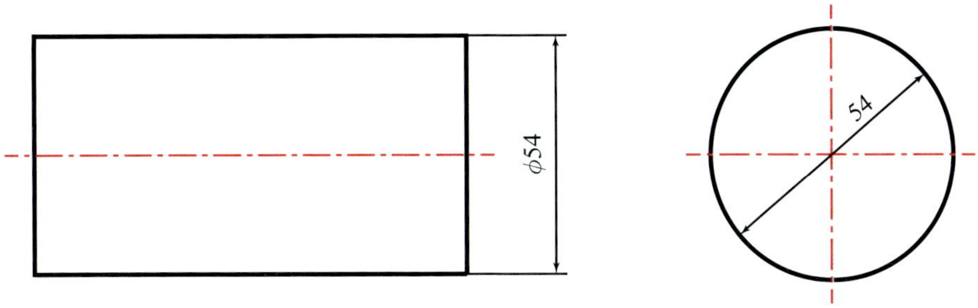

[그림 3.12] 지름의 치수 보조기호(ϕ)

도형이 원형임을 나타내는 ϕ는 **치수 보조기호**라 하며, 대표적인 치수 보조기호 들은 [표 3.1]과 같다.

[표 3.1] 중에서 **원호, 참고치수 기호, 비례척이 아닌 치수, 이론적 정확한 치수를 제외하고** 나머지 치수 보조기호는 치수 앞에 기입한다.

본 절에서는 치수 보조기호의 사용에 대해서 학습한다.

[표 3.1] 치수 보조기호

구 분	기호	읽기	사 용 법
지름	ϕ	파이	- 지름치수 앞에 기입
반지름	R	알	- 반지름치수 앞에 기입
구의 지름	Sϕ	에스 파이	- 구의 지름치수 앞에 기입
구의 반지름	SR	에스 알	- 구의 반지름치수 앞에 기입
정사각형의 변	□	사각	- 정사각형 1변 치수 앞에 기입
판의 두께*	t	티	- 판 두께치수 앞에 기입
원호의 길이	⌒	원호	- 원호의 길이치수 위에 기입
45° 모따기	C	시	- 45° 모따기치수 앞에 기입
참고 치수	( )	괄호	- 참고치수는 괄호 안에 기입
비례척이 아닌 치수	<u>12</u>	밑줄	- 치수와 도형의 크기가 비례하지 않는 치수는 치수 아래 밑줄 표시
이론적 정확한 치수	[12]	-	- 이론적으로 정확한 치수 기입

(주) *을 붙인 것은 ISO에 규정하지 않는다.

3.1 지름의 기호 : ϕ

지름의 치수 보조기호인 "ϕ"는 [그림 3.13]과 같이 치수 앞에 치수와 같은 크기로 표기한다. 그러나 [그림 3.14]와 같이 **도형이 원이면 지름의 수치만 기입하고 ϕ는 생략해도 된다.**

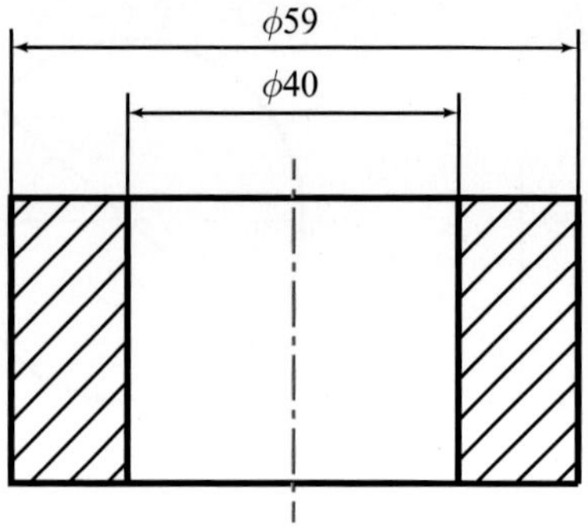

[그림 3.13] 지름 기호의 표시

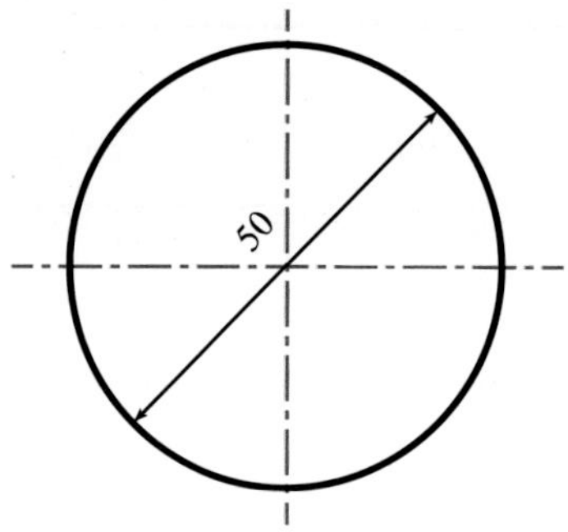

[그림 3.14] 지름 기호의 생략

3.2 반지름의 기호 : R

물체에 곡면 **부분이 180° 이내의 형상이면 반지름치수를 기입한다. 이때 반지름 기호인** "R"을 [그림 3.15]와 같이 기입한다.

반지름치수를 표시하는 치수선은 원호 쪽에 화살표를 도시하나 중심 쪽은 붙이지 않는다. 또한 [그림 3.15]의 (b)와 같이 **반지름의 치수선을 원호의 중심까지 도시하는 경우 R은 생략해도 된다.** 원호의 반지름이 작아서 지시선에 치수 보조기호와 치수를 기입하기 어려운 경우 [그림 3.16]과 같이 기입한다.

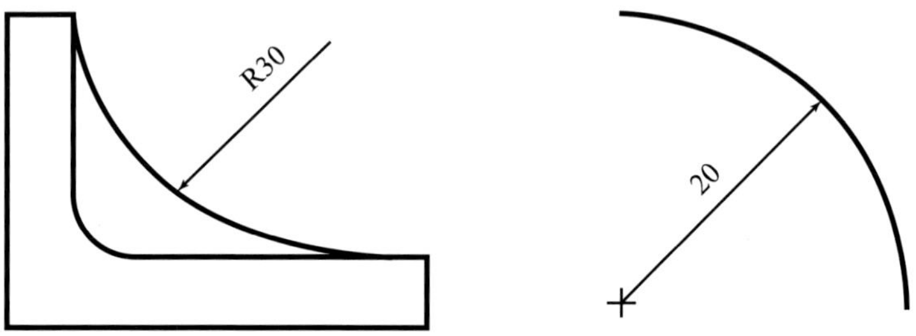

(a) (b)

[그림 3.15] 반지름 표시

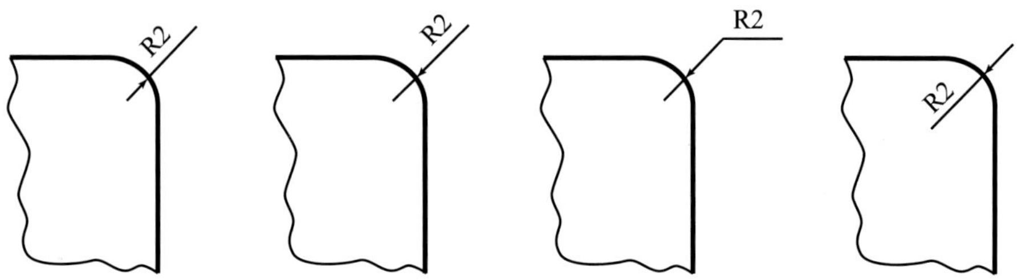

(a) (b) (c) (d)

[그림 3.16] 반지름이 작은 원호의 치수 기입

원호의 반지름이 큰 경우 제도용지 공간을 절약하기 위해 [그림 3.17]과 같이 반지름의 치수선을 구부려 중심을 도형 가까이 끌어당겨 표시한다. 이때 치수선은 곡면의 중심위치로 향해야 한다.

중심위치를 표시할 때 "+" 또는 "·" 등으로 나타낸다.

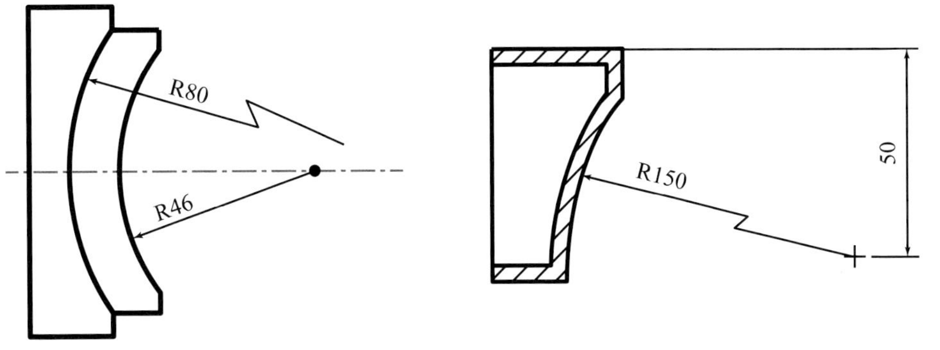

[그림 3.17] 큰 반지름의 원호치수 기입

[그림 3.18]의 (a)와 같이 원호의 **크기가 180° 미만인 경우는 반지름치수**로 기입하고, [그림 3.18]의 (b)와 같이 **180° 이상 각도의 원호의 형상은 지름치수로 기입한다.**

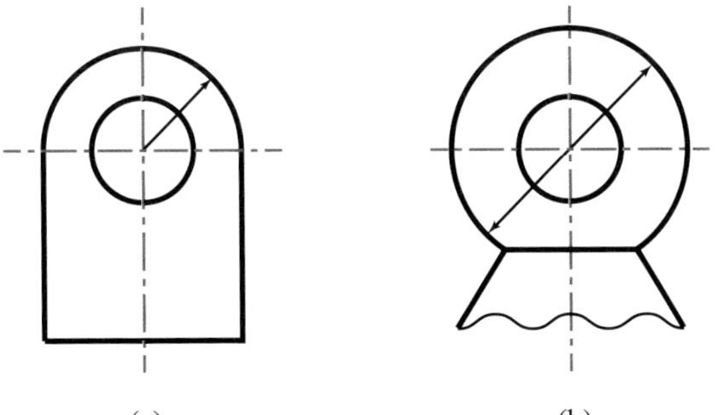

[그림 3.18] 원호의 치수 기입

그러나 **원호가 180° 미만이라도 물체의 기능 또는 제작 과정에서 지름치수를 필요로 할 경우**는 [그림 3.19]의 (a)와 같이 지름치수를 기입한다. 또한 [그림 3.19]의 (b)와 같이 대칭 도형의 절반을 생략한 도면에서는 치수선은 중심선 밖까지 도시하고 지름치수를 기입한다.

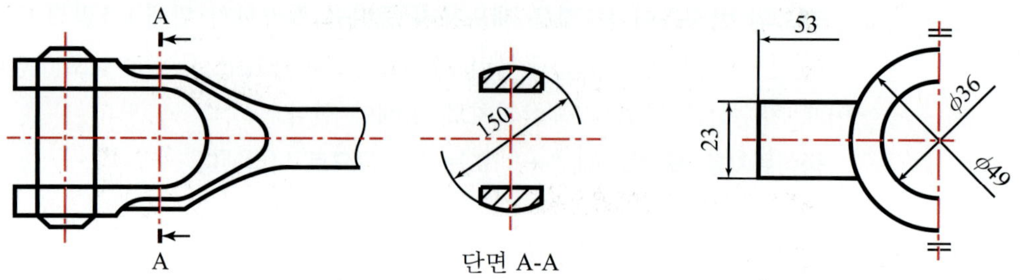

(a) (b)

[그림 3.19] 지름의 치수 기입

3.3 정사각형의 기호 : □

물체 일부분의 단면이 정사각형일 때는 [그림 3.20]과 같이 그 변의 길이를 표시하는 치수 앞에 "□" 기호를 기입한다.

그러나 "□" 기호는 도형이 정사각형일 경우는 사용하지 않는다. [그림 3.20]의 (a)에서 지면에 직각방향(L방향)의 면이 정사각형이면 잘못 해석할 수 있으므로 그림의 (c)와 같이 양변의 치수를 함께 기입한다. [그림 3.20]의 (b), (c)에서 교차하는 가는 실선의 대각선은 그 면이 평면임을 의미한다.

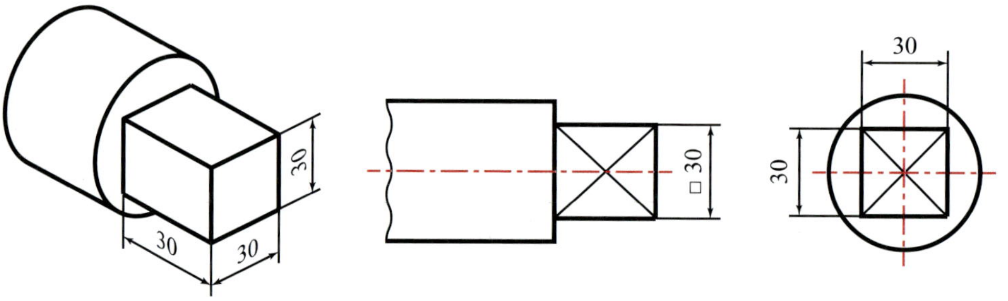

(a) (b) (c)

[그림 3.20] 정사각형의 기호(□) 기입

3.4 45° 모따기의 기호 : C

물체의 모서리 부분은 손상되기 쉬우므로 일정 각도로 잘라내는데, 이를 **모따기**라고 한다.

모따기 각도는 일반적으로 45°로 하는 경우가 많다. 이때 **모따기의 치수 보조기호를 "C"로 표시한다.**

[그림 3.21]은 모따기 부분을 직각으로 치수선을 사용하여 모따기의 각도가 45°, 깊이가 2mm를 표시한 것이다. [그림 3.22]와 같이 치수 뒤에 각도를 기입하면 모따기 치수 보조기호는 생략한다.

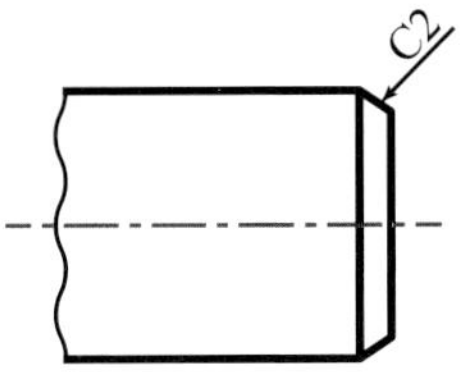

[그림 3.21] 모따기 기호

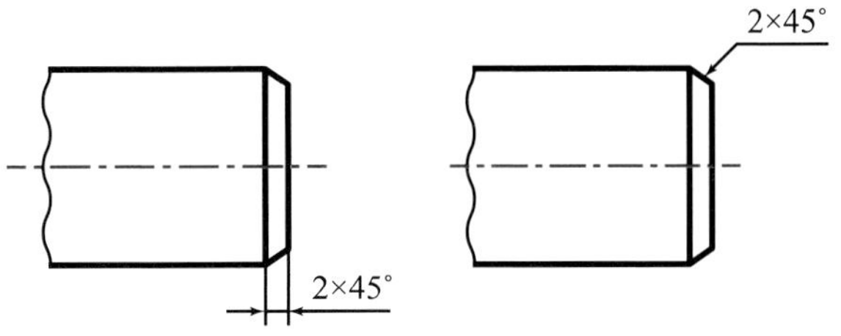

(a) (b)

[그림 3.22] 모따기 기호의 생략

물체의 일부를 모따기를 할 경우 각도가 45° 이외의 경우는 [그림 3.23]과 같이 **"C" 표기하지 않으며**, 일반적인 치수 기입방법으로 표시한다.

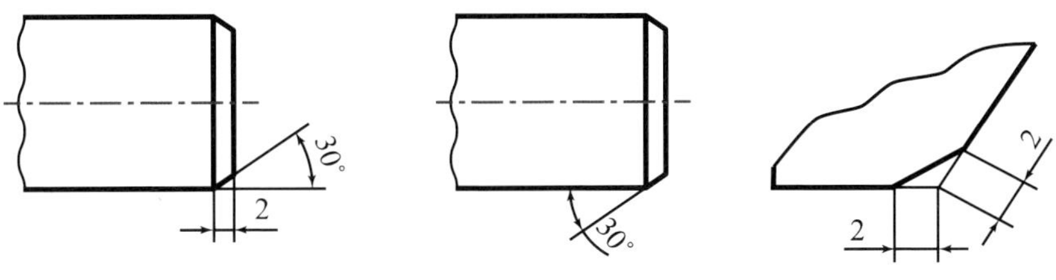

(a) (b) (c)

[그림 3.23] 45° 이외의 모따기 치수 기입

3.5 구의 지름과 구의 반지름 기호 : Sϕ, SR

축구공 또는 지구본과 같은 물체에서 구의 지름 또는 구의 반지름치수는 [그림 3.24]와 같이 각각의 치수 앞에 "Sϕ" 또는 "SR"의 기호를 기입한다. 이때 S는 구(Sphere)의 약자이며, **치수 앞에서 생략되면 원과 구분이 어려우므로 생략하지 않는다.**

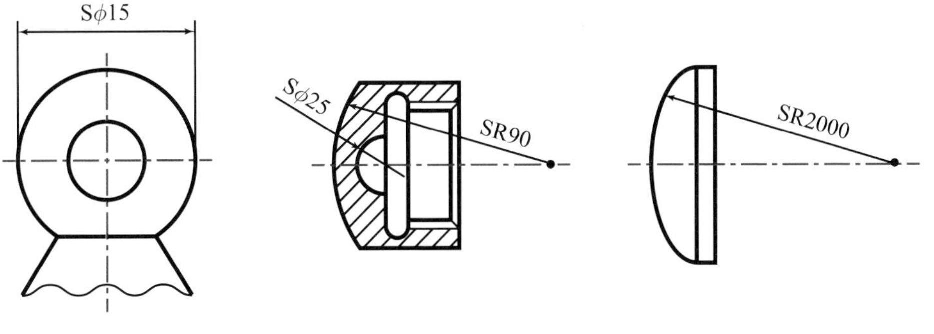

(a) (b) (c)

[그림 3.24] 구의 지름과 반지름 기호(Sφ , SR)

3.6 판 두께의 기호 : t

판재 등의 두께는 [그림 3.25]와 같이 기호 "t"로 표기한다. 여기서 t는 두께(thickness)의 약자이다.

판재 등에 두께의 치수 보조기호(t)는 ISO에서는 사용하지 않는다.

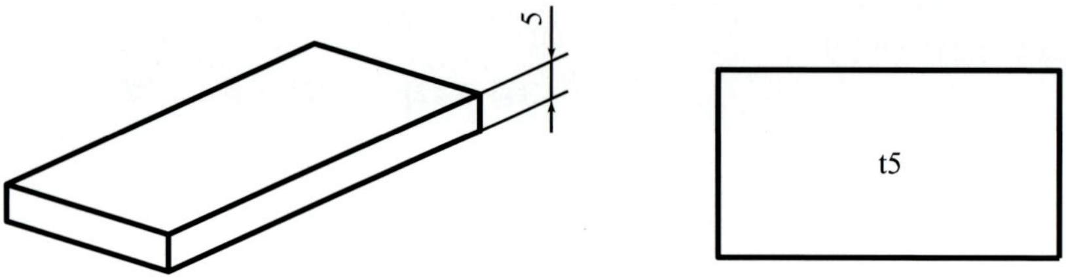

[그림 3.25] 판재의 두께 기호(t)

3.7 원호의 기호 : ⌒

판이나 봉을 둥글게 구부려 만든 제품은 변형되기 이전에 재료의 길이를 표시하여 놓는 것이 필요하며, **원호의 길이가 대표적인 그 예다.**

[그림 3.26]의 (a)와 같이 원호의 치수 위에 "⌒"의 치수 보조기호를 표시하고, 곡면에서 현의 길이는 치수 위에 "−"을 기입하거나 생략한다.

원호의 각도가 크거나 연속하여 원호의 치수를 기입할 때는 [그림 3.26]의 (b)와 같이 원호의 중심선으로부터 방사상으로 도시한 치수 보조선에 맞추어서 기입한다.

특정 부분의 원호에 치수를 분명히 표시하기 위해서는 [그림 3.26]의 (c)와 같이 **지시선을 이용하여 원호에 치수를 기입한다.**

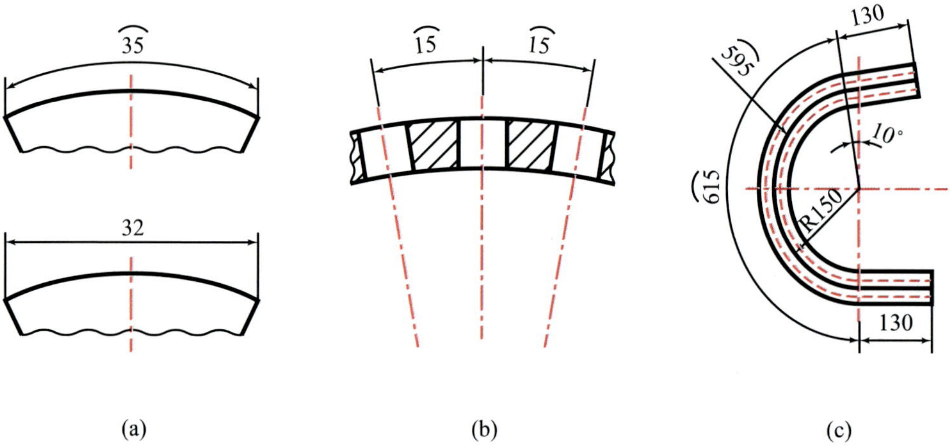

[그림 3.26] 원호의 기호(⌒)

3.8 비례척이 아닌 치수 : 12 (예시)

도면에서 투상도의 척도와 비례하지 않는 일부분의 도형에 치수가 있을 때가 있다. 이와 같은 경우는 [그림 3.27]과 같이 **치수 아래에 굵은 실선을 도시한다**. 이것은 치수 기입이 잘못된 것이 아닌가 하는 의문을 방지하는 데 목적이 있다.

투상도에서 일부를 전단하거나 생략한 부분의 치수가 일치하지 않는 것을 명시할 필요가 없을 경우는 치수 밑에 선을 생략한다.

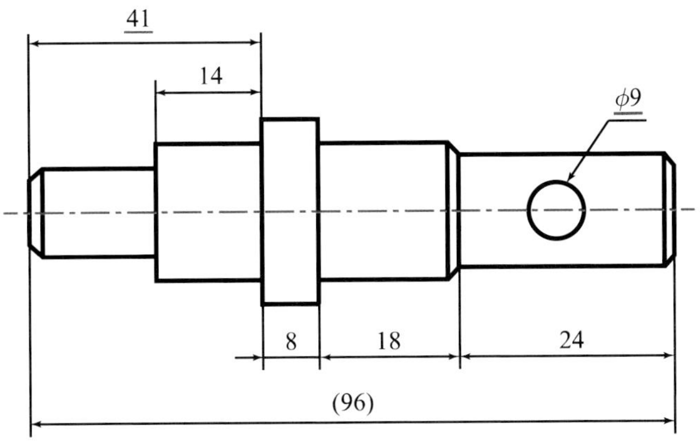

[그림 3.27] 척도에 비례하지 않는 치수 기입

04 치수 기입법

치수는 물체의 크기, 위치 등을 나타낼 수 있다. [그림 3.28]에서 **S는 크기 치수, L은 위치 치수, O는 물체 전체의 크기**를 의미하는 것으로 기호로 나타낸 것이다.

치수는 [그림 3.29]와 같이 그 물체의 기능상 필요해서 주어지는 치수(기능치수, Function)와 기능상 의미를 가지고 있지 않지만 가공상 의미, 기타 필요하여 주어지는 치수(비 기능치수, Non－Function)가 있다. 또한 조립 및 기타의 참고까지 표시되는 보조치수가 있다.

본 절에서는 투상도에 치수를 기입하는 방법에 대하여 학습한다.

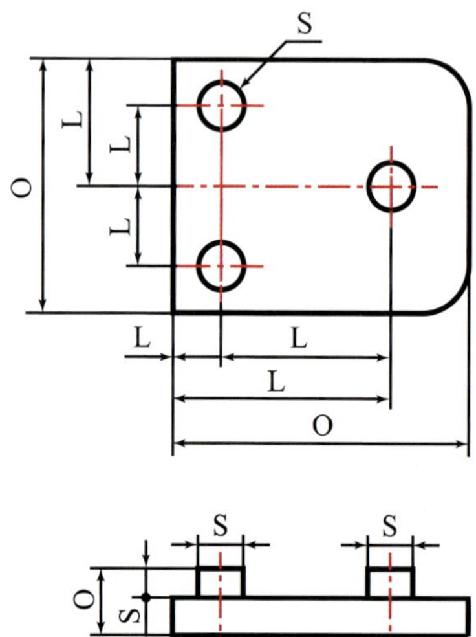

[그림 3.28] 크기치수(S)와 위치 치수(L)

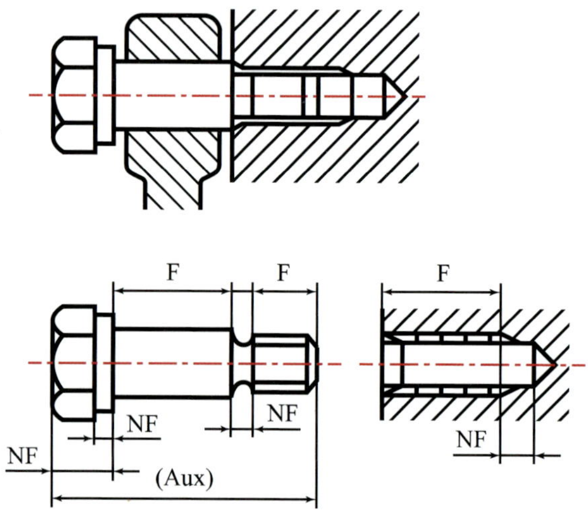

[그림 3.29] 기능치수(F), 비 기능치수(NF) 및 보조치수(Aux)

4.1 일반적인 치수 기입법

4.1.1 정면도에 치수를 집중적으로 기입

제도자는 **치수를 정면도(주 투상도)에 집중적으로 기입한다.** 그러나 정면도에 기입할 수 없는 경우는 측면도, 평면도, 배면도 등에 기입한다.

[그림 3.30]은 정면도에 치수가 집중적으로 기입되었으며, 정면도에 기입이 불가능한 치수는 좌측면도에 기입되어 있다.

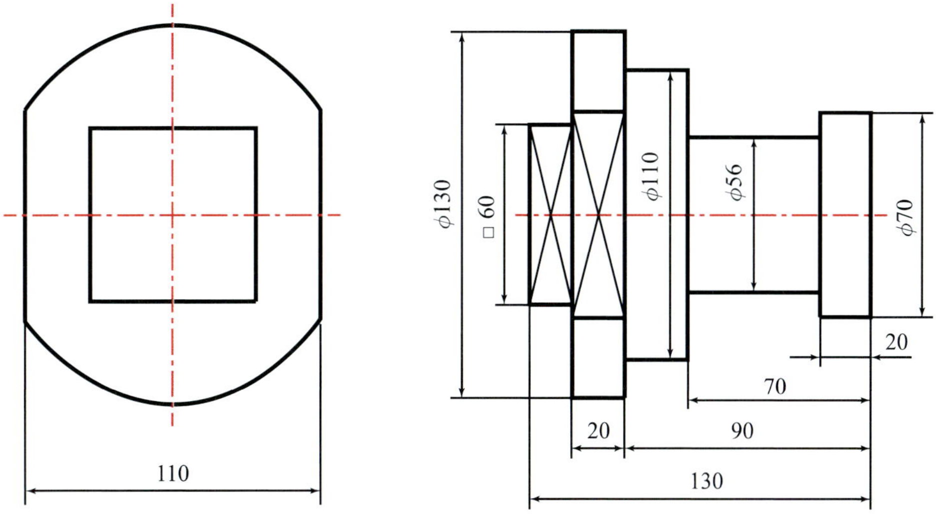

[그림 3.30] 정면도에 집중적으로 치수 기입

4.1.2 치수의 중복 기입을 피함

물체의 형상을 명료하게 표시하기 위해 제도자는 되도록 치수의 중복을 피해서 기입한다. 그러나 특별한 이유가 있으며 중복 기입하여도 된다. 즉, 정면도와 측면도와 평면도 등과 같은 관련성을 가진 도면에서 투상면과 연관된 투상면을 비교하여 해석하는데 편리하면 중복하여 기입해도 된다.

4.1.3 불필요한 치수는 생략 또는 참고치수로 기입

[그림 3.31]의 (a)와 같이 전체치수를 기입해서 계산의 중요도가 적은 부분에 치수는 생략한다. 그러나 제작자 등의 편의를 제공할 필요가 있을 경우는 그림의 (b)와 같이 참고치수인 "10"을 괄호( ) 안에 기입한다.

단, **모든 부분에 치수를 기입하지 않은 도면은 제품을 제작하는 현장에서는 작업자가 계산하는 번거로움을 줄 수 있어 가급적 모두 기입한다.**

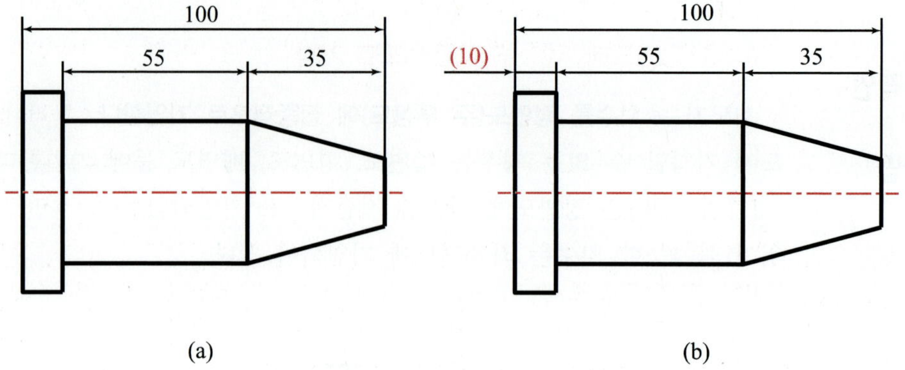

[그림 3.31] 참고치수의 기입

4.1.4 관련 있는 치수는 가급적 한 곳에 기입

[그림 3.32]는 플랜지(Flange, 관과 관, 관과 다른 기계 부분을 결합할 때 쓰는 기계요소)와 배관이 결합된 형상의 단면도를 도시한 것으로 현장에서 알아보기 쉽게 볼트 중심원의 지름과 구멍의 치수 그리고 구멍 배치의 피치원을 도시되어 있다.

이때 [그림 3.32]에서 플랜지의 구멍이 다수이지만, 도면 해독을 편리하도록 구멍에 연관된 치수는 분산하지 않고 한 곳에 기입한다.

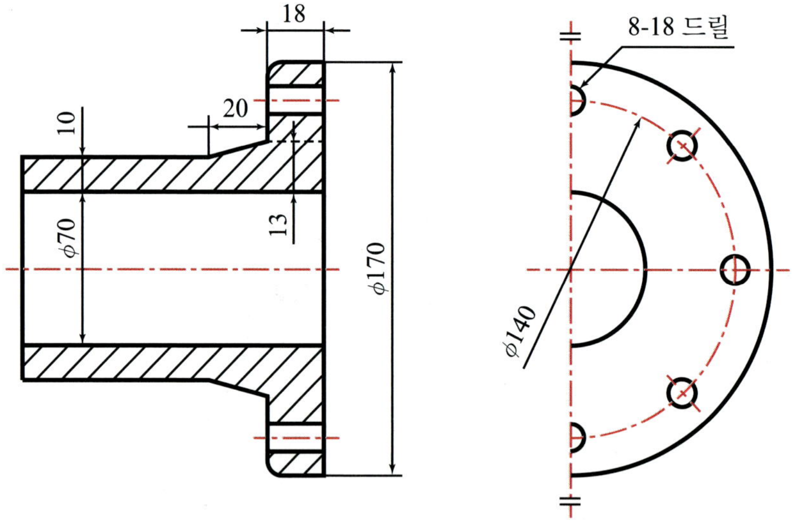

[그림 3.32] 서로 관련되는 치수의 기입

4.1.5 기준부에서 부터 치수 기입

가공이나 조립을 특정 위치를 기준으로 할 경우는 기준부부터 치수를 기입한다. 이 기준(면, 선, 점)은 설치할 대상과의 관계에서 정해지는 경우가 많다. 그러므로 **중심선, 설치면, 다듬질면이 기준**이 되며, 도면에서 기준부 표기는 [그림 3.33]의 (b)와 같이 "조립 기준" 등으로 기입한다.

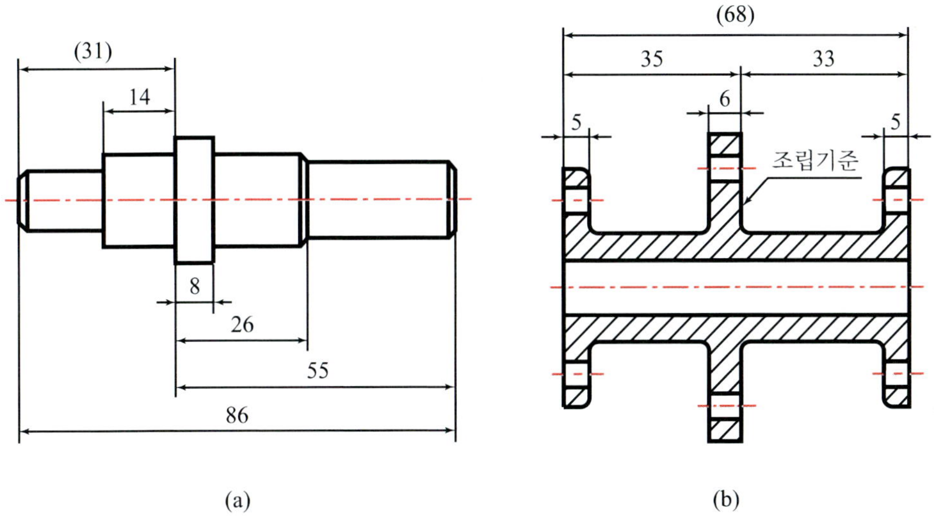

[그림 3.33] 치수는 기준부에서 부터 기입

4.1.6 공정이 다른 치수는 가급적 그 배열을 나누어서 기입

치수는 읽기 쉽게 **공정에 따라서 구분하여 배열하고 기입**하는 것이 좋다. 만약 2개 이상의 공정에 필요한 치수는 최후 공정에 포함시켜서 기입한다.

[그림 3.34]와 같이 위쪽에 기입된 치수는 원 지름들의 가공치수, 아래쪽의 치수는 환봉 길이의 가공치수이다.

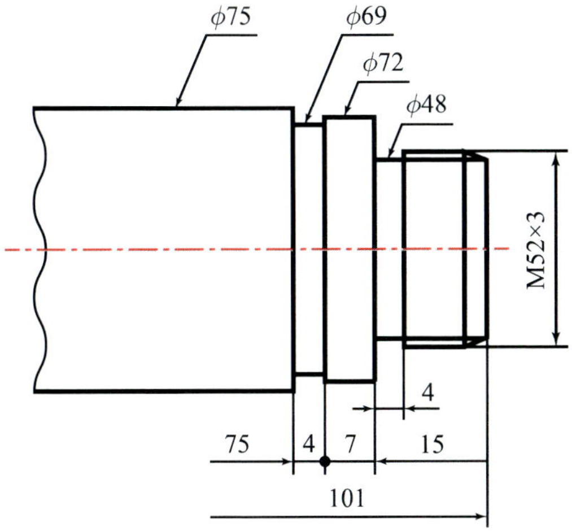

[그림 3.34] 공정별 치수기입

4.1.8 작도선을 사용한 치수 기입법

2개면 사이에 원호나 모따기가 주어질 때에 2개면이 교차하는 위치를 표시하려면 [그림 3.35]와 같이 곡면 또는 모따기를 가공하기 이전의 형상을 특수한 용도선 중 가는 실선으로 표시하고, 교점에서 치수 보조선을 도시하면 된다.

[그림 3.35]의 (b)와 (c)처럼 교점을 명확히 표시할 때는 각각의 선을 서로 교차시키거나, 둥근 점을 붙인다.

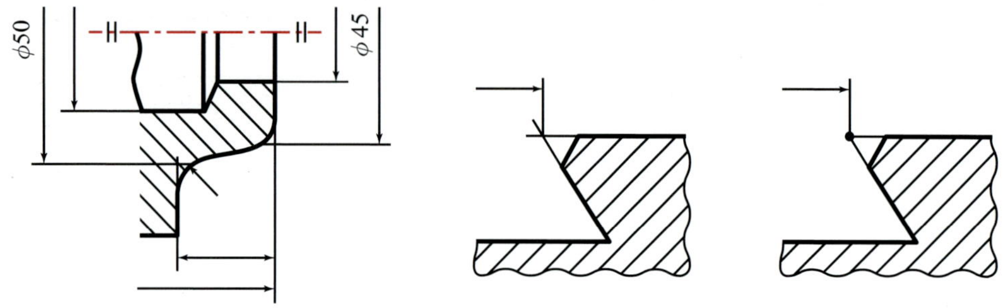

(a) (b) (c)

[그림 3.35] 작도선을 이용한 치수 기입

4.2 치수와 치수선의 배열

4.2.1 치수는 선에 의해서 분단되지 않는 위치에 기입

치수를 선에 겹쳐서 기입한 것은 나쁜 표현이다. 그러나 **부득이 한 경우는 [그림 3.36]의 (d)와 같이 치수와 겹치는 선의 부분을 중단하고 치수를 기입할 수 있다.**

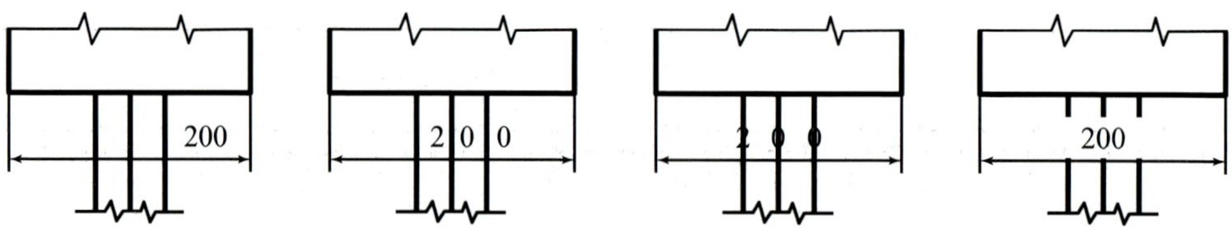

(a) 좋은 보기 (b) 좋지 못한 보기 (c) 나쁜 보기 (d) 선을 중단한 보기

[그림 3.36] 치수와 치수선의 배열

4.2.2 치수는 읽기 쉽게 기입

치수는 치수선 위에 해석하기 쉬운 위치에 기입한다. 그러나 [그림 3.37]의 (b)처럼 도형의 선, 다른 치수선, 치수 보조선으로 분할하거나, 겹

쳐지게 기입하면 나쁜 치수 기입이다.

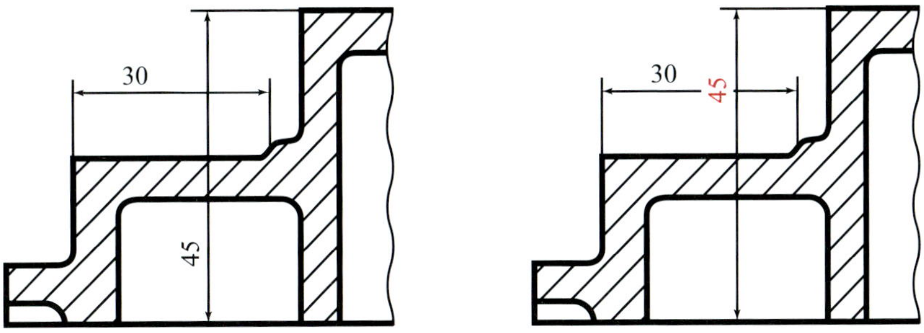

(a) 좋은 예　　　　(b) 나쁜 예

[그림 3.37] 치수와 치수선의 배열

4.2.3 치수선은 일직선에 도시

치수선이 인접해서 연속되는 경우는 [그림 3.38]과 같이 동일한 직선상에 치수를 가지런히 기입한다. 또한 관련되는 부분의 치수(길이치수와 크기치수)는 분리하여 [그림 3.39]와 같이 동일 직선상에 기입한다.

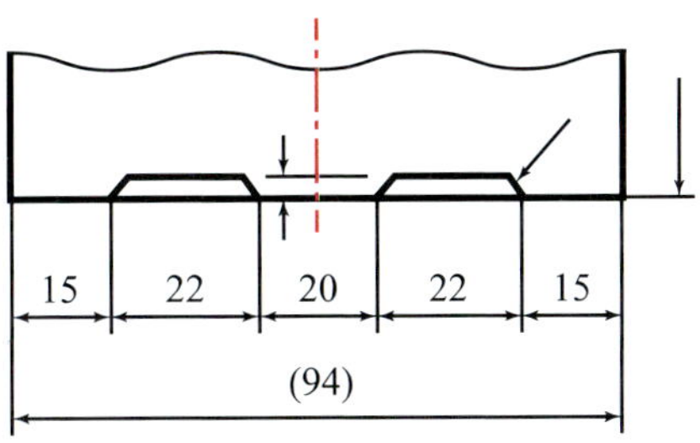

[그림 3.38] 동일한 직선상 치수 기입

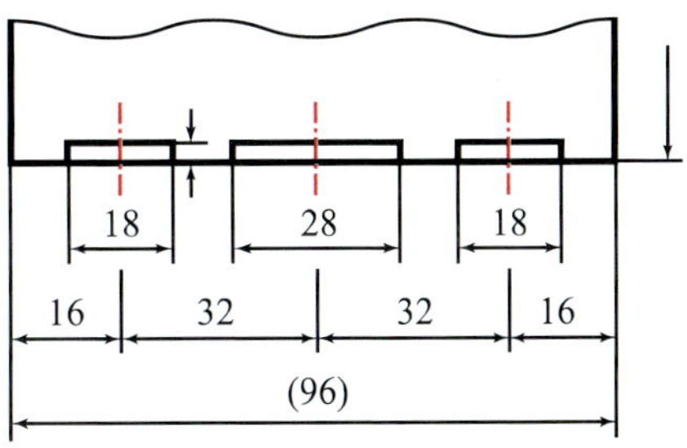

[그림 3.39] 관련된 부분의 치수 기입

4.2.4 다수의 평행한 치수선

[그림 3.40]과 같이 다수의 치수선이 평행하게 있는 경우에는 큰 치수를 바깥쪽으로 하여 차례로 안쪽에 작은 치수를 기입한다.

이때 치수의 기입 위치를 일치시키면 모양은 좋지만, 치수선 간의 간격이 좁으면 잘못 인식할 수 있다. 위와 같은 때는 [그림 3.40]의 (b)와 같이 **치수를 치수 보조선 가까운 위치의 치수선 위에 지그재그로 기입한다.**

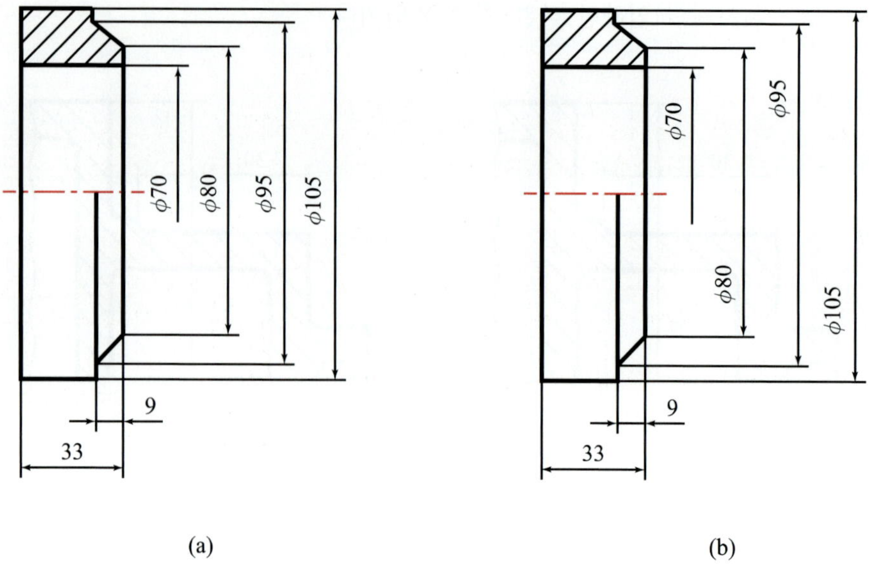

[그림 3.40] 치수선이 다수 평행한 경우의 치수 기입

4.2.5 치수선이 긴 경우

치수선이 길어서 그 중앙에 치수를 기입하면 전체 길이를 파악하는데 불편한 경우는 [그림 3.41]과 같이 치수를 치수선이 시작되는 어느 한쪽의 화살표 가까운 위치에 기입할 수 있다.

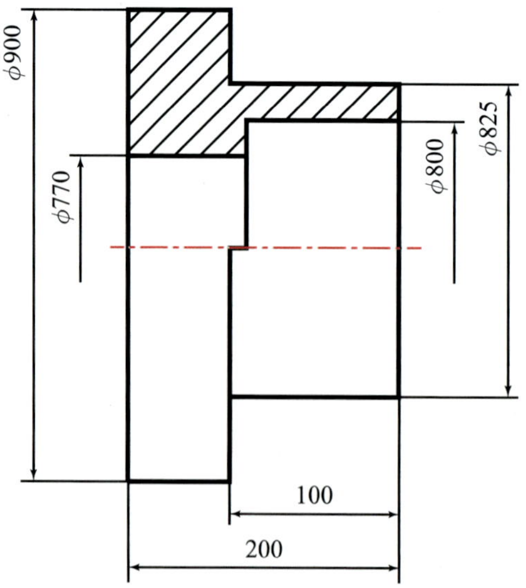

[그림 3.41] 치수가 한쪽으로 치우치는 치수 기입

4.3 좁은 장소에서 치수 기입법

4.3.1 둥근 점이나 경사선을 말단 기호로 사용

치수 보조선들의 간격이 좁아서 치수선에 화살표를 말단 기호로 기입할 공간이 없을 때는 [그림 3.42]와 [그림 3.43]과 같이 치수선 끝단에 화살표 대신에 둥근점 또는 경사선을 말단 기호로 사용한다.

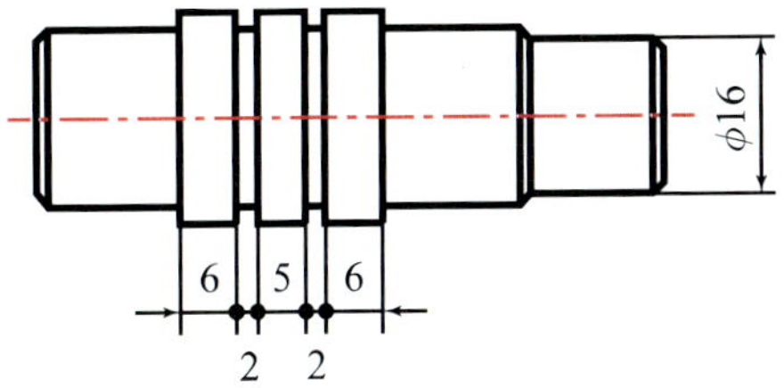

[그림 3.42] 말단 기호(둥근점)

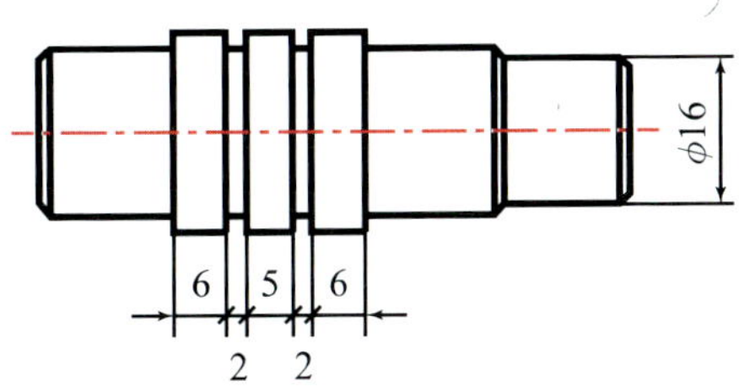

[그림 3.43] 말단 기호(경사선)

복잡한 구조물이나 **공간이 좁을 경우는 그림과 같이 지시선을 생략하고 치수만 기입한다.**

4.3.2 치수선을 연장하고 치수 기입

[그림 3.44]와 같이 공간이 좁은 장소에서 치수는 치수 보조선을 생략하고 치수선을 외형선 밖으로 연장하여 기입한다.

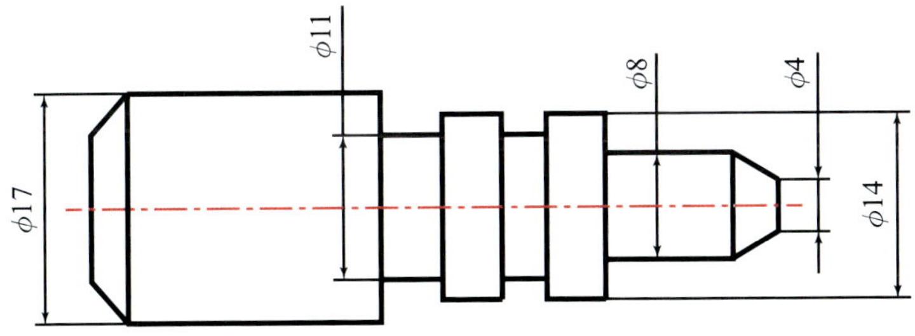

[그림 3.44] 치수선을 연장한 치수 기입

4.3.3 부분 확대도에 치수 기입

물체 일부분의 도형이 작아서 치수 기입이 어려운 경우는 [그림 3.45]와 같이 그 부분을 가는 실선의 원으로 표기하고, 확대한 보조 투상도를 추가하여 도시한 후 치수를 기입한다. 이때 "A 부분 확대도"와 척도를 투상도 밑에 기입한다.

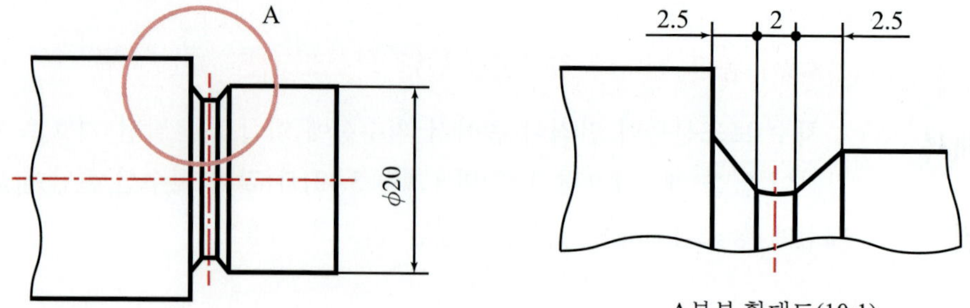

A부분 확대도(10:1)

[그림 3.45] 부분 확대도에 치수 기입

4.3.4 곡선의 치수 기입법

물체의 곡면 부분의 치수는 [그림 3.46]의 (a)와 같이 각각의 원 및 원호의 반지름과 중심 위치를 기입하거나, [그림 3.46]의 (b)와 같이 곡선의 기준부의 한 끝에서 몇 개로 구분하고, 각 구분점에 기입한다.

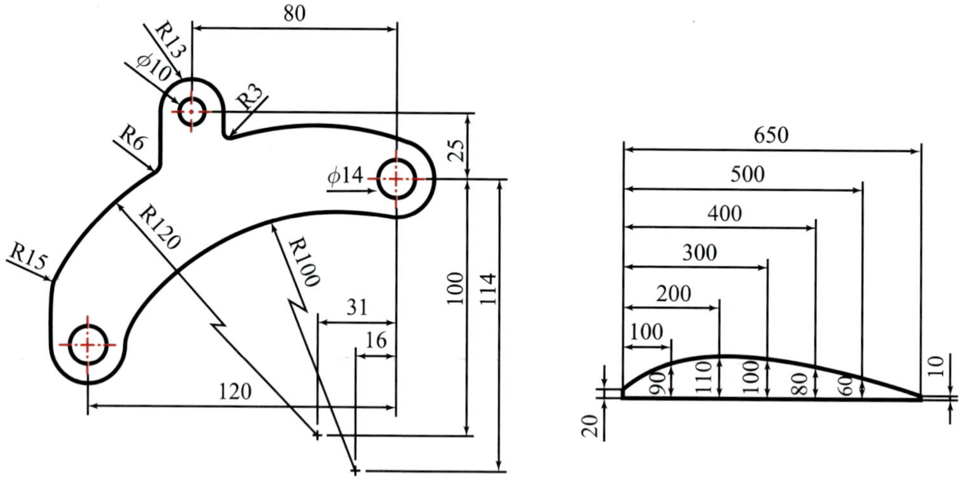

(a) 원호의 치수 기입과 중심위치 표시

(b) 기준부로 부터 치수 기입

[그림 3.46] 곡선의 치수 기입

4.4 구멍의 치수 기입

기계 부품의 구멍은 정밀도를 고려하여 주물, 프레스, 드릴, 리머 등 다양한 방법으로 가공한다.

구멍의 가공방법에 따른 간략지시는 [표 3.2]와 같다.

[표 3.2] 가공 방법의 기호

가공 방법	간략 지시
주 물	코 어
프 레 스 펀 칭	펀 치
드 릴 로 구 멍 뚫 기	드 릴
리 머 다 듬 질	리 머

① 주물 구멍 : 정밀하지 않은 큰 지름(지름 40mm 이상)의 구멍은 코어를 사용한 주물로 만든다. 이때 지름은 [그림 3.47]의 (a)와 같이 가공 방법을 표기한다.

② 펀치 구멍 : 프레스 등으로 뚫는 구멍으로 주물 구멍과 마찬가지로 큰 구멍일 경우가 많으며, [그림 3.47]의 (b)와 같이 가공 방법을 표기한다.

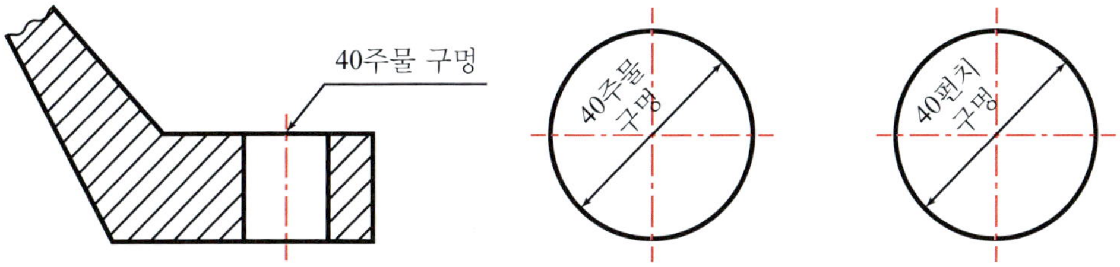

(a) 주물 구멍　　(b) 펀치 구멍

[그림 3.47] 주물 구멍, 펀치 구멍의 치수 기입

③ 드릴 구멍 : 작은 지름의 구멍은 대다수 드릴로 뚫으며, [그림 3.48]과 같이 나타낸다. 드릴 구멍은 관통 구멍과 관통하지 않는 구멍이 있다.

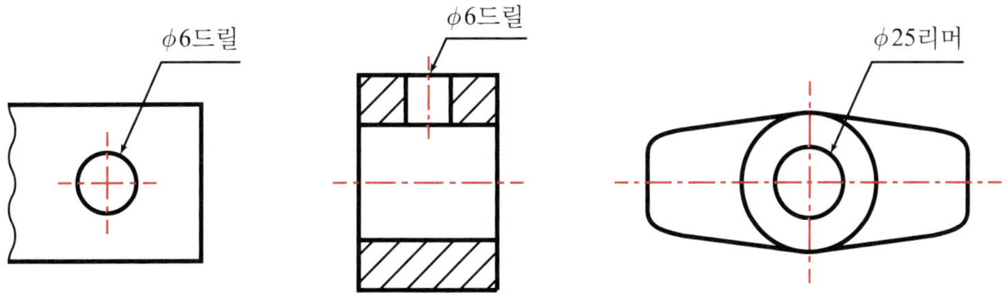

(a)　　(b)　　(c)

[그림 3.48] 드릴, 리머 다듬질에 의한 구멍의 치수 기입

관통하지 않을 경우는 [그림 3.49]와 같이 드릴 치수 다음에 "깊이"의 문자를 사용하여 그 깊이 치수를 투상도에 표시한다.
드릴의 선단 각도는 일반적으로 [그림 3.49]와 같이 118°이므로 일반적으로 120°로 도시하지만, 깊이치수는 드릴의 선단 원추 부분에 포함되지 않는다. 한편 **관통하는 구멍은 깊이를 지정하지 않는다.**

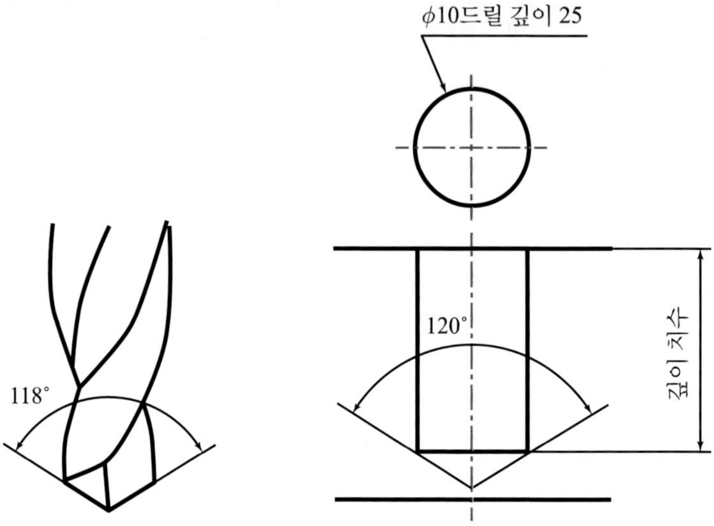

[그림 3.49] 드릴 구멍

④ 리머 구멍 : 정밀도를 요구하는 구멍을 가공할 경우 그 치수보다 약간 가는 드릴로 먼저 구멍을 뚫고, 그 위를 **리머로 다듬질하여 정밀한 구멍으로 가공**하며, [그림 3.50]의 (b)와 같이 표기한다.

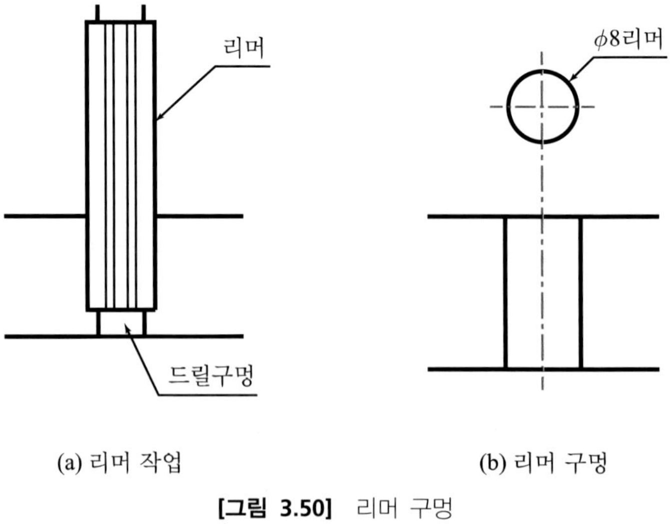

(a) 리머 작업 (b) 리머 구멍

[그림 3.50] 리머 구멍

⑤ 선삭 구멍 : 선반으로 공작물을 회전시켜 이것에 절삭 공구(바이트)를 설치하고 원통형 또는 원뿔형으로 깎아내는 절삭 가공을 선삭 가공이라고 한다. 선삭 구멍은 선반 등의 공작 기계로 큰 지름의 구멍을 가공한 것이며, 이런 구멍은 [그림 3.51]과 같이 치수를 기입한다.

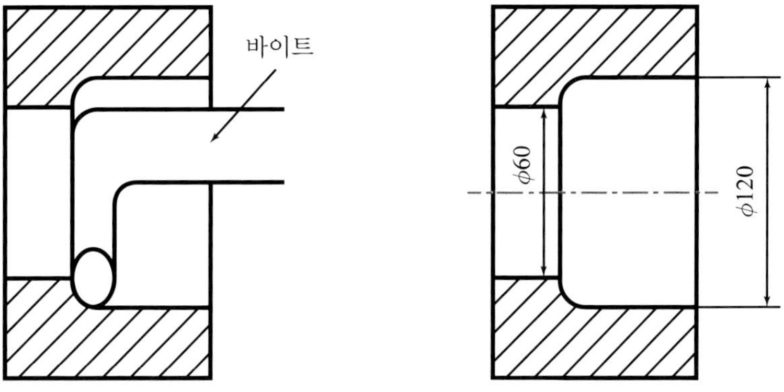

(a) 선삭 작업 (a) 선삭 구멍

[그림 3.51] 선삭 구멍

⑥ 볼트 구멍 : 볼트 구멍은 볼트를 끼우기 위한 구멍으로 볼트의 지름보다 조금 크게 뚫는다. 볼트 구멍의 지름은 KS로 규정되어 있고, 홈의 크기에 따라 1-4급으로 구분되고 있다.
볼트 구멍은 [표 3.3]에 의해 규격을 결정하고, 표기는 [그림 3.52]와 같다.

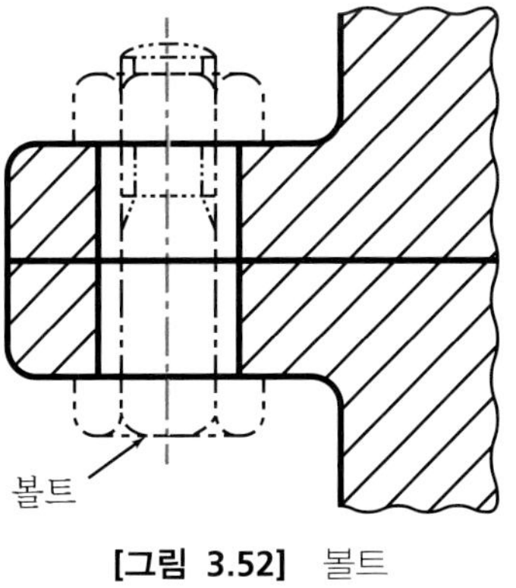

[그림 3.52] 볼트

표면의 거칠기를 고려하여 **볼트와 너트의 밑 부분만 평평하게 하는 것을 자리파기라 한다.**
자리파기 면을 더 깊게 하여 볼트와 너트의 머리를 묻히게 하는 것을 **카운터 보링(Counter Boring)**이라 한다.

자리파기는 외형을 아주 낮게 가공하기 때문에 자리파기의 표시는 [그림 3.53]의 (b)와 같이 자리파기의 지름과 "자리파기" 문자를 기입하며, 깊이는 지정하지 않는다. 이때 지시선의 말단기호는 구멍의 중심선을 지시한다.

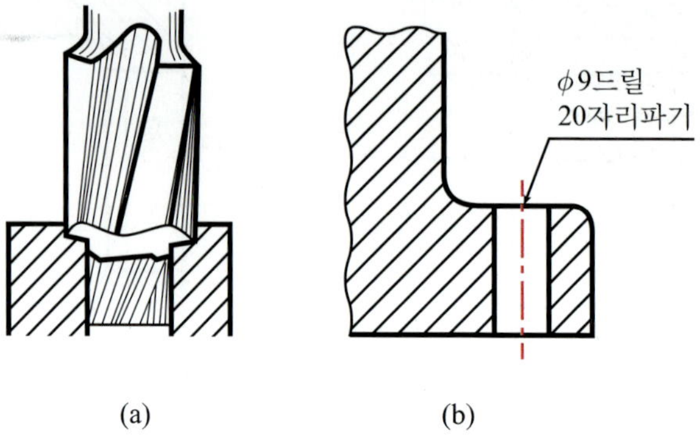

[그림 3.53] 자리파기의 치수 기입

[표 3.3] 볼트 구멍의 지름 및 자리파기 지름치수(KS B 0409)

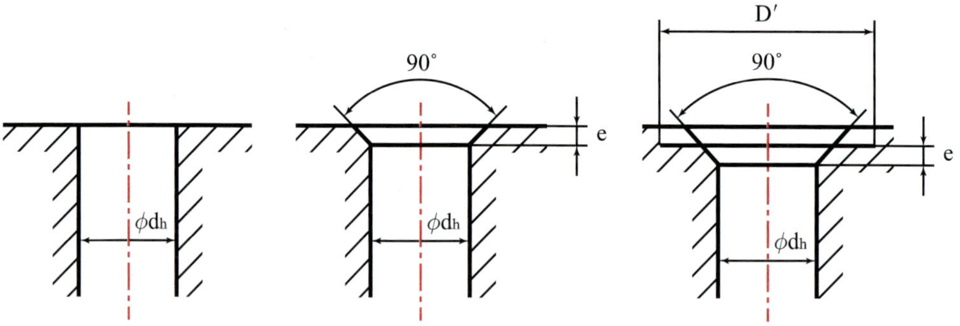

(단위 mm)

나사의 호칭 지름	볼트 구멍지름 d_h				모따기 e	자리파기 지름 D'
	1급	2급	3급	4급(주)		
1	1.1	1.2	1.3	–	0.2	3
1.2	1.3	1.4	1.5		0.2	4
1.4	1.5	1.5	1.8		0.2	4
1.6	1.7	1.8	2	–	0.2	5
※1.7	1.8	2	2.1		0.2	5
1.8	2.0	2.1	2.2		0.2	5
2	2.2	2.4	2.6		0.3	7

2.2	2.4	2.6	2.8		0.3	8
※2.3	2.5	2.7	2.9	–	0.3	8
2.5	2.7	2.9	3.1		0.3	8
※2.6	2.8	3	3.2		0.3	8
3	3.2	3.4	3.6	–	0.3	9
3.5	3.7	3.9	4.2		0.3	10
4	4.3	4.5	4.8	5.5	0.4	11
4.5	4.8	5	5.3	6	0.4	13
5	5.3	5.5	5.8	6.5	0.4	13
6	6.4	6.6	7	7.8	0.4	15
7	7.4	7.6	8	–	0.4	18
8	8.4	9	10	10	0.6	20
10	10.5	11	12	13	0.6	24
12	13	13.5	14.5	15	1.1	28
14	15	15.5	16.5	17	1.1	32
16	17	17.5	18.5	20	1.1	35
18	19	20	21	22	1.1	39
20	21	22	24	25	1.2	43
22	23	24	26	27	1.2	46
24	25	26	28	29	1.2	50
27	28	30	32	33	1.7	55
30	31	33	35	36	1.7	62
33	34	36	38	40	1.7	66
36	37	39	42	43	1.7	72
39	40	42	45	46	1.7	76
42	43	45	48	–	1.8	82
45	46	48	52	–	1.8	87
48	50	52 56	56	–	2.3	93
52	54	62	62	–	2.3	100
56	58		66	–	3.5	110
60	62	66	70	–	3.5	115
64	66	70	74	–	3.5	122
68	70	74	78	–	3.5	127
72	74	78	82	–	3.5	133
76	78	82	86	–	3.5	143
80	82	86	91	–	3.5	148
85	87	91	96	–	–	–
90	93	96	101	–	–	–
95	98	101	107	–	–	–

100 105 110	104 109 114	107 112 117	112 117 122	- - -	- - -	- - -
115 120 125	119 124 129	122 127 132	127 132 137	- - -	- - -	- - -
130 140 150	134 144 155	137 147 158	144 155 165	- - -	- - -	- - -

(주) 4급은 주로 주물 구멍에 적용하며, ※표를 붙인 것은 ISO에 규정되어 있지 않음

볼트와 너트를 제품 내부에서 체결할 때 즉, 카운터 보링의 경우는 깊은 자리파기를 하는데, [그림 3.54]와 같이 자리파기 깊이를 명시하여야 한다. 깊이 지정은 [그림 3.54]의 (b)와 같이 반대쪽 면에서 거리로 지정하여도 된다.

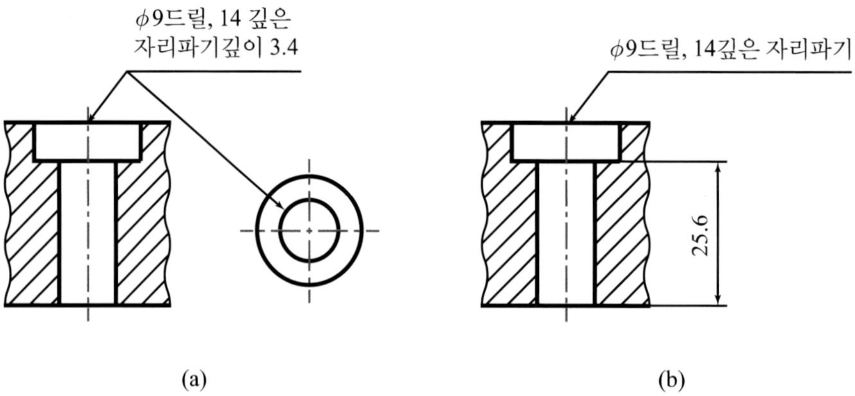

[그림 3.54] 깊은 자리파기의 치수 기입

접시형의 작은 나사를 깊게 넣은 경우는 접시머리를 만들게 되는데, 이때 접시머리의 깊이는 접시 구멍의 큰 지름이 결정되기 때문에 깊이(공구의 이송 치수)를 [그림 3.55]와 같이 기입한다.

[그림 3.55]의 (b)와 같이 카운터 보링과 같은 의미로 사용되며, 나사머리의 모양이 접시모양일 때 **테이퍼 원통형으로 물체에 구멍을 가공하는 것을 카운터 싱킹(Counter Sinking)**이라 한다.

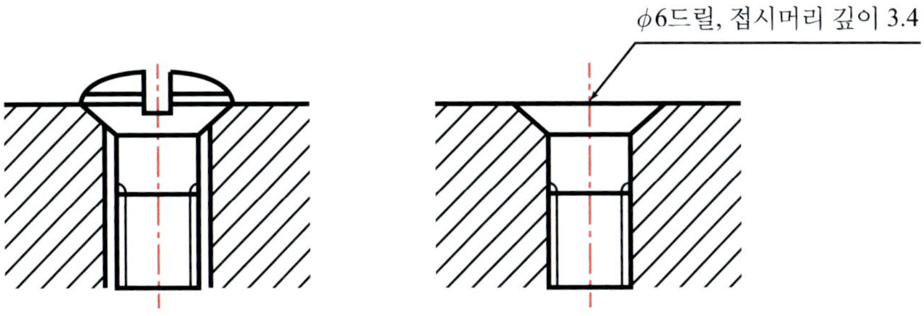

(a) (b)

[그림 3.55] 접시머리의 깊이치수 기입

4.4.1 긴 구멍에 치수 기입

밀링의 엔드밀 등으로 키의 홈, 긴원의 홈, 그리고 각종 구멍을 가공할 때 원호부분의 반지름은 그 폭의 치수로 결정되므로 [그림 3.56]의 (a), (b)와 같이 반지름에 지시선으로 지시하고 "(R)"이라고 참고치수를 기입한다. 이때 치수는 기입하지 않아도 되지만, [그림 3.56]의 (c)와 같이 폭의 치수가 없는 경우는 폭을 지름으로 기입한다.

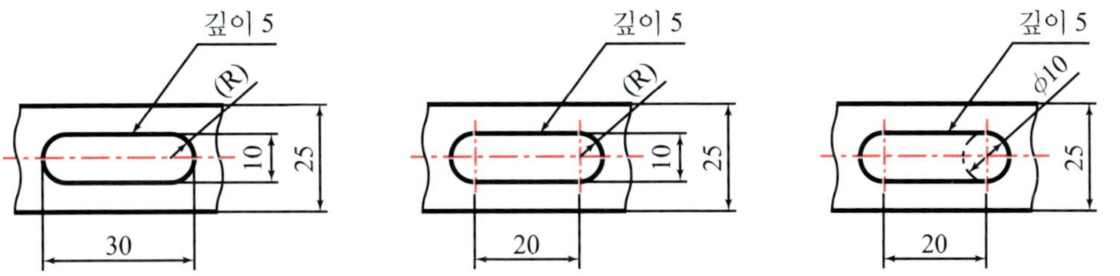

(a) (b) (c)

[그림 3.56] 긴 구멍의 치수 기입

4.4.2 같은 종류의 구멍에 치수 기입

볼트 구멍, 작은 나사 구멍, 그리고 핀 구멍 등은 구멍의 외형선에서 지시선을 도시하고 구멍의 총수를 표시한 후 짧은 "–" 다음 치수 및 가공 방법을 기입한다.

[그림 3.57]에서 치수 기입의 "6 – ϕ10 드릴"은 드릴로 가공한 지름 10mm인 6개의 구멍이 있음을 나타낸 것이다.

구멍의 수가 2개 이상 일 때는 [그림 3.57]과 같이 구멍 총수를 기입하고, 구멍이 1개일 때는 기입하지 않는다. [그림 3.57]에서 5 × 35 = 175는 구멍수 × 구멍 사이 거리 = 치수선 영역의 전체거리를 뜻한다.

그림과 같이 동일 형상의 중간 부분을 생략하였어도 치수 기입을 통해 물체의 총 거리와 생략된 구멍 수를 알 수 있다.

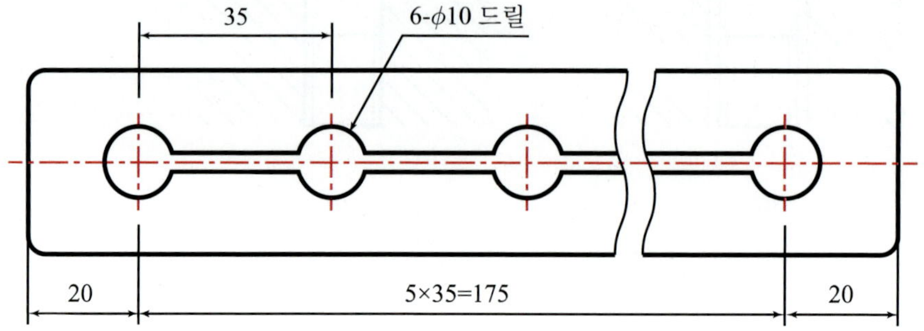

[그림 3.57] 같은 종류에 구멍의 치수 기입

4.4.3 경사진 구멍에 깊이 치수 기입

치수는 물체의 자세를 나타내기도 한다. 이때 주로 사용되는 치수는 각도이다. [그림 3.58]의 (a)는 물체에서 구멍의 경사진 자세를 치수로 나타내는 것으로 물체에 경사진 구멍의 깊이는 **중심선 상에 깊이를 지시선**을 사용하여 표시한다.

[그림 3.58]의 (b)와 같이 구멍은 직각을 이루고 있으나 구멍을 포함한 물체 자체가 경사를 이루고 있을 때도 구멍의 중심선에 깊이 등의 치수를 기입한다.

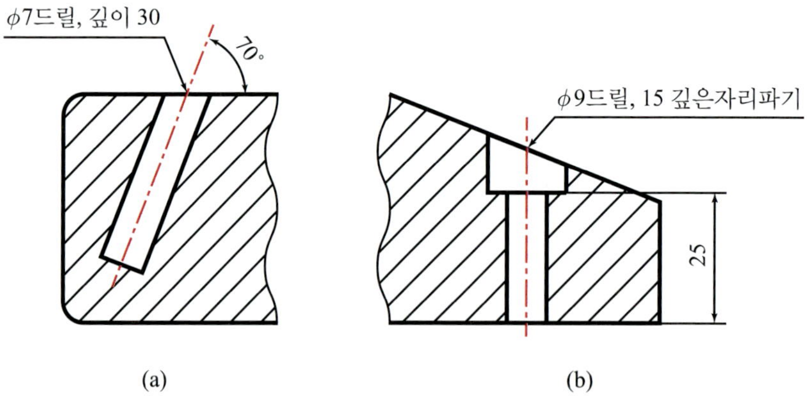

[그림 3.58] 경사진 구멍의 치수 기입

4.5 테이퍼 및 기울기의 치수 기입(4)

서로 마주보는 면이 대칭으로 경사져 있을 때 물체의 형상을 테이퍼라고 한다. 이때 테이퍼 및 유사한 물체의 기울기는 [그림 3.59]의 (a-1), (b-1)과 같이 $(a-b)/L$로 표시한다.

기울기 치수 기입은 [그림 3.59]에 (a)의 (a-2)와 같이 변에 평행하게 기입한다. 테이퍼는 [그림 3.59]의 (b-2)와 같이 원칙으로 중심선에 평행하게 기입한다. [그림 3.59]에 (b)의 (b-3)와 같이 테이퍼 또는 기울기의 정도와 방향을 특별히 명확하게 나타낼 필요가 있을 경우에는 별도로 도시한다. 또한 특별한 경우는 경사면에서 지시선을 끌어내어 기입할 수 있다.

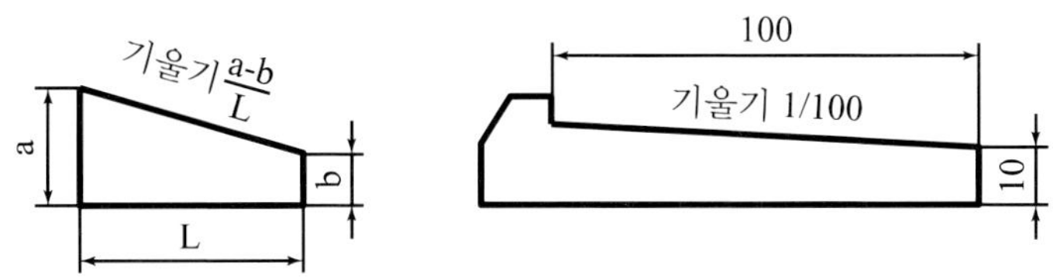

(a-1) (a-2)

(a) 기울기의 기입

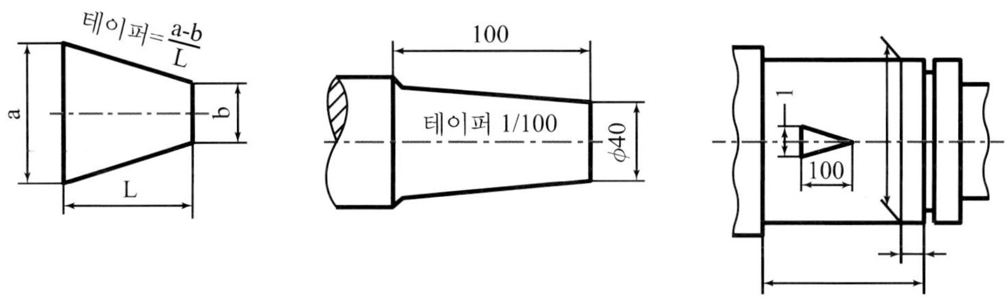

(b-1) (b-2) (b-3)

(b) 테이퍼의 기울기 기입

[그림 3.59] 기울기 및 테이퍼의 치수 기입

(4) 기울기 및 테이퍼의 기입은 끼워 맞춤에서 억지 끼워 맞춤이 필요한 경우에 한정된다. 기타는 대소 양끝의 지름과 그 양끝의 거리를 기입한다.

[표 3.4]는 실제 사용되는 테이퍼의 예를 나타낸 것이다.

[표 3.4] 테이퍼의 각도 예

테이퍼(1/x)	테이퍼 각도(α)	예
1/4	45° 15 ' 00 "	공작기계의 스핀들, V벨트 풀리의 홈 각도, 마찰 커플링, 밸브, 콕
1/10	5° 43 ' 30 "	조정 베어링 부시, 테이퍼 축단
1/12	4° 46 ' 18 "	구름 베어링
1/16	3° 34 ' 48 "	테이퍼 나사
1/20	2° 51 ' 52 "	공구의 생크 및 소켓
1/24	2° 23 ' 14 "	수도용 강관 및 주철관
1/30	1° 54 ' 34 "	구름 베어링
1/32	1° 47 ' 26 "	유정관용 테이퍼 나사
1/50	1° 08 ' 46 "	테이퍼 핀

4.6 얇은 두께부분의 치수 기입

얇은 두께 부분의 단면도에서 절단 단면은 해칭할 수 없을 정도로 좁기 때문에 [그림 3.60]과 같이 **아주 굵은 선**으로 도시한다.

이때 단면도에서 도형의 곡면에 치수 기입은 단면을 표시한 아주 굵은 실선을 따라서 가는 실선을 도시하고, 치수선 끝 부분에 기호(+, ×, · 등)를 표시하여 호의 중심점을 표현한다. 이때 치수는 치수선 끝부터 지시전의 말단 기호까지를 의미한다.

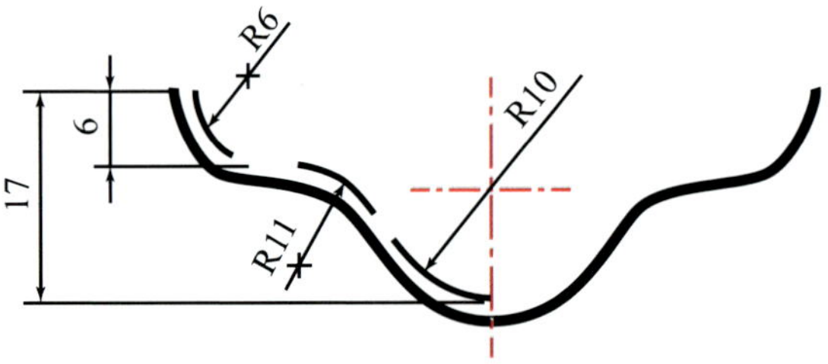

[그림 3.60] 얇은 두께부분의 표시 방법

4.7 간단한 치수 기입법

4.7.1 대칭 도형

대칭 도형의 물체는 중심선을 기준으로 한쪽만을 투상도로 도시한다. 이렇게 도시한 투상도는 **치수선을 그 중심선을 넘어서 연장하는 것이 기본**이다. 이때, [그림 3.61]의 (a)와 같이 연장한 치수선의 한쪽 끝에는 말단 기호(화살표 등)를 붙이지 않는다.

대칭 도형에서 해석이 수월한 경우는 [그림 3.61]의 (b)와 같이 치수선은 중심선을 넘지 않아도 된다. 또한 큰 도형이나 다수의 지름들의 치수 기입은 치수선 길이를 [그림 3.61]의 (c)와 같이 더 짧게 하여 몇 단으로 나누어서 기입하므로 투상면의 여백을 절감하며 해석이 편리하다.

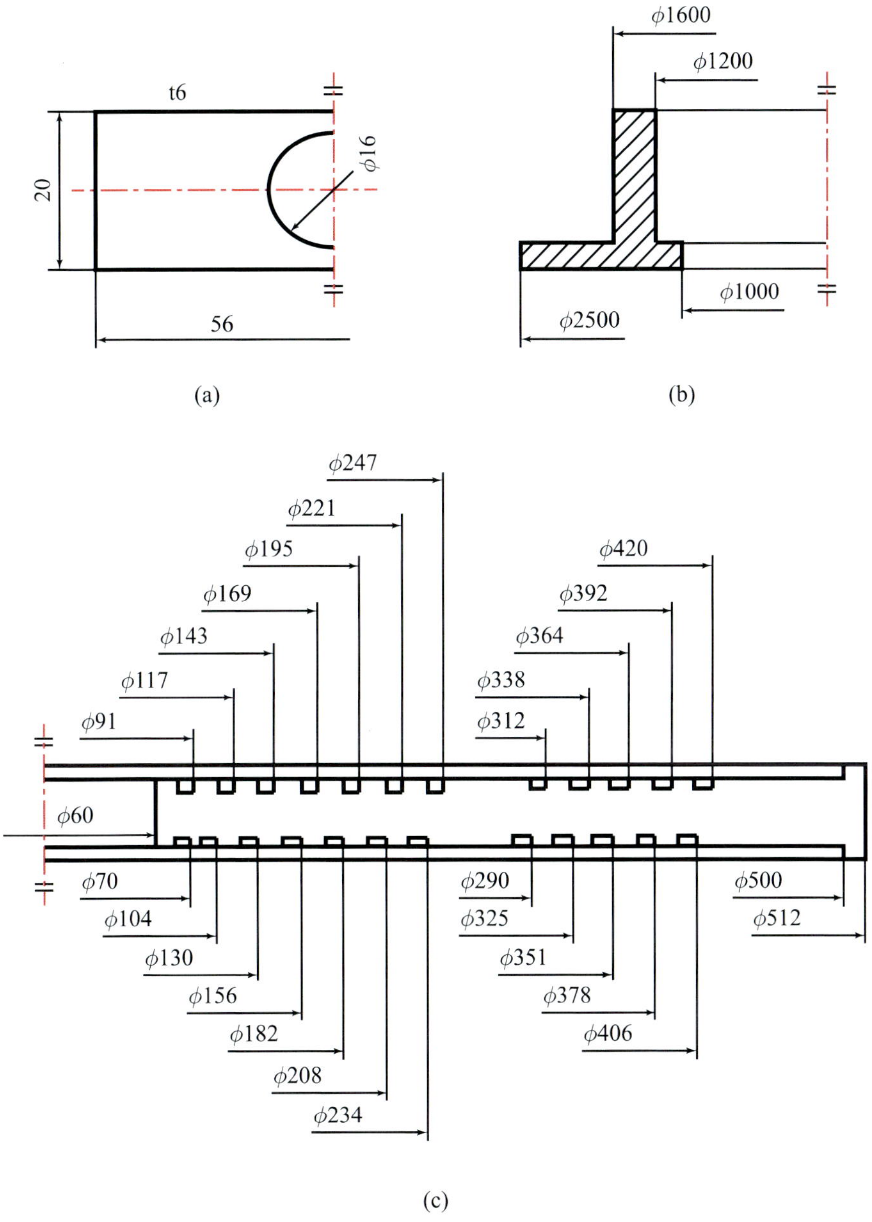

[그림 3.61] 대칭 도형의 치수 기입

4.7.2 1개의 물체에서 2개 이상의 똑같은 형상

물체는 일반적으로 여러 부품을 조립하여 사용되는 경우가 많다.

한 예로 T형 관이음의 경우 기계요소 중 동일한 크기의 플랜지를 다수 사용한다. 이와 같이 **2개 이상의 똑같은 형상의 플랜지를 이용하여 조립할 때 투상도의 치수 기입은 그 중 1곳에만 한다.**

필요에 따라서 치수를 기입하지 않은 경우는 [그림 3.62]와 같이 동일한 치수인 것(플랜지 A와 동일)을 표기한다.

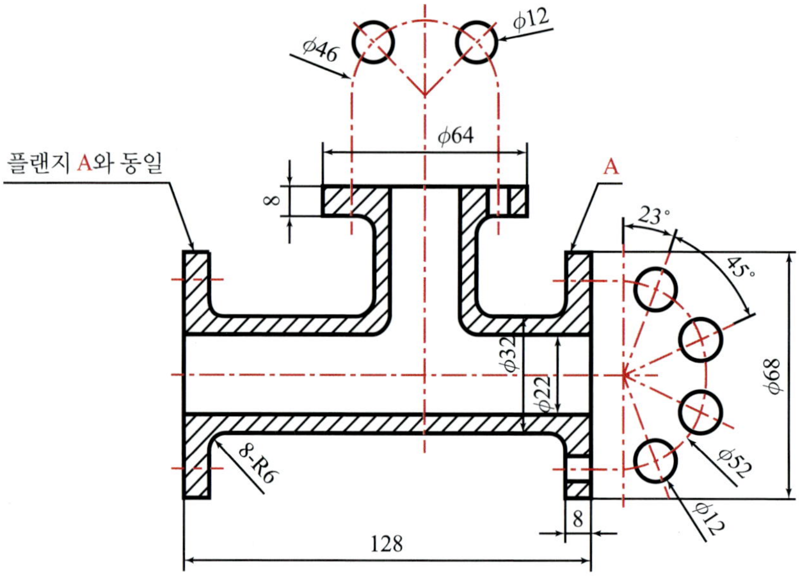

[그림 3.62] 똑같은 부분의 치수 기입

4.7.3 내경에 키의 홈

키의 홈이 단면에 나타나 있는 보스의 내경 치수를 기입할 때는 [그림 3.63]과 같이 **키의 홈 쪽에 치수선에 화살표를 붙이지 않는다.**

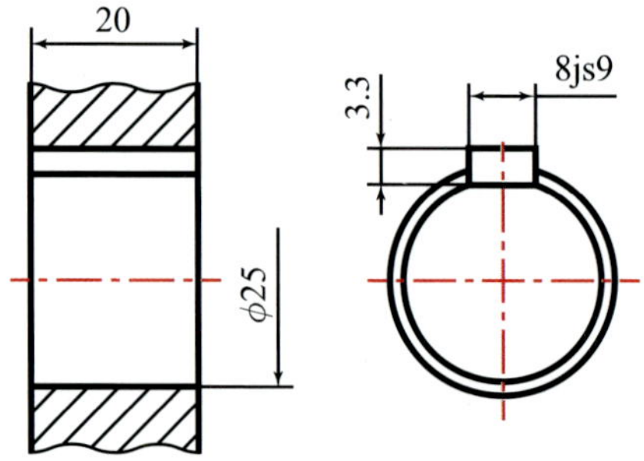

[그림 3.63] 키의 치수 기입

4.7.4 유사한 형상

유사한 형상을 가진 물체들을 제작하려면 물체의 형상 수와 동일한 도면의 수가 요구된다. 그러나 [그림 3.64]와 같이 **1개의 투상도에 치수 대신 문자기호로 표기하고, 치수는 도형 부근의 도표에 표시한다.**

이와 같은 방법은 1개의 도면으로 여러 크기의 유사한 물체를 제작할 수 있다.

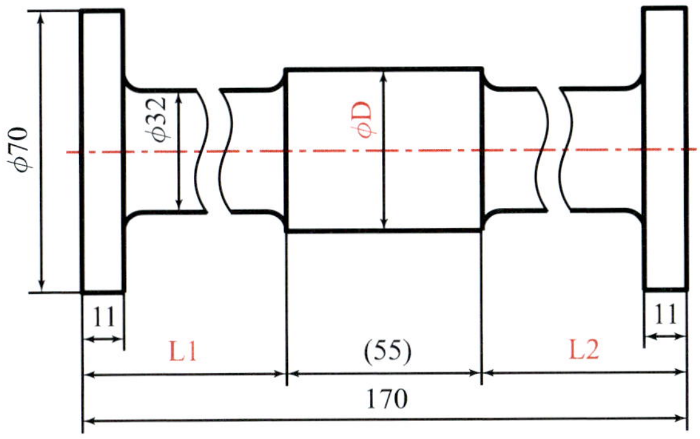

품번 / 기호	1	2	3
L1	60	70	80
L2	65	75	85
φd	40	45	50

(a)

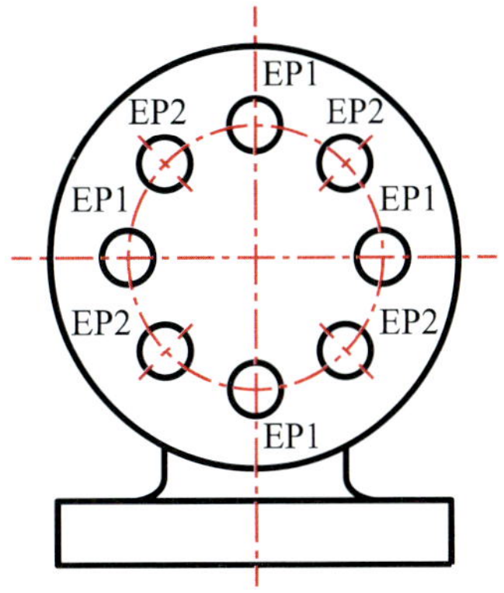

기호 / 품번	EP1	EP2
1	φ10	φ12
2	φ14	φ16
3	φ16	φ20

(b)

[그림 3.64] 문자기호에 의한 치수 기입

4.7.5 강 구조물

강 구조물 등의 구조선도에서 절점 사이의 치수 기입은 [그림 3.65]와 같이 한다. 절점은 구조선도에서 부재의 중심선의 교점을 의미한다.

[그림 3.65]와 같은 구조물에서 치수선과 치수 보조선을 도시하면 복잡하므로 생략하고, **구조를 나타내는 선 위에 치수만 기입한다.**

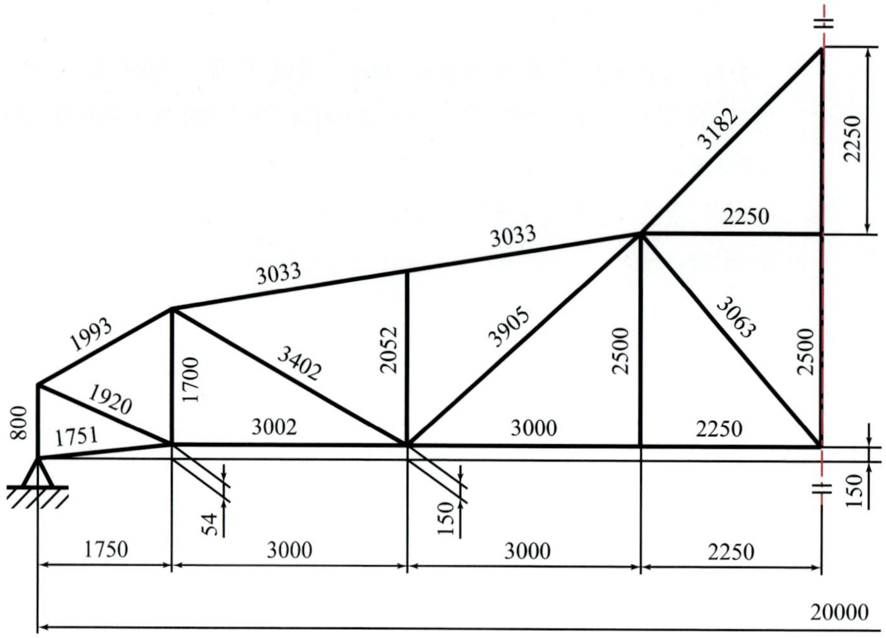

[그림 3.65] 강 구조물의 치수 기입

4.7.6 형강, 강관, 평강

형강, 강관, 평강 등의 치수는 [그림 3.66]과 같이 도형의 형상에 따라 기입한다. 여기서 길이 치수가 필요 없다면 생략한다. 형강, 강관, 평강의 치수 기입은 [표 3.5]와 같이 한다.

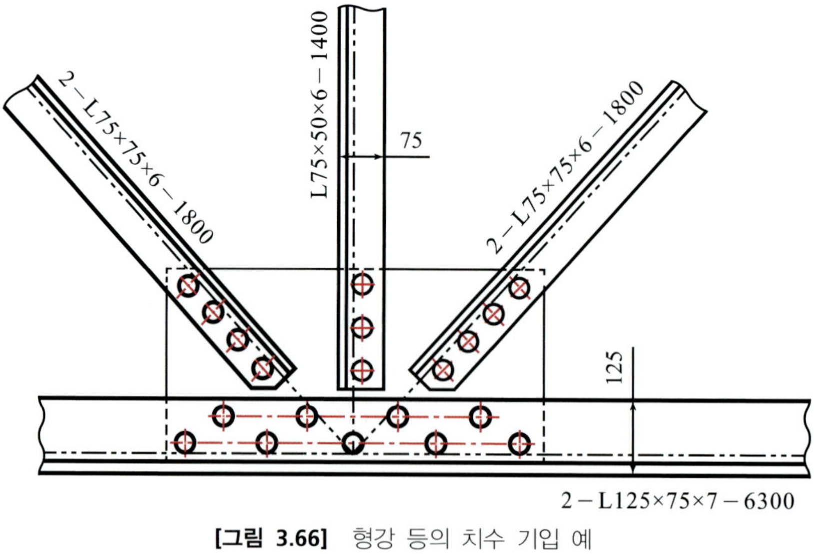

[그림 3.66] 형강 등의 치수 기입 예

한편, 같은 치수의 형강 2장을 겹쳐 사용할 경우는 도면과 같이 2－L의 기호를 사용한다. 부등변 ㄱ형강 등을 지시하는 경우는 그 변이 어떻게 놓여 있는가를 명확히 표기하기 위해 도면에 나타낸 변의 치수를 기입한다.

[표 3.5] 형강, 강관, 평강의 표시 방법

종 류	단면형상	표시 방법	종 류	단면형상	표시 방법
등변 ㄱ형강	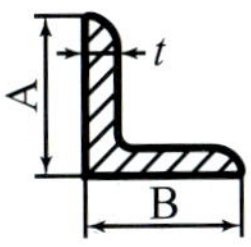	$LA \times B \times t - L$	H형강	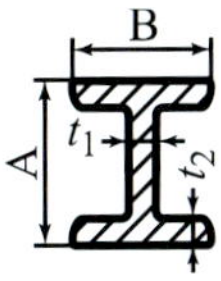	$HA \times B \times t_1 \times t_2 - L$
부등변 ㄴ형강	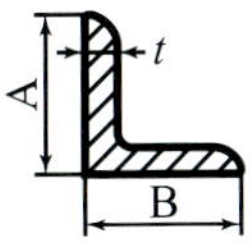	$LA \times B \times t - L$	환봉(보통)	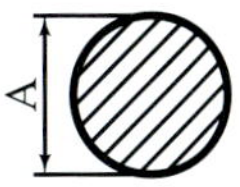	$\phi A - L$
부등변 부등두께 ㄱ형강	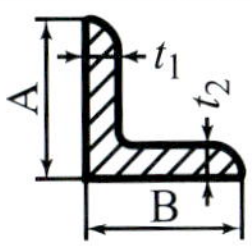	$LA \times B \times t_1 \times t_2 - L$	강관	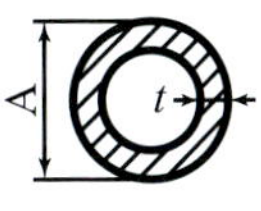	$\phi A \times t - L$
I형강	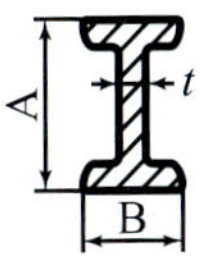	$IA \times B \times t - L$	정사각관	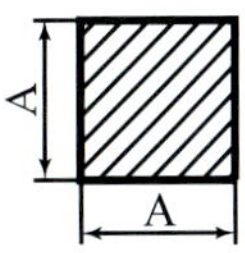	□A－L
평관	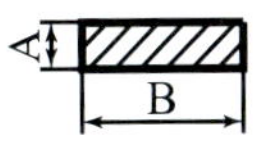	$A \times B - L$	직강관	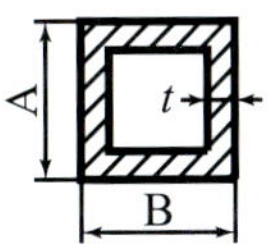	□$A \times B \times t - L$
T형강	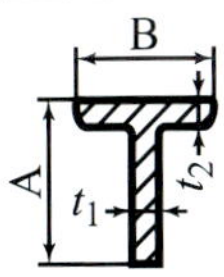	$TA \times B \times t_1 \times t_2 - L$	ㄷ형강	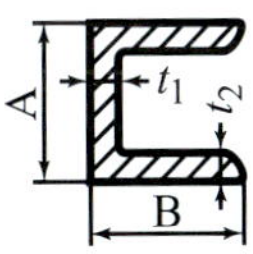	ㄷ$A \times B \times t_1 \times t_2 - L$

4.7.7 도면의 변경

도면은 작성된 후에 상황에 따라 변경되는 경우가 있다. 도면을 변경할 때는 [그림 3.67]의 (a)와 같이 변경 위치에 적당한 기호를 표기하고, **변경 전의 형상과 치수를 보존할 필요가 있으므로 치수를 1~2개의 선으로 표시하고, 기호를 붙이고 변경 날짜, 이유 등을 명시한다.**

도면 안에 기입할 수 없을 경우는 [그림 3.67]의 (b)와 같이 별도로 정정란을 만들어 기입한다.

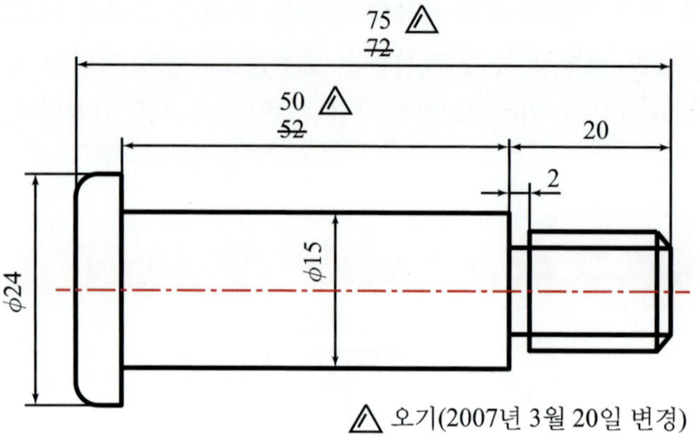

(a)

부번	년월일	정정사유	인
	2007.3.20	재질변경	김종길

정정란

(b)

[그림 3.67] 도면의 변경

연 습 문 제

01 **다음 설명 중 옳지 않는 것은?**

① 치수는 특별한 명기가 없으면 물체의 완성치수이다.
② NS로 표시한 것은 척도에 따르지 않는다는 것이다.
③ 곡면에서 현의 치수는 자재의 길이를 파악하기 위함이다.
④ 치수선은 가급적 투상도의 외형선 밖에 도시한다.

02 **도면에서 치수에 대한 설명 중 맞지 않는 것은?**

① 치수는 물체의 위치, 크기, 자세 등을 나타낸다.
② 치수는 길이단위와 각도 단위를 주로 사용한다.
③ 길이단위는 치수와 함께 필수적으로 모두 기입해야한다.
④ 각도 단위는 치수와 함께 필수적으로 모두 기입해야한다.

03 **치수 기입 원칙에 맞지 않는 것은?**

① 치수는 되도록 정면도(주 투상도)에 집중 기입한다.
② 치수는 가급적 중복 기입을 피한다.
③ 치수 보조선은 외형선과 동일 크기로 평행하게 도시한다.
④ 치수는 기준으로 하는 점, 선, 면을 기준으로 기입한다.

04 **도면에서 치수를 옳게 기술한 것은?**

① 2,500.32　② 2 500.32　③ 2,500 · 32　④ 2 500 · 32

05 **곡면의 현에 치수선을 옳게 도시한 것은?**

① 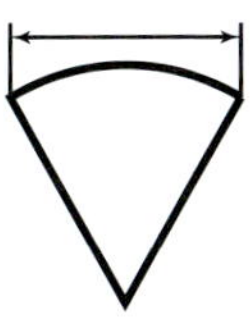
② 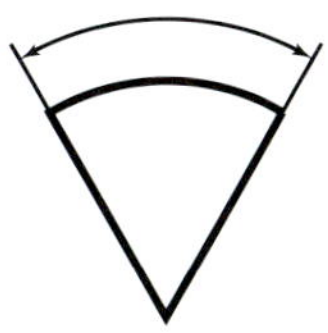
③ 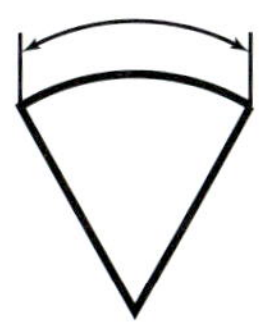
④ 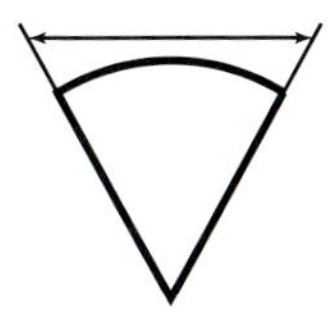

06 **치수 기입 방법의 일반 형식에 적합하지 않는 것은?**

① 치수선은 원칙으로 지시하는 길이 또는 각도를 측정하는 방향에 평행하게 긋는다.
② 치수선은 양 끝에는 말단기호를 붙인다.
③ 치수는 물체의 크기, 자세, 위치를 나타내며, 길이와 각도 단위가 가장 많이 사용된다.
④ 물체에 치수를 기입할 때는 치수선과 치수보조선을 반드시 도시해야한다.

07 **치수 보조선을 설명한 것 중 옳은 것은?**

① 가급적 투상도 외형선 밖에 도시한다.
② 치수 보조선은 굵은 실선으로 도시한다.
③ 외형선으로 부터 약간(2～3mm)의 간격을 두고 도시한다.
④ 치수선과 평행 방향으로 도시하여야 한다.

08 **참고치수는 어떤 경우에 기입 하는가?**

① 치수를 아주 정확하게 물체를 가공해야 될 부분의 치수
② 전체치수를 기입해서 계산의 중요도가 적은 부분에 치수
③ 척도가 주어져 있지 않을 때의 특정 부분의 치수
④ 치수를 아주 정확하게 검사해야 될 부분의 치수

09 **두께의 치수 기입이 올바르게 된 것은?**

① 2t　② t.2　③ t2　④ t=2

10 **투상도에서 곡면의 반지름이 5cm일 때 치수선 위에 정확히 치수를 기입한 것은?**

① R50　② SR5cm　③ R5　④ 5Rcm

11 **탁구공의 지름이 46mm인 투상도에 치수 기입이 옳은 것은?**

① ϕ46　② Sϕ46　③ 46ϕ　④ S46

12 **반지름을 표시하는 치수선이 원호의 중심에서 멀리 있을 때 도면의 여백을 절감하기 위해서는 중심을 어떻게 표시하는 것이 좋은가?**

① 중심 위치의 척도를 축척으로 변경한다.
② 중심 위치를 무시한다.
③ 중심 위치의 척도를 현척으로 변경한다.
④ 중심 위치를 치수선과 기호를 이용해 이동시킨다.

13 **다음 각종 치수 보조기호의 의미가 잘못된 것은?**

① Sϕ : 구의 지름 ② t : 두께
③ C : 45° 모따기 ④ ( ) : 수정 치수

14 **도면을 해석한 것 중 옳은 것은?**

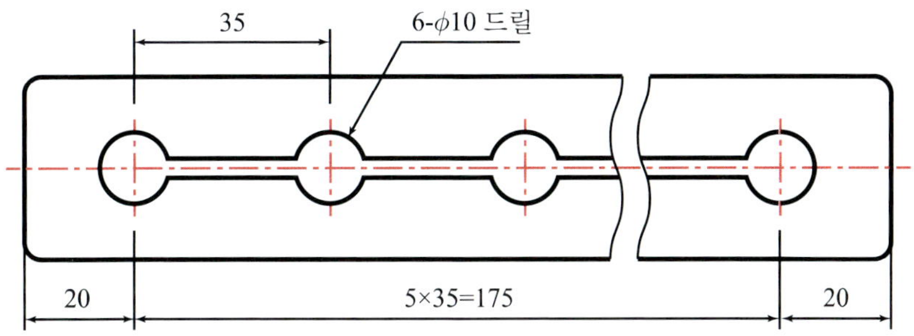

① 투상도 내에 구멍 수가 총 10개이다.
② 구멍의 지름이 6mm이다.
③ 구멍간의 피치는 20mm이다.
④ 투상도의 가로 총 거리는 215mm이다.

15 **구멍 가공 치수가 "12 – ϕ9드릴 깊이 15"로 표시되었을 때 다음 중 올바른 것은?**

① 줄 다듬질 가공
② 구멍 지름 9cm
③ 구멍 수 12개
④ 구멍 가공깊이 15cm

16 치수 보조선의 간격과 치수를 기입할 여백이 협소할 때 지시선의 말단 기호를 가장 적합하게 기입한 것은?

① 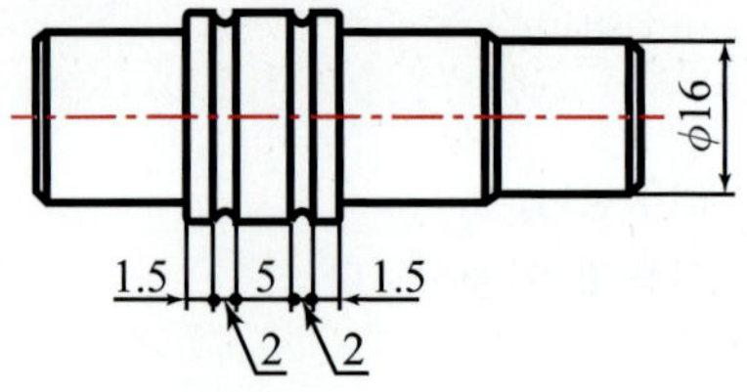
② 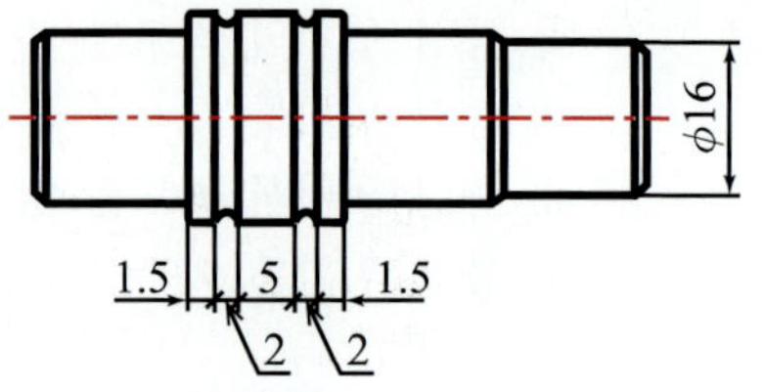
③ 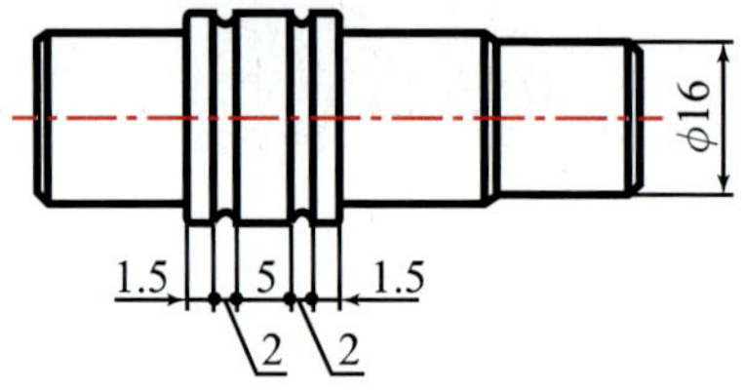
④ 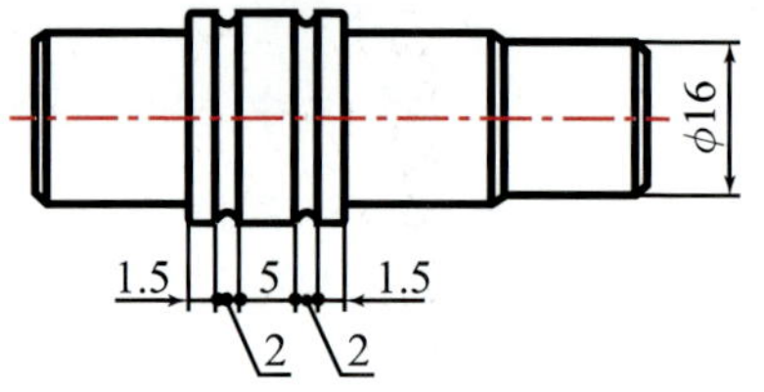

17 치수 보조선 간의 간격이 협소할 때 말단 기호를 바르게 기입된 것은?

① 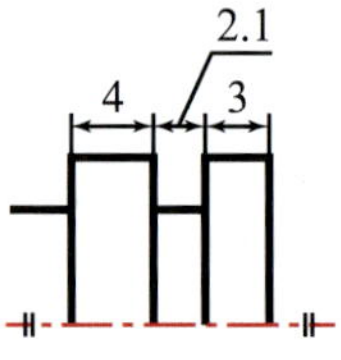
② 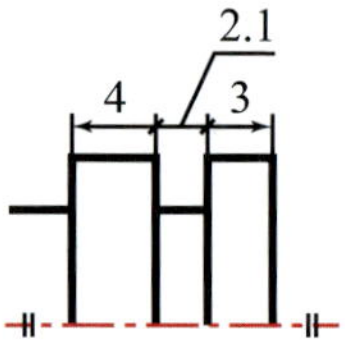
③ 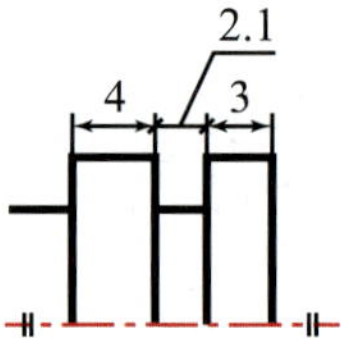
④ 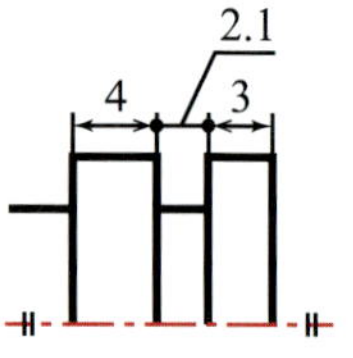

18 치수 보조 기호 "C2"의 의미가 옳은 것은?

① 30°로 2mm의 길이로 모따기 함
② 45°로 2mm의 길이로 모따기 함
③ 60°로 2mm의 길이로 모따기 함
④ 꼭지점에서 2mm의 깊이로 모따기 함

19 치수 보조기호에 대한 설명 중 옳은 것은?

① 치수의 의미를 명확하게 나타내기 위해 사용한다.
② 치수의 단위를 명확하게 나타내기 위해 사용한다.
③ 물체의 실제 크기를 명확하게 나타내기 위해 사용한다.
④ 도면의 척도를 명확하게 나타내기 위해 사용한다.

20 다음 각종 치수 보조기호가 치수와 병행되지 않는 것은?

① $S\phi$ ② t ③ C ④ 

21 치수의 표시 방법 중 누진치수(원점 치수) 기입법으로 틀린 것은?

① 치수는 치수 보조선에 나란히 기입한다.
② 치수 기점의 위치 표시는 기점 기호를 쓴다.
③ 한 개의 연속되는 치수선으로 표시한다.
④ 치수는 2개의 말단기호(화살표 등) 사이에 기입한다.

22 면에 치수 기입이 명확하지 못한 것은?

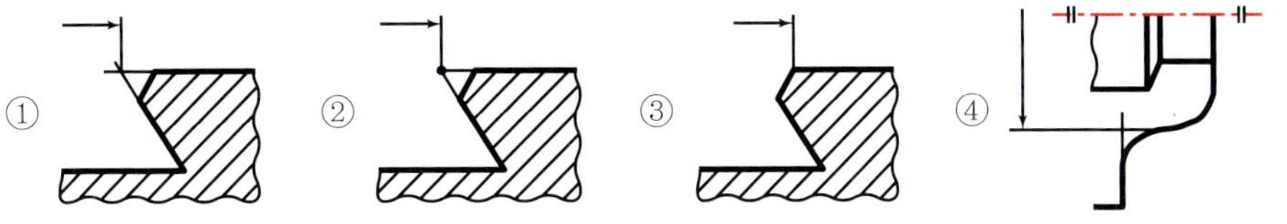

23 치수를 가장 바람직하게 기입한 것은?

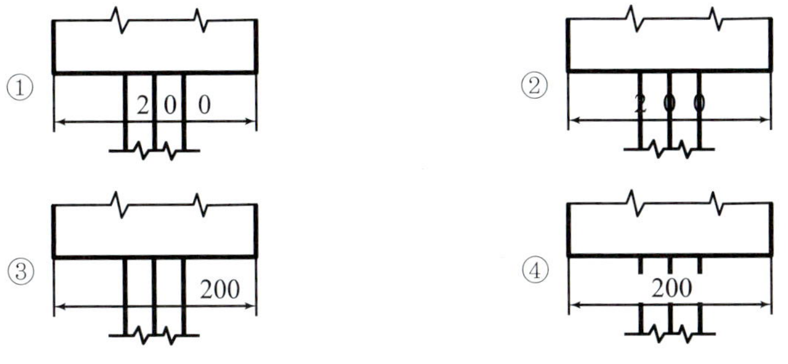

24 투상도의 해칭한 부분의 길이 치수 기입에 대한 설명 중 가장 옳은 것은?

① 치수선 위에 35를 기입한다.
② 지시선을 사용하여 외부로 연장하고 35를 기입한다.
③ 해당 치수를 무시한다.
④ 치수선 위에 참고치수로 기입한다.

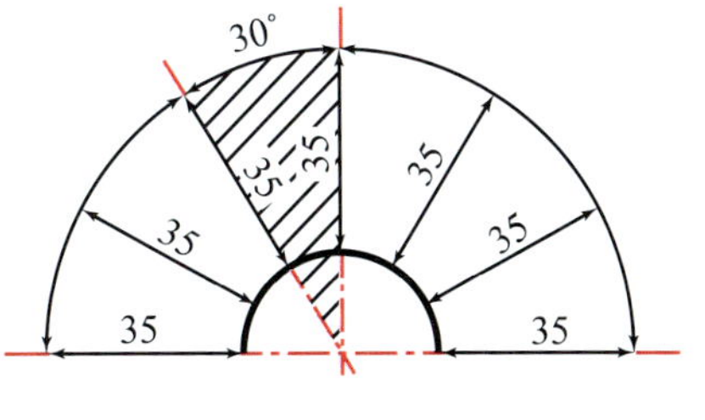

25 치수 기입의 위치가 적합하지 않은 것은?

① 30
② 37
③ 31
④ 42

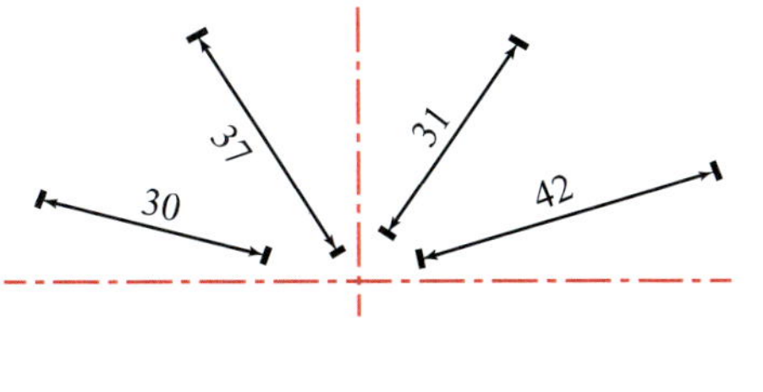

26 **각도의 치수 기입의 위치가 적합하지 않은 것은?**

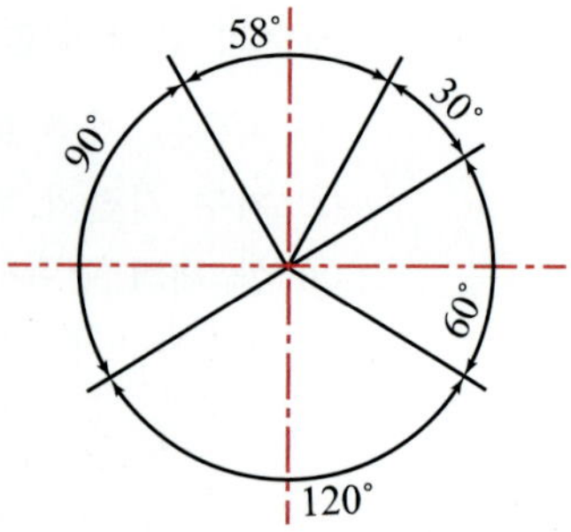

① 90°
② 58°
③ 60°
④ 120°

27 **도면 내에 치수가 (20)으로 기입될 때 ( )의 의미는?**

① 가공치수
② 비례척이 아닌 치수
③ 참고치수
④ 완성치수

28 **50 처럼 치수 아래에 굵은 선을 도시한 이유는?**

① 정밀하게 가공해야 할 치수
② 도면의 투상도 척도와 비례하지 않은 치수
③ 이론적 정확한 치수
④ 조립 과정에서 가장 중요하게 고려해야할 치수

29 **도형에 치수를 올바르게 기입한 것은?**

① 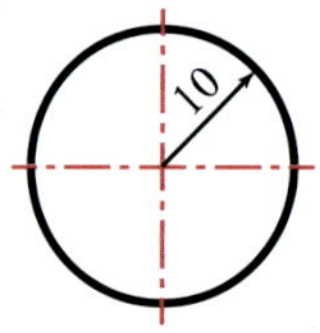

② 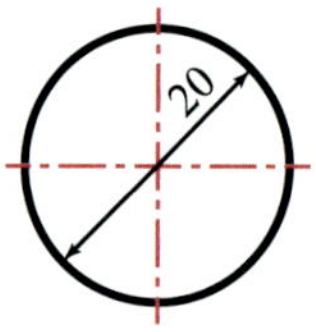

③ 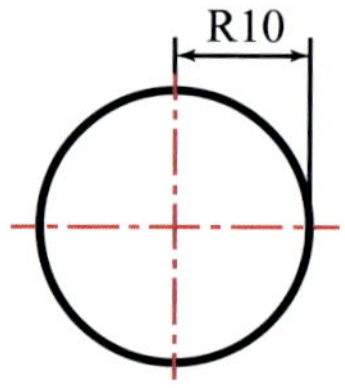

④ 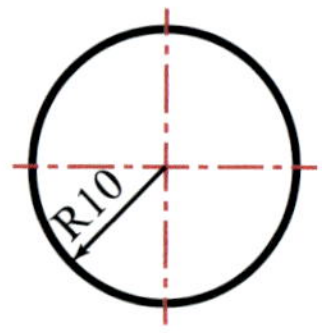

30 **정사각형의 치수를 올바르게 기입한 것은?**

① 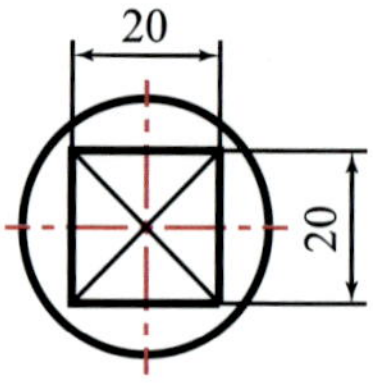

② 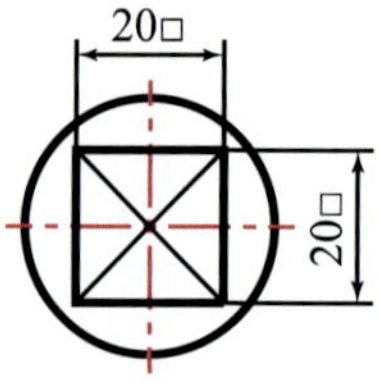

③ 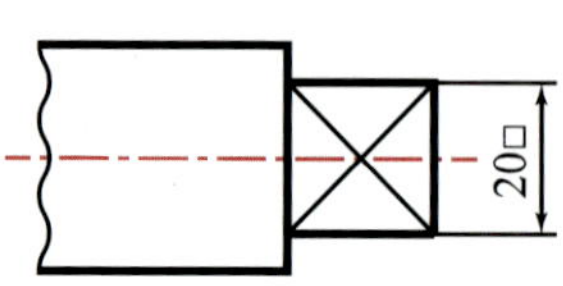

④ 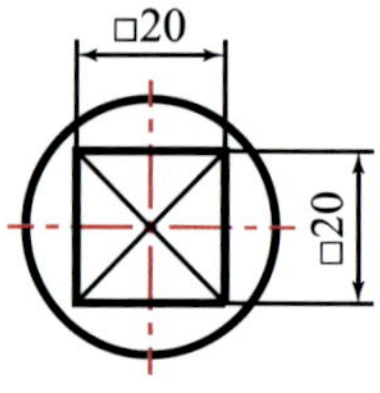

31 투상도의 구멍에 치수를 올바르게 기입한 것은?

① 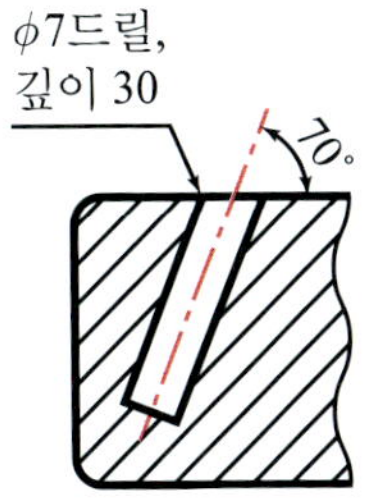

② 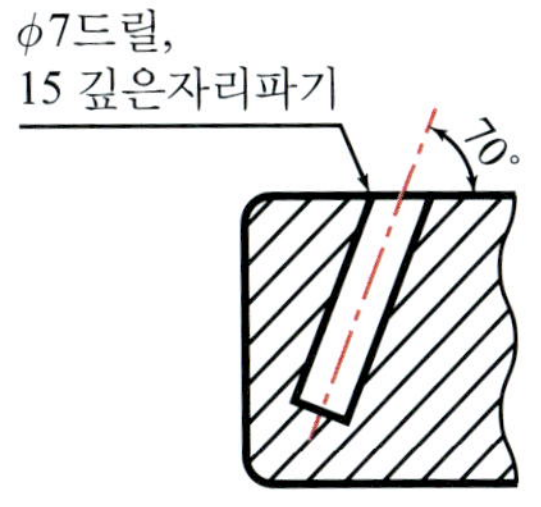

③ 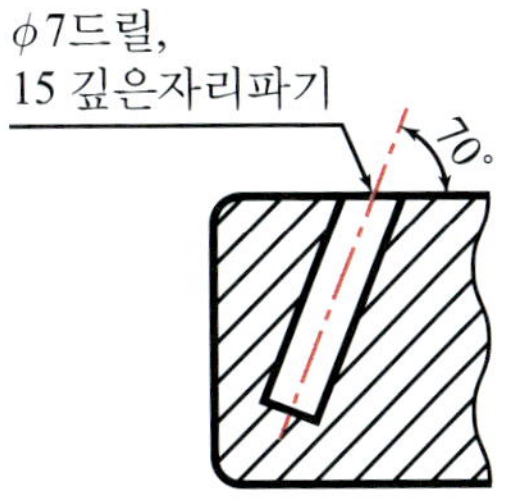

④ 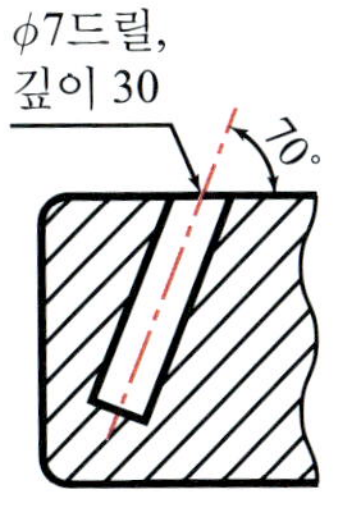

32 투상도에 치수를 올바르게 기입한 것은?

① 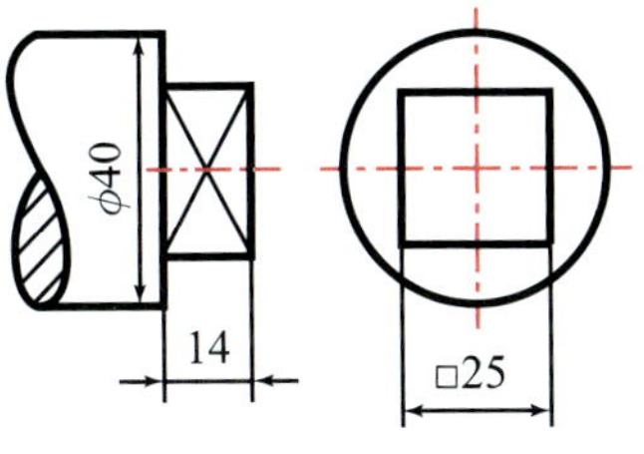

② 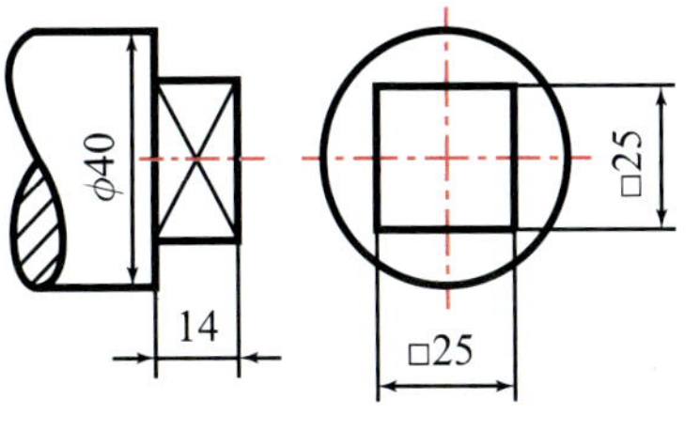

③ 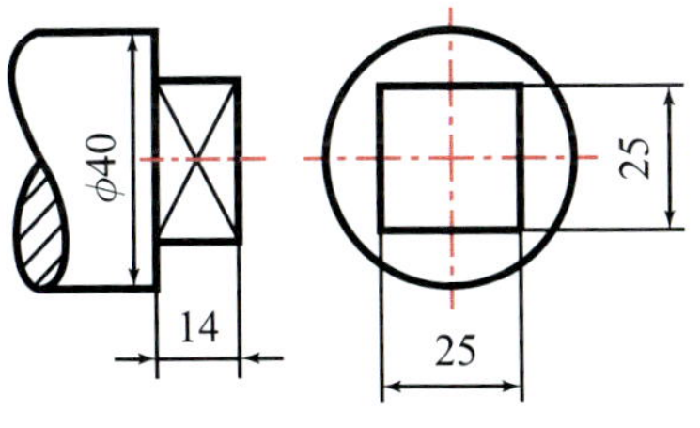

④ 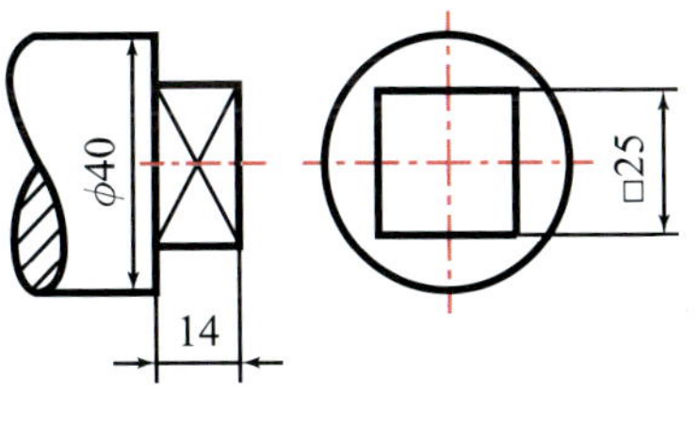

33 투상도에 치수를 기입할 때 구성 요소가 아닌 것은?

① 치수선　　② 기준선

③ 치수보조선　　④ 말단기호

34 가장 바람직하게 치수를 기입한 것은?

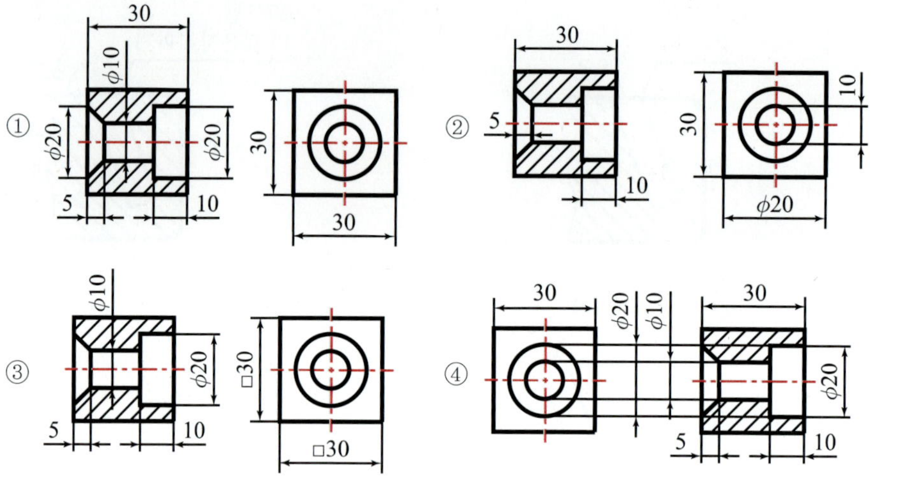

35 T형강의 치수 표시방법으로 알맞은 것은?

① BH×t−T
② BH×t−L
③ LB×H×t−T
④ TH×B×t−L

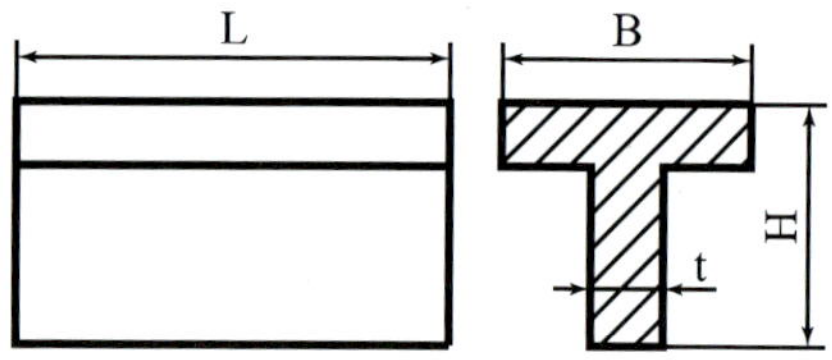

36 환봉의 치수 표시 방법으로 알맞은 것은?

① ϕA−L
② A−L
③ ϕA×L
④ A×L

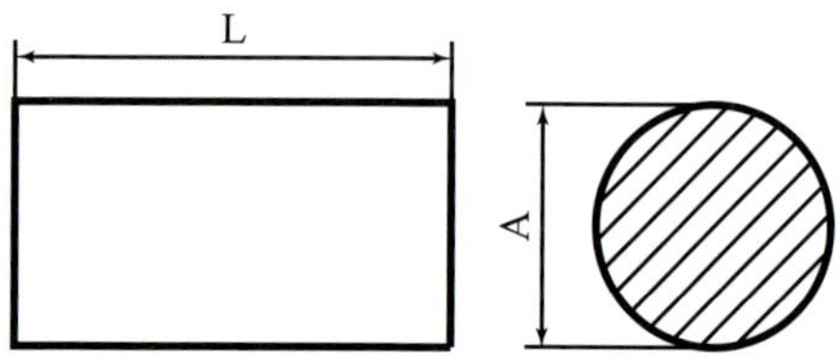

37 투상도의 A의 치수는?

① 32
② 34
③ 36
④ 38

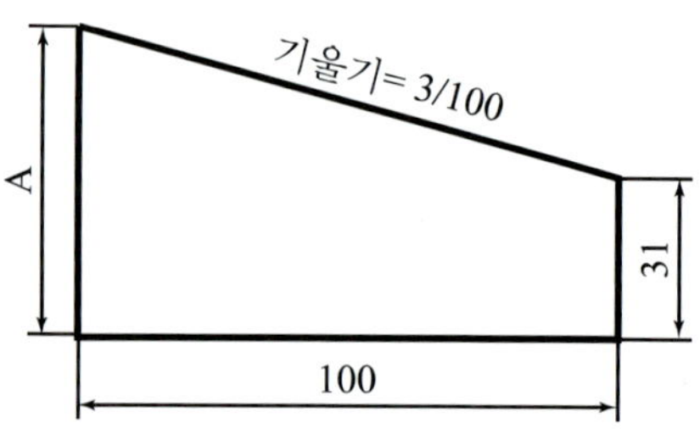

38 아래 형강의 치수 표시 방법이 옳은 것은? 단, 형강의 길이는 L이다.

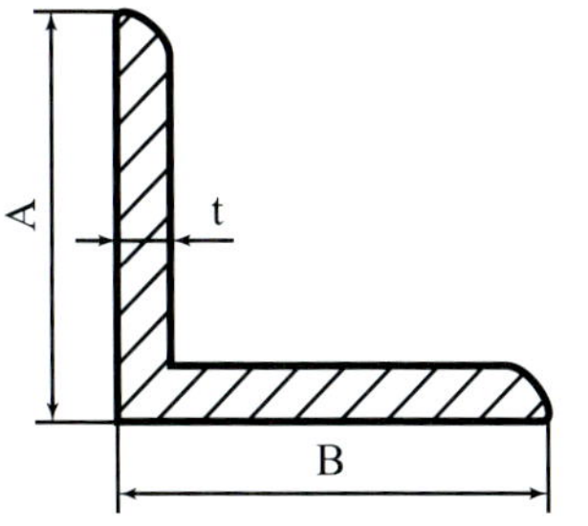

① A×B×t−L
② A×B×L−T
③ LA×B×t−L
④ LA×B×L−t

39 지시선으로 지름치수를 올바르게 기입한 것은?

①
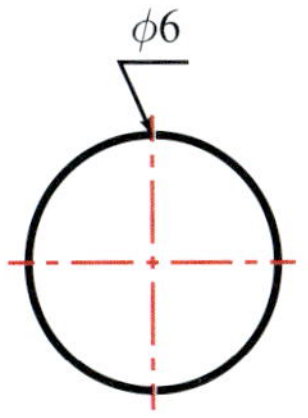

②
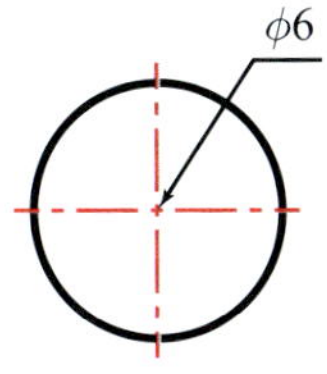

③
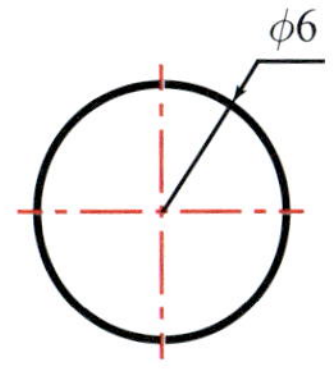

④
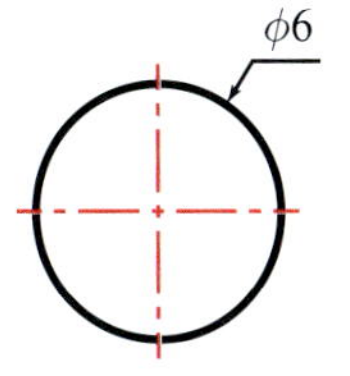

40 지시선으로 단면도에 구멍의 치수를 바르게 기입한 것은?

①
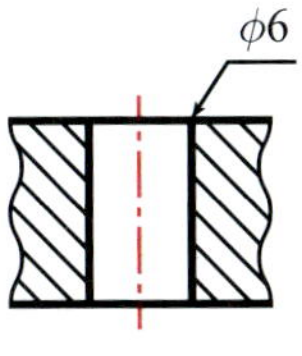

②
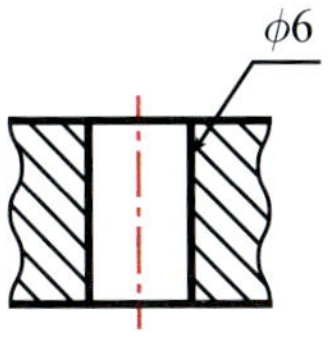

③
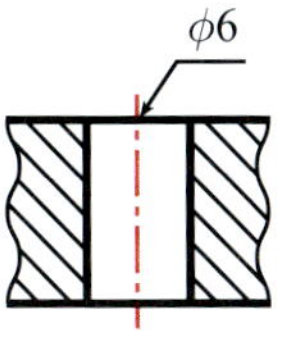

④
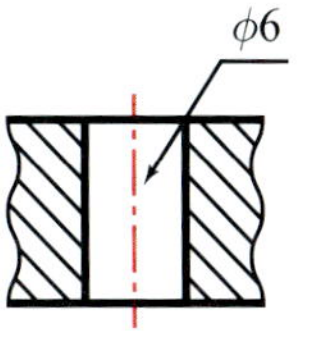

41 지시선으로 치수를 올바르게 기입한 것은?

①
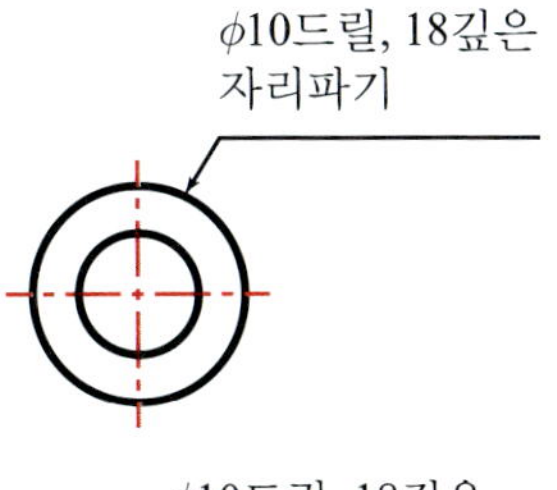

②
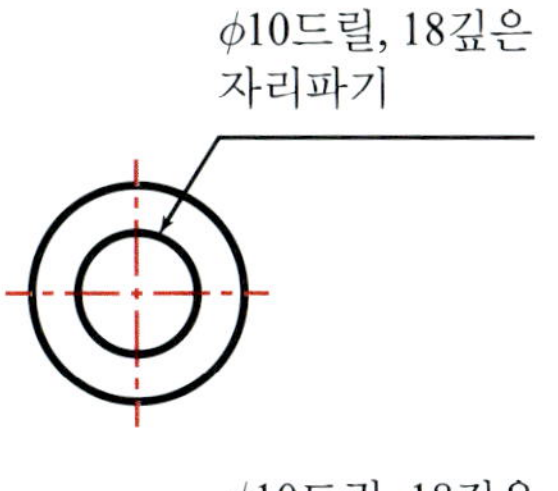

③
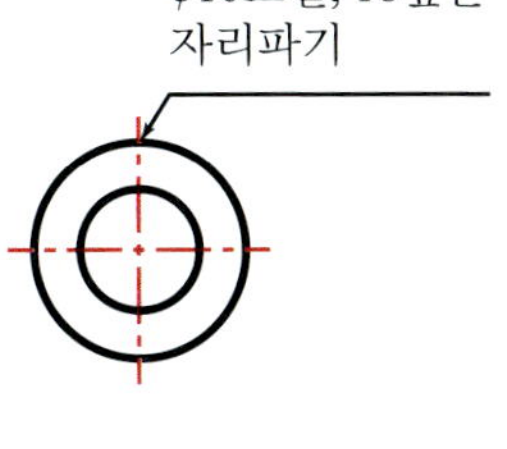

④
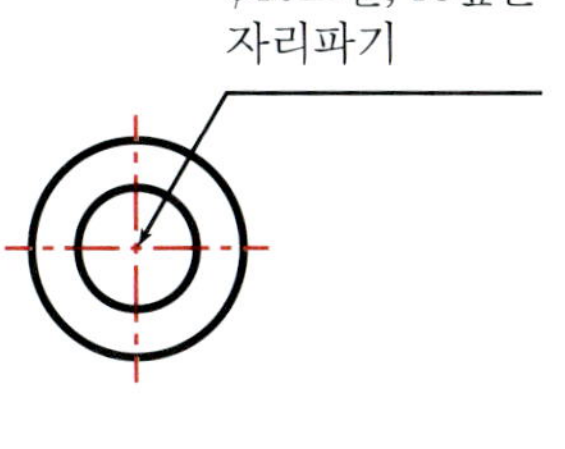

42 지시선으로 나사 치수를 올바르게 기입한 것은?

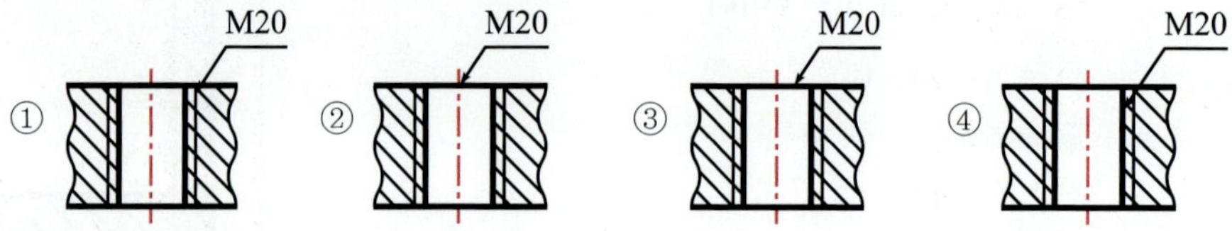

43 도면에서 치수가 미숙하게 기입된 것은?

① 각도 (34°)
② 지름 20
③ 길이 (20)
④ 폭 24

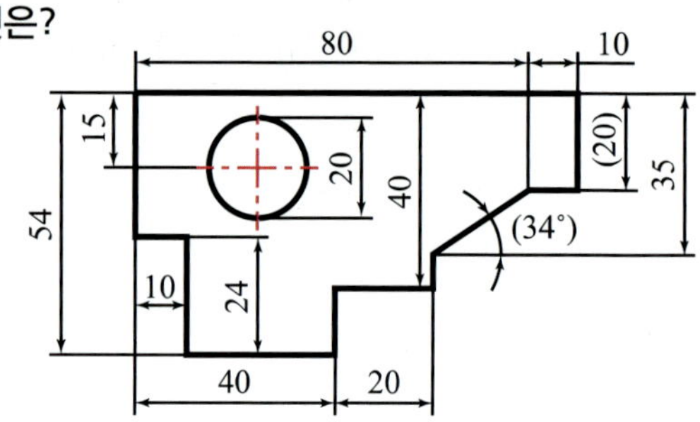

44 도면에서 치수가 미숙하게 기입된 것은?

① 각도 90°
② 각도 88°
③ 길이 7
④ 길이 36

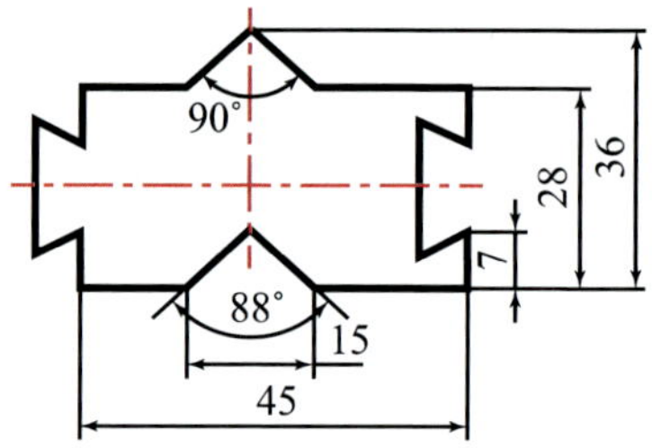

45 도면에서 치수가 미숙하게 기입된 것은?

① 43
② 10
③ 32
④ R23

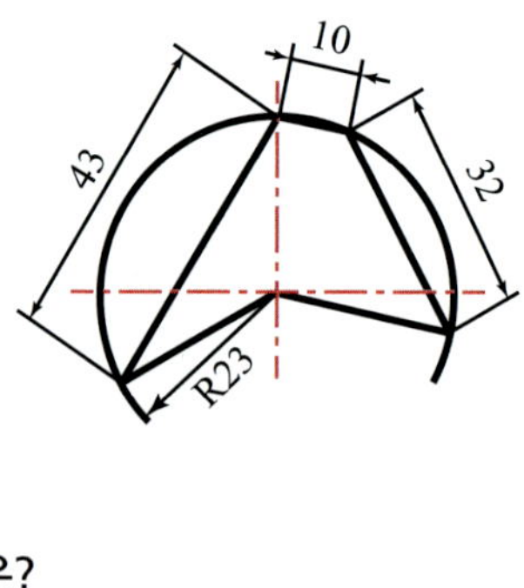

46 지시선으로 암나사의 치수를 바르게 기입한 것은?

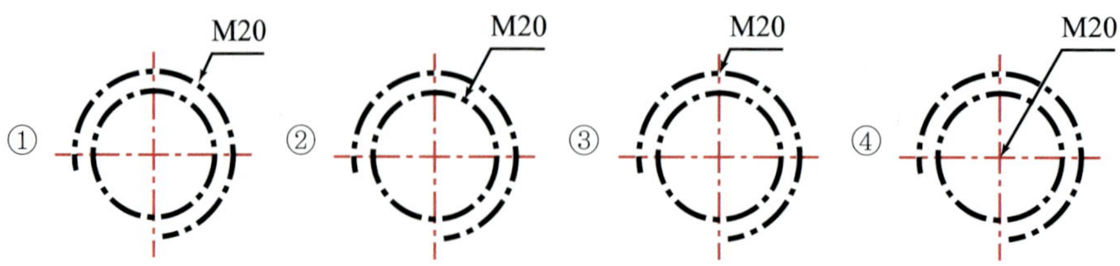

47 도면에서 치수가 미숙하게 기입된 것은?

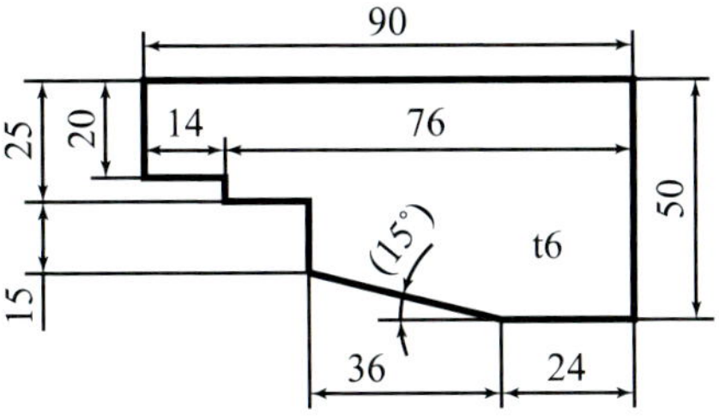

① 각도 15°
② 길이 14
③ 두께 t6
④ 길이 50

48 도면에서 치수가 미숙하게 기입된 것은?

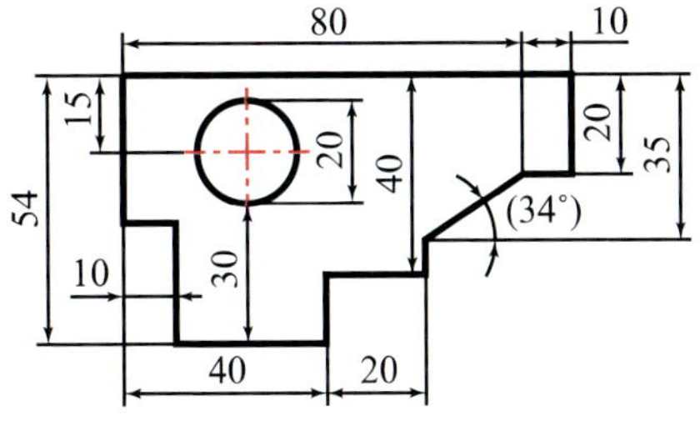

① 34°
② 10
③ 30
④ 35

49 도면에서 치수 기입이 잘못된 곳을 옳게 설명한 것은?

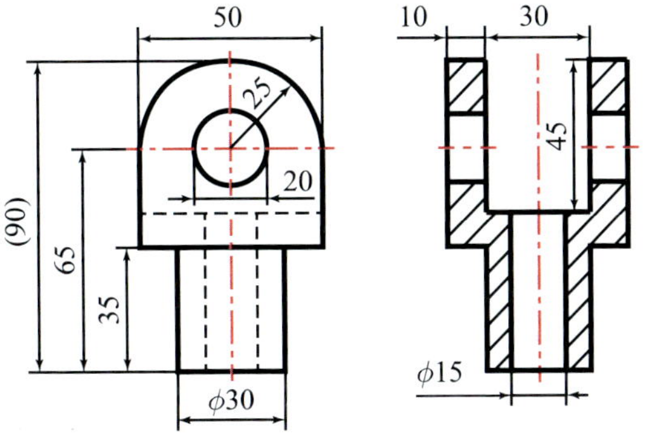

① 곡면 25 앞에 R 기호를 반드시 있어야 한다.
② 단면 표시 부분에 양쪽 다 두께가 표시되어야 한다.
③ 구멍의 지름 20에는 ϕ기호가 반드시 있어야 한다.
④ 치수 25는 산출 가능하므로 참고 치수(괄호)로 기입해야한다.

50 도면에서 치수 기입을 옳게 설명한 것은?

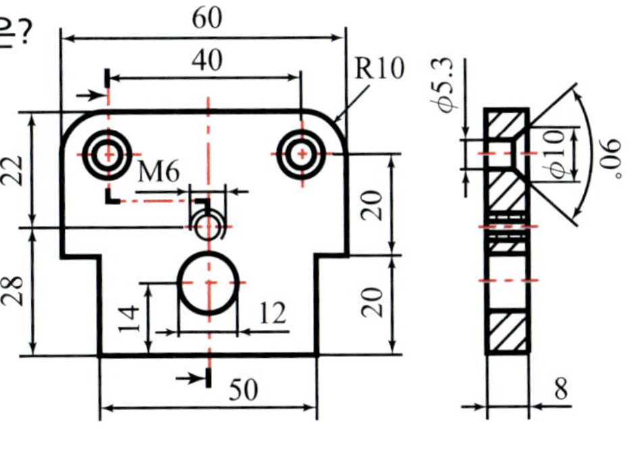

① R10은 10R로 기입한다.
② 암나사 M6의 바깥 원은 완전히 동그랗게 그려야 한다.
③ 구멍의 지름 12에는 ϕ기호가 필요 없다.
④ 거리 14는 기입할 필요가 없다.

51 **아래 도면에서 치수 기입에 기술한 내용 중 옳은 것은?**

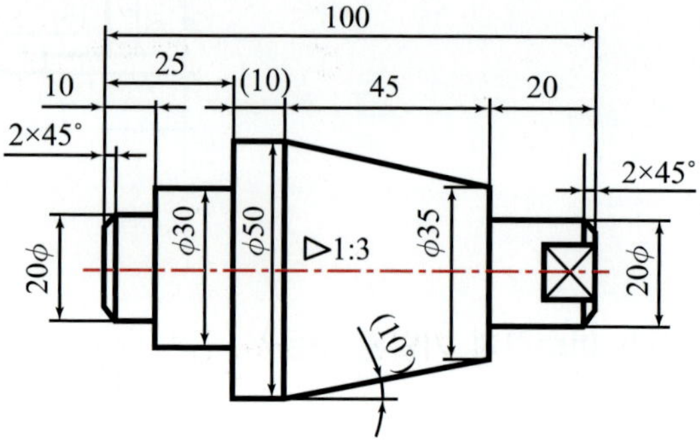

① 참고 치수 (10)는 괄호 안에 기입해서는 안 된다.
② ▷1 : 3은 경사진 부분의 외형선 위에 기입해야 한다.
③ 지름 35mm는 괄호 안에 기입해서는 안 된다.
④ 20ϕ는 ϕ20으로 기입되어야 한다.

52 **아래 도면으로는 공작물을 완성시킬 수 없는 이유는?**

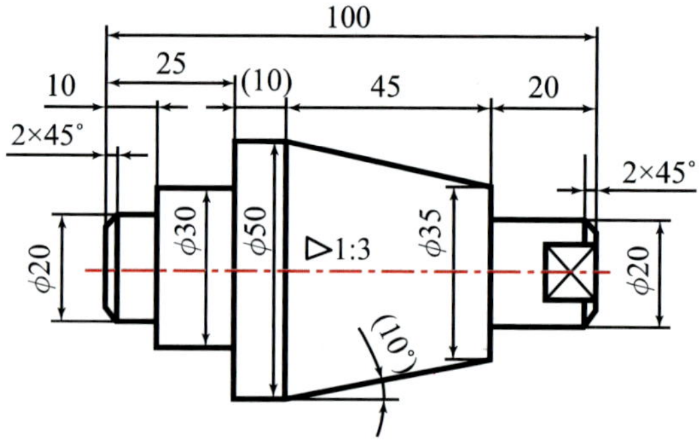

① 도면 우측부의 평면부분의 치수가 빠져 있기 때문에
② 모따기 부분의 치수 기입이 잘못되었기 때문에
③ 지름치수가 부정확하기 때문에
④ 길이 부분의 치수가 부정확하기 때문에

53 **도면에서 치수 중 가장 미숙하게 기입된 것은?**

① 각도 61°
② 각도 60°
③ 길이 5
④ 길이 18

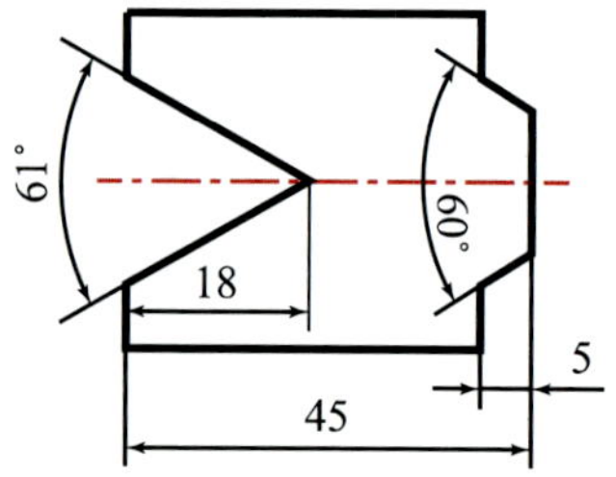

54 **도면에서 치수 기입법이 올바르지 않은 것은?**

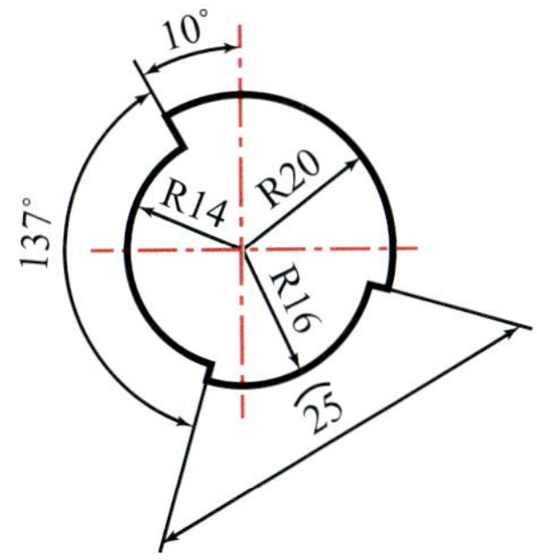

① 반지름 20의 치수선
② 호의 길이 25의 치수선
③ 각도 137°의 치수선
④ 반지름 14의 치수선

55 **아래 도면에서 치수 기입에 관해서 기술한 내용 중 옳은 것은?**

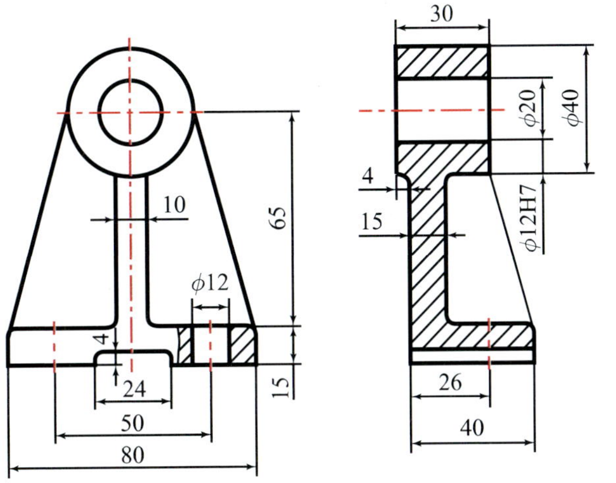

① 단면도에 치수 15는 생략해도 된다.
② 구멍의 지름은 반드시 정면도에 기입한다.
③ 단면도의 직경 ϕ20은 단면도 또는 정면도에 기입해도 된다.
④ 단면도에서 리브 부분은 해칭을 도시하여야 한다.

56 **아래 도면으로는 공작물을 완성시킬 수 없는 이유는?**

① 공작물의 두께가 얇기 때문에
② 구멍의 위치가 정확하지 않기 때문에
③ 각도가 정확하지 않기 때문에
④ 공작물의 길이가 너무 두께에 비해 길기 때문에

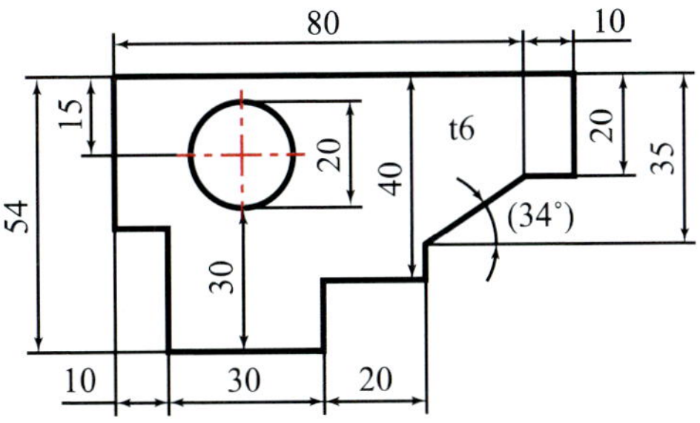

57 **아래 도면으로는 공작물을 완성시킬 수 없는 이유는?**

① 암나사(M6)의 위치가 명확하지 않기 때문에
② 공작물의 두께 치수가 없기 때문에
③ 12mm 구멍의 위치가 명확하지 않기 때문에
④ 공작물의 구조에 비해 길이가 너무 짧기 때문에

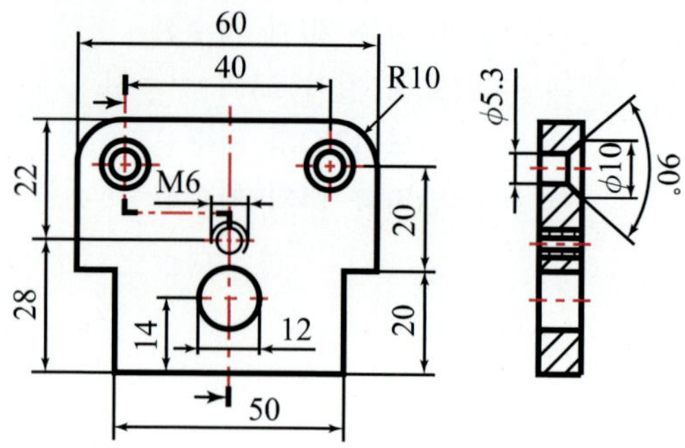

58 **아래 도면으로는 공작물을 완성시킬 수 없는 이유는?**

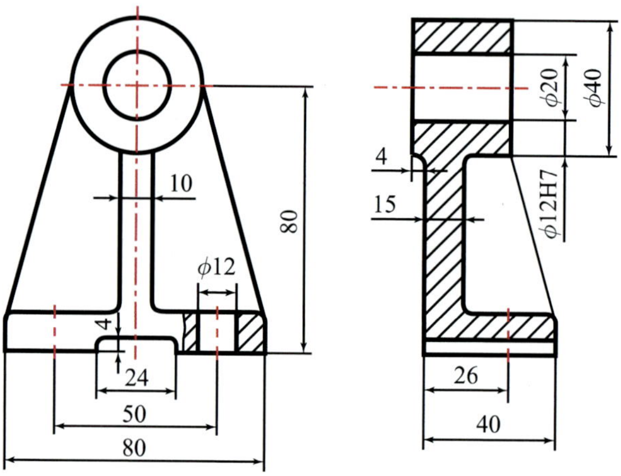

① 공작물의 바닥 부분에 홈의 치수가 확실하지 않기 때문에
② 단면도에서 리브 부분의 치수가 확실하지 않기 때문에
③ 공작물의 높이를 나타내지 않았기 때문에
④ 단면도 상부 부분의 폭에 치수를 나타내지 않았기 때문에

59 **도면을 변경 후 정정란에 기입해야 하는 사항 가운데 불필요한 것은?**

① 변경한 일시
② 변경 담당자 서명 날인
③ 변경한 사유
④ 변경에 따른 예산

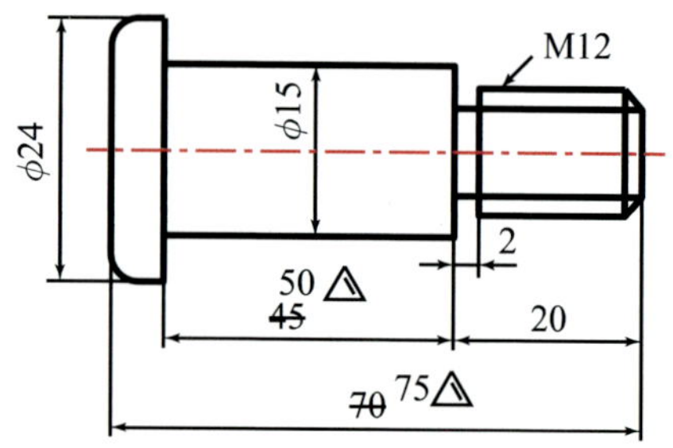

60 치수 기입법의 문제점이 있다면 지적하고 바로 수정하기 바랍니다.

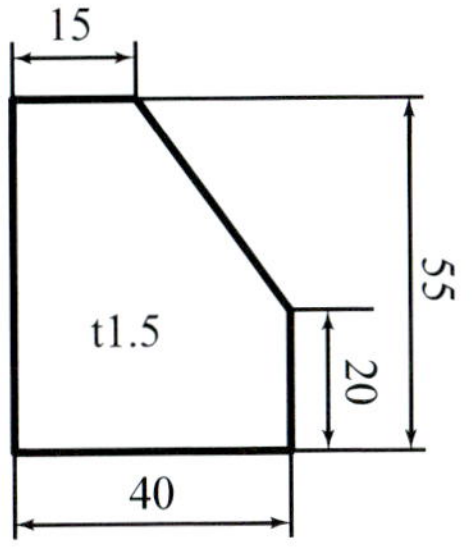

(1)

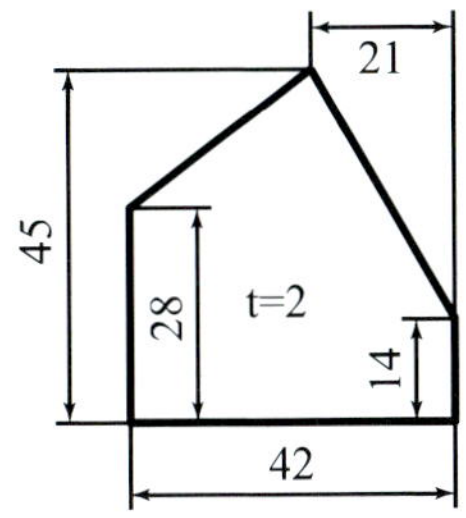

(2)

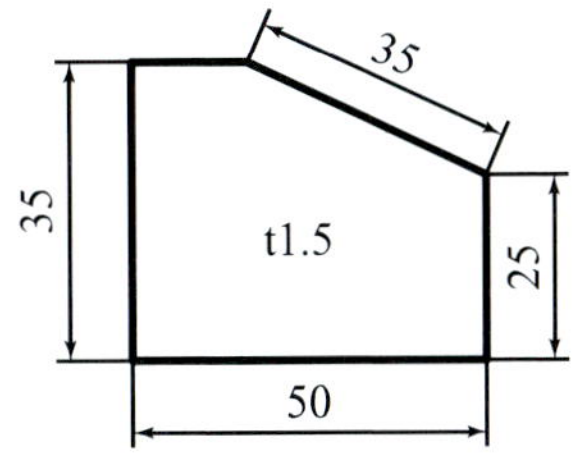

(3)

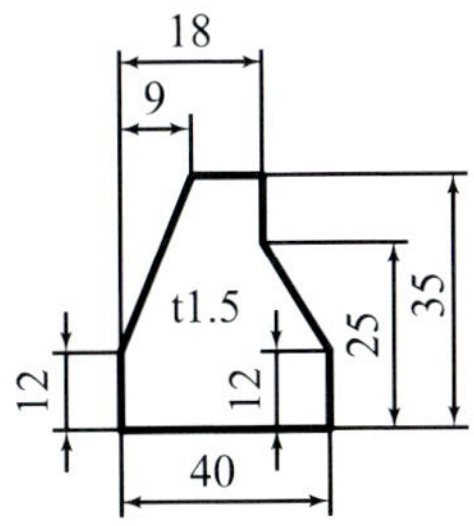

(4)

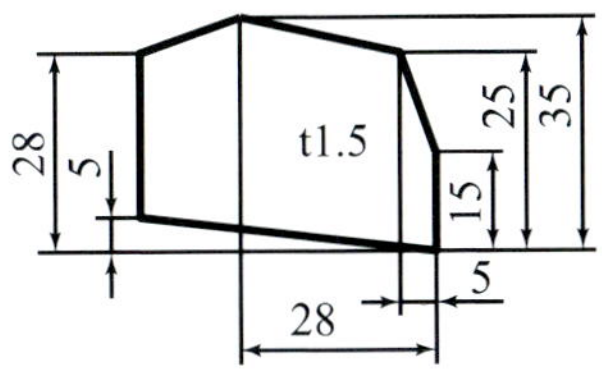

(5)

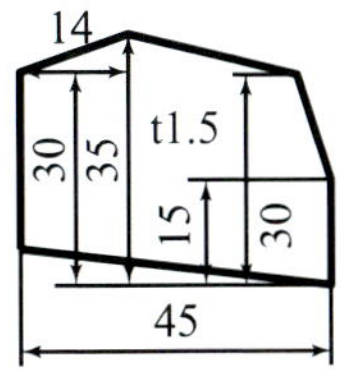

(6)

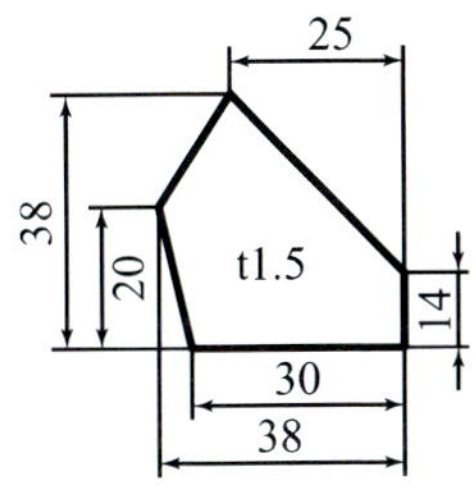

(7)

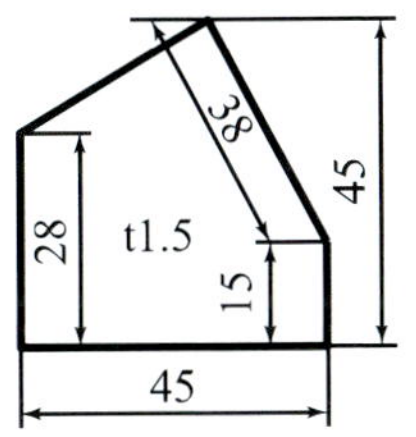

(8)

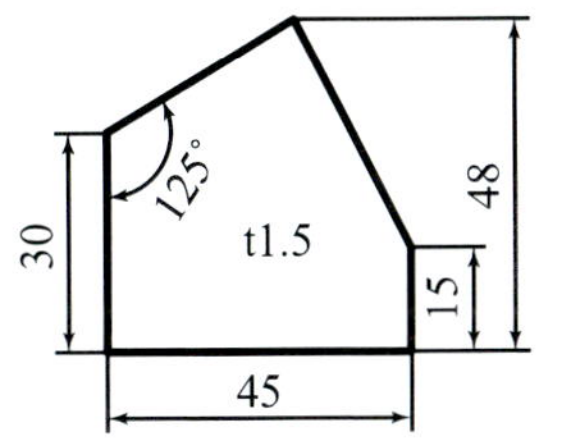

(9)

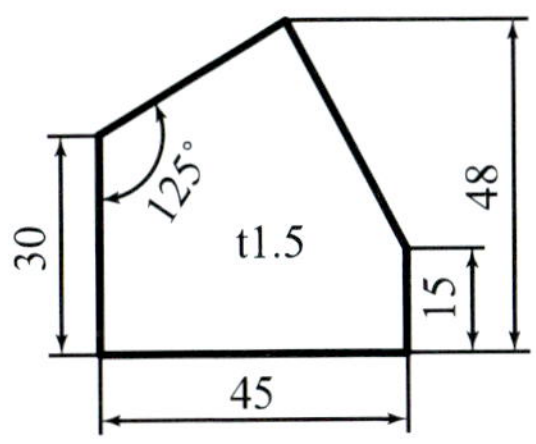

(10)

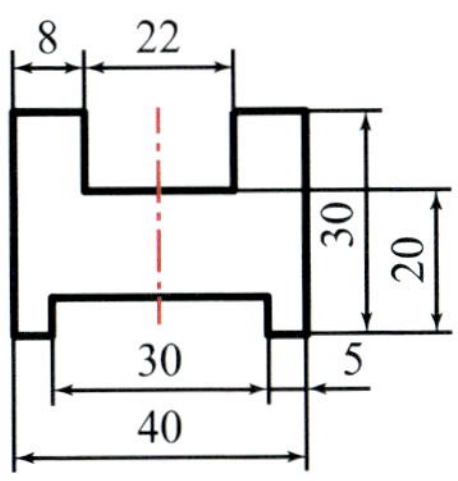

(11)

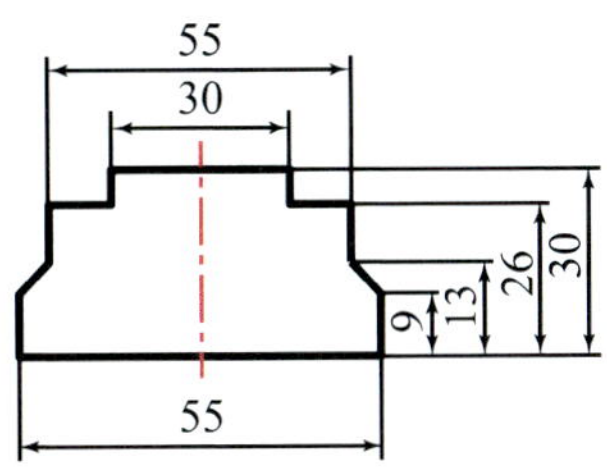

(12)

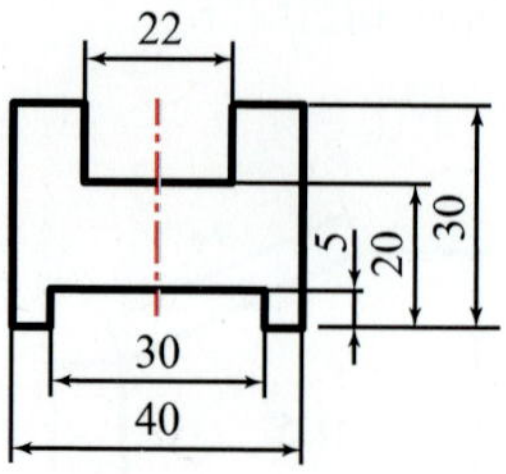

(13)

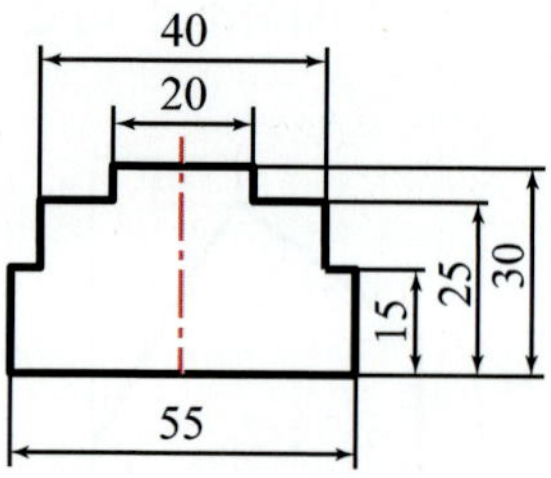

(14)

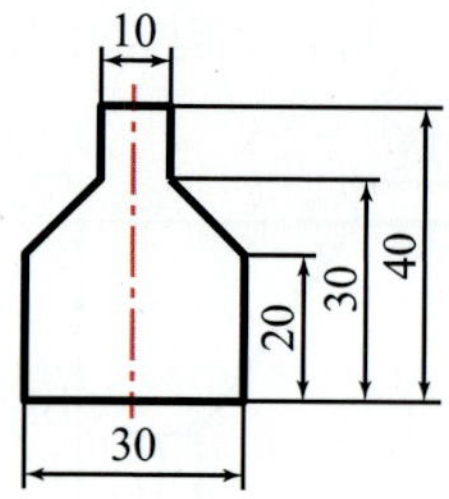

(15)

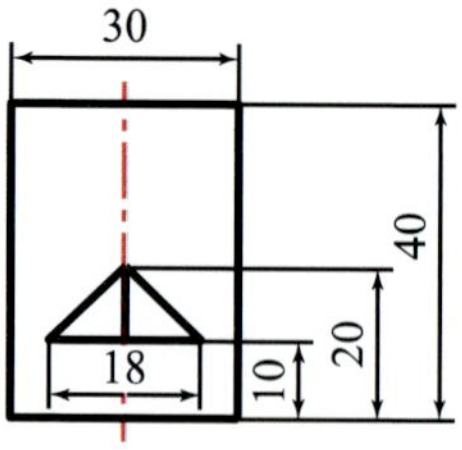

(16)

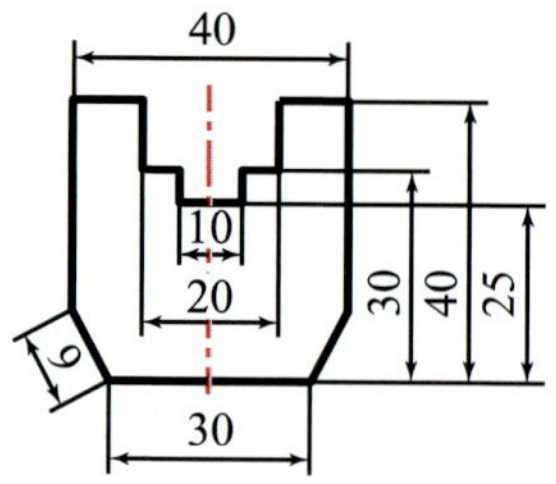

(17)

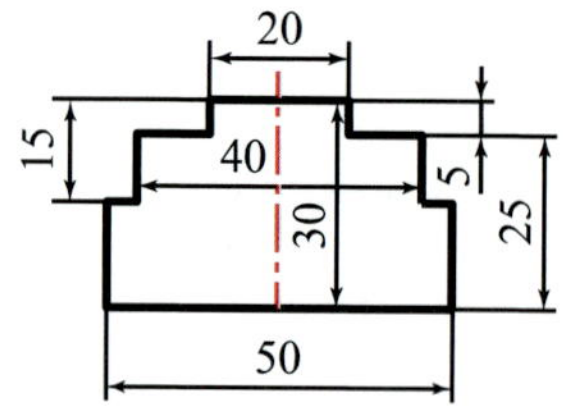

(18)

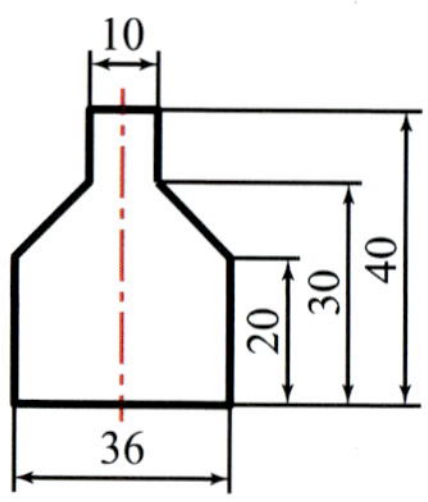

(19)

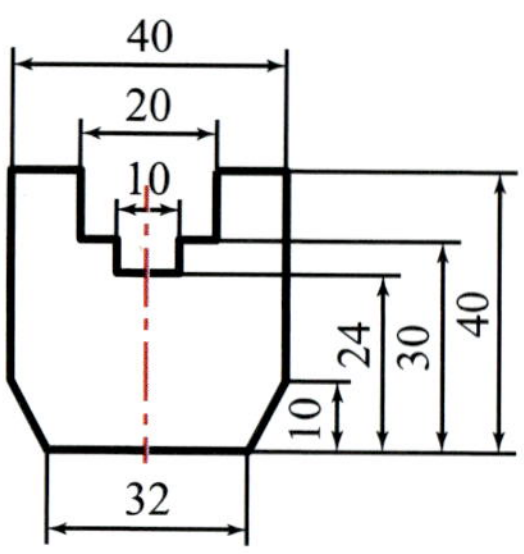

(20)

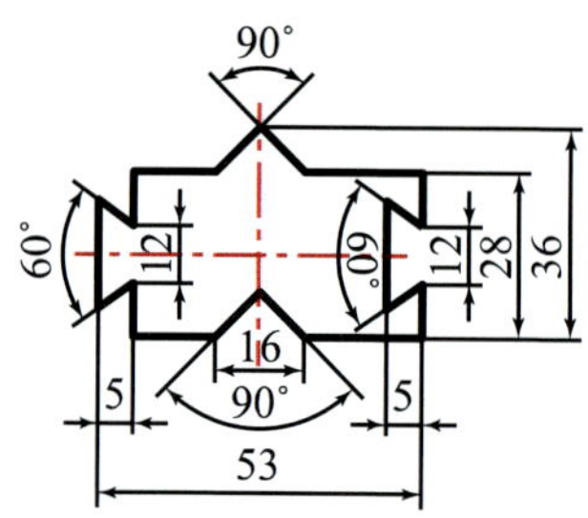

(21)

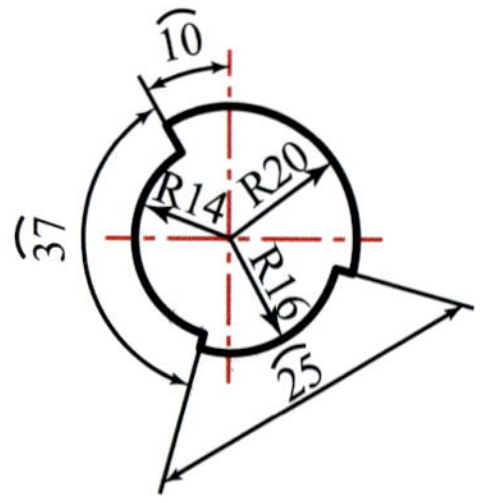

(22)

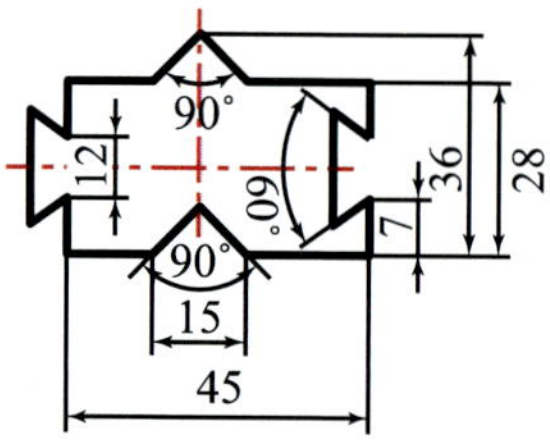

(23)

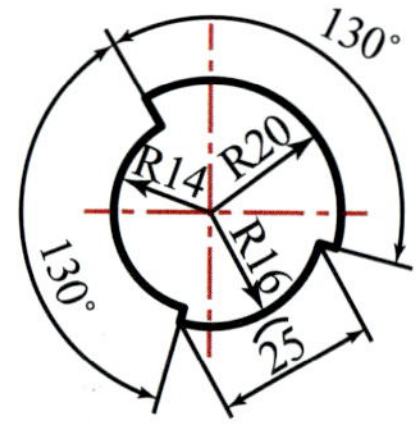

(24)

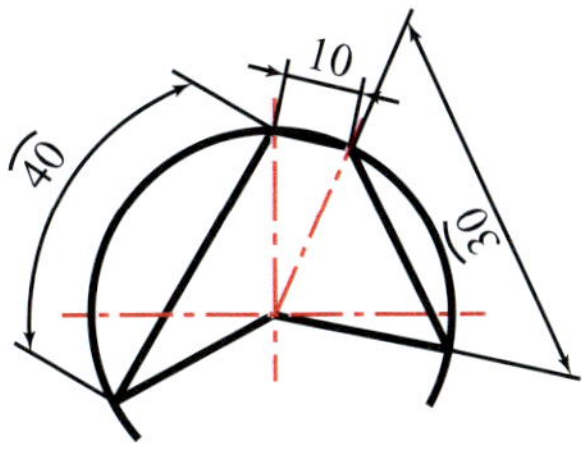

(25)

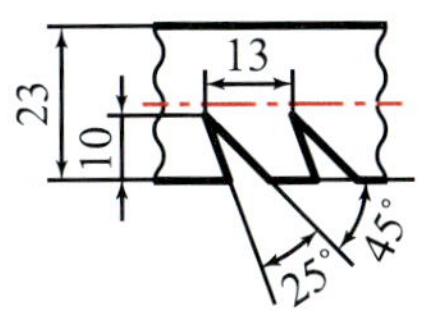

(26)

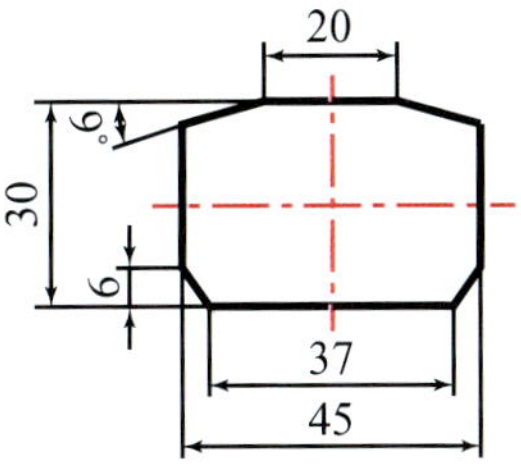

(27)

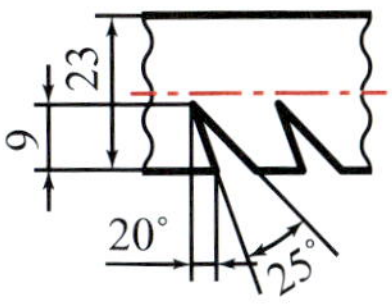

(28)

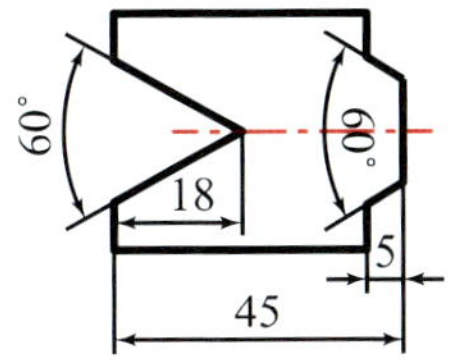

(29)

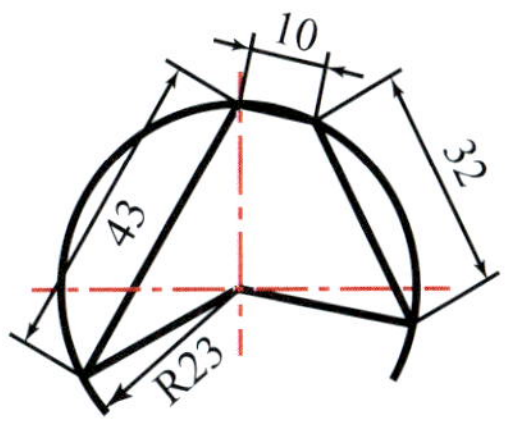

(30)

제3장 연습문제 정답

문제 1 : ③ 문제 2 : ③ 문제 3 : ③ 문제 4 : ② 문제 5 : ①
문제 6 : ④ 문제 7 : ① 문제 8 : ② 문제 9 : ③ 문제 10 : ①
문제 11 : ② 문제 12 : ④ 문제 13 : ④ 문제 14 : ④ 문제 15 : ③
문제 16 : ③ 문제 17 : ② 문제 18 : ② 문제 19 : ① 문제 20 : ④
문제 21 : ④ 문제 22 : ③ 문제 23 : ③ 문제 24 : ② 문제 25 : ②
문제 26 : ④ 문제 27 : ③ 문제 28 : ② 문제 29 : ② 문제 30 : ①
문제 31 : ④ 문제 32 : ③ 문제 33 : ② 문제 34 : ① 문제 35 : ④
문제 36 : ① 문제 37 : ② 문제 38 : ③ 문제 39 : ④ 문제 40 : ③
문제 41 : ② 문제 42 : ① 문제 43 : ③ 문제 44 : ① 문제 45 : ④
문제 46 : ① 문제 47 : ② 문제 48 : ③ 문제 49 : ④ 문제 50 : ③
문제 51 : ④ 문제 52 : ① 문제 53 : ② 문제 54 : ② 문제 55 : ③
문제 56 : ② 문제 57 : ② 문제 58 : ④ 문제 59 : ④
문제 60 : 본문 내용 참조

PART 4.

표면 거칠기와 다듬질 기호

기계 부품의 표면은 사용 목적에 따라서 **거친 다듬질, 중 다듬질, 상 다듬질, 정밀 다듬질**로 표기 및 가공된다. 제작 도면은 다듬질 여유를 붙여야 할 면과 붙이지 않아도 될 면을 구별하여 **다듬질 정도인 조도(Roughness)를 수치로 나타내는 것을 표면 거칠기(Surface Roughness)라고 한다.**

본 장에서는 표면 거칠기와 다듬질 기호에 대하여 학습한다.

01 표면 거칠기

제품의 표면에 생긴 작은 구간에서 요철(凸 凹)을 **표면 거칠기**라 하며, 표면 거칠기보다 큰 간격으로 반복되는 기복의 상태를 도시한 것을 **파상도**라고 한다. **파상도는 공작기계 바이트의 변형, 진동 등에 의해 생긴다.**

표면 거칠기를 표시할 때는 가공 방법과 가공 모양을 같이 표시하는 것이 좋다. [그림 4.1]은 표면 거칠기와 파상도를 구분한 그림이다.

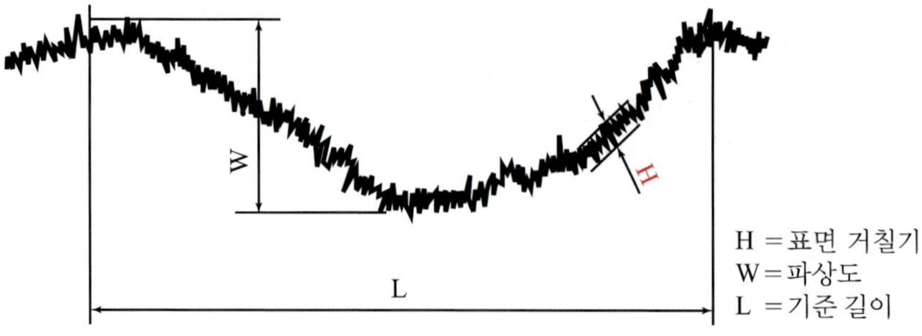

[그림 4. 1] 표면 거칠기와 파상도

표면 거칠기를 나타내는 방법은 여러 가지가 있으나, 표면 거칠기 측정기로 측정한 신호(Signal)를 이용하여 KS에서는 3가지 방법[**중심선 평균 거칠기(R_a), 최대 높이(R_{max}), 10점 평균 거칠기(R_z)**]을 규정하고 있다.

제품의 표면 거칠기는 상당히 불규칙한 것이 보통이지만, 표면에서 임의로 채취한 각 부분의 R_a, R_{max}, R_z을 각각의 산술 평균값으로 나타낸다.

현재 **중심선 평균 거칠기에 의한 표시법이 국제적으로 가장 많이 쓰인다.** [표 4.1]은 표면 거칠기의 종류에 따른 기호와 설명도이다.

본 절에서는 표면 거칠기의 종류와 측정 방법에 대해 학습한다.

[표 4.1] 표면 거칠기의 종류

종 류	기 호	설 명 도
중심선 평균 거칠기	R_a (Arithmetical mean roughness)	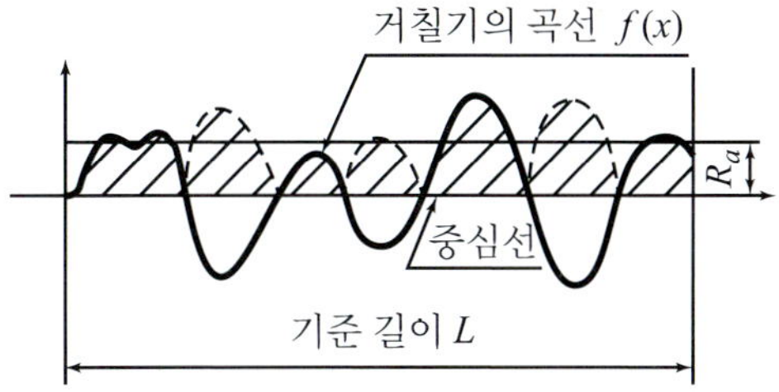
최대 높이	R_{max} (Maximum height roughness)	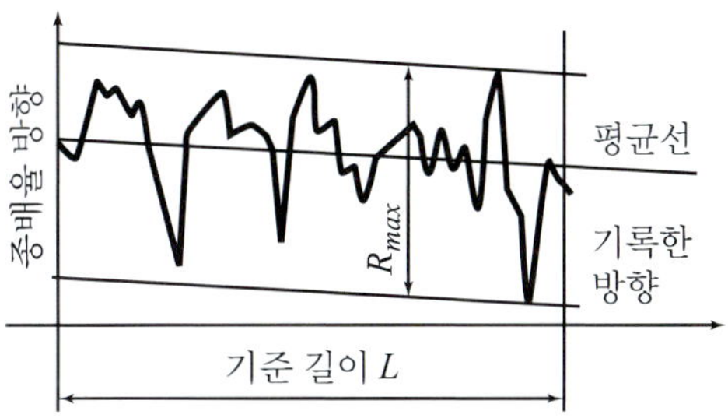
10점 평균 거칠기	R_z (Ten-point mean roughness)	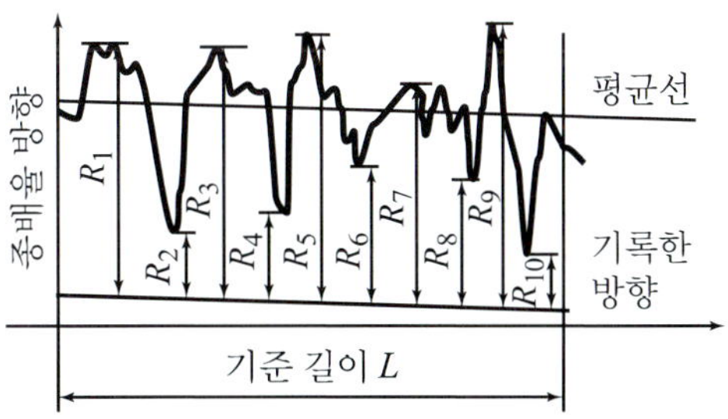

1.1 중심선 평균 거칠기(R_a)

1.1.1 중심선 평균 거칠기 구하는 방법

국제적으로 가장 많이 사용되는 중심선 평균 거칠기는 거칠기 곡선에서 중심선의 방향으로 측정 길이(기준 길이, L)를 결정하고, 이 부분의 중심선을 x 축, 세로 방향을 y 축으로 하여 거칠기 곡선을 $y=f(x)$로 표시하였을 때 식 (4.1)에 의해 구한 값을 미크론 단위(1μm)로 나타낸 수치이다.

이때 1μ(micron) $= 1\mu$m(마이크로미터) $=$ 0.001mm $= 10^{-3}$mm이다.

$$R_a = \frac{1}{L}\int_0^L |f(x)|\,dx \tag{4.1}$$

[그림 4. 2]에서 **빗금 친 부분의 면적을 기준 길이(L)로 나눈 값이 중심선 평균 거칠기(R_a)이다.**

일반적으로 중심선 평균 거칠기는 식 (4.1)에 의해 계산하기 보다는 중심선 평균 측정기로 계측하여 눈금을 직접 읽는다. 이때 표면 거칠기를 측정하는 계측기는 계측된 신호를 프로그램[식 (4.1)의 원리]으로 계산하고 결과 값을 표시한다.

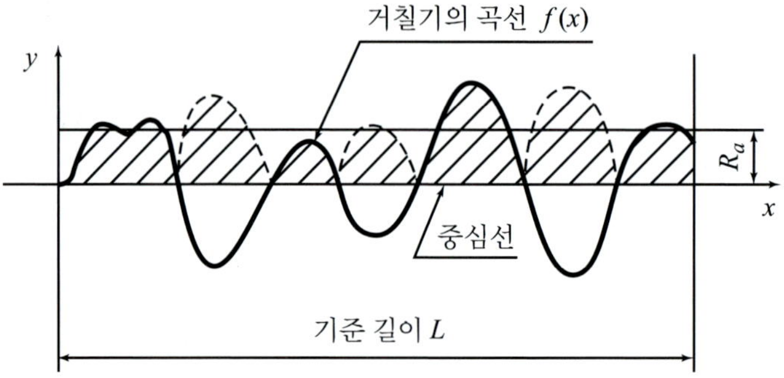

[그림 4. 2] 중심선 평균 거칠기를 구하는 방법

1.1.2 중심선 평균 거칠기의 구분 값

구분 값은 허용할 수 있는 가장 큰 중심선 평균 거칠기 값을 [표 4.2]와 같이 사용하며, **중심선 평균 거칠기 구분 값 뒤에 a를 붙인다.**

[표 4.2] 중심선 평균 거칠기의 표준 수열

(0.013a)	0.025a	0.05a	0.1a	0.2a
0.4a	0.8a	1.6a	3.2a	6.3a
12.5a	25a	(50a)	(100a)	–

( ) 안의 구분 값은 특별한 경우에 사용한다.

1.1.3 중심선 평균 거칠기의 한계지시

일정 범위로 중심선 평균 거칠기 한계를 구분 값으로 지시할 때는 하한과 상한 값을 표시한다. 만약 중심선 평균 거칠기의 한계를 $1.6\mu m\,R_a$를 초과하여 $6.3\mu m\,R_a$ 이하인 경우는 **중심선 평균 거칠기를 1.6a~6.3a**와 같이 표시한다.

1.2 최대 높이 (R_{max})

중심선 평균 거칠기에 따르지 않는 경우에는 최대 높이 거칠기 또는 10점 평균 거칠기를 사용한다.

1.2.1 최대 높이 구하는 방법

[그림 4.3]과 같이 표면 거칠기 측정기로 측정한 신호의 단면 곡선에서 기준 길이만큼 채취한 부분의 평균선에 평행한 2개 직선 사이에 채취한 부분을 잡았을 때 가장 높은 산의 높이와 가장 낮은 골의 깊이의 합을 미크론 단위로 표시한 것을 채취부분의 최대 높이 거칠기이다.

이때 표면 거칠기로 보기 어려운 정도의 큰 신호(홈, 자리파기로 인한 신호 등)는 최대 높이 거칠기에서 제외한다.

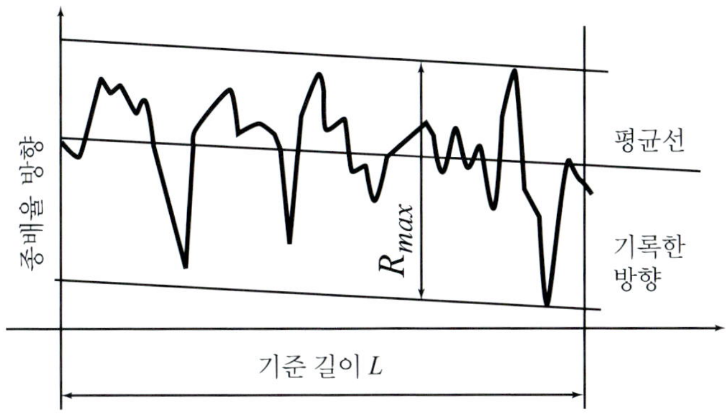

[그림 4. 3] 최대 높이 거칠기를 구하는 방법

1.2.2 기준 길이의 표준 값

최대 높이 거칠기를 구할 때 기준 길이의 표준 값은 [표 4.3]에 따른다.

[표 4.3] 최대 높이를 구할 때 기준 길이의 표준 값

최대 높이의 범위(단위 : μm)		기준 길이(mm)
이 상	이 하	
–	$0.8\mu R_{max}$	0.25
$0.8\mu R_{max}$	$6.3\mu R_{max}$	0.8
$6.3\mu R_{max}$	$25\mu R_{max}$	2.5
$25\mu R_{max}$	$100\mu R_{max}$	8
$100\mu R_{max}$	$400\mu R_{max}$	25

1.2.3 최대 높이의 구분 값

최대 높이에 의해 표면 거칠기를 지정할 때는 [표 4.4]의 최대 높이의 구분 값을 사용한다. 이때 **최대 높이 구분 값의 뒤에 S를 붙인다.**

[표 4.4] 최대 높이 거칠기의 표준 수열

(0.05S)	0.8S	12.5S	50S	200S
0.1S	1.6S	18S	(70S)	280S
0.2S	3.2S	25S	100S	400S
0.4S	6.3S	36S	140S	560S

( ) 안의 구분 값은 특별한 경우에 사용한다.

1.2.4 최대 높이의 한계 지시

일정 범위의 최대 높이에 한계를 구분 값으로 지시할 때는 하한과 상한에 상당하는 구분 값을 표시한다. 즉, 0.8μmR_{max}를 초과하여 3.2 μmR_{max} 이하의 경우는 **0.8S~3.2S**로 표시한다.

1.3 10점 평균 거칠기(R_z)

1.3.1 10점 평균 거칠기 구하는 방법

[그림 4.4]와 같이 10점 평균 거칠기는 채취 부분의 단면 곡선에서 기준 길이만큼 채취한 부분의 평균선에 평행한 직선 가운데 높은 쪽에서 5번째의 봉우리를 지나는 것과 깊은 쪽에서 5번째의 골짜기를 지나는 것을 택하여 식 (4.2)으로 표면 거칠기를 산출하여 미크론 단위로 나타낸다.

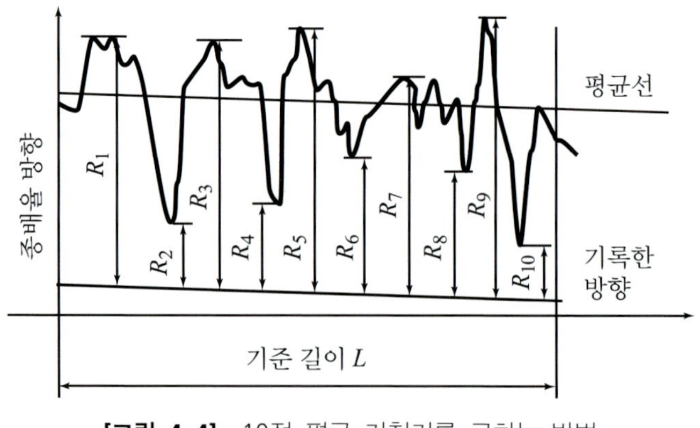

[그림 4. 4] 10점 평균 거칠기를 구하는 방법

$$R_Z = \frac{(R_1 + R_3 + R_5 + R_7 + R_9) - (R_2 + R_4 + R_6 + R_8 + R_{10})}{5} \quad (4.2)$$

1.3.2 기준 길이의 표준 값

10점 평균 거칠기를 구할 때 기준 길이의 표준 값은 [표 4.5]에 따른다.

[표 4.5] 10점 평균 거칠기 구할 때 기준 길이의 표준 값

10점 평균 거칠기의 범위(단위 : μm)		기준 길이(mm)
이 상	이 하	
–	$0.8\mu\ R_z$	0.25
$0.8\mu\ R_z$	$6.3\mu\ R_z$	0.8
$6.3\mu\ R_z$	$25\mu\ R_z$	2.5
$25\mu\ R_z$	$100\mu\ R_z$	8
$100\mu\ R_z$	$400\mu\ R_z$	25

1.3.3 10점 평균 거칠기의 구분 값

허용할 수 있는 가장 큰 10점 평균 거칠기는 [표 4.6]의 구분 값을 사용한다. **10점 평균 거칠기 구분 값의 뒤에 Z를 붙인다.**

[표 4.6] 10점 평균 거칠기의 표준 수열

(0.05Z)	0.8Z	12.5Z	50Z	200Z
0.1Z	1.6Z	(18Z)	(70Z)	(280Z)
0.2Z	3.2Z	25Z	100Z	400Z
0.4Z	6.3Z	(36Z)	(140Z)	(560Z)

( ) 안의 구분 값은 특별한 경우에 사용한다.

1.3.4 10점 평균 거칠기의 한계지시

물체 표면에 임의 지점에서 10점 평균 거칠기의 한계를 구분 값으로 지시할 때는 하한과 상한에 상당하는 구분 값으로 표시한다. 즉, $0.8\mu m\ R_z$를 초과하여 $3.2\mu m\ R_z$ 이하의 경우 0.8Z∼3.2Z로 표시한다.

02 표면의 지시 기호

기계의 부품 등의 표면을 제작 또는 가공할 때 생긴 무늬, 표면 파상도 등을 표면의 결이라 한다. 이때 재료의 표층부를 제거하는 것을 **제거 가공**이라 한다.

제거 가공은 공작기계의 바이트 등을 이용하며, 제거 가공 등에 의해서 표면에 생긴 현저한 줄무늬의 방향을 **줄무늬 방향**이라 한다.

표면 거칠기, 가공 방법 및 줄무늬 방향 등의 정보를 총칭하여 표면의 결이라고 하다. 표면 거칠기는 표면 기호 또는 다듬질 기호로 표시한다.

본 절에서는 표면 거칠기의 기호에 대하여 학습한다.

2.1 표면 기호에 의한 표면 거칠기 표시 방법

표면의 상태를 기호로 표시하기 위한 표면 기호는 표면 거칠기의 구분값, 기준 길이, 컷오프 값, 가공 방법의 약호, 가공 모양의 기호 등으로 각 지시 사항은 [그림 4.5]와 같이 기입한다.

표면의 결을 투상도에 표시할 때 면의 지시 기호는 약 60°로 벌린, 길이가 다른 절선으로 하는 면의 지시 기호를 사용한다. 이때 지시하는 대상면을 나타내는 선의 바깥쪽에 붙여서 쓴다.

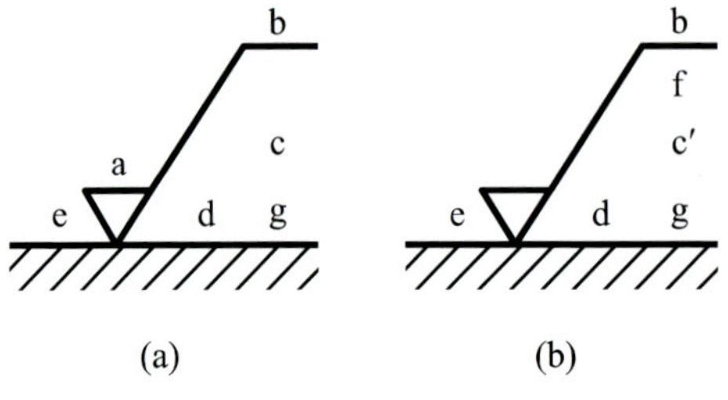

a : 중심선 평균거칠기의 값
b : 가공 방법
c : 컷 오프값(λc)
c′ : 기준 길이
d : 줄무늬 방향의 기호
e : 다듬질 여유
f : 중심선 평균 거칠기 외 표면 거칠기의 값
g : 표면 파상도

[그림 4. 5] 표면 기호의 구성 위치

절삭 등 제거 가공을 문제 삼지 않을 경우는 [그림 4. 6]의 (a)와 같이 면에 지시 기호를 붙여 표시한다. 그러나 제거 가공이 필요하다는 것을 지시할 때는 [그림 4. 6]의 (b)와 같이 면의 지시 기호의 짧은 쪽의 다리 끝에 가로선을 부가하여 정삼각형을 표시한다.

제거 가공을 해서는 안 된다는 것을 지시할 때는 [그림 4. 6]의 (c)와 같이 면의 지시 기호에 내접하는 원을 추가한다.

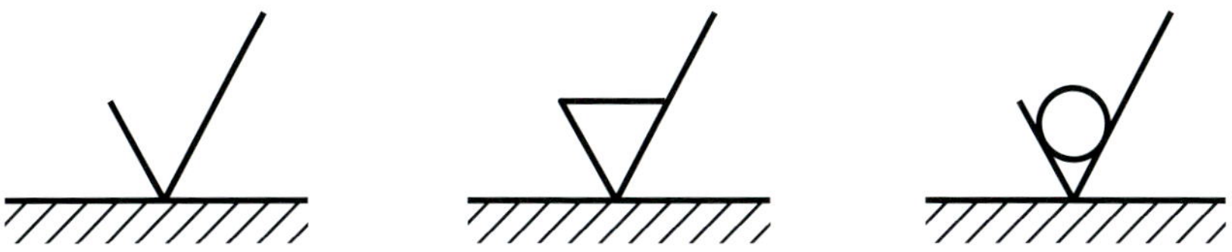

(a) 제거 가공의 여부를 묻지 않는 경우　(b) 제거 가공이 필요한 경우　(c) 제거 가공을 금지하는 경우

[그림 4.6] 표면의 지시 기호

투상도에 가공 방법을 지시할 때는 [그림 4.7]과 같이 면의 지시 기호의 **긴 쪽 다리에 가로선을 추가한 후 위에 밀링, 연삭 등의 가공 방법을 표현**한다.

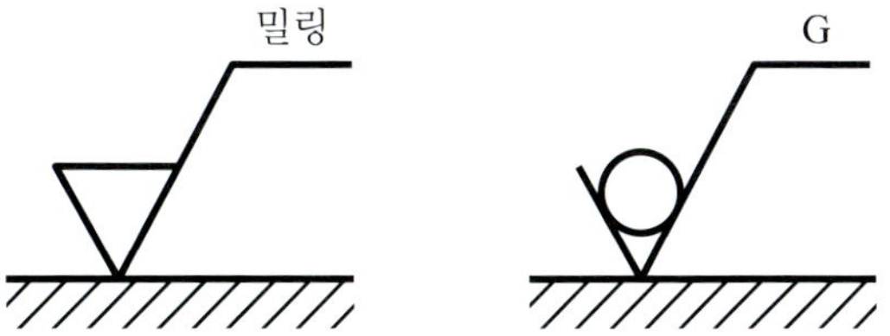

(a) 밀링 가공　(b) 연삭 가공

[그림 4.7] 가공 방법의 지시

2.1.1 중심선 평균 거칠기의 사용 방법

중심선 평균 거칠기로 지시하는 경우 표면 거칠기는 KS B 0161에서 규정하는 중심선 평균 거칠기의 표준 수열 중에서 선택하여 지시한다. 이때 지시 기호에 기입한 거칠기를 지시한 값 뒤에 "a"는 기입하지 않는다.

표준 수열을 따를 수 없는 경우는 허용할 수 있는 최대 값을 "Ra≤10"와 같이 지시한다.

[그림 4.8]과 같이 표면 거칠기 지시 값은 기입 위치에 **허용할 수 있는 최대치만 지시한다.**

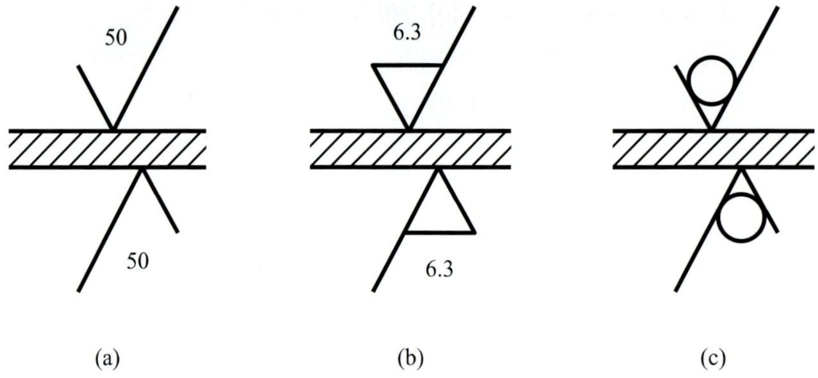

[그림 4.8] 중심선 평균 거칠기의 표시 방법

표면 거칠기의 일정 범위 구간 값을 지시하는 경우는 [그림 4.9]의 (a), (b)와 같이 상한 값을 위로, 하한 값은 아래로 나란히 기입한다. [그림 4.9]의 (c)는 표준 수열에 따르지 않을 경우를 도시한 그림이다. **이때 λc 2.5는 컷오프(Cut－off) 값을 나타낸 것으로 단위는 mm이다.**

컷오프 값은 표면 거칠기를 계측한 신호의 파장을 분리하거나 필터링하여 원치 않는 파장을 제거할 수 있다.

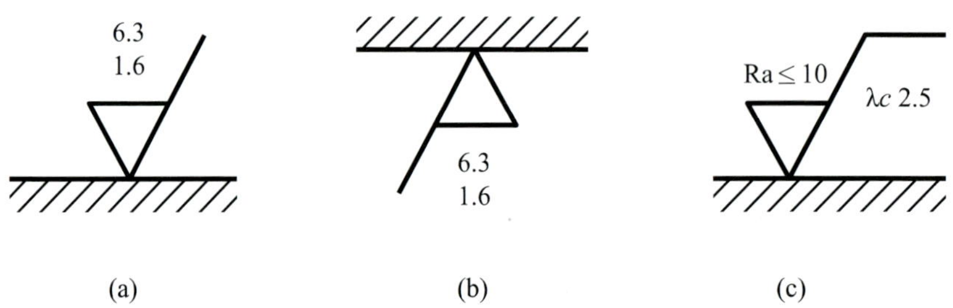

[그림 4.9] 구간 또는 표준 수열에 따르지 않는 경우의 표면 거칠기 기입

2.1.2 최대 높이, 10점 평균 거칠기의 사용 방법

최대 높이 또는 10점 평균 거칠기를 사용할 경우의 지시 값은 앞에 제시한 [표 4.4]와 [그림 4.6]의 표준 수열에서 선택하여 [그림 4.10]과 같이 표면 기호의 긴 쪽의 다리에 가로선을 도시하고 아래에 기입한다.

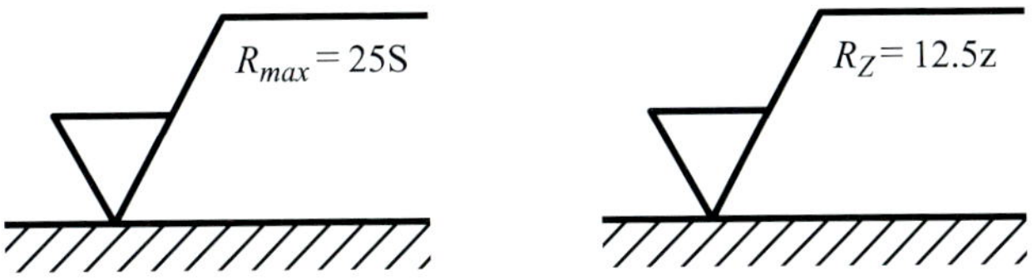

(a) 최대 높이 (b) 10점 평균 거칠기

[그림 4.10] 최대 높이 및 10점 평균 거칠기에 의한 지시 방법

2.1.3 줄무늬 방향의 사용 방법

물체의 표면은 가공 상태에 따라서 각종 줄무늬가 생기는데, **표면 거칠기가 최대로 된 방향은 일반적으로 줄무늬에 직각 방향**이므로 이 방향에 단면 곡선을 취한다. 이때 줄무늬 방향의 기호는 [표 4.7]과 같다.

[표 4.7] 줄무늬 방향의 기호

기호	=	⊥	X	M	C	R
의미	가공에 의한 줄무늬 방향이 기호를 기입한 그림의 투상면에 **평행**	가공에 의한 줄무늬 방향이 기호를 기입한 그림의 투상면에 **직각**	가공에 의한 줄무늬가 **2방향으로 교차**	가공에 의한 줄무늬가 **여러 방향으로 교차 또는 무방향**	가공에 의한 줄무늬가 **대략 동심원**	가공에 의한 줄무늬가 **대략 방사상**
설명도	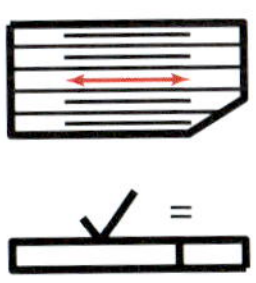	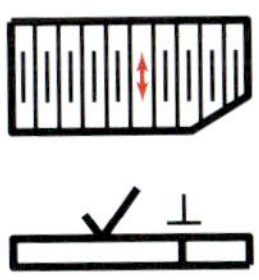	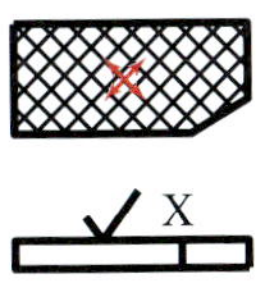	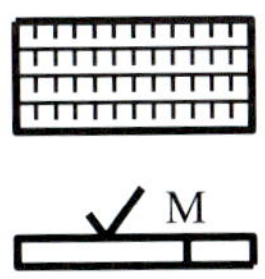	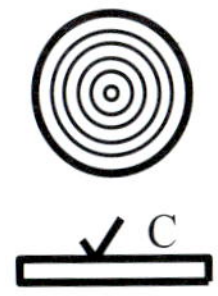	
보기	세이빙면	세이빙면 선삭	호닝, 다듬질면	래핑 다듬질면	끝면 절삭면	-

03 표면 결의 도시방법

투상도에 표면 거칠기를 지시하는 경우는 **일반적인 방법, 도면 기입의 간략법 그리고 특수한 요구사항의 지시 방법**이 있다.

본 절에서는 투상도에 표면 거칠기를 지시하는 방법에 대하여 학습한다.

3.1 도면 기입의 일반적인 사항

[그림 4.11]의 (a)와 같이 기호는 아래쪽 또는 오른쪽부터 읽을 수 있도록 기입한다. 투상도의 아래 부분의 경우는 지시선을 사용한다. 그러나 중심선 평균 거칠기 **값(a)만 지시하는 경우 [그림 4.11]과 같이 표기하며, 표면 기호는 [그림 4.11]의 (b)와 같이 반대 방향으로 표기해도 된다.**

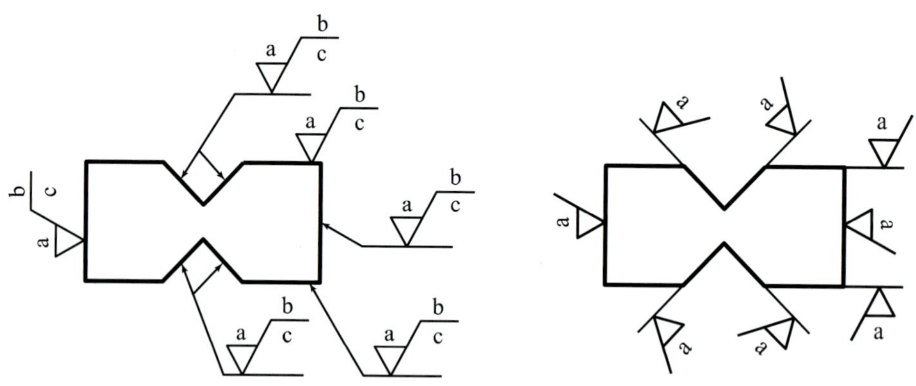

(a) (b)

[그림 4.11] 표면 거칠기 기입

기호는 하나의 지정면을 가장 잘 나타내는 투상도 위에 기입하며, 동일한 면에 **중복하여 기입하지 않는다.**

[그림 4.12]의 (a)와 같이 **대상면에서 끌어낸 지시선에 기입해도 된다**. 투상면에서 둥글기부 또는 모따기부에 면의 지시 기호를 기입하는 경우는 반지름 또는 모따기를 나타내는 치수선을 연장한 지시선에 기입한다.

[그림 4.12]의 (b)와 같이 연장선 또는 **치수 보조선에 접하여 바깥쪽에 기입한다**.

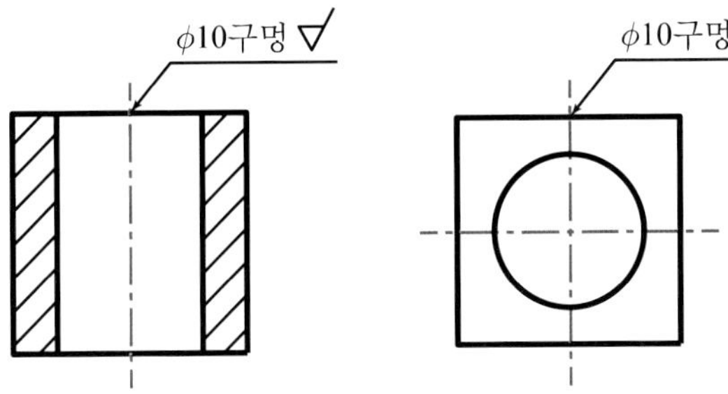

(a) 구멍에 기입

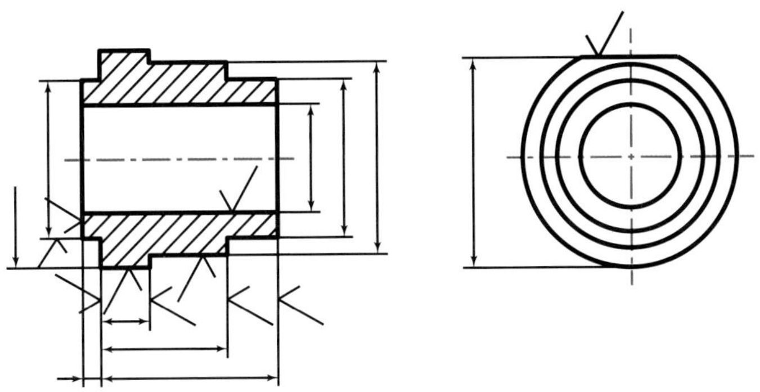

(b) 치수를 표시한 투상도에 기입

[그림 4.12] 투상도에 표면 결에 기호 기입

3.2 도면 기입의 간략법

전체 면을 같은 정도의 표면 결로 지정할 때는 [그림 4.13]의 (a)와 같이 표면의 결에 기호를 부품 번호 옆에 기입하며, 부품 번호가 없을 때는 [그림 4.13]의 (b)와 같이 투상도(부품도)의 위쪽 또는 알기 쉬운 곳에 기입한다. 이때 부품도의 각 면 위에서는 생략한다.

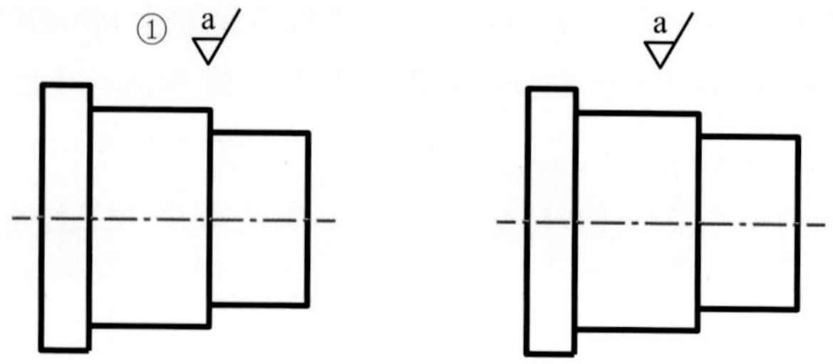

(a) (b)

[그림 4.13] 전체 면에 동일한 표면의 결 기입

한 개의 부품은 대부분 동일한 표면의 결이다. 그러나 일부분이 다른 경우는 [그림 4.14]의 (a), (b)와 같이 일부분에 추가로 기호를 해당 면에 각각 기입한다. 이때 공통인 표면 결에 기호는 옆에 괄호를 붙여서 면의 지시 기호 만을 기입하거나, 공통이 아닌 기호를 나란히 기입한다.

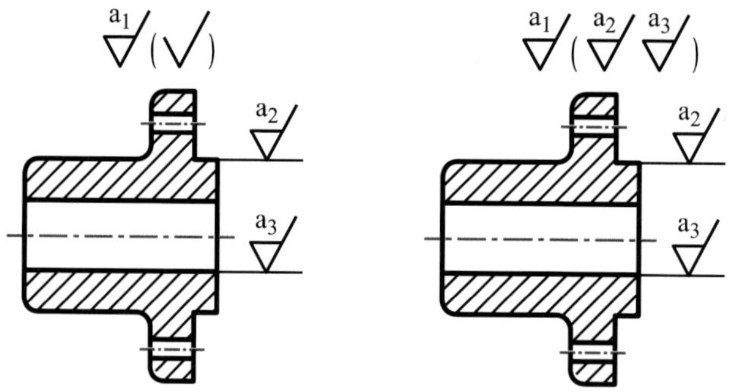

(a) (b)

[그림 4.14] 일부분이 다른 표면의 결 기호

표면의 결에 기호를 여러 곳에 기입할 경우는 [그림 4.15]와 같이 대상면 위에 간이 기호(알파벳의 소문자)를 기입하고, 그 의미를 주 투상도, 부품 번호 또는 표제란 옆에 기입한다.

또한 [그림 4.15]의 (b)와 같이 둥글기부 또는 모따기 면에 표면 결의 지시 기호 기입은 이들 부분에 접속하는 2개의 면 중에서 어느 한쪽 면과 같으면 기호를 생략해도 된다.

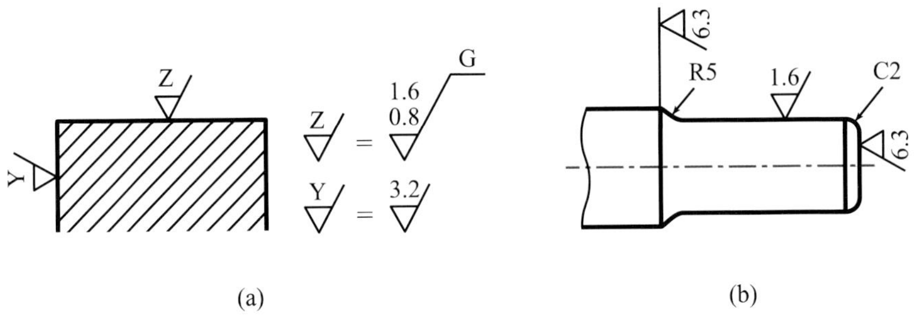

[그림 4.15] 약호에 의한 표면의 결 기입

3.3 특수한 요구 사항의 지시방법

어떤 표면의 결을 얻기 위해 특정한 가공 방법을 지시할 때는 면의 지시 기호의 긴 쪽 다리 가로선을 붙이고 위쪽에 문자 또는 기호로 가공 방법을 기입한다. 또한 표면처리 전과 후의 표면 거칠기를 지시할 때는 [그림 4.16]과 같이 기입한다.

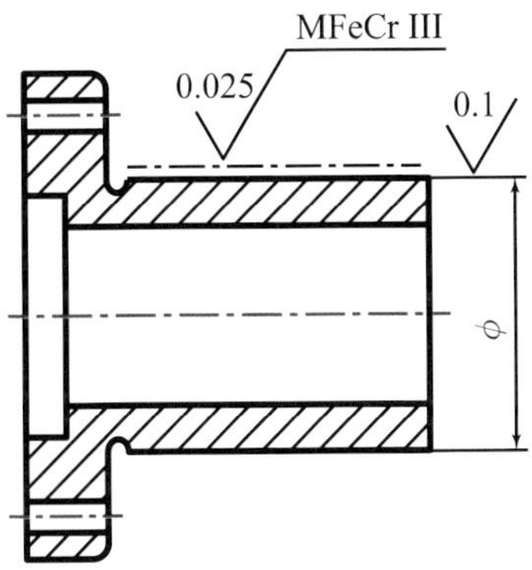

[그림 4.16] 가공 방법 지시

04 다듬질 기호

표면 거칠기의 기호 표시는 표면의 지시 기호 대신 다듬질 기호를 사용할 수 있다. 그러나 **다듬질 기호를 사용하는 것은 ISO 규격과 맞지 않으므로 되도록 사용하지 않는 것이 좋다.** 다듬질 기호는 [그림 4.17]과 같이 3각 기호(▽) 및 파형 기호(～)가 있다. 3각 기호는 제거 가공을 하는 면에 사용되고, 파형 기호는 제거 가공을 하지 않는 면에 사용된다.

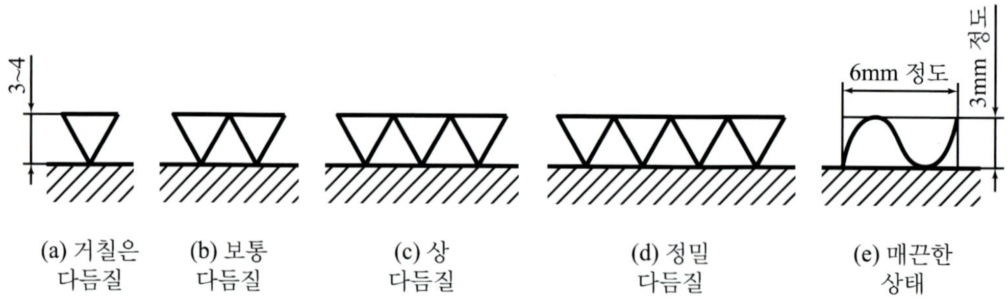

[그림 4.17] 최대 높이 및 10점 평균 거칠기에 의한 지시방법

다듬질 기호를 사용하여 표면 거칠기를 지시할 때는 표면 거칠기 정도에 따라 1개～4개의 3각 기호 또는 파형 기호로 표시한다. 표면 거칠기는 [표 4.8]에 나타낸 표준 수열을 표시한 것과 같다.

[표 4.8] 다듬질 기호의 표면 거칠기의 표준 수열

다듬질 기호	표면 거칠기의 표준 수열		
	R_a	R_{max}	R_z
▽▽▽▽	0.2a	0.8S	0.8Z
▽▽▽	1.6a	6.3S	6.3Z
▽▽	6.3a	25S	25Z
▽	25a	100S	100Z
∼	특별히 규정하지 않는다.		

표면 거칠기의 지시 값을 나타내려면 [표 4.9]에 표시한 예에 따른다.

[표 4.9] 다듬질 기호의 의미

기호	의 미
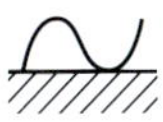	제거 가공을 하지 않는다.
100S 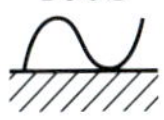	L 8mm에서 100μm R_{max}보다 고운 주조 등의 면 (L : 기준 길이)
50Z 	L 8mm에서 50μm R_z의 제거 가공을 한 면 (L : 기준 길이)
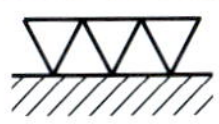	[표 4.8]에 의거 제거 가공을 한 면(약 1.6a)
0.8a 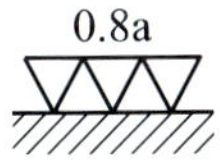	λ_c 0.8mm에서 최대 0.8μm R_a의 제거 가공을 한 면(λ_c ; 컷 오프값)
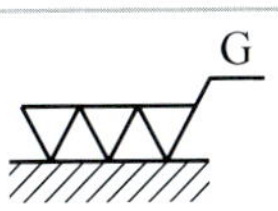	연삭 가공을 한 면
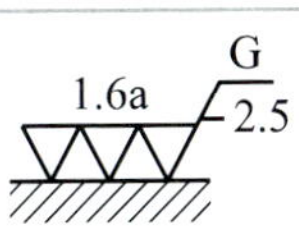	λ_c 2.5mm에서 최대 1.6μm R_a의 연삭 가공을 한 면(λ_c ; 컷 오프값)

파형 기호 및 3각 기호의 수에 상당한 표면 거칠기 값을 **표제란 또는 그 근처에 표시할 때는 기호 a, S, Z는 생략한다.** 또한 다듬질 기호의 도면 기입법은 표면의 지시 기호에 준하여 [그림 4.18]~[그림 4.20]과 같이 표기한다.

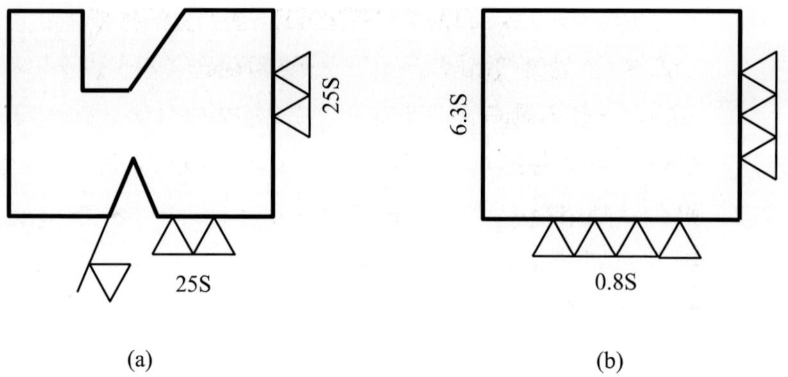

[그림 4.18] 일반 기입법

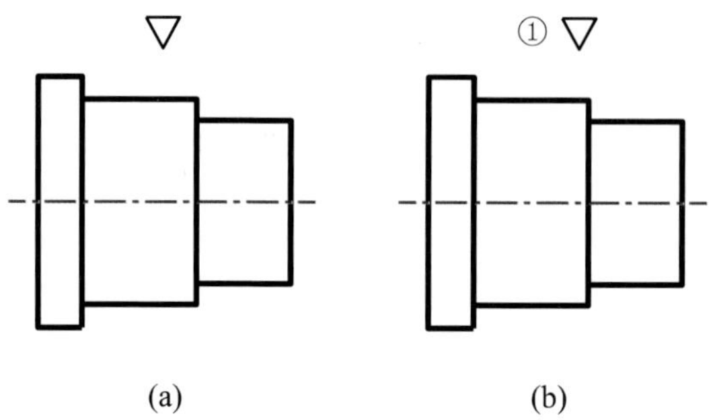

[그림 4.19] 전체 면이 같은 다듬질할 경우

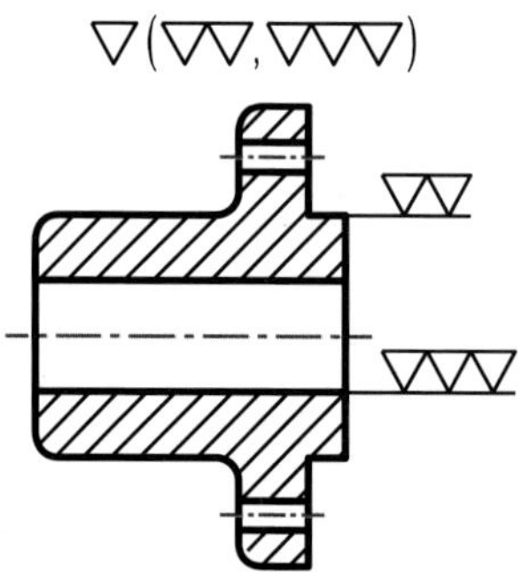

[그림 4.20] 일부분이 다른 다듬질할 경우

05 가공 방법에 따른 거칠기 약호와 범위

5.1 가공 방법의 약호

도면에서 가공 방법의 약호는 [표 4.10]과 같다.

[표 4.10] 가공 방법의 약호

가공 방법	약 호		설 명
	I	II	
선반 가공	L	선반	Lathe Turning
드릴 가공	D	드릴	Drilling
연삭 가공	G	연삭	Grinding
밀링 가공	M	밀링	Milling
플레이닝 가공	P	평삭	Planing
세이빙 가공	SH	형삭	Shaving
브로우치 가공	BR	브로우치	Broaching
리이머 가공	FR	리이머	Reaming
보링 머시인 가공	B	보오링	Boring
벨트 샌딩 가공	GB	벨트 샌드	Belt Sanding
호우닝 가공	GH	호우닝	Honing
액체호우닝 다듬질	SPL	액체호우닝	Liquid Honing
배럴 연마 가공	SPBR	베럴	Barrel Finishing
버프 다듬질	FB	버프	Buffing
브러스트 다듬질	SB	브러스트	Blasting
래핑 다듬질	FL	래핑	Lapping

줄 다듬질	FF	줄	Filing
스크레이핑 다듬질	FS	스크레이퍼	Scraping
페이퍼 다듬질	FCA	페이퍼	Coared Abrasive Working
주조	C	주조	Casting

5.2 가공 방법에 따른 거칠기의 범위

가공 방법에 따른 거칠기의 범위는 [그림 4.21]과 같다.

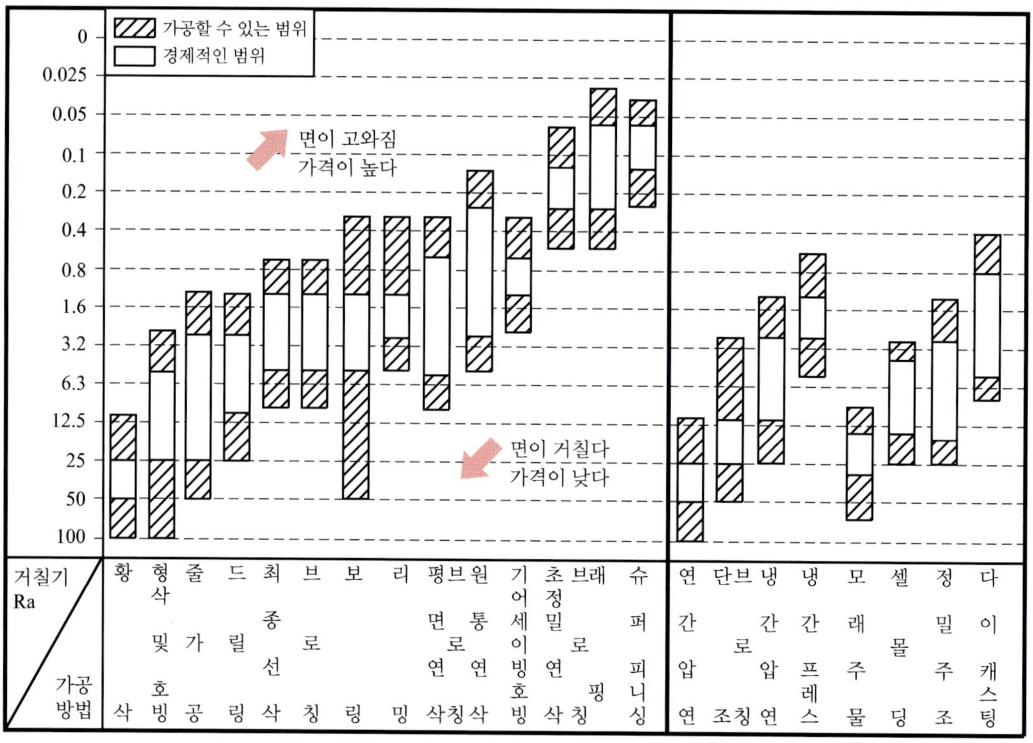

[그림 4.21] 가공 방법에 따른 거칠기의 범위

연 습 문 제

01 표면의 지시 기호가 아닌 것은?

① 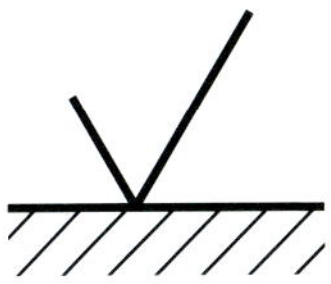 ② 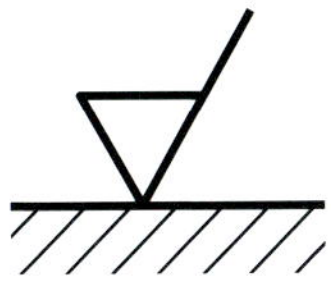 ③ 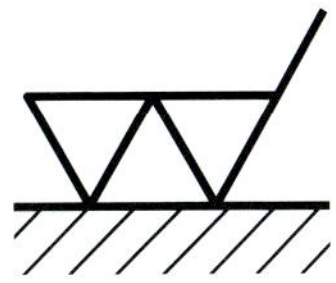 ④ 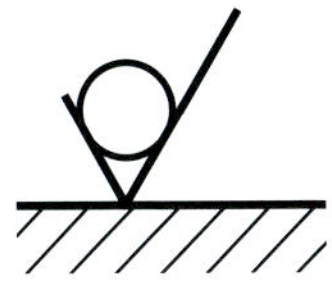

02 제거 가공이 필요한 지시 기호는?

① 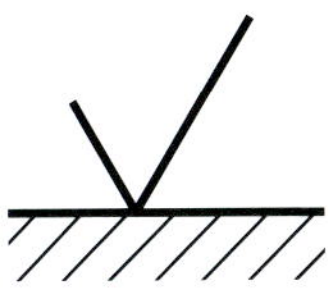 ② 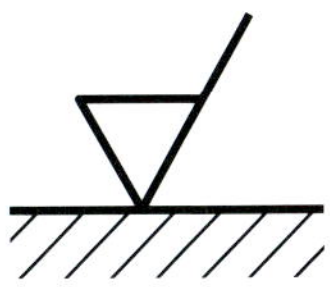 ③ 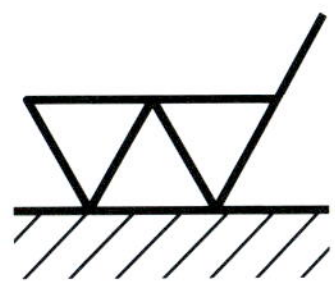 ④ 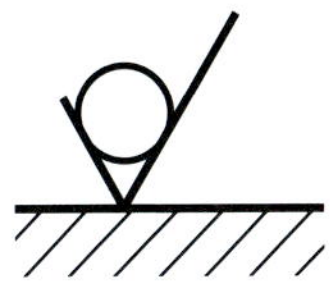

03 제거 가공을 금지하는 지시 기호는?

①  ② 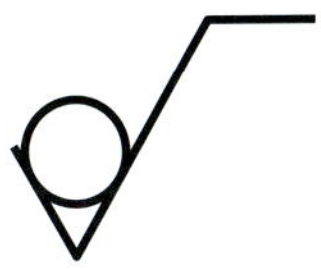 ③ 

④ 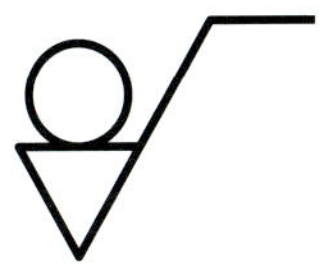

04 표면 거칠기의 종류가 아닌 것은?

① 중심선 평균 거칠기　　② 최대 높이
③ 10점 평균 거칠기　　④ 표준 편차 평균 거칠기

05 국제적으로 가장 많이 이용되는 표면 거칠기의 종류는?

① 중심선 평균 거칠기　　② 최대 높이
③ 10점 평균 거칠기　　④ 표준 편차 평균 거칠기

06 **가공에 의한 줄무늬 방향이 투상면에 평행인 기호는?**

① C ② M ③ X ④ =

07 **가공에 의한 줄무늬 방향이 2방향으로 교차 하는 기호는?**

① C ② M ③ X ④ =

08 **가공 모양의 기호 중 틀린 것은?**

① ⊥ : 가공으로 생긴 앞줄의 방향이 기호를 기입한 그림의 투상면에 직각이다.
② C : 가공으로 생긴 줄무늬 방향이 투상면에 평행
③ M : 줄무늬가 여러 방향으로 교차 또는 무방향
④ R : 가공으로 생긴 선이 거의 방사상이다.

09 **표면 기호 중 "a"로 표시된 자리에 기입해야 할 것은?**

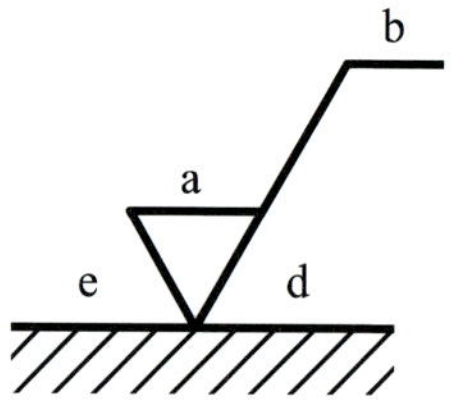

① 중심선 평균거칠기의 값
② 가공 방법
③ 컷 오프값(λc)
④ 줄무늬 방향의 기호

10 **표면 기호 중 "d"로 표시된 자리에 기입해야 할 것은?**

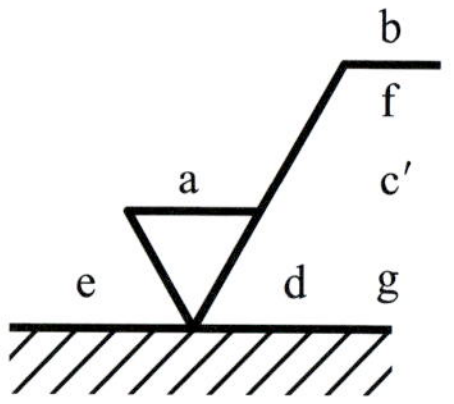

① 중심선 평균거칠기의 값
② 가공 방법
③ 컷 오프값(λc)
④ 줄무늬 방향의 기호

11 **표면 기호에서 "G" 표시된 의미는 무엇인가?**

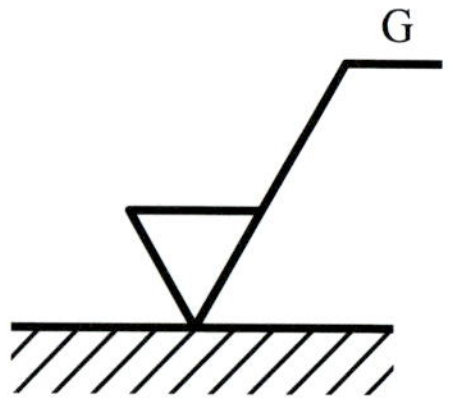

① 가공 방법은 줄 작업
② 가공 방법은 연삭 작업
③ 가공 방법은 선삭 작업
④ 가공 방법은 밀링 작업

12 **표면기호의 내용 중 옳은 것은?**

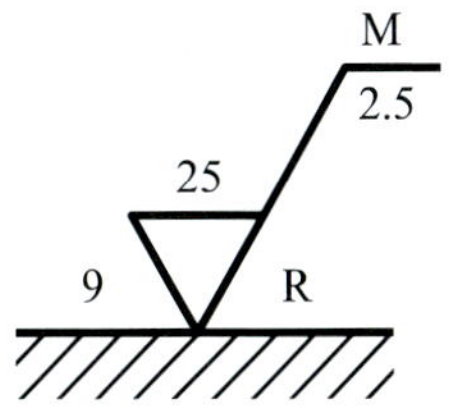

① 가공 여유가 25mm이다.
② 가공시 생긴 줄모양의 방향은 수직이다.
③ 가공 방법은 밀링작업이다
④ 표면 거칠기가 $25\mu R_{max}$이다.

13 **가공모양의 기호 중에서 "?" 자리에 알맞은 것은?**

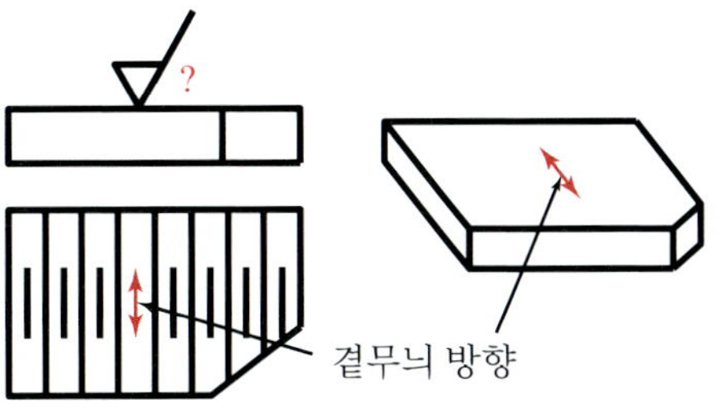

① =
② ⊥
③ X
④ M

14 **가공모양의 기호 중에서 "?" 자리에 알맞은 것들은?**

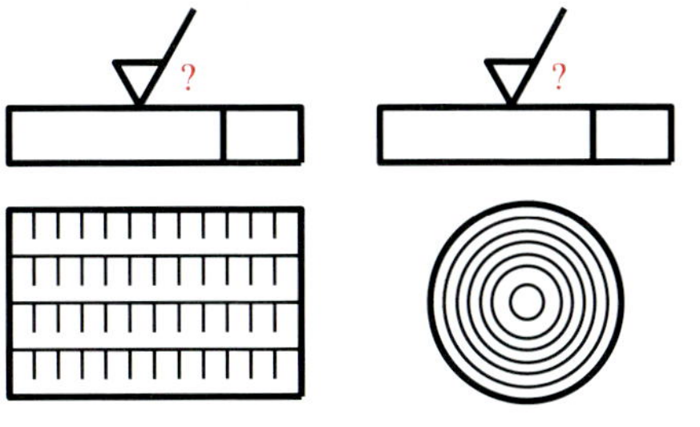

① M, X
② X, R
③ M, C
④ R, C

15 **표면 결의 도시방법이 아닌 것은?**

① 일반적인 방법
② 도면기입의 간략법
③ 도면기입의 세분화법
④ 특수한 요구사항의 지시방법

16 **다듬질 기호 표시법에 대한 설명 중 맞는 것은?**

① 다듬질 기호인 3각 기호(▽ 등)는 ISO 규격의 일부이다.
② 다듬질 기호는 3각 기호 및 파형 기호(~)가 있다.
③ 파형 기호는 제거 가공을 하는 면에 사용된다.
④ 다듬질 기호로 표면 거칠기 정도를 나타낼 수 없다.

17 **다듬질 기호 표시법에 대한 설명 중 틀린 것은?**

① 다듬질 정도를 면에 지시할 때는 개개의 면에 다듬질 기호를 표시한다.
② 가공 방법을 지정해 줄 때는 삼각 기호 빗면을 연장해 준 언더라인 위에 표시할 수 있다.
③ 전면이 다듬질 기호가 같은 것은 부품번호 옆에 표시할 수 있다.
④ 단면도에는 다듬질 기호를 나타내지 않는다.

18 **기준 거리 8mm에서 50$\mu\mathrm{m}\,R_z$의 제거 가공을 한 면에 적합한 다듬질 기호는?**

① 

② 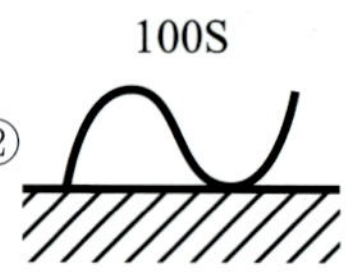

③ 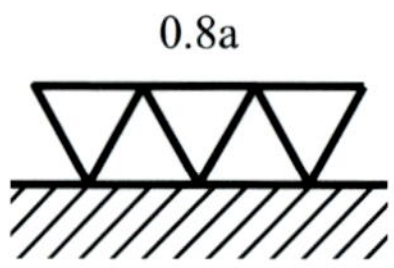

④ 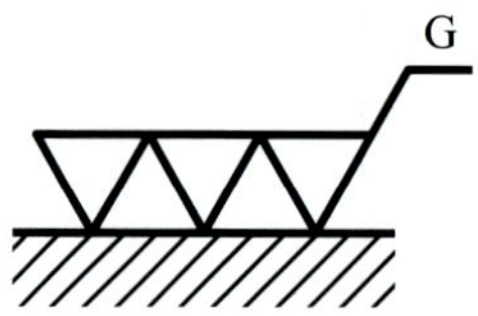

19 **다듬질 기호 ▽▽(▽▽▽)를 도면 기입의 간략법에 의해 옳게 표시한 것은?**

① 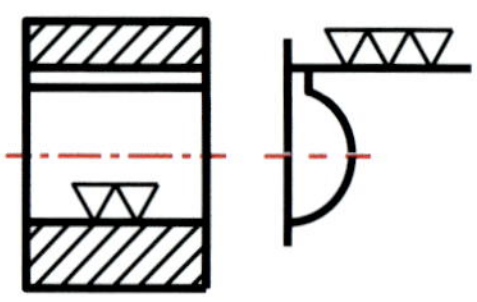

② 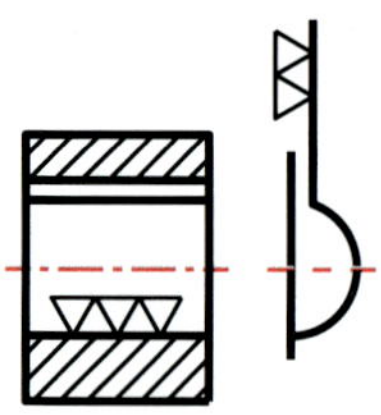

③ 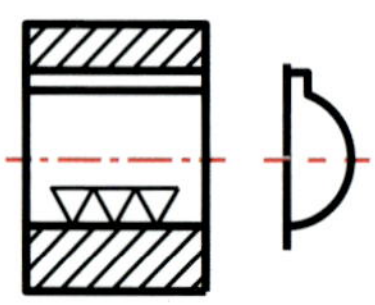

④ 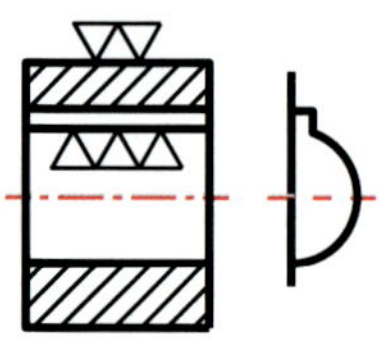

20 **가공 방법의 약호에서 잘못된 것은?**

① L : 선반가공
② D : 드릴가공
③ GH : 그라인더가공
④ FR : 리머가공

21 가공 방법의 약호에서 잘못된 것은?

① M : 밀링 가공 ② G : 연삭 가공
③ GH : 호오닝 가공 ④ SH : 배럴 연마 가공

22 가공 방법의 약호 중 주조를 표시한 것은?

① BF ② C ③ B ④ FL

23 정면도와 단면도를 보면 약간의 결함이 있다. 다음 내용 중 옳은 것은 어느 것인가?

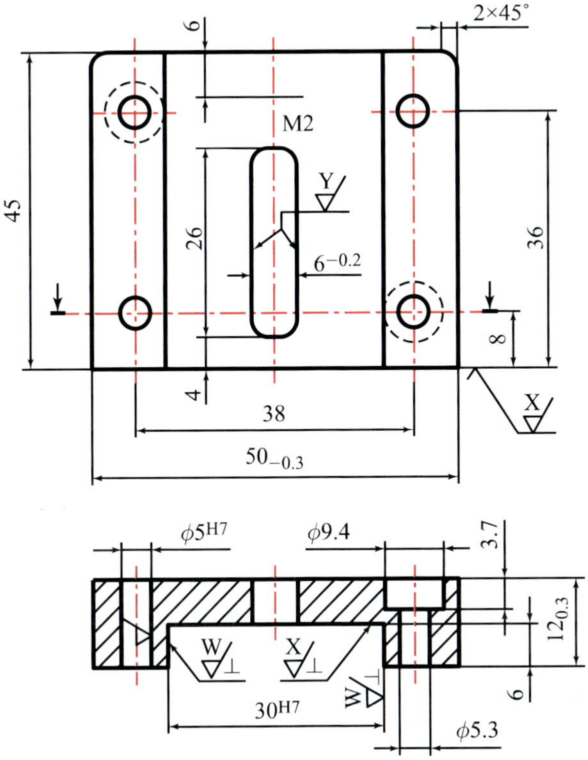

W = $\sqrt{(R_Z=100)}$, X = $\sqrt{(R_Z=50)}$,

Y = $\sqrt{(R_Z=6.3)}$

① 아래 부분에 기입된 표면 거칠기의 지시선은 반드시 끝 부분에 화살표로 표시되어야 한다.
② 표면 거칠기 기호는 반드시 가공 방법과 가공 모양을 기입해야 한다.
③ 양쪽 가장자리 면에는 반드시 표면 거칠기 기호를 기입해야 한다.
④ 부품번호에는 반드시 표면 거칠기를 명시해야 한다.

제4장 연습문제 정답

문제 1 : ③	문제 2 : ②	문제 3 : ②	문제 4 : ④	문제 5 : ①
문제 6 : ④	문제 7 : ③	문제 8 : ②	문제 9 : ①	문제 10 : ④
문제 11 : ②	문제 12 : ③	문제 13 : ②	문제 14 : ③	문제 15 : ③
문제 16 : ②	문제 17 : ④	문제 18 : ①	문제 19 : ③	문제 20 : ③
문제 21 : ④	문제 22 : ②	문제 23 : ①		

PART 5.

치수 공차와 끼워 맞춤

기계 부품 등의 공작물을 도면에 주어진 치수로 가공하기 위해서는 많은 노력과 시간이 소요된다.

부품은 기능 및 용도에 따라서 필요한 가공 정도가 다르다. 그러나 도면에 주어진 치수는 제품의 완성될 치수로 나타낸 것이다.

제품의 사용 목적에 따른 허용할 수 있는 오차의 범위를 미리 명시하고, 그 오차 범위 내에서 가공하면 제품 사용자는 제품을 매우 효율적이며 편리하게 활용할 수 있다.

본 장은 기계 부품 등을 가공할 때 적용되는 **치수 공차와 끼워 맞춤에 대하여 학습**한다.

01 치수 공차

1.1 치수 공차의 개요

대량 생산으로 제작되는 물체의 부품은 조립과정에서 호환성을 유지할 수 있도록 가공되어야 한다. 또한 모든 부품은 정확히 조립되어 요구되는 제품의 기능 및 효율을 얻을 수 있어야 한다.

제작자가 제품 및 부품을 제작할 때 도면에 치수와 실제로 가공된 치수는 **작업자의 숙련도, 공작 기계의 정밀도, 작업 환경 등(온도, 진동 등)으로 차이(오차)**가 발생한다.

제품의 사용 목적에 따라서 제품을 가공할 때에 오차 범위를 미리 명시하는 것을 공차라고 하며, **공차는 크게 기본 공차, 끼워 맞춤 공차, 한계치수 공차가 있다.**

한편 **치수 공차와 기하학적 형상 공차 및 표면 거칠기는 서로 상관관계를 갖도록 설정해야 한다. 이때 기본이 되는 것이 치수 공차이다.**

치수 공차는 제품의 정밀도를 규정하는 공차로서 ISO는 기본 공차(IT공차, ISO Tolerance)를 규정하였으며, KS는 **치수 공차 및 끼워 맞춤**을 KS B0401에 규정했다.

도면에서 축의 다듬질 치수를 정확히 30mm로 정하지 않고, 30.05mm와 29.96mm의 사이로 다듬질하면 된다고 공차를 지정할 경우는 완성된 치수가 30.03mm나 29.97mm에서도 적합하다고 판정된다. 여기서 다듬질되어 완성된 치수를 **실 치수**라고 하며, 30mm는 **기준 치수**라고 한다.

기준 치수는 허용 한계치수의 기준이 되는 치수이다. 이때 **허용 한계치수**는 2개의 한계로 표시된다. 즉, 큰 쪽을 **최대 허용치수**, 작은 쪽을 **최소 허용치수**라고 한다.

최대 허용치수에서 최소 허용치수를 뺀 수치를 **치수 공차**라고 하며, 최대 허용치수에서 기준 치수를 뺀 수치를 **위 치수 허용차**, 최소 허용치수에서 기준 치수를 뺀 수치를 **아래 치수 허용차**라고 한다.

이들 관계는 [그림 5.1]에 구멍과 축의 최대 허용치수와 최소 허용치수 등이 도시되었다. 그림에서 형체란 치수 공차방식과 끼워 맞춤방식의 대상이 되는 물체의 일부분을 의미한다.

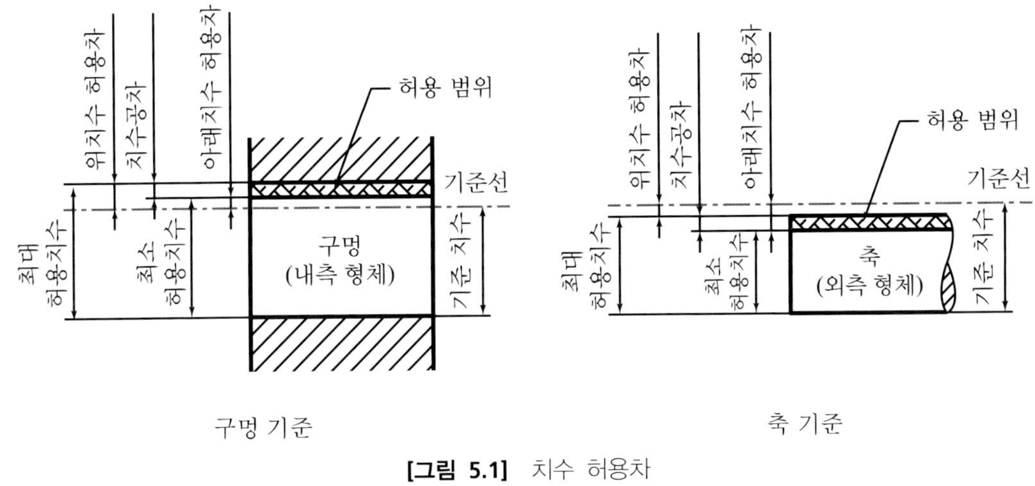

[그림 5.1] 치수 허용차

[그림 5.2]에서 구멍과 축의 최대 허용치수는 $\phi D = 30.02$, $\phi D1 = 29.98$, 최소 허용치수는 $\phi d = 30$, $\phi d1 = 29.96$일 때 구멍의 치수 공차(T)는 $\phi D - \phi d$이므로, $T = 30.02 - 30 = 0.02$이다. 축의 치수 공차(t)는 $\phi D1 - \phi d1$이므로, $t = 29.98 - 29.96 = 0.02$이다.

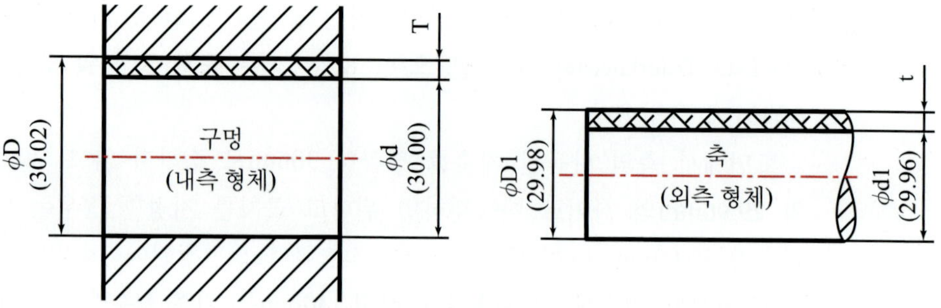

[그림 5.2] 최대, 최소 허용치수

1.2 기본 공차

공작물의 규격에 따른 호칭 치수를 거의 등비적(비율이 동일)으로 구분하고, 원칙적으로 각 구분에 대한 기하 평균(Geometric mean)치수를 사용하여 계산한 공차 단위로 모든 공작물에 적용할 수 있도록 **각 호칭 치수마다 일정한 공식으로 단계적으로 정한 공차를 기본 공차라고 한다.**

기본 공차는 ISO에서 규정한 공차 계열로서 18등급의 치수 공차의 계열이다. 즉, IT1~IT18까지의 등급으로 구분하여 규정되어 있으며, IT0과 IT01에 대한 값은 사용이 적어 별도로 규정하고 있다.

IT공차를 구멍과 축을 제작할 때 제작의 난이도를 고려하여 구멍에는 $IT_{n'}$ 축은 IT_{n-1}을 부여하며 적용한다.

기본 공차 적용은 [표 5.1]과 같으며, 공차등급 IT01~IT0에 따른 수치 적용은 [표 5.2]와 같다.

[표 5.1] 기본 공차의 적용

용도	게이지 제작공차	끼워 맞춤 공차	끼워 맞춤 이외 공차
구멍	IT01~IT5	IT6~IT10	IT11~IT18
축	IT01~IT4	IT5~IT9	IT10~IT16

[표 5.2] 공차등급 IT01~IT0의 치수

기본 치수의 구분(mm)	초과	-	3	6	10	18	30	50	80	120	180	250	315	400
	이하	3	6	10	18	30	50	80	120	180	250	315	400	500
기본 공차의 치수(μm)	IT01	0.3	0.4	0.4	0.5	0.6	0.6	0.8	1	1.2	2	2.5	3	4
	IT0	0.5	0.6	0.6	0.8	1	1	1.2	1.5	2	3	4	5	6

기준 치수가 500 이하인 경우와 500을 초과하여 3,150mm까지 공차등급 IT1∼IT18에 대한 기본 공차의 수치 적용은 [표 5.3]과 같다.

[표 5.3] 기본 공차의 치수

기준 치수의 구분(mm)		공 차 등 급								
		1	2	3	4	5	6	7	8	9
초과	이하	기본 공차의 치수(μm)								
-	3*	0.8	1.2	2	3	4	6	10	14	25
3	6	1	1.5	2.5	4	5	8	12	18	30
6	10	1	1.5	2.5	4	6	9	15	22	36
10	18	1.2	2	3	5	8	11	18	27	43
18	30	1.5	2.5	4	6	9	13	21	33	52
30	50	1.5	2.5	4	7	11	16	25	39	62
50	80	2	3	5	8	13	19	30	46	74
80	120	2.5	4	6	10	15	22	35	54	87
120	180	3.5	5	8	12	18	25	40	63	100
180	250	4.5	7	10	14	20	29	46	72	115
250	315	6	8	12	16	23	32	52	81	130
315	400	7	9	13	18	25	36	57	89	140
400	500	8	10	15	20	27	40	63	97	155
(8) 생략										
500	630	9	11	16	22	30	44	70	110	175
630	800	10	13	18	25	35	50	80	125	200
800	1000	11	15	21	29	40	56	90	140	230
1000	1250	13	18	24	34	46	66	405	165	260
1250	1600	15	21	29	40	54	78	125	195	310
1600	2000	18	25	35	48	65	92	150	230	370
2000	2500	22	30	41	57	77	110	175	280	440
2500	3150	26	36	50	69	93	135	210	330	540

기준 치수의 구분(mm)		공 차 등 급								
		10	11	12	13	14*	15*	16*	17*	18*
초과	이하	기본 공차의 치수(mm)								
–	3*	40	60	0.10	0.14	0.26	0.40	0.60	1.00	1.40
3	6	48	75	0.12	0.18	0.30	0.48	0.75	1.20	1.80
6	10	58	90	0.15	0.22	0.36	0.58	0.90	1.50	2.20
10	18	70	110	0.18	0.27	0.43	0.70	1.10	1.80	2.70
18	30	84	130	0.21	0.33	0.52	0.84	1.30	2.10	3.30
30	50	100	160	0.25	0.39	0.62	1.00	1.60	2.50	3.90
50	80	120	190	0.30	0.46	0.74	1.20	1.90	3.00	4.60
80	120	140	220	0.35	0.54	0.87	1.40	2.20	3.50	5.40
120	180	160	250	0.40	0.63	1.00	1.60	2.50	4.00	6.30
180	250	185	290	0.46	0.72	1.15	1.85	2.90	4.60	7.20
250	315	210	320	0.52	0.81	1.30	2.10	3.20	5.20	8.10
315	400	230	360	0.57	0.89	1.40	2.30	3.60	5.70	8.90
400	500	250	400	0.63	0.97	1.55	2.50	4.00	6.30	9.70
(8) 생략										
500	630	280	440	0.70	1.10	1.75	2.80	4.40	7.00	11.00
630	800	320	500	0.80	1.25	2.00	3.20	5.00	8.00	12.50
800	1000	360	560	0.90	1.40	2.30	3.60	5.60	9.00	14.00
1000	1250	420	660	1.05	1.65	2.60	4.20	6.60	10.50	16.50
1250	1600	500	780	1.25	1.95	3.10	5.00	7.80	12.50	19.50
1600	2000	600	920	1.50	2.30	3.70	6.00	9.20	15.00	23.00
2000	2500	700	1100	1.75	2.80	4.40	7.00	11.00	17.50	28.00
2500	3150	860	1350	2.10	3.30	5.40	8.60	13.50	21.00	33.00

* 공차등급 IT14~IT18은 기준 치수 1mm 이하에는 적용하지 않으며, 500mm를 초과하는 기준 치수에 대한 공차등급 IT1~IT5의 공차 값은 실험적으로 사용하기 위한 것이다.

02 끼워 맞춤

2.1 끼워 맞춤

기계 부품 중에는 **둥근 축과 구멍, 키와 키의 홈 등**과 같이 끼워 맞춤으로 조립되는 것이 많다. 이때 끼워 맞춤상태가 **헐거운지, 빡빡한지 등의 여부가 그 기계의 성능을 결정하는데 매우 중요한 조건**이다.

과거에는 공작물을 가공하는 과정에서 끼워 맞춰 보면서 끼워 맞춤에 적합하도록 가공하였다. 그러나 현재는 [그림 5.3]과 같은 한계 게이지를 사용하여 끼워 맞춤 치수를 검사하는 방법을 사용하고 있다. 이 방식을 끼워 맞춤방식 또는 한계 게이지방식이라 한다.

이때 **한계 게이지(Limit gage)는 완성된 물품의 치수가 허용 한계치수내에 있는지를 검사하는 것이다.**

[그림 5.3]과 같이 구멍 지름을 검사하는 구멍용 게이지(플러그게이지, 판게이지, 막대게이지 등)와 축의 지름을 검사하는 축용 게이지(링게이지, 스냅게이지) 등이 있다. 한계 게이지는 통과 쪽과 정지 쪽이 있다.

축용 게이지는 통과 쪽이 최대 허용치수로 되고, 정지 쪽이 최소 허용치수로 되어 있기 때문에 축이 통과 쪽에 들어가고 정지 쪽에 들어가지 않으면 허용 한계치수의 범위 내에 다듬질된 것이다.

구멍용 게이지는 축용 게이지와는 반대로 통과 쪽이 최소 허용치수로 되어 있고, 정지 쪽이 최대 허용치수로 되어 있기 때문에 구멍에 통과 쪽이 들어가고, 정지 쪽이 들어가지 않으면 그 구멍은 허용 한계치수의 범위 내로 다듬질 된 것이다.

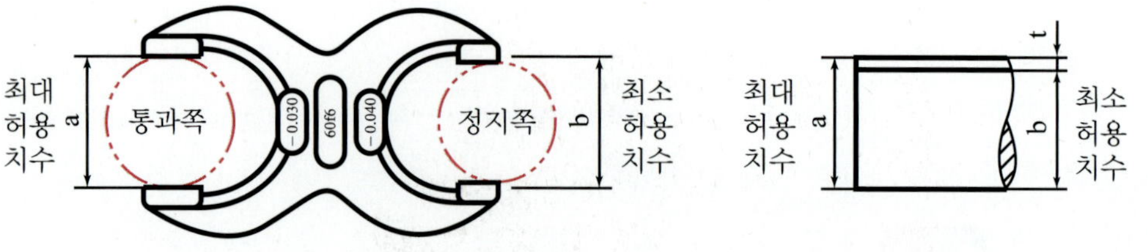

(a) 축 게이지

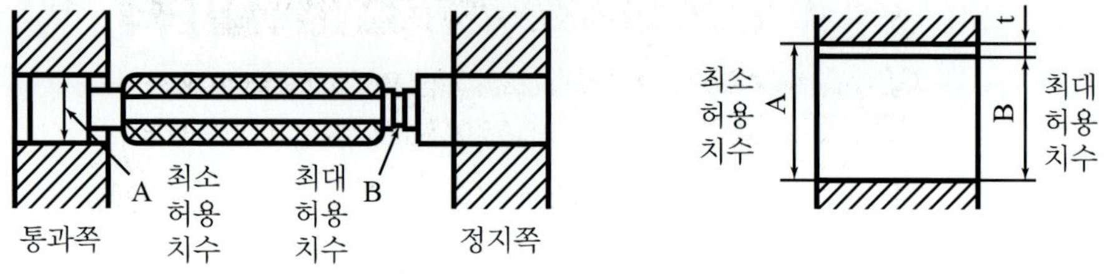

(b) 구멍 게이지

[그림 5.3] 한계 게이지

2.2 끼워 맞춤의 종류

KS B 0401에는 치수 공차 및 끼워 맞춤 규격이 규정되어 있다. 이 규격은 500mm 이하 기계 부품의 부분 허용 한계치수 및 끼워 맞춤 구멍과 축의 조합 그리고 500mm 이상 3,150mm 이하의 허용 **한계치수를 규정하고 있다.**

끼워 맞춤 상태에 있는 축과 구멍 중 [그림 5.4]의 (a)는 **구멍의 지름이 축의 지름보다 큰(틈새) 경우**이며, [그림 5.4]의 (b)는 **축의 지름이 구멍의 지름보다 큰(죔새) 경우**이다.

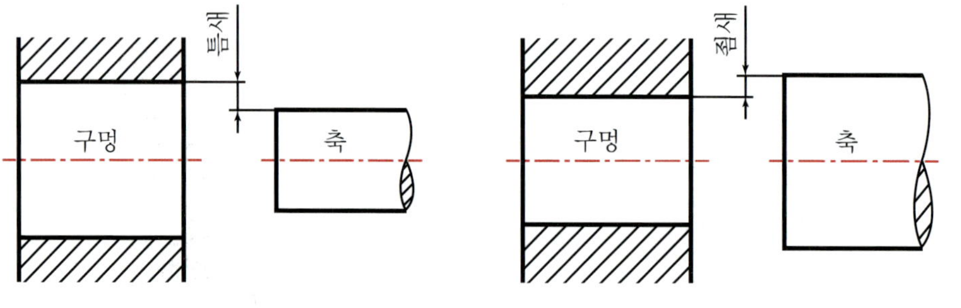

(a) (b)

[그림 5.4] 틈새와 죔새

틈새가 미소하게 있는 끼워 맞춤을 **헐거운 끼워 맞춤**(Running fit)이라 하며, 구멍의 최소 허용치수보다 축의 최대 허용치수가 반드시 작게 되어 있으나 일정한 힘을 가해 조립한다.

회전축과 보스(Hub라고도 하며, 기어나 풀리 등과 같은 회전체에서 축이 끼이는 부분)의 끼워 맞춤이다.

죔새가 있는 끼워 맞춤을 **억지 끼워 맞춤(Tight fit)**이라 하고, 구멍의 최대 허용치수보다 축의 최소 허용치수가 반드시 큰 경우이다.

이것은 양자가 빡빡하게 조립하여 분리할 필요가 없을 경우에 사용되며, 이때는 **일반적으로 보스 측에 열을 가하거나, 축을 냉각시켜 조립한다.**

이들의 중간 경우를 **중간 끼워 맞춤(Sliding fit)**이라 하며 구멍과 축의 실 치수에 의해 틈새가 생긴 경우와 죔새가 생긴 경우인데 일반적으로 극히 작은 죔새를 필요로 하는 경우에 사용되며, **플라스틱 망치와 같은 공구를 사용하여 조립한다.** 이들 틈새와 죔새의 관계는 [그림 5.5]와 같다.

[그림 5.5]의 (b)에서 구멍의 최대 허용치수는 40.02, 최소 허용치수가 40.00일 때 헐거운 끼워 맞춤의 최대 틈새는 0.07(40.02 − 39.95), 최소 틈새는 0.02(40.00 − 39.89)이며, 중간 끼워 맞춤의 최대 죔새는 0.01(40.01 − 40.00), 최대 틈새는 0.03(40.02 − 39.99)이고, 억지 끼워 맞춤에서 최대 죔새는 0.06(40.06 − 40.00), 최소 죔새는 0.01(40.3 − 40.02)임을 알 수 있다.

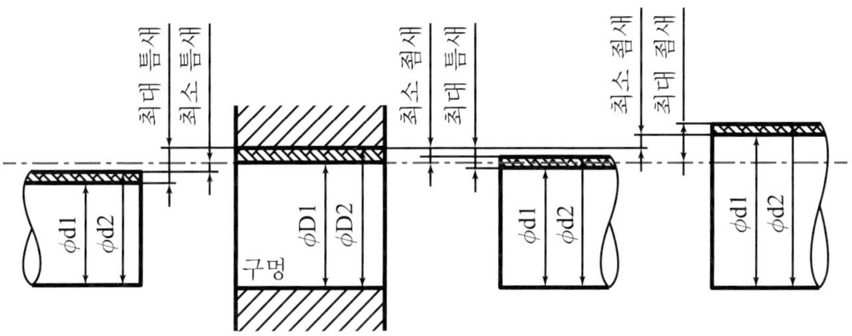

(a) 틈새와 죔새 관계

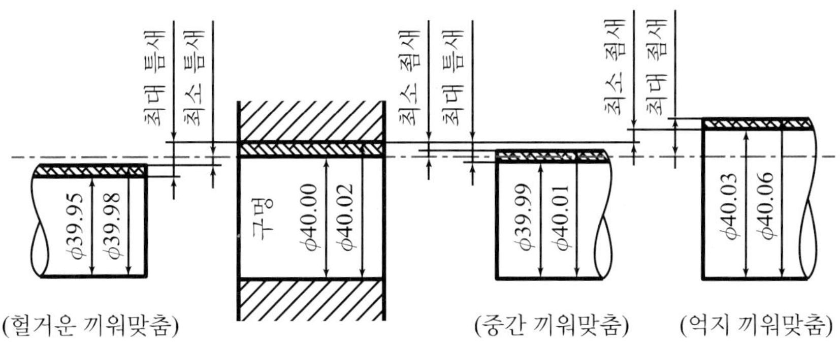

(b) 틈새와 죔새 관계 예시

[그림 5.5] 끼워 맞춤의 종류

2.3 끼워 맞춤 방식의 기준

끼워 맞춤 부분을 제작할 때 구멍과 축 중에서 어느 한쪽을 기준으로 가공하는 것이 보통이다. 이때 구멍을 기준으로 가공하는 방식을 **구멍 기준식**이라 하며, 축을 기준으로 가공하는 방식을 **축 기준식**이라고 한다.

2.3.1 구멍 기준식

[그림 5.6]은 기준 치수 500mm 이하의 상용되는 끼어 맞춤에 사용하는 구멍과 축의 조립도이다.

구멍 기준식은 구멍을 일정한 공차로 하고, 이에 적합한 크기의 축을 선택하여 필요한 틈새나 죔새가 있는 끼워 맞춤을 구하는 방식을 말한다. **아래 치수 허용차가 " 0 "인 H 기호 구멍을 기준 구멍으로 이에 적합한 축을 선정하여 틈새를 주는 방식이 구멍 기준식이다.**

[표 5.4]는 상용하는 구멍 기준 끼워 맞춤에서 축의 공차역 클래스(공차역 위치의 기호에 공차등급을 숫자로 나타내는 것)이다.

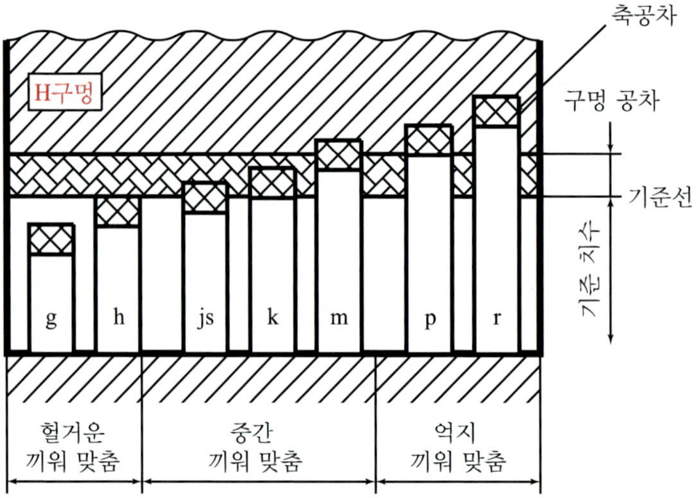

[그림 5.6] 구멍 기준의 끼워 맞춤방식

[표 5.4] 상용하는 구멍 기준 끼워 맞춤

기준 구멍	축의 공차역 클래스																
	헐거운 끼워 맞춤							중간 끼워 맞춤			억지 끼워 맞춤						
H6						5	h5	js5	k5	m5							
					f6	6	h6	js6	k6	m6	n6*	p6					
H7					f6	6	h6	js6	k6	m6	n6*	p6	r6*	s6	t6	u6	x6
				e6	f7		h7	js7									
H8					f7		h7										
				e8	f8		h8										
				d9	e9												
H9				d8	e8		h8										
			c9	d9	e9		h9										
H10	b9	c9	d9														

* 이들의 끼워 맞춤은 치수의 구분에 따라 예외가 생긴다.

2.3.2 축 기준식

[그림 5.7]은 축을 일정한 공차로 하고, 이것에 대한 적당한 크기의 구멍을 선택하여 틈새나 죔새가 있는 끼워 맞춤을 구하는 방식을 말한다. [표 5.5]는 상용하는 축 기준 끼워 맞춤에 구멍의 공차역 클래스이다.

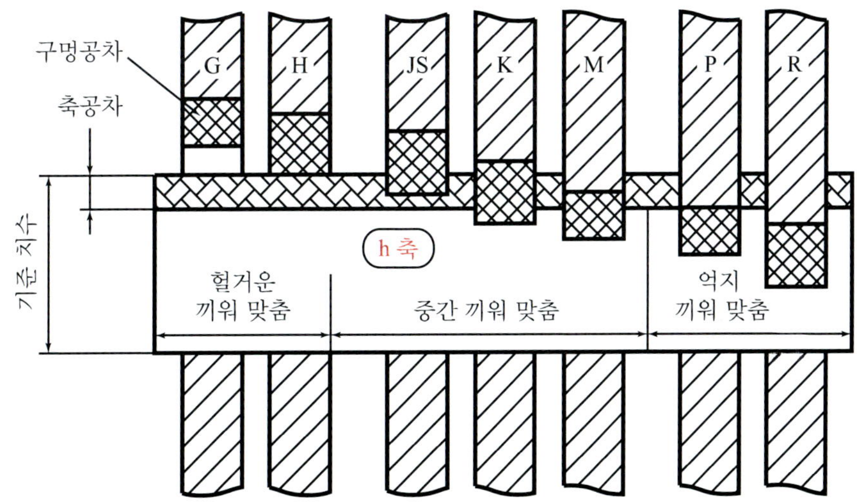

[그림 5.7] 축 기준의 끼워 맞춤방식

[표 5.5] 상용하는 축 기준 끼워 맞춤

기준축	구멍의 공차역 클래스																
	헐거운 끼워 맞춤							중간 끼워 맞춤			억지 끼워 맞춤						
h5							H6	JS6	K6	M6	N6*	P6					
h6					F6	G6	H6	JS6	K6	M6	N6	P6*					
					F7	G7	H7	JS7	K7	M7	N7	P7*	R7	S7	T7	U7	X7
h7				E7	F7		H7										
					F8		H8										
h8			D8	E8	F8		H8										
			D9	E9			H9										
h9			D8	E8			H8										
		C9	D9	E9			H9										
	B10	C10	D10														

* 이들의 끼워 맞춤은 치수의 구분에 따라 예외가 생긴다.

기계 또는 부품을 제작할 때 구멍보다는 축을 쉽게 다듬질할 수 있기 때문에 **축의 치수를 바꾸어 만드는 구멍 기준식이 일반적으로 많이 사용되고 있다.** 그러나 1개의 전동축에 아이들 풀리, 벨트 풀리 및 베어링 등 많은 구멍 부품을 끼워 맞춤할 때는 축 기준식에 의한 쪽이 유리하다.

2.4 기준 치수의 구분

도면에서 가공 정밀도 치수가 크면 제품의 정밀도가 저하됨을 의미한다. 따라서 가공하고자 하는 부품이 작은 치수나 큰 치수에 같은 공차를 주는 것은 적합하지 않다. 그래서 **가공품의 치수 크기를 몇 단계로 구분하고, 같은 구분 중에 있는 치수는 같은 치수 공차를 주고 있다.** [표 5.6]은 기준 치수의 구분을 나타낸 것이다.

[표 5.6]에서 상세한 구분은 큰 틈새 또는 죔새를 주는 경우 1개의 구분을 2개 또는 3개로 세분화한 것이다. 또한 규격은 500mm를 초과 3,150mm 이하의 기준 치수까지 규정하고 있지만 끼워 맞춤에는 많이 사용되지 않는다.

[표 5.6] 기준 치수의 구분(mm)

일 반 구 분		상 세 한 구 분		일 반 구 분		상 세 한 구 분	
초 과	일 반	초 과	일 반	초 과	일 반	초 과	일 반
— 3 6	3 6 10	상세한 구분은 없다.		120	180	120 140 160	140 160 180
10	18	10 14	14 18	180	250	180 200 225	200 225 250
18	30	18 24	24 30				
30	50	30 40	40 50	250	315	250 280	280 315
50	80	50 65	65 80	315	400	315 355	355 400
80	120	80 100	100 120	400	500	400 450	450 500

2.5 공차역 클래스

기본 공차의 수치는 같은 치수구분, 같은 공차등급일 때 일정하기 때문에 공차의 폭(공차역)은 기준 치수에 대하여 어느 위치에 놓을 것인지, 즉, "가깝게 놓을 것인지 ?, 멀리 놓을 것인지 ?" 에 따라서 [그림 5.8]과 같은 각종 끼워 맞춤이 된다.

[그림 5.8]에서 기준선은 구멍 또는 축에 기입된 치수로서 공차를 갖지 않은 위치를 표시한 선이다. 또한 사선 부분은 공차역을 표시한 것이다.

구멍은 [그림 5.8]의 (a)와 같이 공차역의 하단이 기준선에서 가장 위쪽에 놓인 것을 대문자의 기호 A로 표시하고, 차례로 기준선에 가까워짐에 따라 B, C, …, G로 정하고, H에서 기준선에 일치한다.

즉, **H에서 치수 공차가 0으로 된다.** 기준선의 아래쪽으로 차례로 떨어짐에 따라 P, R, …, ZC로 정해져 있다. 이때 구멍의 윗 치수 공차는 기호 ES에 따르고, 아래 치수 공차는 기호 EI에 따른다. 또한 JS, K, M 및 N은 상기의 중간에 위치하는 것이다. **혼동을 피하기 위해 알파벳 I, L, O, Q, i, l, o, q, w는 사용하지 않는다.**

축은 [그림 5.8]의 (b)와 같이 구멍과 반대로 공차역의 상단이 기준선보다 가장 아래쪽에 놓인 것을 소문자의 기호 a로 표시한다. 차례로 기준선에 가까워짐에 따라서 b, c, …, g로 정하고, **h에서 그것을 기준선에 일치시킨다.** 다음은 js, k, …, zc가 정해져 있다.

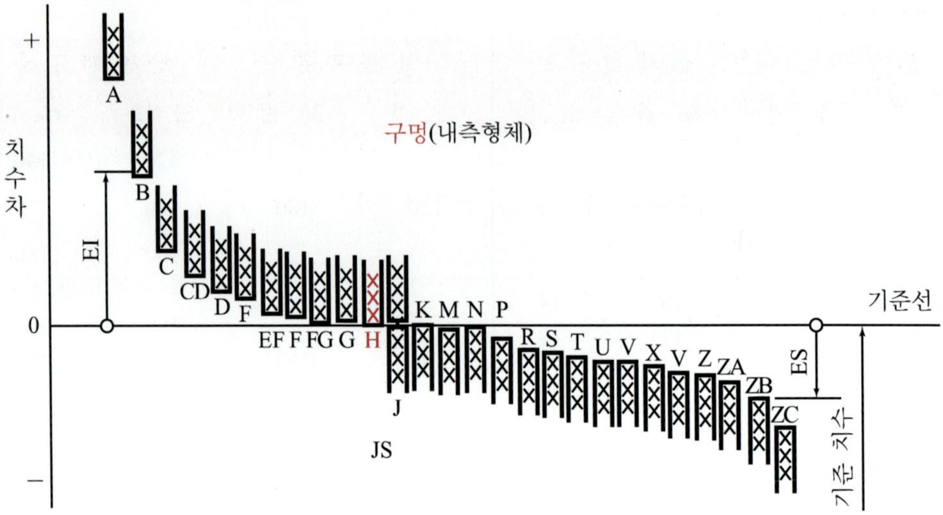

(a) 구멍 기준식

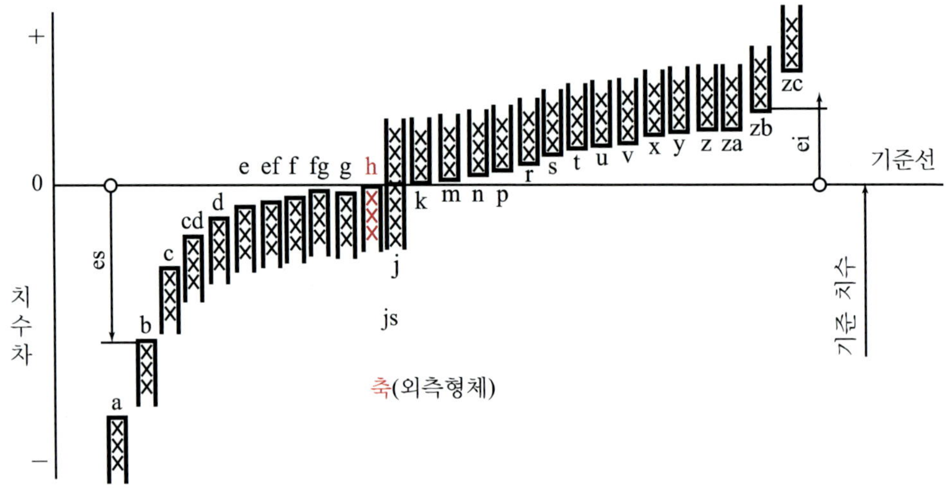

(b) 축 기준식

[그림 5.8] 구멍 기준식과 축 기준식

[그림 5.8]에서 H는 구멍 기준으로, h는 축을 나타낸 것이다. 끼워 맞춤은 항상 **H구멍 또는 h축에 대하여 상대를 선택하여 조합시키는 것이다.**

또한 **공차역의 위치기호를 대문자 또는 소문자로 공차등급의 숫자를 조합시켜 표시한 것을 공차역 클래스**라고 한다. 즉, 구멍의 경우 H7, P8 등으로 축의 경우는 h6, g7 등으로 표시한다. 이때 축의 위 치수 공차는 기호 es에 따르고, 아래 치수 공차는 기호 ei에 따른다.

2.6 공차역의 표시 방법

공차역 표시는 [그림 5.9]와 같이 기준 치수(기준선)에서 거리에 따라 표시한다. 그림에서 **구멍 기준식과 축 기준식 모두 공차역이 기준선의 위쪽에 있을 때는 아래 치수 허용차에 의해 위치를 표시한다.** 그리고 기준선 아래에서는 위 치수허용차를 기준으로 표시한다.

이때 위 치수 허용차 또는 아래 치수 허용차에 관계없이 그 위치가 기준선의 위쪽에 있을 때는 공차 값에 "+"기호를 붙이고, 아래쪽에 있을 때는 "−"기호로 표시한다.

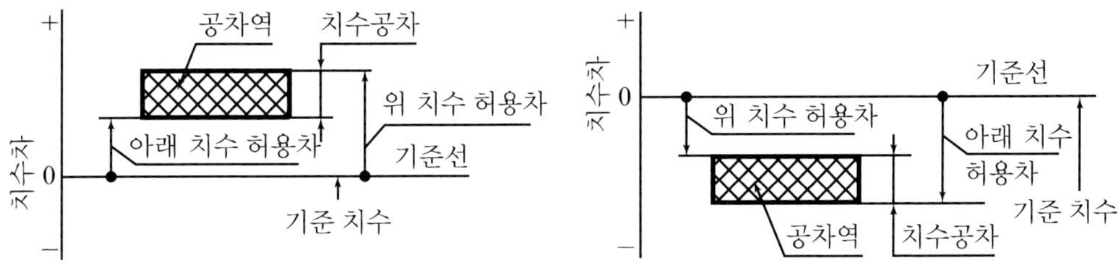

(a) 공차역이 기준선의 위에 있을 때 (b) 공차역이 기준선의 아래에 있을 때

[그림 5.9] 위 치수, 아래 치수 허용차

JS구멍 및 js축은 [그림 5.10]과 같이 치수 허용차는 기본 공차 값(IT로 표시)의 1/2로서 기준선 양쪽에 대칭으로 나누어져 있다. 이와 같이 **기준선에 걸쳐서 양쪽으로 공차를 취하는 방법을 양쪽 공차방식이라 한다.**

위, 아래의 치수 허용차가 같은 경우는 공차 값의 1/2수치에 ±기호를 붙인다.

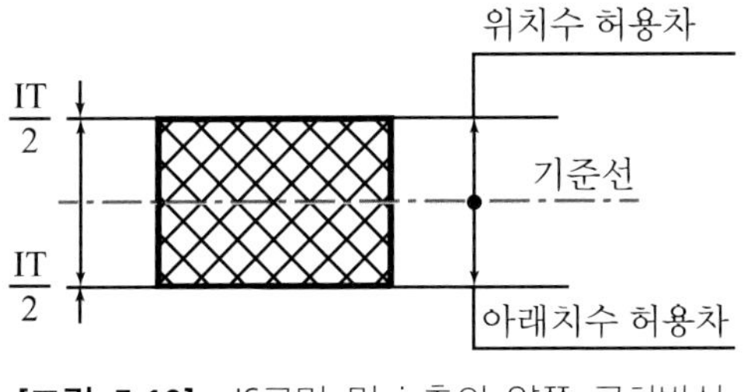

[그림 5.10] JS구멍 및 js축의 양쪽 공차방식

2.7 상용하는 끼워 맞춤

상용하는 끼워 맞춤은 보통 구멍의 기본 공차등급을 축의 등급보다 1급 거칠게 하여 6급 축에 7급 구멍, 7급 축에 8급 구멍과 같이 조합시킨다. 또한 KS에서는 각 등급의 모든 치수에 대한 위, 아래 치수허용차가 표시되어 있다.

[표 5.7]과 [표 5.8]은 가장 일반적으로 사용되고 있는 6급 축과 7급 구멍에 대하여 표시한 것이다.

[표 5.7] 상용하는 끼워 맞춤에서 사용되는 구멍의 치수 허용차

치수의 구분(mm)		구멍의 공차역 클래스(μm)											
초과	이하	B10	C9	C10	D8	D9	D10	E7	E8	E9	F6	F7	F8
–	3	+180 +140	+85 +60	+100 + 60	+34 +20	+45 +20	+60 +20	+24 +14	+28 +14	+39 +14	+12 + 6	+16 + 6	+20 + 6
3	6	+188 +140	+100 + 70	+118 + 70	+48 +30	+60 +30	+78 +30	+32 +20	+38 +20	+50 +20	+18 +10	+22 +10	+28 +10
6	10	+208 +150	+116 + 80	+138 + 80	+62 +40	+76 +40	+98 +40	+40 +25	+47 +25	+61 +25	+22 +13	+28 +13	+35 +13
10 14	14 18	+220 +150	+138 + 95	+165 + 50	+77 +50	+93 +50	+120 + 50	+50 +32	+59 +32	+75 +32	+27 +16	+34 +16	+43 +16
18 24	24 30	+244 +160	+162 +110	+194 +110	+98 +65	+117 + 65	+149 + 65	+61 +40	+73 +40	+92 +40	+33 +20	+41 +20	+53 +20
30	40	+270 +170	+182 +120	+220 +120	+119 + 80	+142 + 80	+180 + 80	+75 +50	+89 +50	+112 + 50	+41 +25	+50 +25	+64 +25
40	50	+280 +180	+192 +130	+230 +130									
50	65	+310 +190	+214 +140	+260 +140	+146 +146	+174 +100	+220 +146	+90 +60	+106 + 60	+134 + 60	+49 +30	+60 +30	+76 +30
65	80	+320 +200	+224 +150	+270 +150									
80	100	+360 +220	+257 +170	+310 +170	+174 +120	+207 +120	+260 +120	+107 + 72	+126 + 72	+159 + 72	+58 +36	+71 +36	+90 +36
100	120	+380 +240	+267 +180	+320 +180									
120	140	+420 +260	+300 +200	+360 +200	+208 +145	+245 +145	+305 +145	+125 + 85	+148 + 85	+185 + 85	+68 +43	+83 +43	+106 + 43
140	160	+440 +280	+310 +210	+370 +210									
160	180	+470 +310	+330 +230	+390 +230									
180	200	+525 +340	+355 +240	+425 +240	+242 +170	+285 +170	+355 +170	+146 +100	+172 +100	+215 +100	+79 +50	+96 +50	+122 + 50
200	225	+565 +380	+375 +260	+445 +260									
225	250	+605 +420	+395 +280	+465 +280									

250	280	+690 +480	+430 +300	+510 +300	+271 +190	+320 +190	+400 +190	+162 +110	+191 +110	+240 +110	+88 +56	+108 + 56	+137 + 56
280	315	+750 +540	+460 +330	+540 +330									
315	355	+830 +600	+500 +360	+590 +360	+299 +210	+350 +210	+440 +210	+182 +125	+214 +125	+265 +125	+98 +62	+119 + 62	+151 + 62
355	400	+910 +680	+540 +400	+630 +400									
400	450	+1010 + 760	+595 +440	+690 +440	+327 +230	+385 +230	+480 +230	+198 +135	+232 +135	+290 +135	+108 + 68	+131 + 68	+165 + 68
450	500	+1090 + 840	+635 +480	+730 +480									

치수의 구분(mm)		구멍의 공차역 클래스(μm)										
초과	이하	G6	G7	H6	H7	H8	H9	H10	JS6	JS7	K6	K7
–	3	+8 +2	+12 + 2	+6 0	+10 0	+14 0	+25 0	+40 0	±3	±5	0 −6	0 −10
3	6	+12 + 4	+16 + 4	+8 0	+12 0	+18 0	+30 0	+48 0	±4	±6	+2 −6	+3 −9
6	10	+14 + 5	+20 + 5	+9 0	+15 0	+22 0	+36 0	+58 0	±4.5	±7	+2 −7	+ 5 −10
10	14	+17 + 6	+24 6	+11 0	+18 0	+27 0	+43 0	+70 0	±5.5	±9	+2 −9	+ 6 −12
14	18											
18	24	+20 + 7	+28 + 7	+13 0	+21 0	+33 0	+52 0	+84 0	±6.5	±10	+ 2 −11	+ 6 −15
24	30											
30	40	+25 + 9	+34 + 9	+16 0	+25 0	+39 0	+62 0	+100 0	±8	±12	+ 3 −13	+ 7 −18
40	50											
50	65	+29 +10	+40 +10	+19 0	+30 0	+46 0	+74 0	+120 0	±9.5	±15	+ 4 −15	+ 9 −21
65	80											
80	100	+34 +12	+47 +12	+22 0	+35 0	+54 0	+87 0	+140 0	±11	±17	+ 4 −18	+10 −25
100	120											
120	140	+39 +14	+54 +14	+25 0	+40 0	+63 0	+100 0	+160 0	±12.5	±20	+ 4 −21	+12 −28
140	160											
160	180											
180	200	+44 +15	+61 +15	+29 0	+46 0	+72 0	+115 0	+185 0	±14.5	±23	+ 5 −24	+13 −33
200	225											
225	250											
250	280	+49 +17	+69 +17	+32 0	+52 0	+81 0	+130 0	+210 0	±16	±26	+ 5 −27	+16 −36
280	315											

315	355	+54 +18	+75 +18	+36 0	+57 0	+89 0	+140 0	+230 0	±18	±28	+ 7 −29	+17 −40
355	400											
400	450	+60 +20	+83 +20	+40 0	+63 0	+97 0	+155 0	+250 0	±20	±31	+ 8 −32	+18 −45
450	500											

치수의 구분(mm)		구멍의 공차역 클래스(μm)										
초과	이하	M6	M7	N6	N7	P6	P7	R7	S7	T7	U7	X7
−	3	−2 −8	− 2 −12	− 4 −10	− 4 −14	− 6 −12	− 6 −16	−10 −20	−14 −24	−	−18 −28	−20 −30
3	6	−1 −9	0 −12	− 5 −13	− 4 −16	− 9 −17	− 8 −20	−11 −23	−15 −27	−	−19 −31	−24 −36
6	10	− 3 −12	0 −15	− 7 −16	− 4 −19	−12 −21	− 9 −24	−13 −28	−17 −32	−	−22 −37	−28 −43
10	14	− 4 −15	0 −18	− 9 −20	− 5 −23	−15 −26	−11 −29	−16 −34	−21 −39	−	−26 −44.	−33 −51
14	18											−38 −56
18	24	− 4 −17	0 −21	−11 −24	− 7 −28	−18 −31	−14 −35	−20 −41	−27 −48	−	−33 −54	−46 −67
24	30									−33 −54	−40 −61	−56 −77
30	40	− 4 −20	0 −25	−12 −28	− 8 −33	−21 −37	−17 −42	−25 −50	−34 −59	−39 −64	−51 −76	−
40	50									−45 −70	−61 −86	
50	65	− 5 −24	0 −30	−14 −33	− 9 −39	−26 −45	−21 −51	−30 −60	−42 −72	−55 −85	− 76 −106	−
65	80							−32 −62	−48 −78	−64 −94	− 91 −121	
80	100	− 6 −28	0 −35	−16 −38	−10 −45	−30 −52	−24 −59	−38 −73	−58 −93	− 78 −113	−111 −146	−
100	120							−41 −76	− 66 −101	− 91 −126	−131 −166	
120	140	− 8 −33	0 −40	−20 −45	−12 −52	−36 −61	−28 −68	−48 −88	− 77 −117	−107 −147	−	−
140	160							−50 −90	− 85 −125	−119 −159		
160	180							−53 −93	− 93 −133	−131 −171		

180	200	- 8 -37	0 -46	-22 -51	-14 -60	-41 -70	-33 -79	- 60 -106	-105 -151	–	–	–
200	225							- 63 -109	-113 -159			
225	250							- 67 -113	-123 -169			
250	280	- 9 -41	0 -52	-25 -57	-14 -66	-47 -79	-36 -88	- 74 -126	–	–	–	–
280	315							- 78 -130				
315	355	-10 -46	0 -57	-26 -62	-16 -73	-51 -87	-41 -98	- 87 -144	–	–	–	–
355	400							- 93 -150				
400	450	-10 -50	0 -63	-27 -67	-17 -80	-55 -95	- 45 -108	-103 -166	–	–	–	–
450	500							-109 -172				

[표 5.8] 상용하는 끼워 맞춤의 축에서 사용하는 치수허용차

치수의 구분(mm)		축의 공차역 클래스(μm)									
초과	이하	b9	c9	d8	d9	e7	e8	e9	f6	f7	f8
–	3	-140 -165	-60 -85	-20 -34	-20 -45	-14 -24	-14 -28	-14 -39	- 6 -12	- 6 -16	- 6 -20
3	6	-140 -170	- 70 -100	-30 -48	-30 -60	-20 -32	-20 -38	-20 -50	-10 -18	-10 -22	-10 -28
6	10	-150 -186	- 80 -116	-40 -62	-40 -76	-25 -40	-25 -47	-25 -61	-13 -22	-13 -28	-13 -35
10	14	-150 -193	- 95 -138	-50 -77	-50 -93	-32 -50	-32 -59	-32 -75	-16 -27	-16 -34	-16 -43
14	18										
18	24	-160 -212	-110 -162	-65 -98	- 65 -117	-40 -61	-40 -73	-40 -92	-20 -33	-20 -41	-20 -53
24	30										
30	40	-170 -232	-120 -182	- 80 -119	- 80 -142	-50 -75	-50 -89	- 50 -112	-25 -41	-25 -50	-25 -64
40	50	-180 -242	130 -192								
50	65	-190 -264	-140 -214	-100 -146	-100 -174	-60 -90	- 60 -106	- 60 -134	-30 -49	-30 -60	-30 -76
65	80	-200 -274	-150 -224								

80	100	-220 -307	-170 -257	-120 -174	-120 -207	- 72 -107	- 72 -126	- 72 -159	-36 -58	-36 -71	-36 -90
100	120	-240 -327	-180 -267								
120	140	-260 -360	200 -300								
140	160	-280 -380	-210 -310	-145 -208	-145 -245	- 85 -175	- 85 -148	- 85 -185	-43 -68	-43 -83	- 43 -106
160	180	-310 -410	-230 -330								
180	200	-340 -455	-240 -355								
200	225	-380 -495	-260 -375	-170 -242	-170 -285	-100 -146	-100 -172	-100 -215	-50 -79	-50 -96	- 50 -122
225	250	-420 -535	-280 -395								
250	280	-480 -610	-300 -430	-190 -271	-190 -320	-110 -162	-110 -191	-110 -240	-56 -88	- 56 -108	- 56 -137
280	315	-540 -670	-330 -460								
315	355	-600 -740	-360 -500	-210 -299	-210 -350	-125 -182	-125 -214	-125 -265	-62 -98	- 62 -119	- 62 -151
355	400	-680 -820	-400 -540								
400	450	-760 -915	-440 -595	-230 -327	-230 -385	-135 -198	-135 -232	-135 -290	- 68 -108	- 68 -131	- 68 -165
450	500	-840 -995	-480 -635								

치수의 구분(mm)		축의 공차역 클래스(μm)									
초과	이하	g5	g6	h5	h6	h7	h8	h9	js5	js6	js7
-	3	-2 -6	-2 -8	0 -4	0 -6	0 -10	0 -14	0 -25	±2	±3	±5
3	6	-4 -9	- 4 -12	0 -5	0 -8	0 -12	0 -18	0 -30	±2.5	±4	±6
6	10	- 5 -11	- 5 -14	0 -6	0 -9	0 -15	0 -22	0 -36	±3	±4.5	±7
10 14	14 18	- 6 -14	- 6 -17	0 -8	0 -11	0 -18	0 -27	0 -43	±4	±5.5	±9

18 24	24 30	− 7 −16	− 7 −20	0 −9	0 −13	0 −21	0 −33	0 −52	±4.5	±6.5	±10
30 40	40 50	− 9 −20	− 9 −25	0 −11	0 −16	0 −25	0 −39	0 −62	±5.5	±8	±12
50 65	65 80	−10 −23	−10 −29	0 −13	0 −19	0 −30	0 −46	0 −74	±6.5	±9.5	±15
80 100	100 120	−12 −27	−12 −34	0 −15	0 −22	0 −35	0 −54	0 −87	±7.5	±11	±17
120 140 160	140 160 180	−14 −32	−14 −39	0 −18	0 −25	0 −40	0 −63	0 −100	±9	±12.5	±20
180 200 225	200 225 250	−15 −35	−15 −44	0 −20	0 −29	0 −46	0 −72	0 −115	±10	±14.5	±23
250 280	280 315	−17 −40	−17 −49	0 −23	0 −32	0 −52	0 −81	0 −130	±11.5	±16	±26
315 355	355 400	−18 −43	−18 −54	0 −25	0 −36	0 −57	0 −89	0 −140	±12.5	±18	±28
400 450	450 500	−20 −47	−20 −60	0 −27	0 −40	0 −63	0 −97	0 −155	±13.5	±20	±31

치수의 구분(mm)		축의 공차역 클래스(μm)											
초과	이하	k4	k5	k6	m5	m6	n6	p6	r6	s6	t6	u6	x6
–	3	+3 0	+4 0	+6 0	+6 +2	+8 +2	+10 + 4	+12 + 6	+16 +10	+20 +14	–	+24 +18	+26 +20
3	6	+5 +1	+6 +1	+9 +1	+9 +4	+12 + 4	+16 + 8	+20 +12	+23 +15	+27 +19	–	+31 +23	+36 +28
6	10	+5 +1	+7 +1	+10 + 1	+12 + 6	+15 + 6	+19 +10	+24 +15	+28 +19	+32 +23	–	+37 +28	+43 +34
10	14	+6 +1	+9 +1	+12 + 1	+15 + 7	+18 + 7	+23 +12	+29 +18	+34 +23	+39 +28	–	+44 +33	+51 +40
14	18												+56 +45
18	24	+8 +2	+11 + 2	+15 + 2	+17 + 8	+21 + 8	+28 +15	+35 +22	+41 +28	+48 +35	–	+54 +41	+67 +54
24	30										+54 +41	+61 +48	+77 +64

30	40	+9 +2	+13 +2	+18 +2	+20 +9	+25 +9	+33 +17	+42 +26	+50 +34	+59 +43	+64 +48	+76 +60	–
40	50										+70 +54	+86 +70	
50	65	+10 +2	+15 +2	+21 +2	+24 +11	+30 +11	+39 +20	+51 +32	+60 +41	+72 +53	+85 +66	+106 +87	–
65	80								+62 +43	+78 +59	+94 +75	+121 +102	
80	100	+13 +3	+18 +3	+25 +3	+28 +13	+35 +13	+45 +23	+59 +37	+73 +51	+93 +71	+113 +91	+146 +124	–
100	120								+76 +54	+101 +79	+126 +104	+166 +144	
120	140	+15 +3	+21 +3	+28 +3	+33 +15	+40 +15	+52 +27	+68 +43	+88 +63	+117 +92	+147 +122	–	–
140	160								+90 +65	+125 +100	+159 +134		
160	180								+93 +68	+133 +108	+171 +146		
180	200	+18 +4	+24 +4	+33 +4	+37 +17	+46 +17	+60 +31	+79 +50	+106 +77	+151 +122	–	–	–
200	225								+109 +80	+159 +130			
225	250								+113 +84	+169 +140			
250	280	+20 +4	+27 +4	+36 +4	+43 +20	+52 +20	+66 +34	+88 +56	+126 +94	–	–	–	–
280	315								+130 +98				
315	355	+22 +4	+29 +4	+40 +4	+46 +21	+57 +21	+73 +37	+98 +62	+144 +108	–	–	–	–
355	400								+150 +114				
400	450	+25 +15	+32 +5	+45 +5	+50 +23	+63 +23	+80 +40	+108 +68	+166 +126	–	–	–	–
450	500								+172 +132				

2.8 치수 허용차 보는 방법

[그림 5.11]에 표시한 ϕ10f6의 치수 허용차는 구멍 기준식 축 기호의 6급이며, 그 치수 허용차는 [표 5.8]을 보면 된다. 표에서 치수의 구분이라는 난의 「10을 초과 14 이하」의 행에 오른쪽에서 f6의 난을 아래로 보면 위 치수 허용차 −16, 아래 치수 허용차 −27임을 볼 수 있다. 이 수치는 μm(1μm = 0.001mm)로 표시되어 있다. 실제 위 치수 허용차는 −0.016mm(−16 × 0.001 = −0.016mm)이며, 아래 치수 허용차는 −0.027mm이다. 또한 치수 공차는 (−27) − (−16) = 11μm(0.011mm)로 된다.

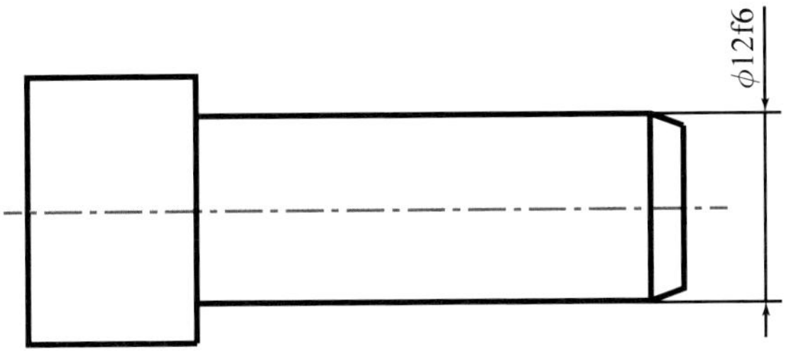

[그림 5.11] 끼워 맞춤 기호에 의한 공차

03 치수 공차와 끼워 맞춤 표시

끼워 맞춤방법에 의한 치수 공차는 공차역 클래스로 표시한다. 그러나 이것을 따르지 않는 경우는 수치로 표시한다.

3.1 치수 공차의 치수 기입

치수 허용차를 도면에 기입할 때는 위 치수 허용차와 아래 치수 허용차를 기준 치수에 연계하여 표기하지만, [그림 5.12]와 같은 방법으로도 표기한다.

[그림 5.12]의 (a)는 기준 치수(ϕ22) 다음에 위 치수 허용차(−0.01)를 위에, 아래 치수 허용차(−0.03)를 아래에 기입하는 방법이다. 이 경우는 치수 허용차의 크기가 기준 치수보다 작게 하는 것이 좋다.

[그림 5.12]의 (b)는 한쪽의 치수 허용차가 0인 경우를 나타낸 것이다. 위, 아래의 치수 허용차가 같은 경우는 [그림 5.12]의 (c)와 같이 치수 허용차 앞에 "±"를 기입한다.

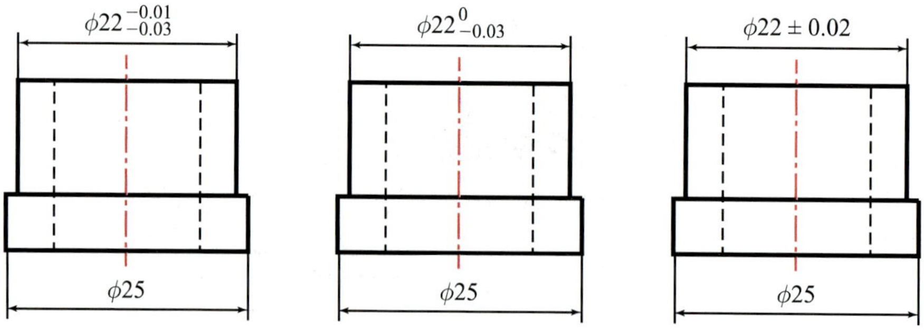

(a) (b) (c)

[그림 5.12] 길이 치수의 공차 기입법

[그림 5.13]의 (a)는 길이 치수의 최대 허용치수 및 최소 허용치수를 표시한 것이다. 이때 치수 허용차가 없고, 최대 허용치수 또는 최소 허용치수의 한쪽만 지정할 경우는 [그림 5.13]의 (b)와 같이 치수 앞에 최대, 최소를 기입하며, [그림 5.13]의 (c)와 같이 치수 뒤에 max., min.을 표시한다.

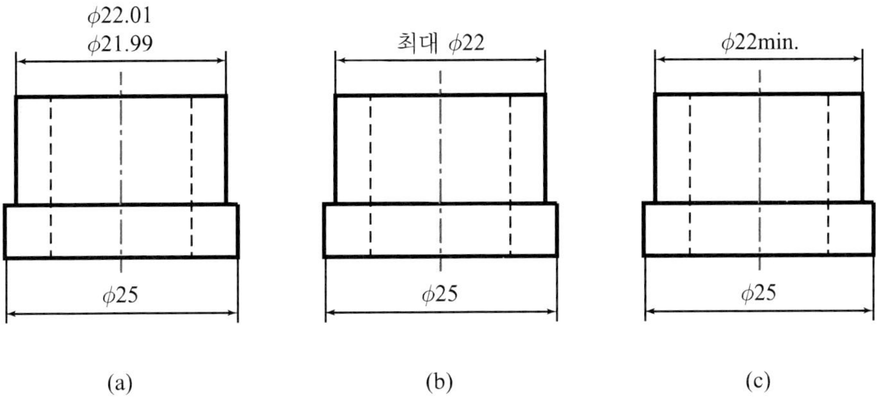

[그림 5.13] 길이 치수의 초대, 최소 공차 기입법

3.2 공차역 클래스에 의한 치수 기입

공차역 클래스로 치수 허용차 표시는 [그림 5.14]의 (a)와 같이 기준 치수 다음에 끼워 맞춤 종류의 기호 등급을 기입한 것으로 치수 허용차가 없고, 최대 허용치수 및 최소 허용치수를 표시한 것이다.

이때 기호 문자의 크기는 기준 치수를 표시하는 치수와 같다. 또한 위, 아래의 치수 허용차의 치수를 참고로 기입할 경우는 [그림 5.14]의 (b)와 같이 공차역 클래스의 다음에 괄호 안에 위 치수 허용차는 위에, 아래 치수 허용차는 아래에 기입한다.

[그림 5.14]의 (c)는 최대, 최소 허용 한계치수를 기입한 것이다.

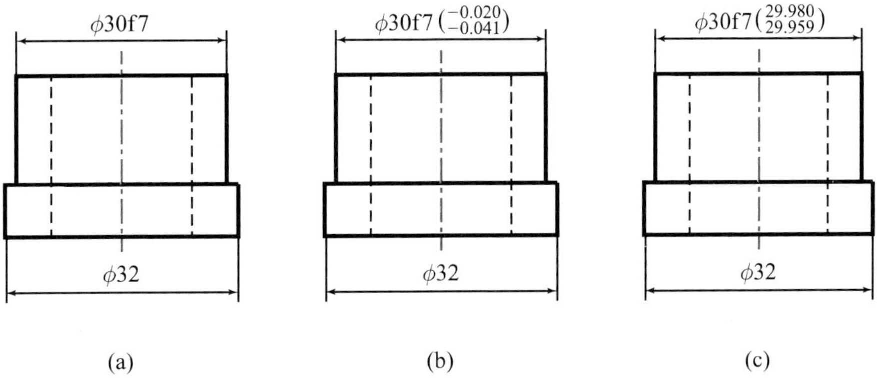

[그림 5.14] 공차역 클래스에 의한 치수 허용차의 기입법

3.3 각도 치수 허용차 기입

[그림 5.15]는 각도 치수 허용차를 기입한 것이다. 각도 치수 허용차는 길이 치수와 동일하게 기입하며 단위를 반드시 기입하여야 한다.

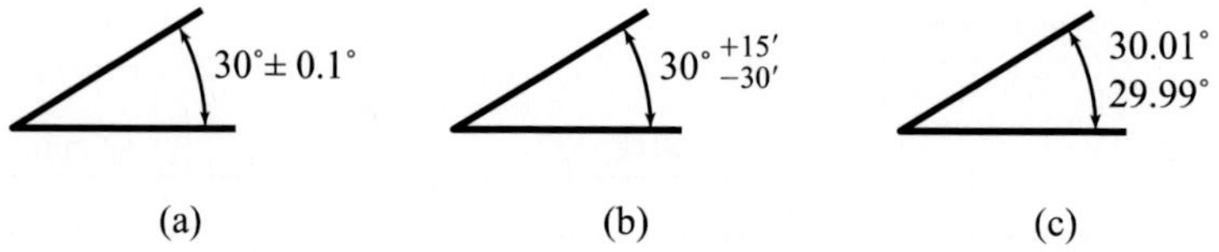

[그림 5.15] 각도 치수 허용차의 기입법

3.4 조립 상태에서 치수 허용차 기입

조립도에서 치수와 치수 허용차를 기입할 때는 [그림 5.16]의 (a)와 같이 동일 치수 보조선 상에 구멍과 축의 치수선을 도시하며 기준 치수 앞에 "구멍" 또는 "축"을 명시하고 구멍과 축의 치수를 기입한다.

또는 [그림 5.16]의 (b)와 같이 1개의 치수선을 도시하고 기준 치수는 공통으로 기입한다. 이때 구멍과 축을 구분할 수 있는 문자 또는 번호를 사용하고, 어느 치수의 치수 허용차 인자들을 명시한다. 이때 구멍 치수는 위쪽, 축의 치수는 아래쪽에 치수 허용차를 명시한다.

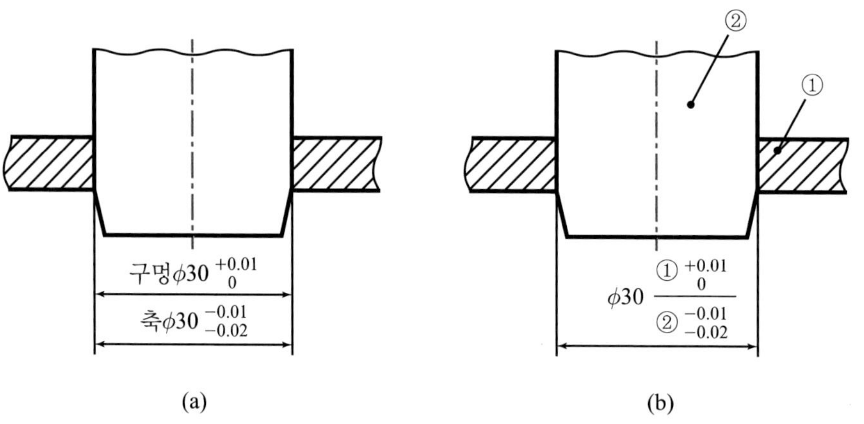

[그림 5.16] 조립한 상태에서 치수 허용차 기입

조립도에 끼워 맞춤을 기입할 때는 [그림 5.17]의 (a)와 같이 기준 치수 다음에 구멍 및 축의 공차역 클래스의 기호를 분수 형태로 기입해도 된다.

이때 분자 위치는 구멍, 분모 위치는 축으로 표기한다. 또한 [그림 5.17]의 (b)와 같이 경사선을 사용하여 분수 형태로 표기해도 된다.

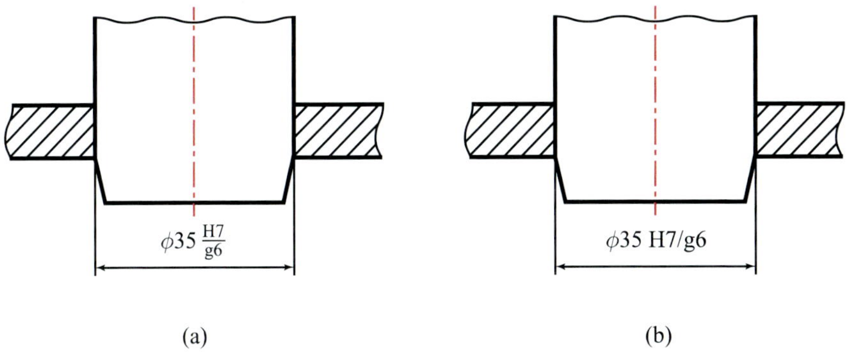

[그림 5.17] 조립도의 공차역 클래스에 의한 치수 기입

3.5 치수 허용차 기입에 주의사항

1개의 공작물에 2개 이상의 치수에 치수 허용차를 기입할 때는 [그림 5.18]과 같이 모든 치수에 허용차를 기입하면 전체의 치수는 국부 부분의 치수 허용차와 중복되어 영향을 미치며, 각각의 치수 허용차와 전체의 치수 허용차 사이에 모순이 있다.

따라서 [그림 5.18]의 (a), (b)와 같이 일부분의 치수는 기입하지 않거나, [그림 5.18]의 (c)와 같이 그 부분의 치수를 참고 치수로 표시한다.

이와 같이 기입되지 않은 치수 또는 참고 치수는 다른 부분을 가공한 나머지 치수로 만족한 것을 의미하고 있다.

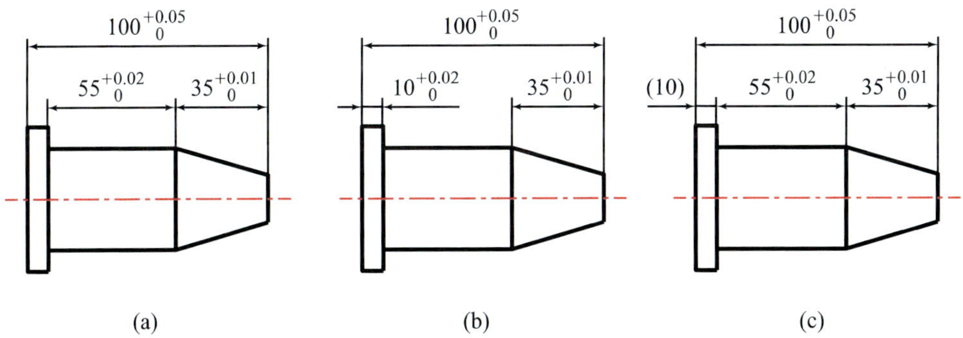

[그림 5.18] 치수 허용차의 중복 배제

3.6 치수 허용차의 치수 기입법

3.6.1 직렬 치수의 기입

[그림 5.19]는 직렬로 치수 허용차를 기입한 것이며, 이를 **직렬 치수 기입법**이라 한다. 직렬 치수 기입법은 나란히 연결된 각각의 치수에 주어진 치수 공차가 점차로 누적될 때에 사용하는 것이 좋다.

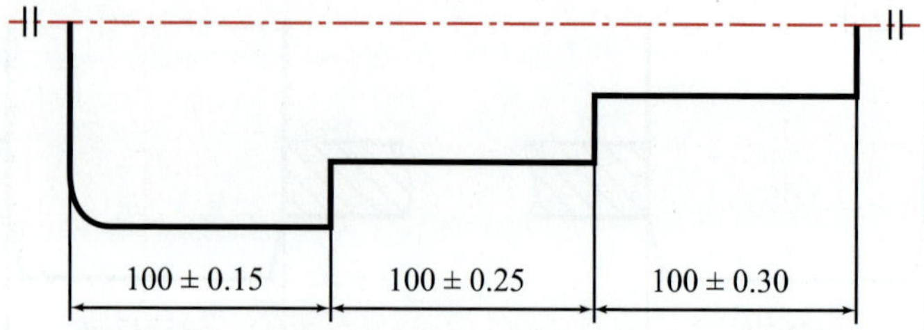

[그림 5.19] 직렬 치수 기입

3.6.2 병렬 치수의 기입법

[그림 5.20]은 물체의 왼쪽 끝을 기준부로 치수를 기입한 것이며, 이를 **병렬 치수 기입법**이라 한다.

병렬 치수 기입법은 기준부를 기준으로 각 치수는 독립하여 있으므로 각각의 치수 공차가 다른 치수에 영향을 주지 않는다. 이 경우 기준이 되는 쪽의 치수 보조선의 위치는 기능, 가공, 조립 등의 조건을 고려하여 적절히 선택한다.

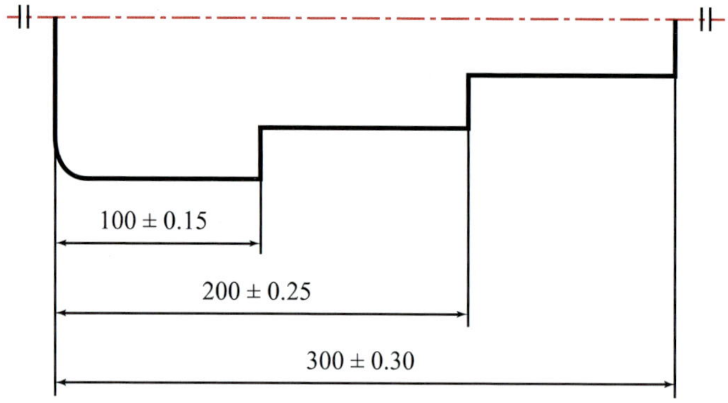

[그림 5.20] 병렬 치수 기입

3.6.3 누진 치수의 기입

[그림 5.21]은 병렬 치수 기입법과 완전히 같은 의미의 것을 1개의 연속한 치수선으로 간편하게 도시한 것으로, 이와 같은 기입법을 **누진 치수 기입법**이라 한다.

치수의 **기점 위치는 작은 둥근원(기점 기호)으로 표시**하고, 다른 끝은 1방향의 화살표로 표시한다.

한편 **치수는 화살표의 가까이 치수선의 위쪽에 기입**하면 된다. 이 누진 치수 기입법에서 기점 기호를 제외하고 말단 기호(둥근점과 경사선)는 화살표 외에는 사용하지 않는다. 이때 화살표는 반드시 기점 기호에서 바깥쪽을 향하게 기입한다.

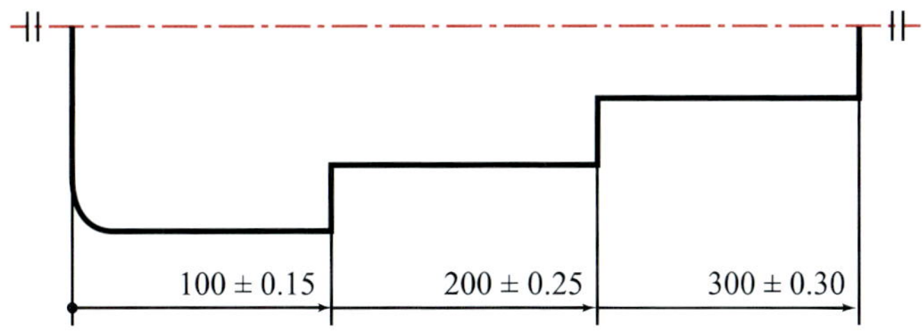

[그림 5.21] 누진 치수 기입

04 보통 공차

일반적으로 제품의 부품을 가공할 때 다듬질 치수는 약간의 오차가 발생하므로 필요한 부분에 공차가 부여 되고, 제품 제작자는 그 한계 내에서 다듬질을 한다. 이때 공차는 끼워 맞춤과 같이 기능적인 것과 조립하기 위한 제작적인 것이 있다.

끼워 맞춤과 같이 기능적인 것은 그 기계의 기능을 결정되므로 제작과 검사가 엄격히 이루어진다. 그러나 단순 조립 또는 가공을 위한 공차는 중요한 의미를 갖지 않는다.

KS B 0412에 보통 공차를 규정되어 있다. **보통공차는 개별적인 공차의 지시가 없는 길이 치수 및 각도 치수에 적용된다.** 즉, 도면에서 길이나 각도 및 위치를 나타내는 치수에 치수 공차가 기재되어 있지 않은 경우 허용되는 치수의 최대 값과 최소 값은 KS에서 규정한 치수 공차에 의해 결정된다. 이것을 보통 공차라고 한다.

[표 5.9]와 같이 정밀급(f), 중급(m), 거친급(c) 및 아주 거친급(v)의 4등급으로 정해져 있다.

또한 KS는 이외에 단조품, 주조품 및 프레스 가공품 등의 치수 보통 공차를 각각 규정하고 있다.

[표 5.9] 보통 공차(KS B 0412)

(a) 모따기 부분을 제외한 길이 치수에 대한 허용차 (단위 : mm)

공 차 등 급		기준 치수의 구분							
기호	설명	0.5* 이상 3 이하	3 초과 6 이하	6 초과 30 이하	30 초과 120 이하	120 초과 400 이하	400 초과 1000 이하	1000 초과 2000 이하	2000 초과 4000 이하
		허 용 차							
f	정밀급	±0.05	±0.05	±0.1	±0.15	±0.2	±0.3	±0.5	-
m	중 급	±0.1	±0.1	±0.2	±0.3	±0.5	±0.8	±1.2	±2
c	거친급	±0.2	±0.3	±0.5	±0.8	±1.2	±2	±3	±4
v	아주 거친급	-	±0.5	±1	±1.5	±2.5	±4	±6	±8

(주) * 0.5mm 미만의 기준 치수에 대하여서는 그 기준 치수에 속한 허용차를 각각에 지시한다.

(b) 각도 치수의 허용차

공 차 등 급		대상으로 하는 각도의 짧은 쪽 변의 길이(단위 mm)의 구분				
기호	설 명	10 이하	10 초과 50 이하	50 초과 120 이하	120 초과 400 이하	400 초과한 것
		허 용 차				
f	정밀급	±1°	±30'	±20'	±10'	±5'
m	중 급					
c	거친급	±1°30′	±1°	±30'	±15'	±10°
v	아주 거친급	±3°	±2°	±1°	±30'	±20'

연 습 문 제

01 **물체를 가공할 때 오차가 발생하는 원인이 아닌 것은?**

① 작업자의 숙련도
② 공작기계의 정밀도
③ 소재의 생산 국가
④ 작업환경(환경 등)

02 **공차에 대한 설명 중 틀린 것은?**

① 공차는 크게 기본 공차, 끼워 맞춤공차, 한계 치수공차가 있다.
② ISO에서는 기본 공차(IT공차)를 규정하고 있다.
③ KS는 치수 공차 및 끼워 맞춤을 KS B0401에 규정하고 있다.
④ 치수 공차와 기하학적 형상 공차 및 표면 거칠기는 서로 상관관계를 갖지 않도록 설정해야 한다.

03 **그림의 치수 기입에 대한 설명으로 틀린 것은?**

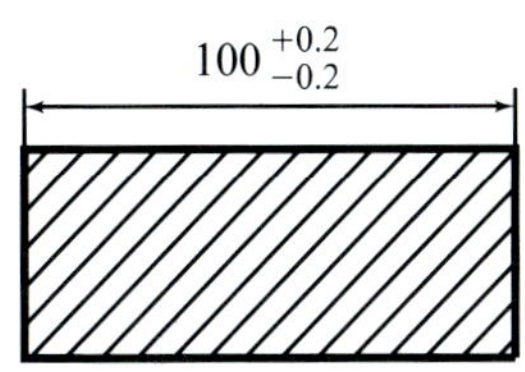

① 기준 치수는 100이다.
② 최대 허용치수는 100.2이다.
③ 공차는 0.2이다.
④ 최소 허용치수는 99.8이다.

04 **기준 치수가 30, 최대 허용치수가 29.97, 최소 허용치수가 29.95일 때 아래 치수 허용차는?**

① +0.05 ② −0.05 ③ −0.03 ④ +0.03

05 **아래 그림에서 구멍과 축의 치수 허용차는 각각 얼마인가?**

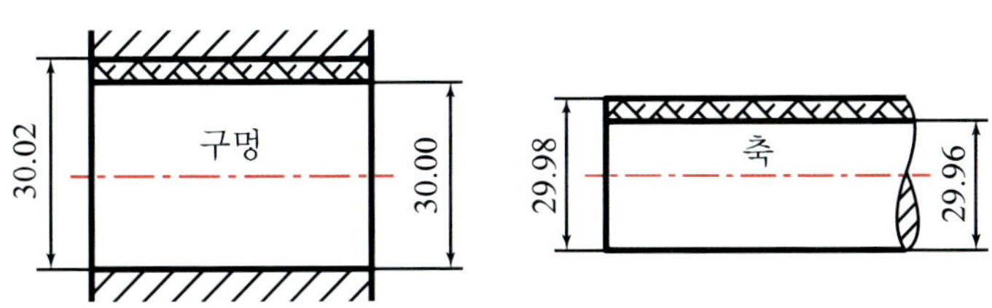

① 구멍 0.02, 축 0.02
② 구멍 0.04, 축 0.02
③ 구멍 0.02, 축 0.04
④ 구멍 0.04, 축 0.04

06 **정밀도가 가장 높은 것은?**

① $\phi 30 \pm 0.02$　② $\phi 30\,^{+0.02}_{\ \ 0}$　③ $\phi 30 \pm 0.01$　④ $\phi 30\,^{+0.01}_{\ \ 0}$

07 **기본 공차(IT 공차)에 대해서 설명한 것 중 틀린 것은?**

① 기본 공차는 ISO에서 규정한 공차 계열로서, 18등급의 치수 공차의 계열이다.
② IT0과 IT01에 대한 값은 사용이 적어 별도로 정하고 있다.
③ 구멍과 축의 제작 공차로 적용할 때 제작의 난이도를 고려하여 축은 IT_n, 구멍은 IT_{n-1}을 부여하며 적용한다.
④ 끼워 맞춤공차 중 구멍은 IT6~IT10, 축은 IT5~IT9의 기본 공차를 적용한다.

08 **일반적으로 끼워 맞춤으로 분류되지 않는 것은?**

① 헐거운 끼워 맞춤　② 중간 끼워 맞춤
③ 억지 끼워 맞춤　④ 특수 끼워 맞춤

(문제 9 – 11) 관련 그림으로 구멍에 축 (1), (2), (3)을 조립하려고 한다.

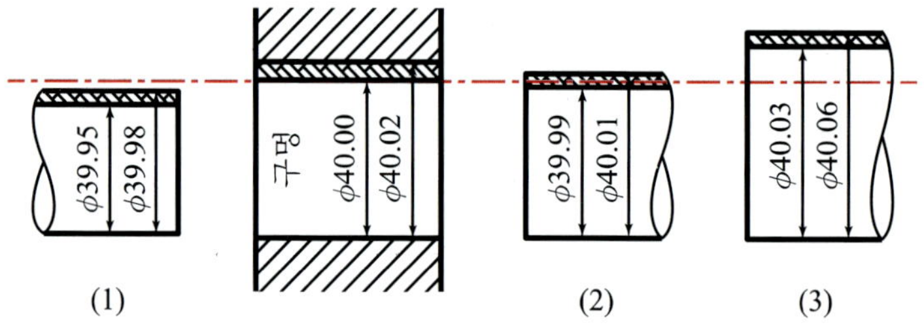

09 **상기 그림에서 주어진 구멍과 헐거운 끼워 맞춤시 해당되는 축과의 최대 틈새와 최소 틈새는 각각 얼마인가?**

① 최대 0.07, 최소 0.02　② 최대 0.05, 최소 0.03
③ 최대 0.03, 최소 0.01　④ 최대 0.02, 최소 0.01

10 **상기 그림에서 주어진 구멍과 중간 끼워 맞춤시 해당되는 축과의 최대 죔새와 최소 죔새는 각각 얼마인가?**

① 최대 0.03, 최소 0.01　② 최대 0.01, 최소 0.03
③ 최대 0.02, 최소 0.01　④ 최대 0.01, 최소 0.02

11 상기 그림에서 주어진 구멍과 억지 끼워 맞춤시 해당되는 축과의 최대 죔새와 최소 죔새는 각각 얼마인가?

① 최대 0.07, 최소 0.02　② 최대 0.02, 최소 0.07
③ 최대 0.05, 최소 0.01　④ 최대 0.01, 최소 0.05

12 구멍의 치수 $50^{+0.015}_{0}$, 축의 치수가 $50^{+0.015}_{-0.010}$ 이라면 어떤 끼워 맞춤인가?

① 억지 끼워 맞춤　② 중간 끼워 맞춤
③ 헐거운 끼워 맞춤　④ 특수 끼워 맞춤

13 구멍의 지름이 200mm일 때 아래 기본 공차가 중 가장 큰 것은?

① H9　② H8　③ H7　④ H6

14 길이 치수에 공차를 잘못 기입한 것은?

①
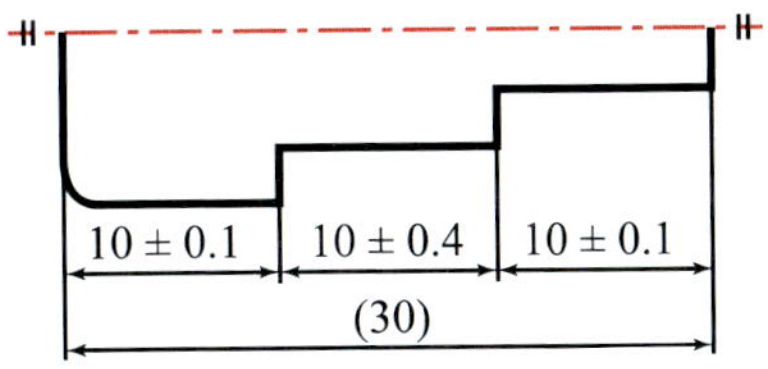

②
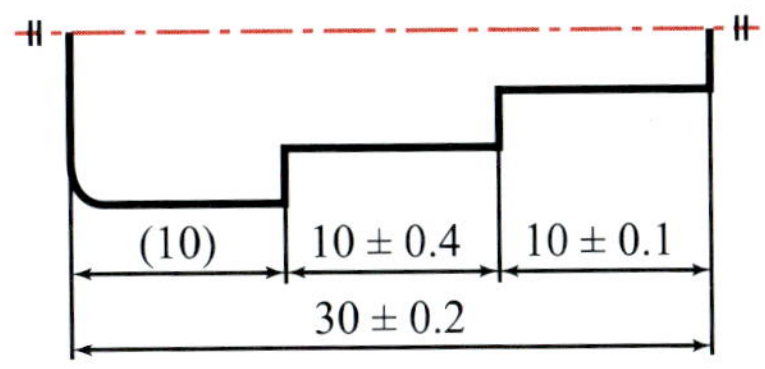

③
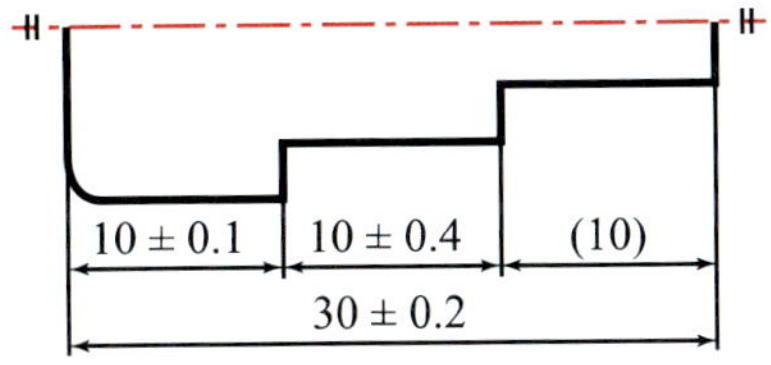

④
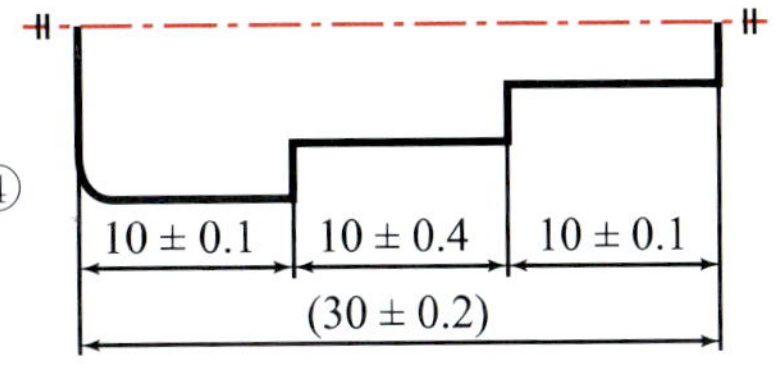

15 구멍의 최소 허용치수 보다 축의 최대 허용치수가 작을 때의 끼워 맞춤은?

① 헐거운 끼워 맞춤　② 중간 끼워 맞춤
③ 억지 끼워 맞춤　④ 특수 끼워 맞춤

16 **조립 상태에서 억지 끼워 맞춤에 해당되는 것은?**

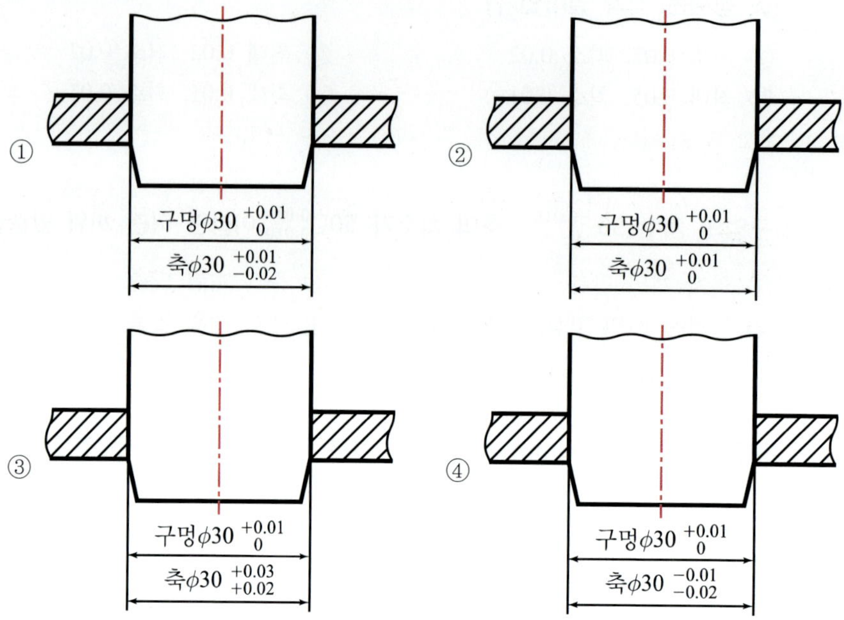

17 **그림을 설명한 것으로 잘못된 것은?**

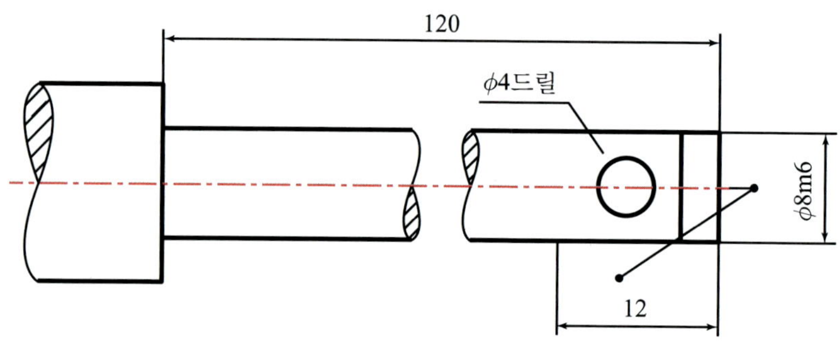

① 구멍 또는 축의 전체 길이에 끼워 맞추어 지지 않는 경우의 표시 방법이다.
② 필요부분 공차 기입 방법이다.
③ 12mm 길이만 ϕ8m6에 맞도록 다듬질 하면 된다.
④ ϕ8m6에 맞도록 다듬질 된 10mm 안에 ϕ4mm의 드릴 구멍을 뚫어야 한다.

18 **치수 기입에서 ϕ50G7h7의 의미는?**

① 구멍 기준식 중간 끼워 맞춤
② 축 기준식 중간 끼워 맞춤
③ 구멍 기준식 헐거운 끼워 맞춤
④ 축 기준식 헐거운 끼워 맞춤

19 주로 끼워 맞춤에 적용되는 IT 구멍 공차등급 범위는?

① IT01～IT4　② IT6～IT10　③ IT11～IT14　④ IT15～IT16

20 주로 끼워 맞춤에 적용되는 IT 축 공차등급 범위는?

① IT01～IT4　② IT5～IT9　③ IT10～IT14　④ IT15～IT18

21 보통 공차에 대한 설명 중 틀린 것은?

① KS B 0412에 보통 공차를 규정하고 있다.
② 보통 공차는 정밀급(f), 중급(m), 거친급(c) 및 아주 거친급(v)의 4등급으로 정해져있다.
③ 보통 공차는 단조품, 주조품 및 프레스 가공품 등의 치수 보통 공차를 각각 규정하고 있다.
④ 개별적인 공차의 지시로 길이와 각도 치수에 적용된다.

22 누진 치수 기입법에 의해 치수를 기입한 것은?

①
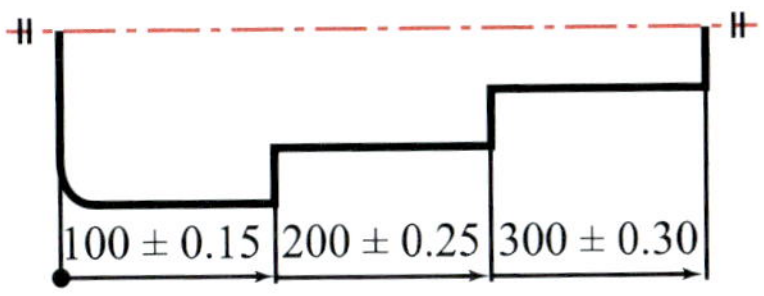

②
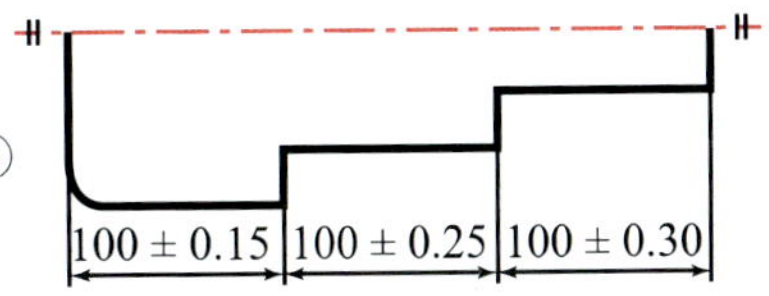

③
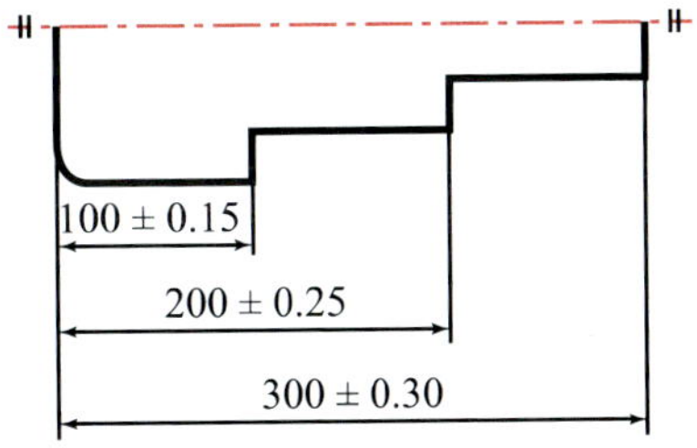

④
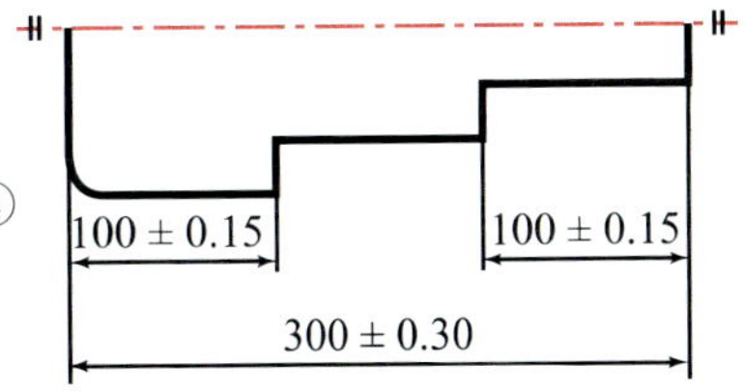

제1장 연습문제 정답

문제 1 : ③	문제 2 : ④	문제 3 : ③	문제 4 : ②	문제 5 : ①
문제 6 : ④	문제 7 : ③	문제 8 : ④	문제 9 : ①	문제 10 : ②
문제 11 : ③	문제 12 : ②	문제 13 : ①	문제 14 : ④	문제 15 : ①
문제 16 : ③	문제 17 : ④	문제 18 : ④	문제 19 : ②	문제 20 : ②
문제 21 : ④	문제 22 : ①			

PART 6.

기하 공차 및 도시법

01 기하 공차

도면에 치수와 다듬질 정도 등이 기입되면 제작될 제품의 정밀도를 나타낼 수 있다. 그러나 치수와 공차만 도시된 제품의 부품은 부품의 형상 및 위치에 대한 기하학적 특성을 규제할 수 없게 되어 **기능상 문제**, 조립과정에서 상대부품과의 **호환성의 문제, 생산성의 문제** 등을 발생시키므로 원하는 제품의 품질, 성능 및 경제성을 만족하지 못하게 된다.

따라서 부품을 제작 또는 조립할 때 정밀한 제품이 되기 위해 치수 공차 및 다듬질 정도 등과 함께 모양, 자세, 위치 및 흔들림에 대해 일정한 정밀도의 공차가 주어질 필요가 있다.

기하 공차는 도면에 표시하는 대상물의 모양, 자세, 위치 그리고 흔들림의 공차를 통합한 것이며, 기호로 표시된다.

최근 제품은 구성하는 각 부품의 정밀도가 높아지고 있기 때문에 성능이 향상되고 있다. 그러나 정밀도가 높아지는 동시에 제품의 구조가 복잡하게 된다. 따라서 제품을 조립할 때는 누적 오차를 최소화하는 동시에 조립이 쉬워야 한다.

이와 같은 사항을 만족시키기 위해 기계 등의 부품은 치수 정밀도, 표면 거칠기, 전직도, 진원도, 위치도 등의 기하학적인 정밀도에 대한 정확한 특성이 반영되고 있다.

ISO는 이와 같은 규격을 ISO 1101에 제정하였으며, KS에는 KS B 0425에 기하 공차의 정의와 표시, KS B 0608에 기하 공차의 도시방법, KS B 0243에 기하 공차를 위한 데이텀 그리고 KS B 0242에는 최대 실체 공차 방식의 여러 규격이 규정되어 있다.

1.1 기하 공차 방식

부품 제작도에 직선, 원, 평면 등이 도시되었을 때에 제작자는 각 부분을 도면과 같이 정확한 형상으로 다듬질하는 것은 불가능하다.

기하 공차 방식은 이와 같은 문제를 해결하기 위해 규정된 것으로 대상물의 형상이나 위치 등에 정확한 오차의 범위를 표기하고, 기하학적인 차이의 허용값 표시와 도시법에 대해 정한 것이다.

기하 공차 방식에 따르면 도면의 정보를 일관성 있게 해석할 수 있으며 애매함을 배제하고, 오차의 누적을 제거할 수 있다.

KS에 의한 기하 공차의 종류와 관련기호들은 [표 6.1]에, 기하 공차와 관련하여 상용하는 부가기호를 [표 6.2]에 나타내었다.

[표 6.1] 기하 공차의 종류와 기호

적용하는 형체	공차의 종류		기호
단독 형체	형상 공차	진직도 공차	⏤
단독 형체	형상 공차	평면도 공차	⏥
단독 형체	형상 공차	진원도 공차	○
단독 형체	형상 공차	원통도 공차	⌭
단독 형체 또는 관련 형체	형상 공차	선의 윤곽도 공차	⌒
단독 형체 또는 관련 형체	형상 공차	면의 윤곽도 공차	⌓

적용하는 형체	공차의 종류		기호
관련 형체	자세 공차	평행도 공차	//
관련 형체	자세 공차	직각도 공차	⊥
관련 형체	자세 공차	경사도 공차	∠
관련 형체	위치 공차	위치도 공차	⌖
관련 형체	위치 공차	동축도 또는 동심도 공차	◎
관련 형체	위치 공차	대칭도 공차	⌯
관련 형체	흔들림 공차	원주 흔들림 공차	↗
관련 형체	흔들림 공차	흔들림 공차 (온 흔들림 공차)	⌰

14종의 기하 공차 종류는 각각의 특징에 따라서 **형상 공차, 자세 공차, 위치 공차 및 흔들림 공차**로 분류된다. 또한 관련 부분으로 규제 여부에 따라 단독 형체 및 관련 형체로 나누어진다.

형상 공차는 기하학적으로 규제되어야 할 부품 형체상의 진직도, 평면도, 진원도, 원통도, 선과 면의 윤곽도 공차 등에 표면 형체의 허용 변동량을 폭 또는 원통 공차역을 이용하여 3차원적으로 규제한 기하 공차이다.

자세 공차는 부품 형체의 직각도, 경사도, 평행도 공차 등의 허용 변동량을 폭 또는 원통 공차역을 이용하여 3차원적으로 규제한 기하 공차이다.

위치 공차는 부품 형체 중 구멍, 축, 맞물림 결합부 등의 위치도, 동축도, 대칭도 공차 등의 허용 변동량을 원통 또는 폭 공차역을 이용하여 3차원으로 규제한 기하 공차이다.

흔들림 공차는 형상 공차와 위치 공차의 복합적인 부품 형체상의 원주 흔들림 또는 허용 변동량을 FIM(Full Indicator Movement, 인디게이터의 움직인 전량)에 의해 규제한 기하 공차이다.

[표 6.1]에서 단독 형체에서 진직도에 대해서 대표적으로 간략하게 알아보면, 진직도란 직선 형체의 기하학적으로 정확한 직선에서 오차의 크기이며, 진직도 공차란 진직도에 주어진 허용차이다. 그러나 기하 공차 방식에서 주의할 점은 형체에 지정된 치수의 허용 한계를 지시하지 않는 한 기하 공차를 규제하는 것은 아니다. 이것을 독립의 원칙이라 부른다.

또한 **도면에서 기하 공차의 지시는 기능상 요구나 호환성 등에 기인하므로 꼭 필요한 곳에만 사용한다.**

한편 데이텀을 투상도에서 지시하는 방법은 일반적으로 [표 6.2]와 같이 나타낸 데이텀을 표시하는 기호(데이텀 3각 기호)의 긴 변을 형체에 나타내는 선을 긋고 표시한다. 이때 직각의 정점에서 지시한 선의 끝에 정사각형의 테두리를 붙여 적당한 문자기호를 사용하여 지시하는 것으로 되어있다.

[표 6.2] 부가 기호

표시하는 내용		기호*	표시하는 내용	기호*
공차 붙은 형체	직접 표시하는 경우	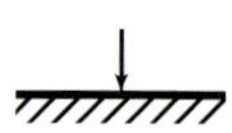	이론적으로 정확한 치수 (기본 치수)	[30]
	문자기호로 표시하는 경우	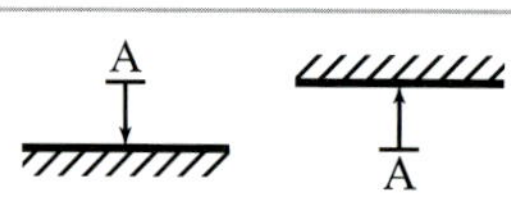	돌출 공차역	Ⓟ
데이텀 (Datum)	직접 표시하는 경우		최대 실체 공차 방식	Ⓜ
	문자기호로 표시하는 경우	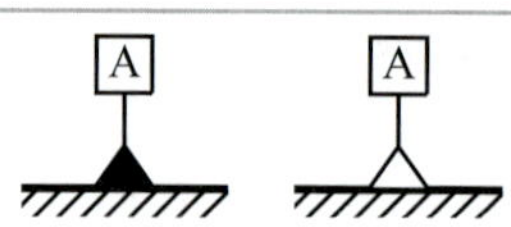	최소 실체 공차 방식	Ⓛ
데이텀 표적 기입 테두리		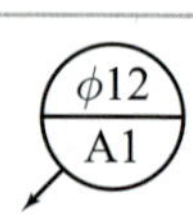	형체 치수 무관계	Ⓢ

(주) 기호란의 문자기호 및 수치 기호는 P, M, L, S를 제외한 일례를 나타낸다.

1.2 기하 공차 특성기호

1.2.1 기하 공차 규제기호의 표시법

기하 공차 규제기호는 기하학적 특성 부호, 공차 영역, 공차 규제조건, 데이텀(Datum) 및 데이텀 규제조건 등으로 구성되며, [그림 6.1]과 같다.

여기서 데이텀은 부품의 형상, 자세, 위치 및 흔들림에 대하여 기하공차를 지시하는 경우, 이들을 측정하기 위한 기하학적 기준이 되는 선 혹은 면을 데이텀이라고 한다. 데이텀은 삼각기호△ 또는 ▲로 표시된다. 부품의 기능을 고려하여 필요한 경우에는 복수의 선 혹은 면을 데이텀으로 설정할 수 있다.

공차 기입틀의 테두리선은 굵은 실선으로 나타내며, 테두리 높이는 약 8mm이고, 길이는 구성 내용에 따라서 변경할 수 있다.

이것은 규제형태의 치수 보조선, 치수 연장선, 치수 아래 또는 지시선에 의해 1개의 형체에 1개 이상의 기하 공차를 규제할 수 있다.

기하 공차를 도면상에 지시할 때는 [그림 6.1]과 같이 공차의 종류를 표시하는 공차기호와 함께 공차 값을 각각 기입하여 표시한다. 또한 관련 형체에서 데이텀을 명시할 경우는 [그림 6.1]의 (b), (C)와 같이 영문자의 대문자를 사용하여 나타낸다. 데이컴의 규제 조건을 포함한 세부적인 것은 [그림 6.1]의 (d)와 같이 나타낸다.

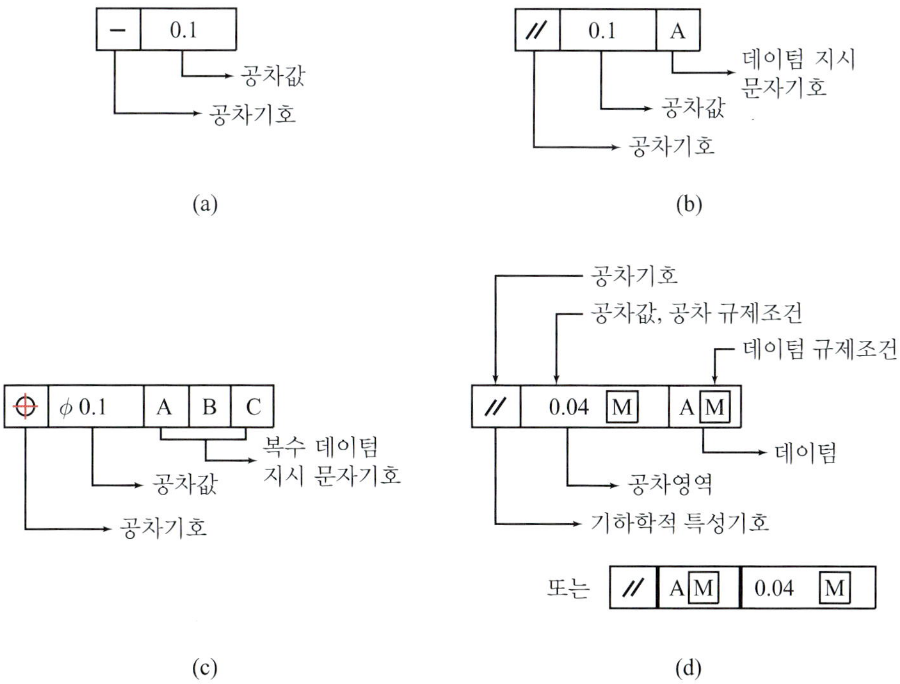

[그림 6.1] 기하 공차의 테두리 및 규제기호 표기법

[표 6.3]은 다양한 기하 공차의 규격기호 표기의 예이다.

[표 6.3] 기하 공차 규제기호의 표기

크기	기호	특성	적용 예시
길이 8	⏤	진직도	⏤ 0.05
높이 4	⏥ (60°, 6)	평면도	⏥ 0.02
직경 6	○	진원도	○ 0.04
직경 4, 높이 6	⌭ (60°)	원통도	⌭ 0.01
직경 8, 높이 4	⌒	선의 윤곽	⌒ 0.3
직경 8, 높이 4	⌓	면의 윤곽	⌓ 0.2
높이 8	∥ (60°)	평행도	∥ 0.04 A
길이 8, 높이 6	⊥	직각도	⊥ 0.05Ⓜ A
길이 7	∠ (30°)	경사도	∠ 0.05Ⓜ A B
외경 8, 내경 6	◎	동심원	◎ ϕ0.1 A−B
높이 8	↗ (45°)	원주 흔들림	↗ ϕ0.01 A−B
높이 8	⌰ (45°, 5)	온 흔들림	⌰ 0.05 A
직경 4, 깊이 8, 높이 8	⌖	위치도	⌖ ϕ0.1Ⓜ AⓂ

1.2.2 기하 공차로 규제되는 형체의 표기법

공차기입 테두리는 공차를 규제하는 부분에 가는 실선으로 지시선에서 수직으로 연결하고, 선단에 화살표를 붙여서 나타낸다. 이때 화살표의 위치는 다음과 같은 사항에 주의한다.

선 또는 면 자체에 공차를 지정하는 경우는 [그림 6.2]와 같이 형체의 외형선 위 또는 외형선의 연장선(가는 실선)에 지시선의 화살표를 수직으로 도시한다. 만약 **지시선의 화살표를 치수선에 일치시키면 공차의 지정범위가 틀리게 된다.**

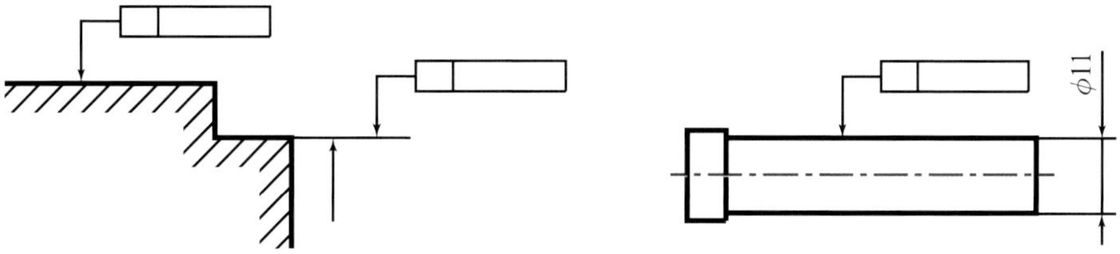

(a) (b)

[그림 6.2] 선 또는 면 자체에 공차를 지정

[그림 6.3]과 같이 **치수가 주어져 있는 형체의 축선, 또는 중심면에 공차를 지정할 때**는 치수선의 연장선이 공차기입 테두리에서 지시선이 되도록 한다.

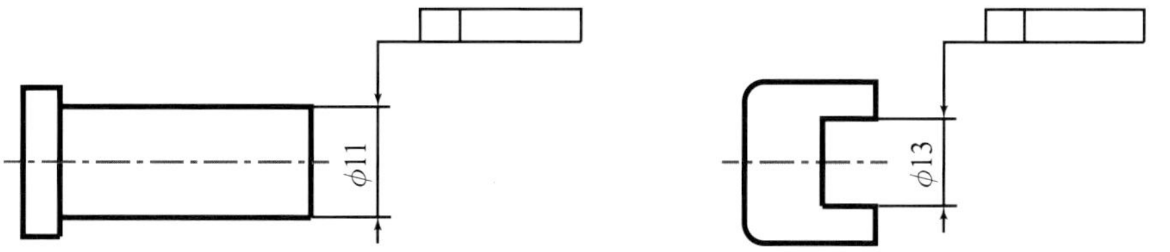

(a) (b)

[그림 6.3] 축선 또는 중심면에 공차를 지정

축선 또는 중심면이 공통인 모든 형체의 축선 또는 중심면에 지정할 때는 [그림 6.4]와 같이 축선 또는 중심면을 나타내는 중심선에 수직으로 공차기입 테두리에서 지시선의 화살표를 도시한다.

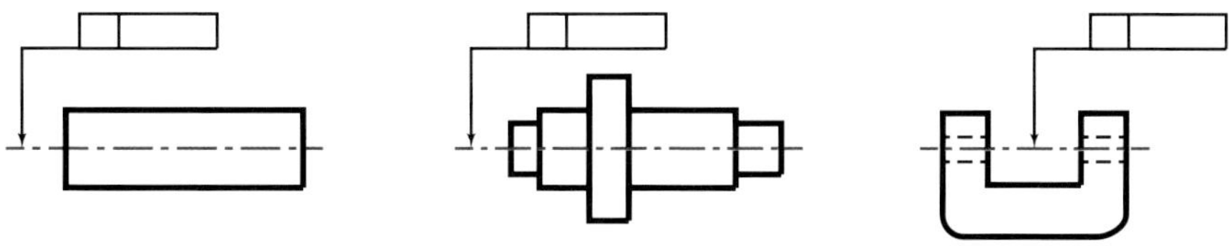

(a) (b) (c)

[그림 6.4] 공통인 축선 또는 중심면에 공차를 지정

여러 면의 떨어져 있는 형체에 같은 공차를 지정할 때는 개개의 형체에 각각 공차기입 틀로 지정하는 대신에 [그림 6.5]의 (a)와 같이 공통의 공차기입 틀로부터 끌어낸 지시선을 각각의 형체에 분기해서 연결하거나 [그림 6.5]의 (b)와 같이 각각의 형체를 문자기호로 나타낼 수 있다.

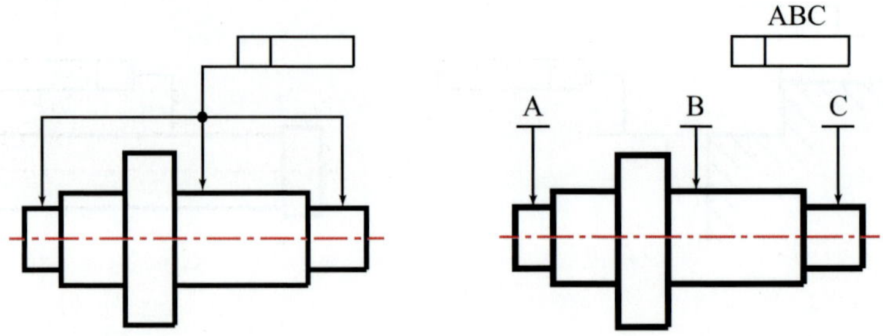

(a) (b)

[그림 6.5] 여러 면의 형체에 같은 공차를 지정

1.3 공차역

기하 공차는 실제로 그 형체가 기하학적으로 정확한 형상, 자세, 위치에서 어긋나는 곳의 허용되는 영역을 지정하는 규제이다. **허용영역을 공차역**이라 하며 [표 6.4]와 같다.

[표 6.4] 공차역과 공차 값

번호	공차 역	공차 값	적용 기하 공차의 역	관련 예시
(1)	원 속의 영역	원의 지름	점 위치도, 동심도	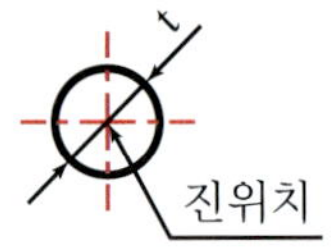
(2)	2개의 동심원 사이의 영역	동심원의 반지름 차이	진원도	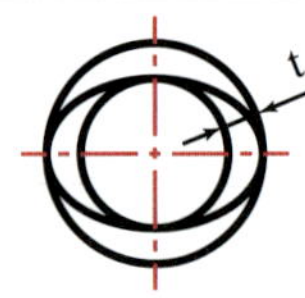
(3)	2개의 등 간격 선 또는 2개의 평행한 직선 사이에 낀 영역	2선, 2직선의 간격	선의 윤곽도, 평면도	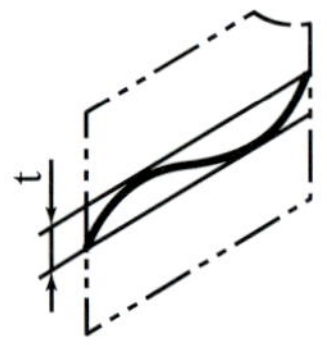
(4)	구 속의 영역	구의 지름	동심도	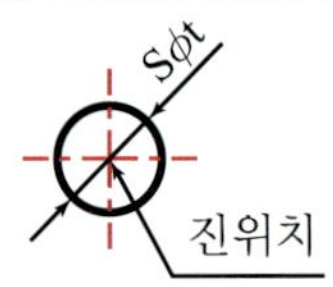
(5)	원통 속의 영역	원통의 지름	진직도, 동축도	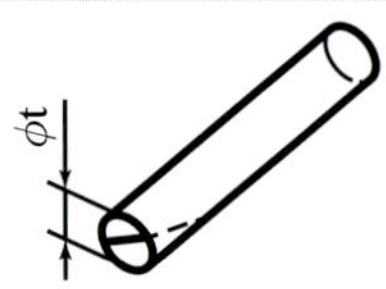

(6)	2개의 동축 원통 사이에 낀 영역	동축 원통의 반지름 차이	원통도	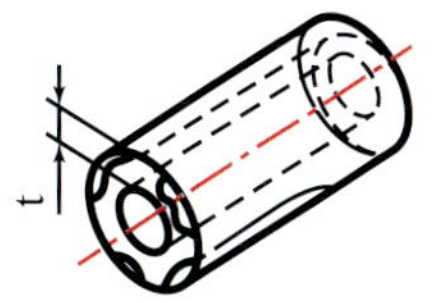
(7)	2개의 등거리 면 또는 2개의 평행한 평면	2면, 2평면의 간격	면 윤곽도, 평행도	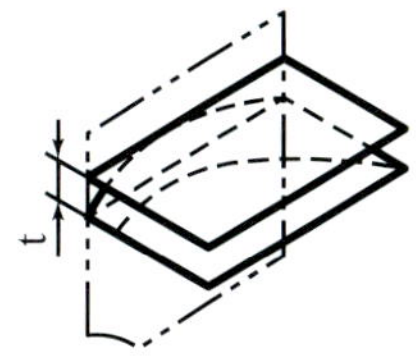
(8)	직6면체 안의 영역	직6면체의 각 변의 길이	평행도, 대칭도	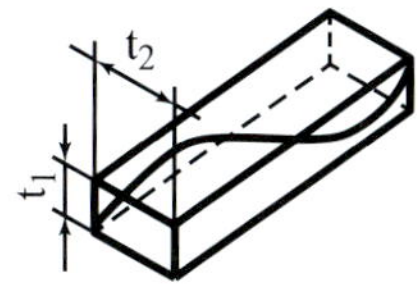

공차역에 의해 규제된 형체를 공차 붙은 형체라 한다. 공차 붙은 형체는 공차역내에 적용된다면 어떤 모양의 형상 또는 자세도 인정된다.

[그림 6.6]은 위치도로서 원통 공차역 내에서 구멍의 축선이 여러 가지의 상태에 있는 경우이다.

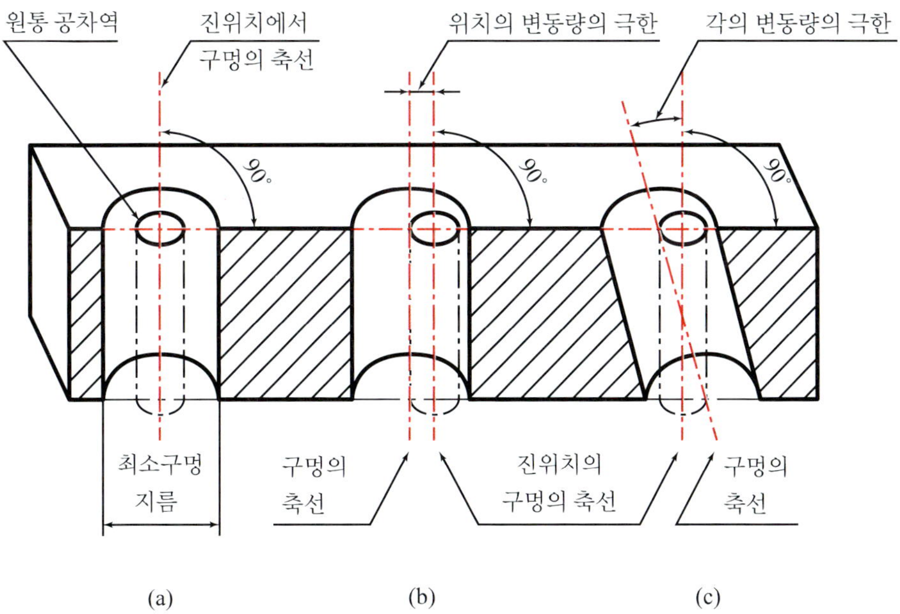

[그림 6.6] 위치 공차역과 구멍 축선의 관계

[그림 6.6]에서 (a)는 구멍의 축선이 진위치의 축선과 일치한 경우이며, [그림 6.6]의 (b)는 구멍의 축선이 왼쪽으로 벗어나서 위치의 변동량이 극

한에 달한 경우이다. [그림 6.6]의 (c)는 구멍의 축선이 공차역 내에서 극한까지 기울어진 경우를 나타내고 있다. 이들 어느 경우도 구멍의 축선은 공차역 내에 존재하기 때문에 위치도의 요구를 만족시키고 있다.

1.4 치수 허용차에 의한 공차역

[그림 6.7]의 (a)와 같이 공차역에 의하지 않고 치수 허용차가 표기된 도면은 4개 구멍의 중심 위치에 대한 해석은 지극히 명료하다. 그러나 세밀히 검토하면 여러 가지 해석이 성립된다.

구멍 A의 중심에 변동 허용영역(공차역)은 [그림 6.7]의 (b)에 나타낸 0.2×0.2mm의 정사각형 면적 내에 있다는 점에서는 일치하고 있지만, 다른 3개의 구멍(B, C, D 구멍)은 치수 공차가 누적되어 영향을 받기 때문에 단순하지 않다.

구멍 A의 중심 위치가 [그림 6.8] (a)의 점 P에 있다고 가정하면 [그림 6.7]의 지시에 따라서 점 P를 기준으로 하여 수평방향, 수직방향에 각각 최소치수 29.95, 최대치수 30.05를 취하고, 오른쪽 아래의 구멍 D의 중심을 구하면 그림과 같은 0.1×0.1mm의 정사각형 면적이 그 공차역인 것으로 된다.

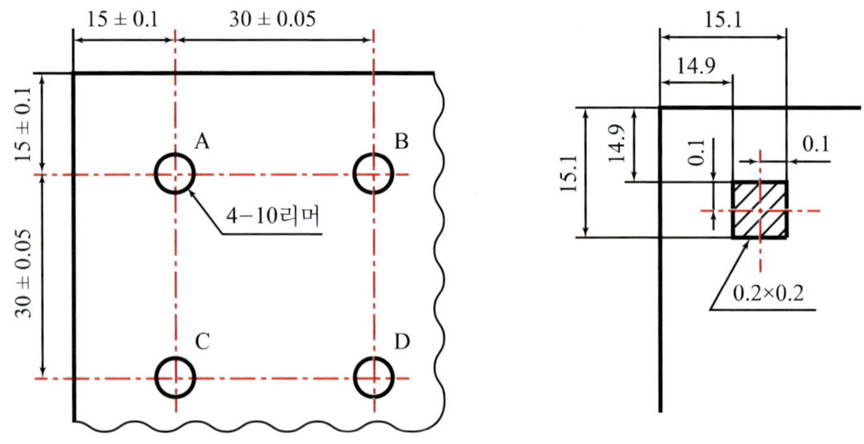

(a) (b)

[그림 6.7] 치수 공차에 의한 공차 역

한편 [그림 6.8]의 (b)와 같이 점 P를 기준으로 최소치수 29.95를 취하고, 그 양쪽에 허용차 0.05씩 양분하여 최대치수 30.05를 취한 경우는 그림과 같이 구멍 A 이외의 구멍 중심의 공차역은 0.05×0.05mm의 정사각형으로 된다.

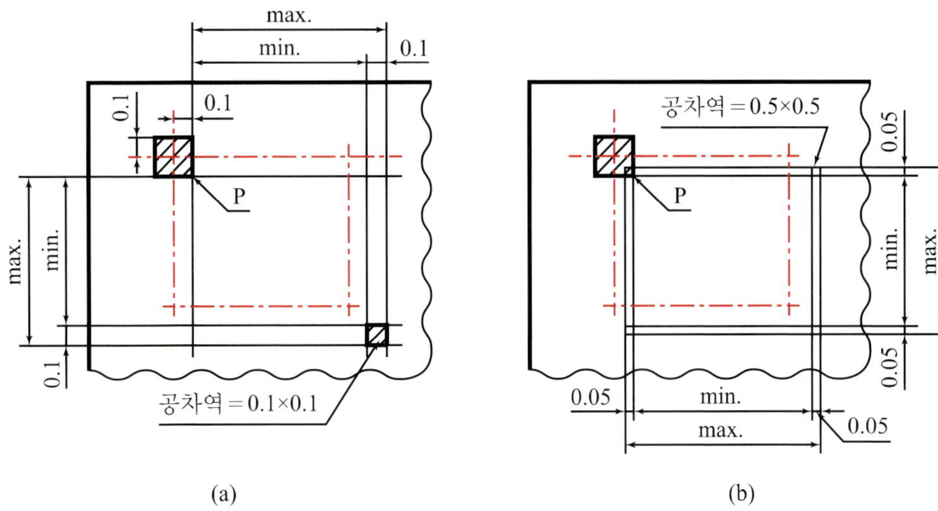

[그림 6.8] 치수 공차에 의한 공차 역

이와 같이 2개의 해석(이 중간을 고려하면 해석은 다수) 중 어느 것이 옳은지에 대한 것은 [그림 6.8]에서 설명할 수 없다.

1.5 위치도에 의한 공차역

[그림 6.8]의 (a)에서 공차역 0.2×0.2인 것을 [그림 6.9]에 다시 표현하였다. 중심 위치의 최대 변동량은 그림에 표시한 대각선 방향이며, $0.2 \times \sqrt{2}$ 즉 0.28이다.

만약 모든 방향에 이 변동량으로 한다면 [그림 6.9]의 (b)와 같은 0.28을 지름으로 하는 원 내의 영역이 이 구멍 중심의 공차역으로 되고, [그림 6.9]에서 (a)의 경우와 비교하면 면적이 약 64% 확대시키는 것으로 된다. 공차역을 확대한다는 것은 부품 가공이 여유 있게 되며, 기능상 조금도 문제가 생기지 않는다.

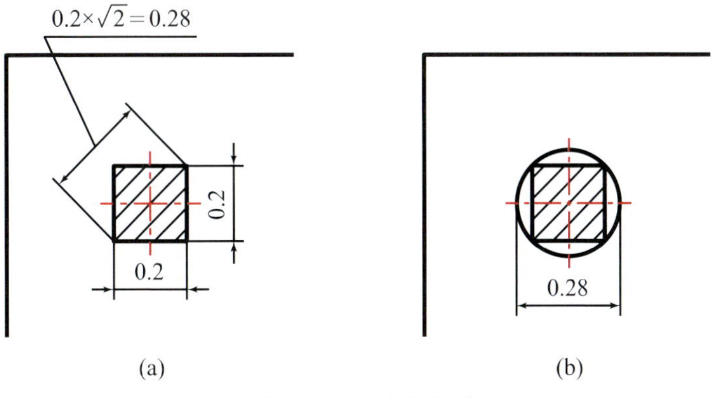

[그림 6.9] 공차역의 비교

이와 같은 원의 영역에 의한 위치도의 지정에서 원 내에 중심이 있다고 하면 모두 충족하므로 구멍의 중심 위치를 표시하는 치수에 공차를 줄 필요가 없으므로 실제 위치를 표시하는 치수를 기입하면 된다. 따라서 치수는 공차가 없기 때문에 당연히 공차의 누적도 없다.

위치도를 사용하여 지시할 때는 정밀도를 낮추는 것이 아니며, 공차역을 약 64% 증가시키며 도면 해석에 일관성을 준다.

1.6 데이텀

1.6.1 단독 형체와 관련 형체

[표 6.1]에 나타낸 기하 공차 중에서 진직도 및 평면도 등의 공차는 도면상의 선 또는 면을 판독 하는 것으로 공차역 내에 들어 있다면 만족된다. 또한 다른 선이나 면에 관련되어 규제되는 것은 없다.

이와 같이 **단독으로 공차가 적용되는 형체를 단독 형체라고 한다.** 그런데 평행도나 전직도 등의 공차는 2개 또는 그 이상의 부분과 관계가 있다. **다른 기준부에 관련하여 공차가 적용되는 형체를 관련 형체라고 한다.**

선이나 면의 윤곽도에서 공차는 단독 형체인 경우와 관련 형체인 경우가 있다.

1.6.2 데이텀, 데이텀 형체, 실용 데이텀 형체

관련 형체에서 공차역을 설정하기 위하여 제정된 이론적으로 정확한 기하학적 기준을 데이텀이라 한다.

데이텀에는 점, 직선, 축선, 평면 및 중심 평면 등이 선택된다. 이들을 각각 데이텀 점, 데이텀 직선, 데이텀 축선, 데이텀 평면 및 데이텀 중심 평면이라 한다.

데이텀은 가상한 것으로 실제로는 물체의 선, 면, 구멍의 중심, 축선 등을 선택한 것이다.

제품을 제작할 때 오차가 생기게 되므로 이들은 기하학적으로 정확한 형체라고 할 수 없다. 따라서 **데이텀을 나타내는 형체라는 의미로 데이텀 형체**라고 한다.

가공이나 검사 등에서 데이텀 대용으로 데이텀 형체에 접촉시켜 기준으로 하는 면을 정반, 베어링, 맨드릴(mandrel) 등을 사용한다. 이때도 제작시 오차가 있기 때문에 엄밀하게 데이텀이라고 할 수 없다.

실제로 이용하는 데이텀이라는 의미에서 실용 데이텀 형체라고 한다. [그림 6.10]은 이들을 도시한 것이다.

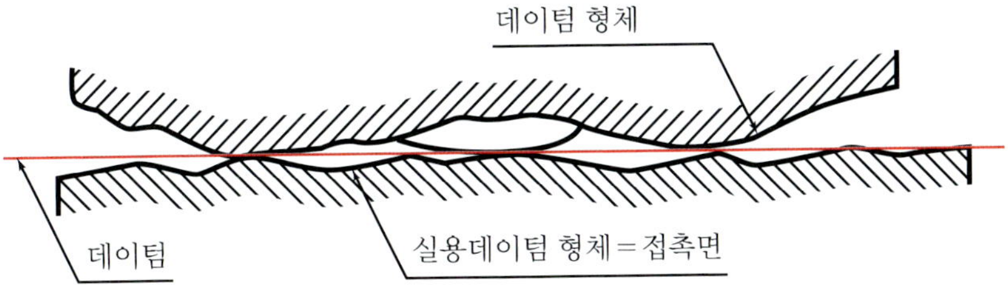

[그림 6.10] 데이텀

1.6.3 데이텀 계

관련 형체 중에서 평행도 및 직각도 등은 일반적으로 1개의 데이텀에 관련시켜서 공차를 지시하는 것이 가능하지만, 필요에 따라 2개 또는 3개의 데이텀을 설치할 경우에 데이텀의 그룹을 데이텀계라고 한다.

위치도 공차는 서로 직교하는 3개의 평면을 데이텀으로서 지시하는 경우가 많으며, 이를 3평면 데이텀 계라고 한다. 이때 데이텀의 일관성을 고려하여 데이텀의 우선순위를 정해서 지시할 필요가 있다.

데이텀 평면은 그 우선순위에 따라 [그림 6.11]과 같이 각각 제1차 데이텀 평면, 제2차 데이텀 평면 및 제3차 데이텀 평면이라고 한다.

또한 [그림 6.12]와 같이 이런 데이텀에 대응하는 실용 데이텀 형체는 각각 제1실용 데이텀 평면, 제2실용 데이텀 평면 및 제3실용 데이텀 평면이라고 한다.

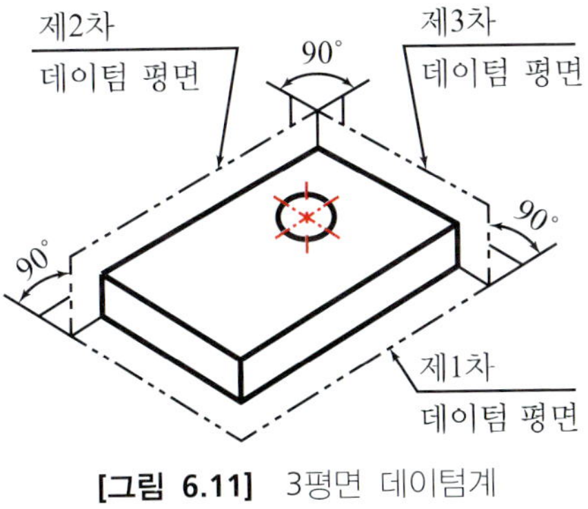

[그림 6.11] 3평면 데이텀계

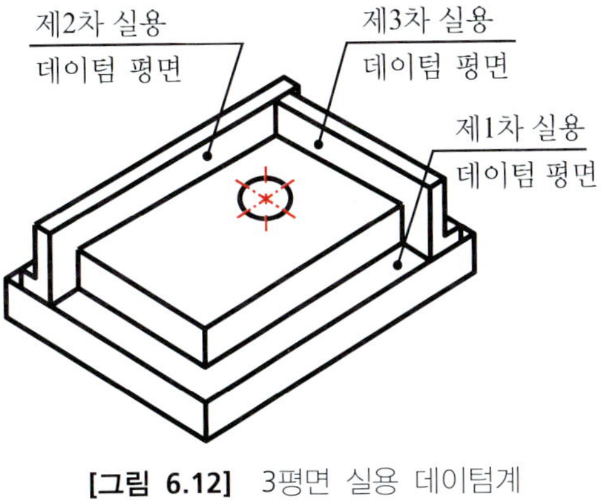

[그림 6.12] 3평면 실용 데이텀계

02 기하 공차의 도시법

2.1 데이텀의 도시법

데이텀에 관련시켜 공차를 지정할 때는 [그림 6.13]과 같이 데이텀에는 직각 2등변 3각형의 기호를 붙인다. 이때 삼각기호는 △ 또는 ▲로 표시된다. 기호 정점에서 가는 실선을 도시하고 데이텀인 것을 표시하는 알파벳의 대문자를 정사각형의 테두리 안에 기입한다.

선 또는 면 자체가 데이텀 형체인 경우는 형체의 외형선상 또는 외형선의 연장상(가는실선)에 데이텀 3각 기호를 붙인다. 이때 데이텀 3각 기호는 [그림 6.13]과 같이 **치수선의 위치를 피해서 기입한다.**

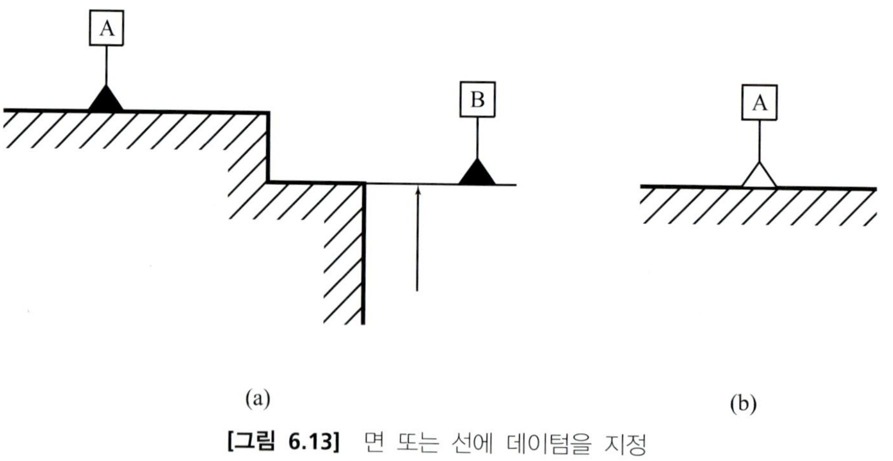

[그림 6.13] 면 또는 선에 데이텀을 지정

치수가 주어져 있는 형체의 축선 또는 중심 평면이 데이텀 형체인 경우는 치수선의 연장선을 데이텀의 지시선으로 나타낸다. 이때 **치수선의 화살표를 치수 보조선 또는 외형선의 바깥에서 기입한 경우는 그 한쪽의 화살표를 데이텀 3각 기호로 표시**한다.

축 직선 또는 중심 평면이 공통인 모든 형체의 축 직선, 또는 중심 평면이 데이텀인 경우는 [그림 6.14], [그림 6.15]와 같이 축 직선 또는 중심 평면을 나타내는 중심선에 데이텀 3각 기호를 붙인다.

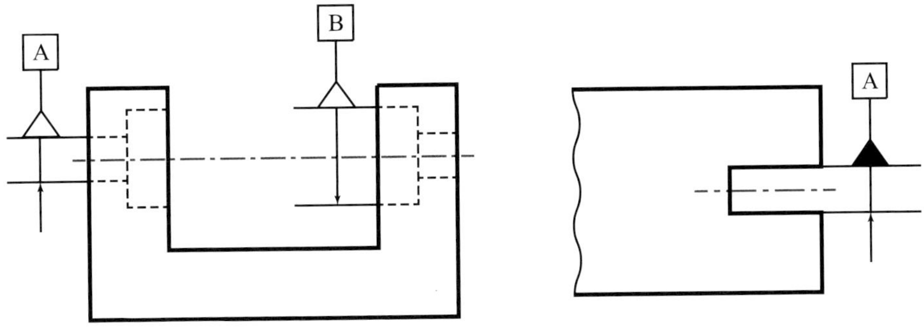

[그림 6.14] 축선 또는 중심면에 데이텀을 지정

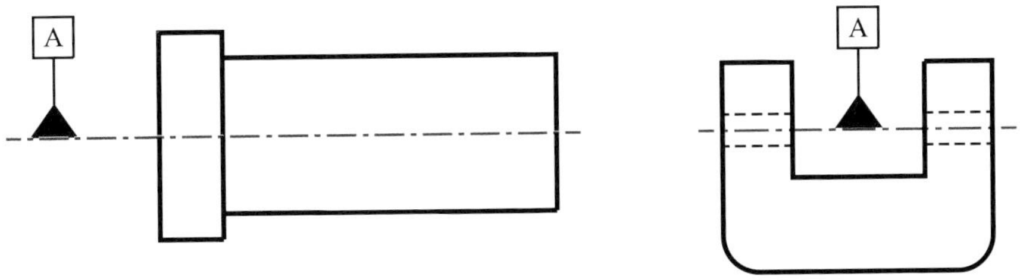

[그림 6.15] 공통인 축선 또는 중심면에 데이텀을 지정

잘못 볼 염려가 없을 때는 [그림 6.16]과 같이 **공차기입 테두리와 데이텀 3각기호를 직접 지시선으로 연결하고, 데이텀 문자기호를 생략**하여도 된다.

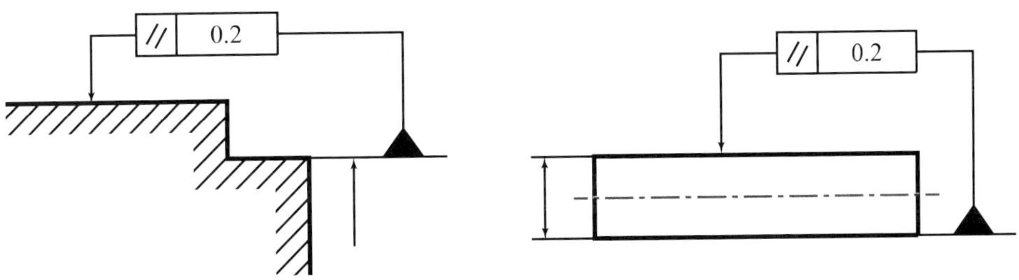

[그림 6.16] 데이텀 문자기호를 생략하는 경우

2.2 데이텀 문자기호의 공차기입 테두리의 기입법

데이텀이 1개인 경우는 데이텀을 지시하는 하나의 문자기호로 [그림 6.17]의 (a)와 같이 나타낸다.

2개의 데이텀 형체에 의해서 설정된 공통의 데이텀은 데이텀을 지시하는 2개의 문자기호를 –로 연결하여 [그림 6.17]의 (b)와 같이 나타낸다. 이때 2개 이상의 데이텀이 있고, 그들 데이텀에 우선순위가 있을 때는 [그림 6.17]의 (c)와 같이 우선순위가 높은 순서로 왼쪽에서 오른쪽으로 문자기호를 각각의 테두리 안에 나타낸다.

또한 2개 이상 데이텀이 있으며 우선순위에 제한을 안 받으면 [그림 6.17]의 (d)와 같이 문자기호를 같은 테두리 안에 나타낸다.

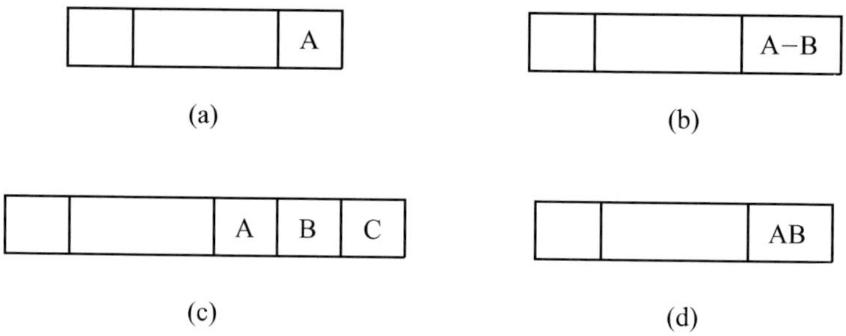

[그림 6.17] 데이텀 문자기호의 기입법

2.3 이론적으로 정확한 치수

위치도를 치수 공차에 의해 지정하면 공차의 누적에 의해 해석에 어려움이 있다. 그래서 기하 공차에 위치도, 윤곽도 또는 경사도를 지정하는데 이때는 공차 붙은 형체의 위치를 나타내는 치수 또는 각도의 치수 허용차를 주지 않는다.

이와 같은 치수를 **"이론적으로 정확한 치수"**라고 하며 이것을 나타내기 위하여 [그림 6.18]과 같이 치수를 사각형 안에 [30] **및** [15]**와 같이 표시**한다.

따라서 [그림 6.18]의 왼쪽 아래에 기입된 수평 방향, 수직 방향의 [15]라는 치수가 사각형 안에 있지 않다면 이 치수에는 보통 허용차가 적용되는 것으로 되며, 데이텀 A와 B가 의미를 갖지 않게 되고 6개의 구멍 전체는 그 보통 허용차만큼 변동을 인정하는 것으로 된다.

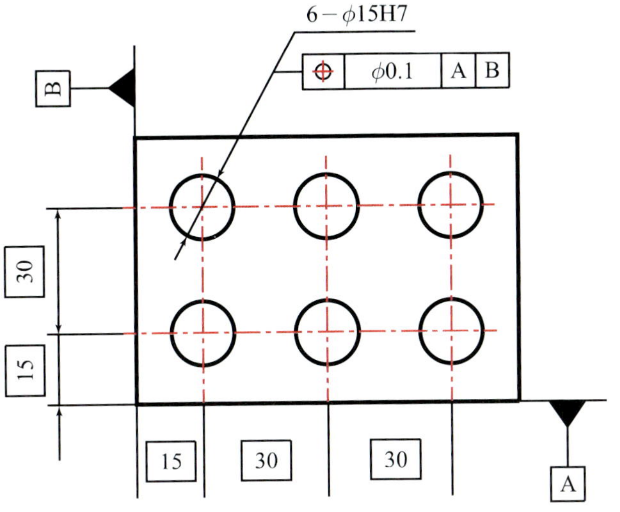

[그림 6.18] 이론적으로 정확한 치수

이와 같이 **이론적으로 정확한 치수라는 것은 그 자체는 치수 허용차를 갖지 않는 것을 나타낸다.**

2.4 최대 실체 공차 방식의 적용

치수 공차와 기하 공차 사이의 상호 의존 관계가 최대 실체 상태를 기본으로 하는 공차 방식을 "최대 실체 공차방식"이라 한다.

최대 실체조건(MMC, Maximum Material Condition)은 크기를 갖는 형체 구멍, 축, 핀, 홈 등의 실체가 최대가 되도록 허용 한계치수를 가진 형체의 상태를 의미하는데, 축의 경우에 가장 큰 체적을 갖는 치수는 상한치수가 축의 최대 실체치수이다.

구멍이나 홈의 경우는 구멍과 홈을 제외한 가장 큰 체적을 갖는 조건, 즉, 하한치수가 구멍이나 홈의 최대 실체치수이다.

[그림 6.19]에서 치수 공차가 ϕ30±0.2의 구멍에 하한치수가 ϕ29.8이고, ϕ29±0.2인 축에 상한치수가 ϕ29.2가 최대 실체치수이다.

최대 실체치수의 약자는 MMS(Maximum Material Size) 또는 ANSI 규격에서는 MMC(Maximum Material Condition)이나, 기호는 KS와 마찬가지로 Ⓜ으로 표시한다.

최대 실체조건이 형체 규제 테두리 안에 규제되는 경우에 규정된 공차는 규제되는 형체 또는 데이텀이 최대 실체치수에 있을 때에만 적용된다.

일반적으로 최대 실체치수 방식의 원칙을 사용하면 최대 실체치수를 초과하는 공차 변동에 따라서 공차가 크게 허용되어 결합부품 상호간에 호환성을 확실하게 하고 기능 게이지방법을 적용하여 많은 양의 부품을 효율적으로 검사, 측정할 수 있으며, 제작공차를 최대로 이용하면 경제적이고 효율적인 생산활동이 가능하다.

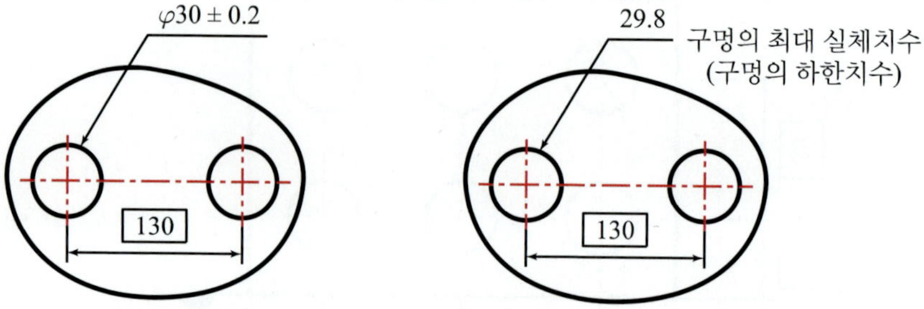

(a) 구멍

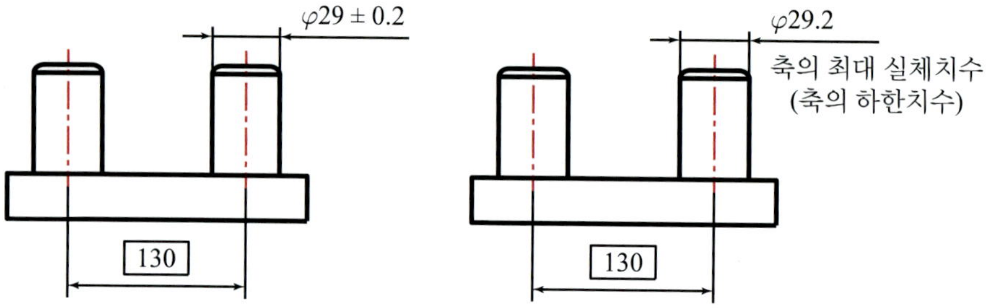

(b) 축

[그림 6.19] 축과 구멍의 최대 실체치수

공차 붙은 형체에 적용하는 경우는 [그림 6.20]의 (a)와 같이 공차 값 다음에 Ⓜ을 기입한다. 데이텀 형체에 적용하는 경우는 데이텀을 나타내는 문자기호 다음에 Ⓜ을 [그림 6.20]의 (b)와 같이 기입하면 되며, 공차 붙은 형체와 데이텀 형체의 양자에 적용하는 경우는 공차값 다음과 데이텀을 나타내는 문자기호의 다음에 Ⓜ을 [그림 6.20]의 (c)와 같이 기입한다.

또한 [그림 6.20]의 (b)와 (c)와 같이 데이텀이 문자기호를 사용하지 않고 직접 형체에 지시선으로 지시되어 있는 경우는 기입 테두리에 3번째의 구획을 설치하고 Ⓜ을 기입하면 된다.

⌖	φ0.04Ⓜ	A

(a)

⌖	φ0.04	AⓂ

(b)

⌖	φ0.04Ⓜ	AⓂ

(c)

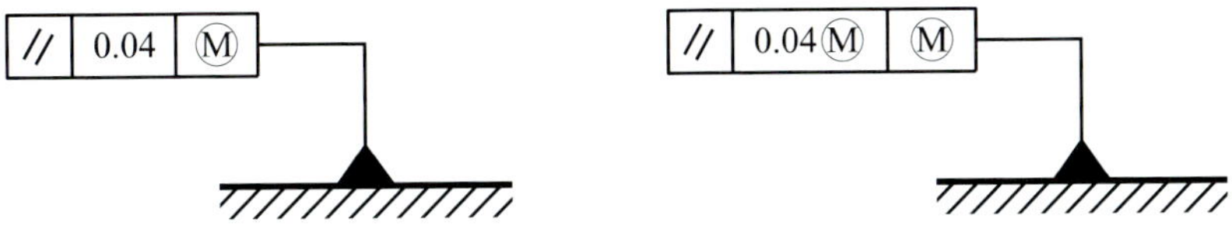

(d)

[그림 6.20] 최대 실체공차 방식을 공차의 대상으로 적용

최대 실체치수 방식으로 규제된 기하 공차의 적용에 대해 평행도와 위치도 공차를 살펴보면 다음과 같다.

[그림 6.21]에 (a)처럼 핀의 직경이 ϕ10.2의 최대 실제조건일 때 평행도 공차가 0.1로 규제되어 있다. A 데이텀 면을 기준으로 핀의 중심은 평면 A에 평행일 때 0.1mm 떨어진 두 개의 평면 사이에 있어야 한다.

핀의 실체가 데이텀 평면 A에 평행인 실효상태 10.3(10.2+0.1)을 넘어서는 안 되며, 실체 가공된 핀의 치수가 ϕ9.8(최소치수)일 때 핀의 치수 공차 0.4가 추가되어 0.5까지의 공차가 허용되며, 그 범위 0.5 사이에서 변동 할 수 있다.

이 부품에 결합되는 상대부품 구멍의 최소치수는 실효치수 10.3보다 작아서는 안 된다. 또한 구멍의 최소치수가 5.3일 때 그 구멍은 형상이 완전(형상 공차가 0)해야 하며, 이 부품에 결합되는 최악의 결합조건이 된다.

실 치수(mm)	10.2	10.1	10.0	9.9	9.8
평행도 공차(mm)	0.1	0.2	0.3	0.4	0.5

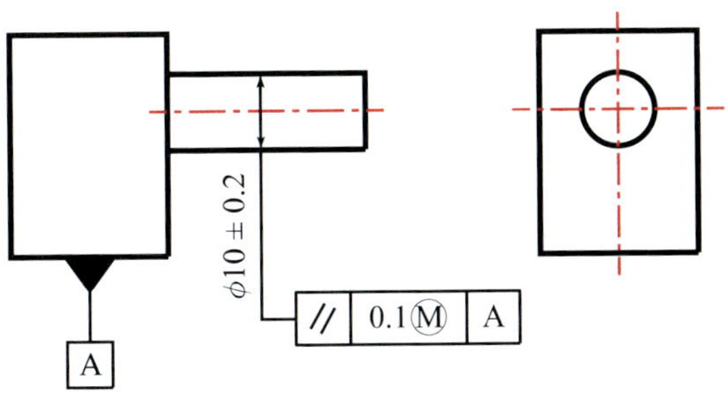

(a) MMC로 규제된 평행도 공차

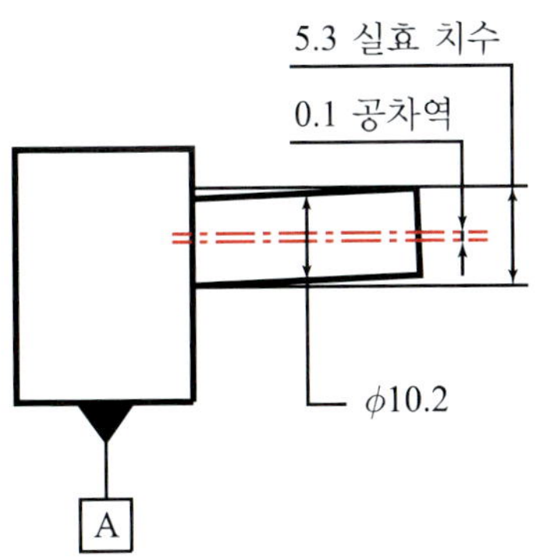

(b) 최대 실체치수 공차

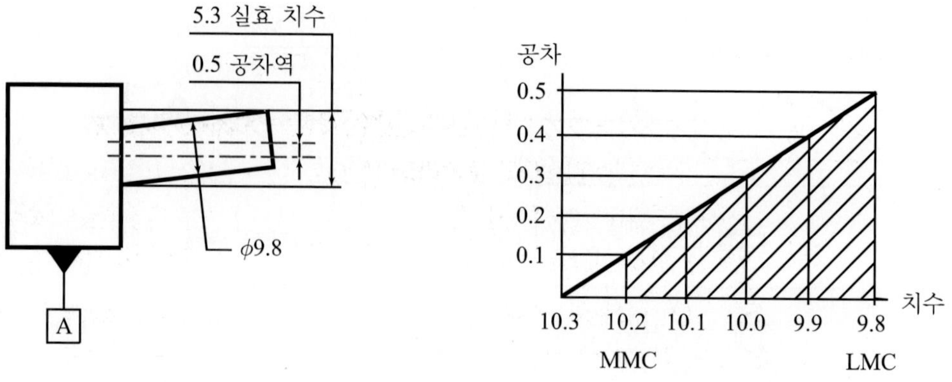

(c) 최소 실체치수 공차

(d) 핀에 적용되는 동적 공차 선도

[그림 6.21] MMC 방식으로 규제된 평행도 공차

최대 실체공차 방식으로 규제된 위치도 공차를 살펴보면 다음과 같다. [그림 6.22]에 최대 실체공차 방식으로 규제된 위치도를 나타내고 있다.

그림의 (a)와 같이 ϕ20±0.2의 2개의 구멍은 이론적 기준 치수 25와 60을 기준으로 최대 실체공차 방식으로 위치도 공차 φ 0.1이 규제되었는데 최대 실체치수가 ϕ19.8일 때 ϕ0.1 위치도 공차 범위 내에서 위치가 결정되며, 구멍의 최소 실체치수가 ϕ20.2로 되었을 경우에는 구멍이 커진 크기 0.4가 추가되어 0.5까지 위치도 공차가 허용된다.

실효치수 ϕ19.7은 2개의 구멍에 결합되는 상대부품인 핀이 최대치수 즉, 실효치수가 되는데 구멍의 실체가 실효치수 ϕ19.7보다 위치가 더 변형되며, 이때 상대치수인 핀의 위치 공차가 0인 조건이다.

이 실효치수는 상대부품에 형상, 위치 공차를 결정하는 설계의 기준이 되는 치수이며, 구멍을 검사하는 기능게이지의 기본치수이다.

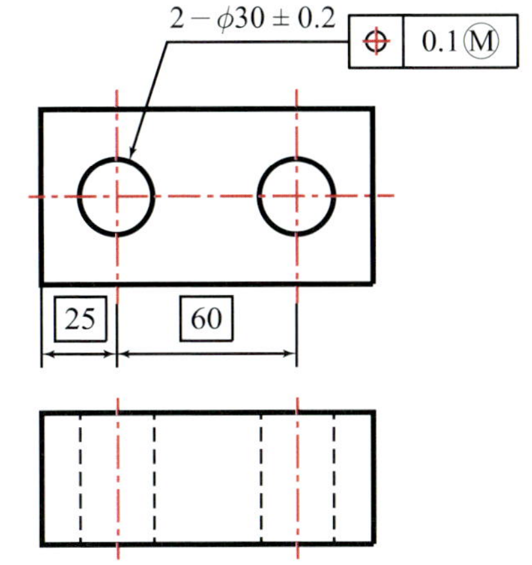

(a) MMC로 규제된 위치도 공차

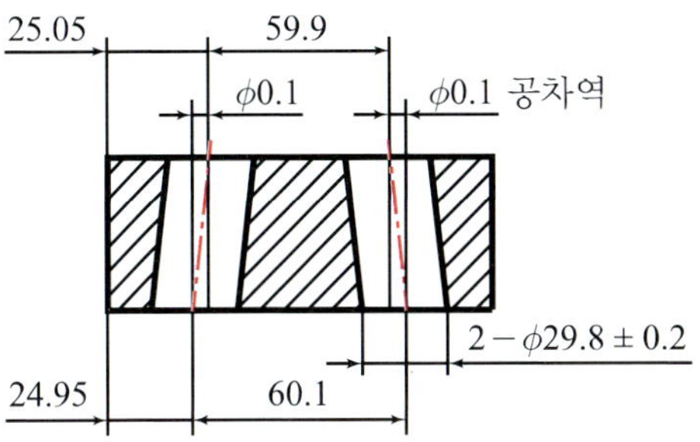

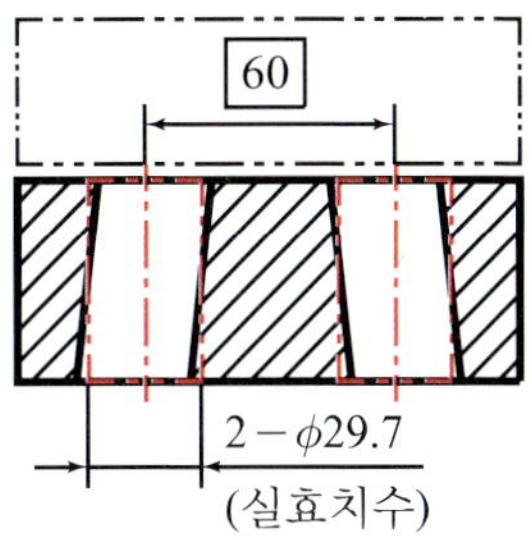

(c) MMC 일때 구멍위치

(d) MMC 일 때 결합상태

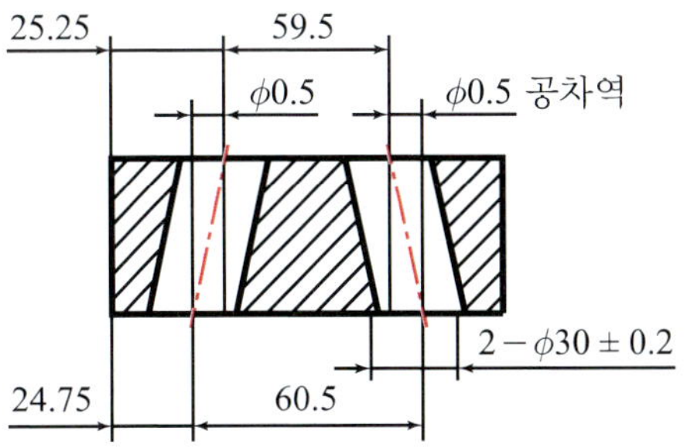

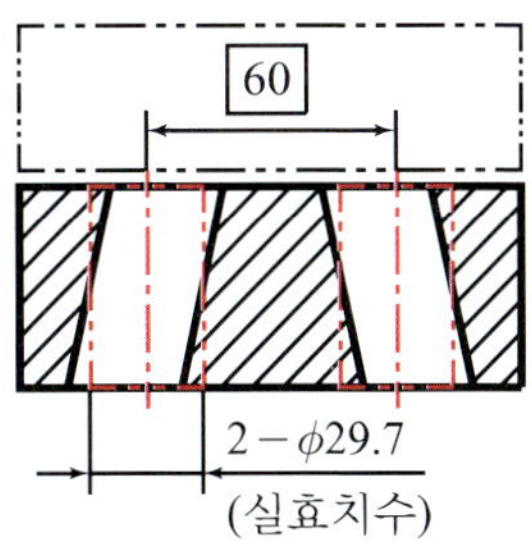

(e) LMC 일때 구멍위치

(f) LMC 일 때 결합상태

[그림 6.22] MMC 방식으로 규제된 위치도 공차

연 습 문 제

01 기하 공차에 대한 설명 중 맞는 것은?

① 제품을 제작할 때 필요한 치수 공차 및 다듬질 관련 공차
② 도면에 표시하는 대상물의 모양, 자세, 위치 그리고 흔들림의 공차의 총칭
③ 기하 공차는 국제규격인 ISO에 규격이 제정되어 있으나 KS에는 관련 규격이 없다.
④ 제품을 대량으로 생산하는데 원가를 절감시키기 위한 공차

02 형상 공차에 대한 설명 중 틀린 것은?

① 제품을 대량으로 생산하는데 원가를 절감시키기 위한 공차
② 매우 정밀한 제품을 제작하기 위 공차
③ 제품 제작과정에서 치수 공차만으로 부품 간의 호환성을 주기 어렵기 때문에 형상 공차를 추가한다.
④ 고정밀도의 생산제품을 제작하는 데는 필수적인 공차

03 기하 공차의 종류가 아닌 것은?

① 자세 공차 ② 위치 공차 ③ 흔들림 공차 ④ 누적 공차

04 관련 형체에 적용되지 않는 것은?

① 자세 공차 ② 흔들림 공차 ③ 형상 공차 ④ 위치 공차

05 단독 형체의 공차가 아닌 것은?

① 진직도 ② 경사도 ③ 평면도 ④ 원통도

06 관련 형체의 공차가 아닌 것은?

① 진직도 ② 직각도 ③ 위치도 ④ 대칭도

07 위치도의 기호는 어느 것인가?

08 단독 형체의 공차기호가 아닌 것은?

09 관련 형체의 공차기호가 아닌 것은?

10 일반적으로 적용하는 기하 공차역의 관계 중 적합하지 않은 것은?

① 원 속의 영역 → 점 위치도, 동심도
② 2개의 동심원 사이의 영역 → 진직도, 동축도
③ 구속의 영역 → 평행도, 대칭도
④ 원통 속의 영역 → 동심도

11 2개의 동축 원통 사이에 낀 영역에 적용 기하 공차역으로 적합한 것은?

① 동심도 ② 동축도 ③ 대칭도 ④ 원통도

12 기하 공차에서 돌출 공차역을 표시하는 기호는?

① Ⓟ ② Ⓜ ③ Ⓛ ④ Ⓢ

13 기하 공차에서 공차역에 대한 설명 중 맞는 것은?

① 형체에서 기하 공차와 이론적 치수와의 공동 영역
② 투상도에서 치수를 지정하지 않은 영역
③ 치수 및 다듬질에 관한 오차의 영역
④ 형상, 자세, 위치에서 어긋나는 곳의 공차가 허용되는 영역

14 **기하 공차에서 데이텀에 대한 설명 중 맞는 것은?**

① 관련 형체에서 공차역을 설정하기 위한 기하학적 기준
② 형상, 자세, 위치에서 어긋나는 곳의 허용되는 영역
③ 치수 및 다듬질의 정도만 허용되는 기준
④ 형체에서 기하 공차와 이론적 치수와의 공동 영역

15 **다음 중 최대 실체 공차방식의 기호는?**

① Ⓟ ② Ⓜ ③ Ⓛ ④ Ⓢ

16 **위치도, 경사도의 형체를 지정하는 경우 이론적으로 정확한 위치 또는 각도를 정하는 치수는?**

17 **다음 중 형체치수의 무관계 기호는?**

① Ⓟ ② Ⓜ ③ Ⓛ ④ Ⓢ

18 **아래 기하 공차 테두리 및 규제기호 표기 중 ㉮에 대해 맞는 것은?**

① 공차 영역
② 기하학적 특성기호
③ 데이텀
④ 데이텀 규제조건

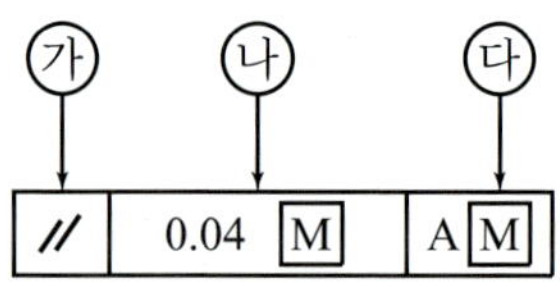

19 **그림에서 ㉯에 대해 설명 중 맞는 것은?**

① 공차기호
② 공차값, 공차규제조건
③ 데이텀 규제조건
④ 단면적 공차범위

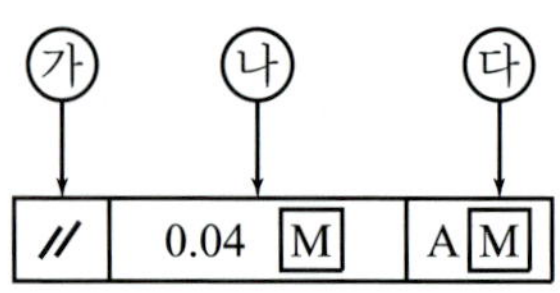

20 그림에서 ㉰에 대해 설명한 것 중 맞는 것은?

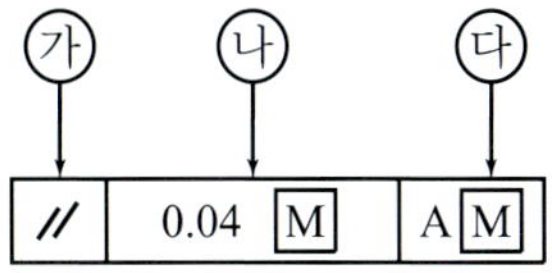

① 공차기호
② 공차값, 공차규제조건
③ 데이텀 규제조건
④ 단면적 공차범위

21 그림에 대한 설명 중 맞는 것은?

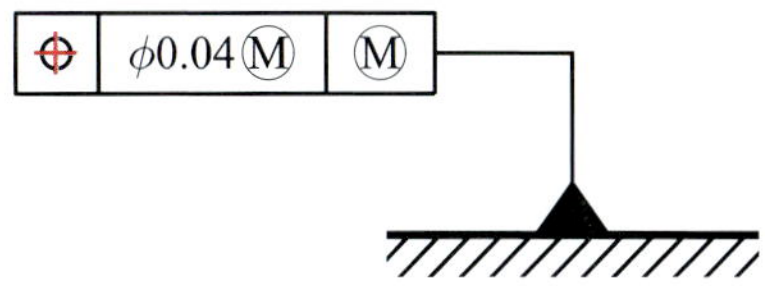

① 데이텀이 문자기호를 사용하지 않아 잘못됐다.
② 기입 테두리에 3번째의 구획 Ⓜ을 기입하면 안 된다.
③ 진원도에 대한 기호와 공차는 적합하지 않다.
④ φ0.04Ⓜ을 Ⓜφ0.04으로 변경 기입하여야 한다.

22 2개의 데이텀 형체에 의하여 공통 데이텀으로 옳은 것은?

① | | | A/B |
② | | | AB |
③ | | | A−B |
④ | | | A+B |

23 2개 데이텀이 있으며 우선순위에 제한을 안 받으면 옳은 것은?

① | | | A/B |
② | | | AB |
③ | | | A−B |
④ | | | A+B |

24 평행도가 기준 B(직선 또는 평면)에 대하여 지정길이 80mm에 대한 0.3mm의 허용 값을 가지는 것은?

① | // | 0.03/80 | B |
② | // | 0.06/80 | B |
③ | B | 0.03/80 | // |
④ | B | 0.06/80 | // |

25 **다음 중 최소 실체 공차방식의 기호는?**

① Ⓟ ② Ⓜ ③ Ⓛ ④ Ⓢ

26 ⌖ | ϕ0.04Ⓜ | A | B **로 표시된 것의 뜻은?**

① 기준 B에 의해 정해진 참위치에 ϕ0.04mm 이내의 공차역 안에 중심점이 있는 형상을 기준 A로 한다는 뜻이다.
② 기준 A에 의해 정해진 참위치에 ϕ0.04mm 이내의 공차역 안에 중심점이 있는 형상을 기준 B로 한다는 뜻이다.
③ 기준 A와 B에 의해 정해진 참위치에 ϕ0.04mm 이내의 공차역 안에 중심점이 있는 형상을 기준 A로 한다는 뜻이다.
④ 기준 A와 B에 의해 정해진 참위치에 ϕ0.04mm 이상의 공차역 안에 중심점이 있는 형상을 기준 A로 한다는 뜻이다.

27 **공차의 종류 중 ㉮로 표시된 빈 칸에 들어가야 할 것은?**

① 직각도 공차(⊥)
② 평행도 공차(//)
③ 평면도 공차(▱)
④ 경사도 공차(∠)

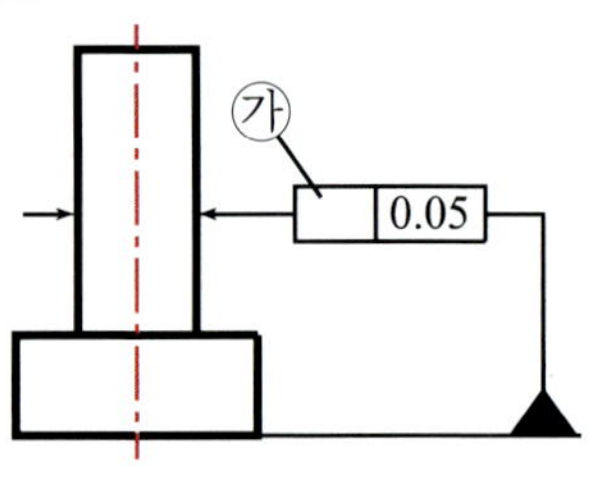

28 **공차의 종류 중 ㉮로 표시된 빈 칸에 들어가야 할 것은?**

① 동축도 공차(◎)
② 진원도 공차(○)
③ 원주 흔들림 공차(↗)
④ 경사도 공차(∠)

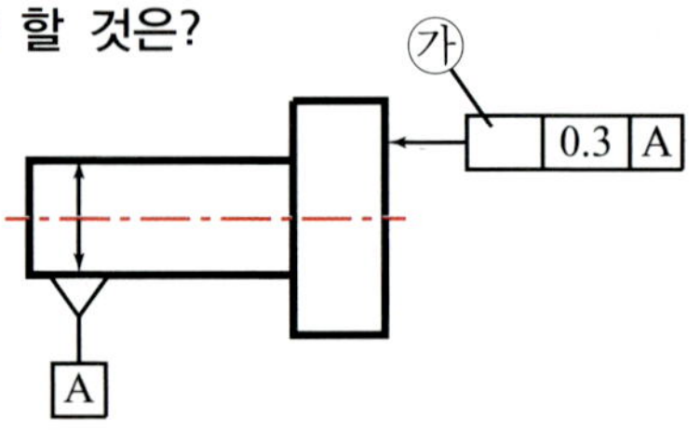

29 공차의 종류 중 ㉮로 표시된 빈 칸에 들어가야 할 것은?

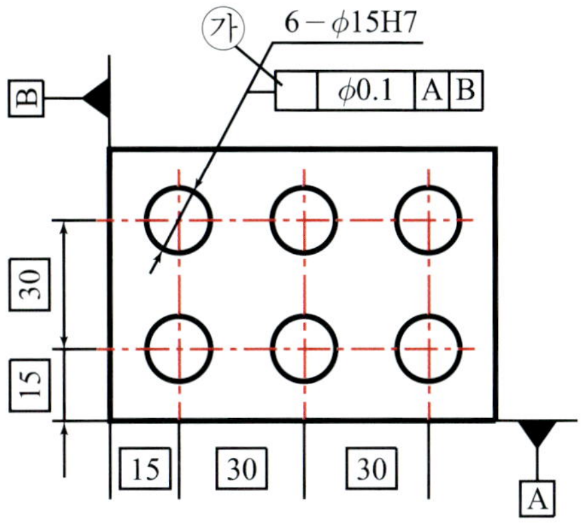

① ⌓
② ∠
③ ⌭
④ ⌖

30 ϕ50±0.04 축의 최대 실체조건은?

① 49.96　② 50.00　③ 50.04　④ 59.08

31 빈칸에 들어가야 할 공차와 기호는 어느 것인가?(공차가 구멍의 중심축에서 A와 B의 중심과 0.08mm 이내)

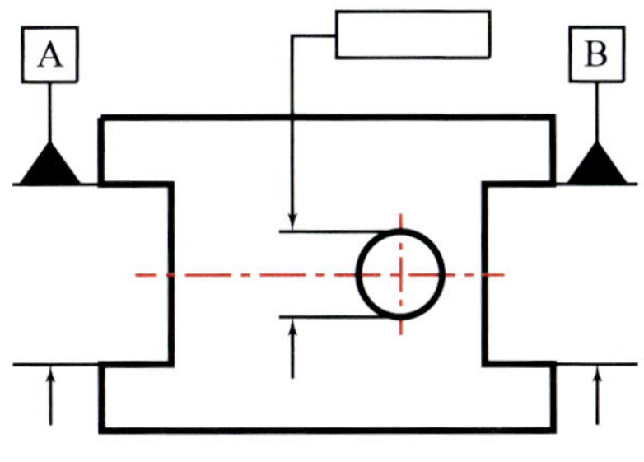

① | ⊥ | AB | 0.04 |
② | AB | // | 0.08 |
③ | ⌯ | 0.04 | AB |
④ | ⌯ | 0.08 | AB |

32 최대 실체 공차방식의 적용에 관한 설명 중 올바른 것은?

① 2개의 형체를 단순히 조립할 필요가 있을 때 적용한다.
② 단독 형체에서 적용한다.
③ 축선 또는 중심변을 포함한 관련 형체에서는 적용이 불가능하다.
④ 매우 정밀한 형체들의 조립할 필요가 있을 때 적용한다.

제6장 연습문제 정답

문제 1 : ②　문제 2 : ①　문제 3 : ④　문제 4 : ③　문제 5 : ②
문제 6 : ①　문제 7 : ③　문제 8 : ①　문제 9 : ②　문제 10 : ②
문제 11 : ④　문제 12 : ①　문제 13 : ④　문제 14 : ①　문제 15 : ①
문제 16 : ③　문제 17 : ④　문제 18 : ②　문제 19 : ②　문제 20 : ③
문제 21 : ③　문제 22 : ③　문제 23 : ②　문제 24 : ①　문제 25 : ③
문제 26 : ③　문제 27 : ①　문제 28 : ③　문제 29 : ④　문제 30 : ③
문제 31 : ④　문제 32 : ①

PART 7.

제도관련 연습문제

01 입체도에 표시한 A, B, C…의 각 면이 제3각법으로서 투상도의 어느 선 및 면에 해당하는가를 ○ 안에 A, B, C…로 기입하시오.

①

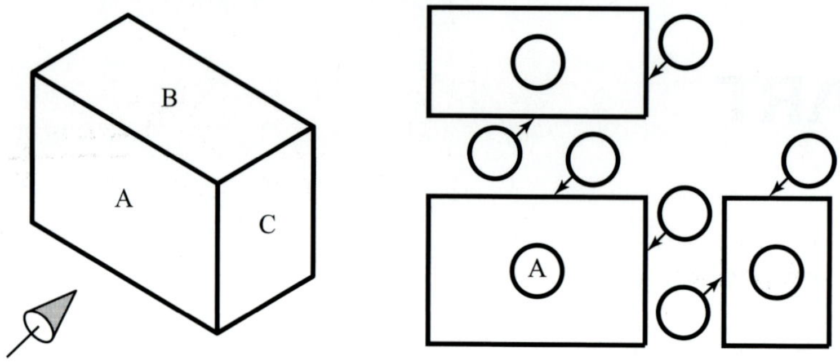

②

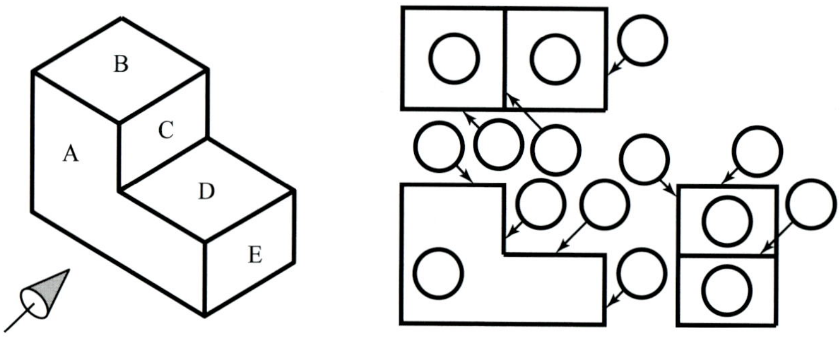

③

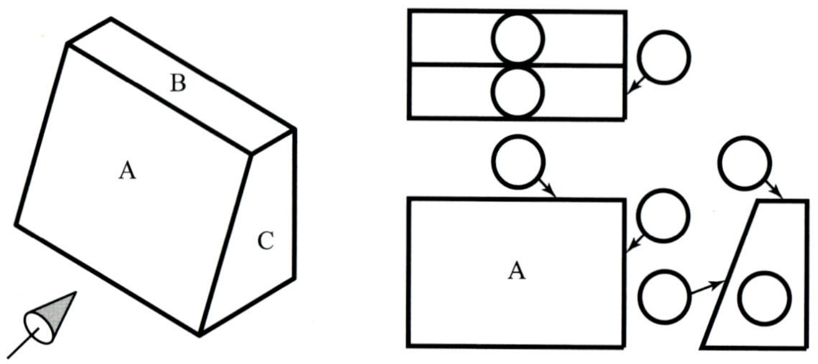

④

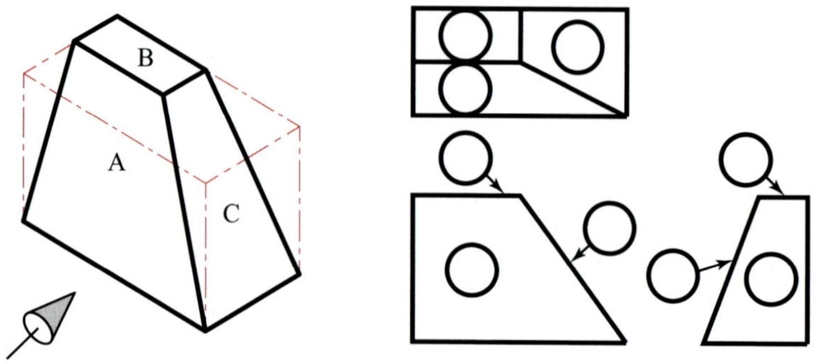

⑤

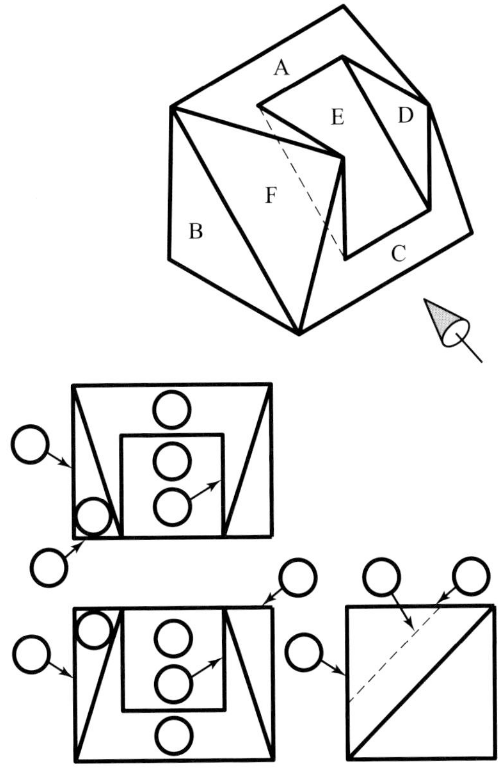

⑥

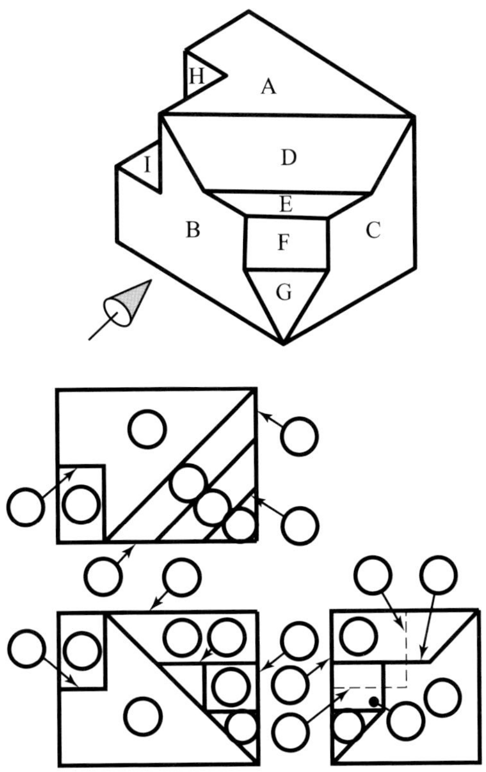

(문제 01. 풀이)

①

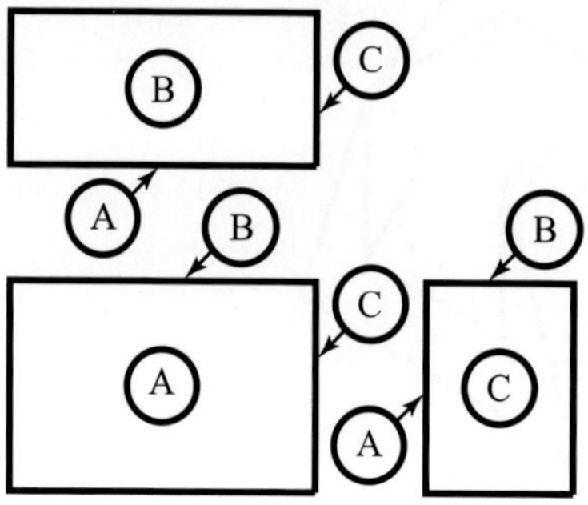

②

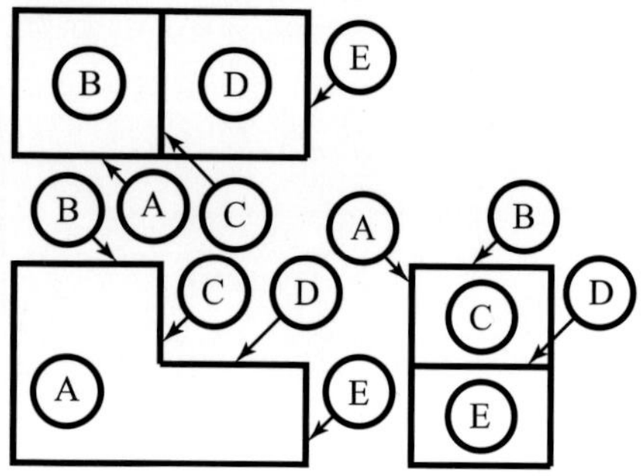

③

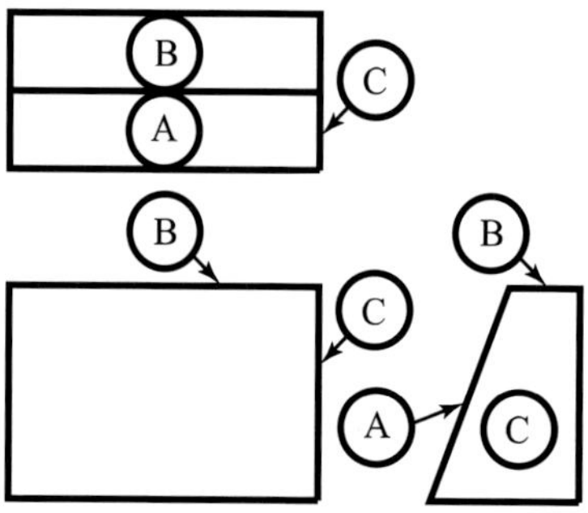

④

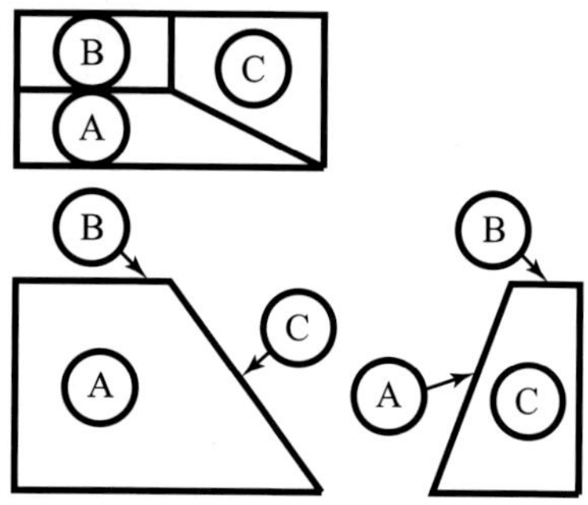

⑤

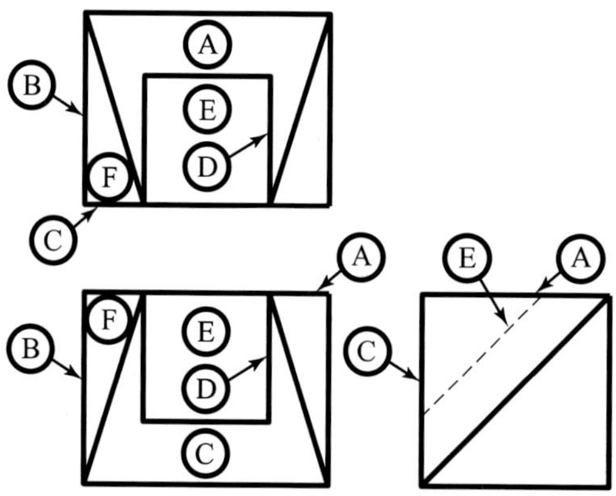

⑥

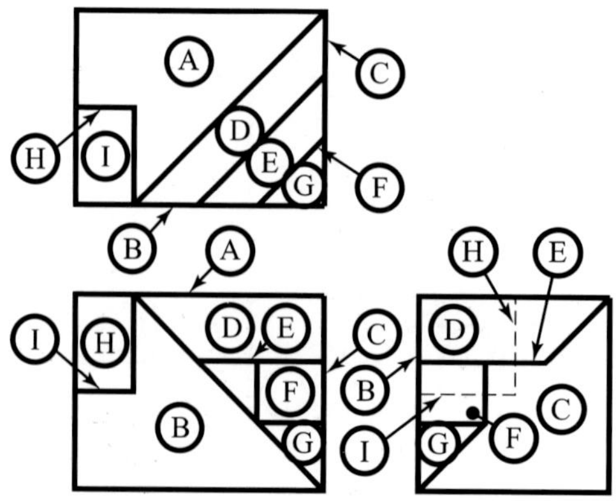

02 다음 도면은 입체도를 등각도와 제3각법으로서 투상도를 나타낸 것이다. 이 제3각법의 투상도에 선을 추가하여 도면을 완성하시오.

①

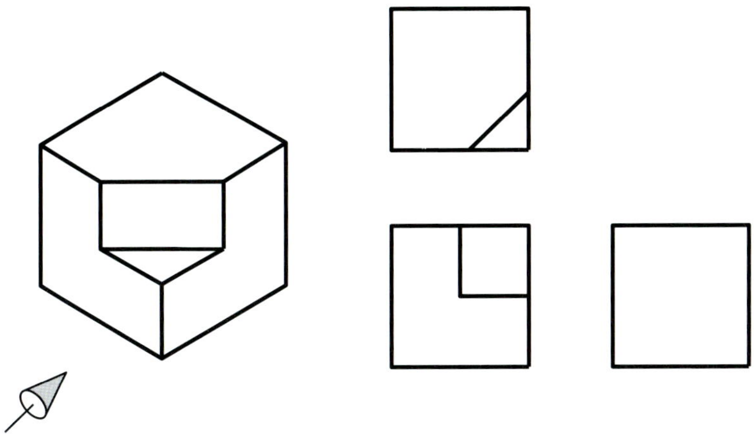

②

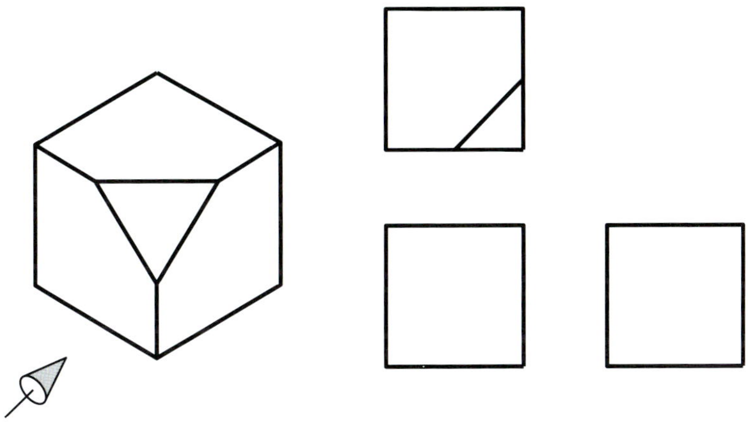

③

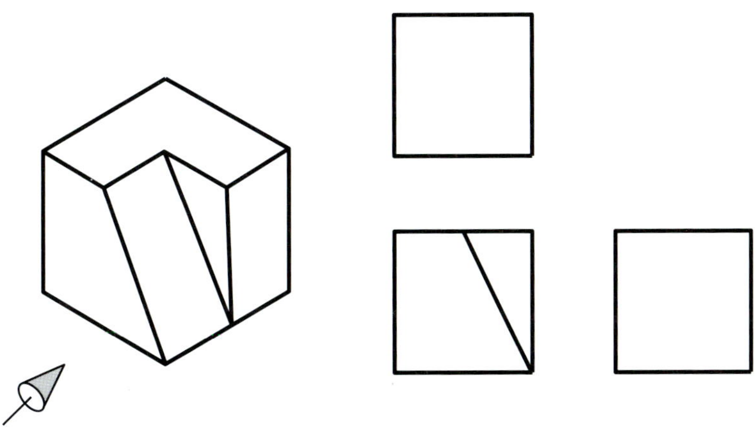

④

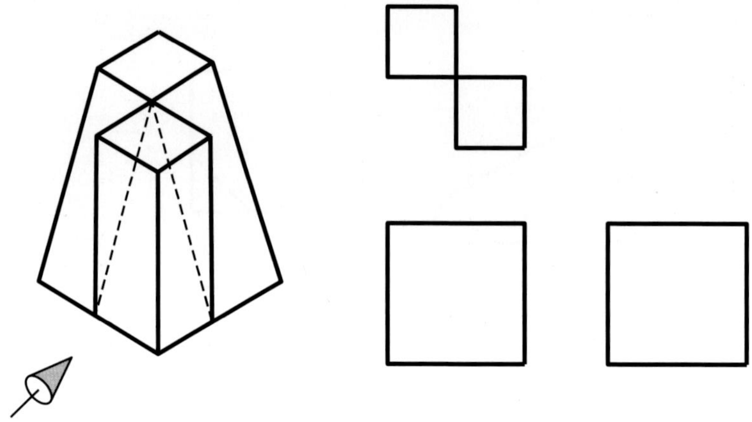

⑤

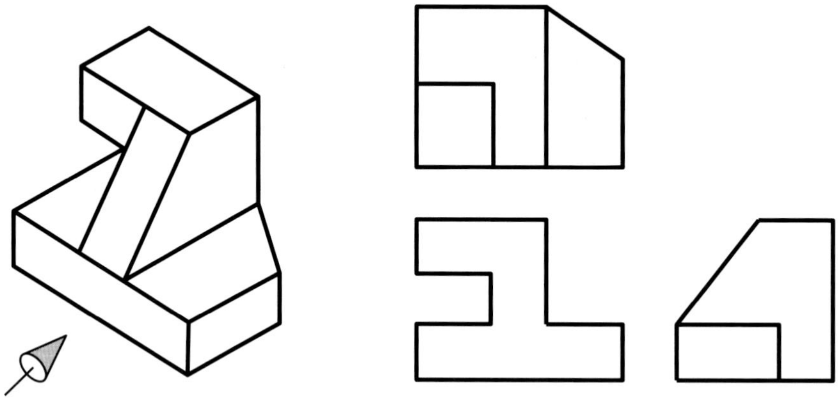

⑥

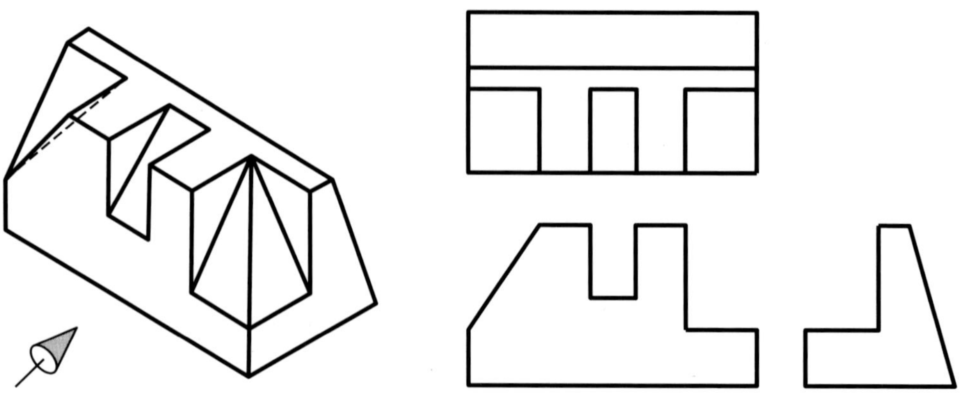

(문제 02. 풀이)

①

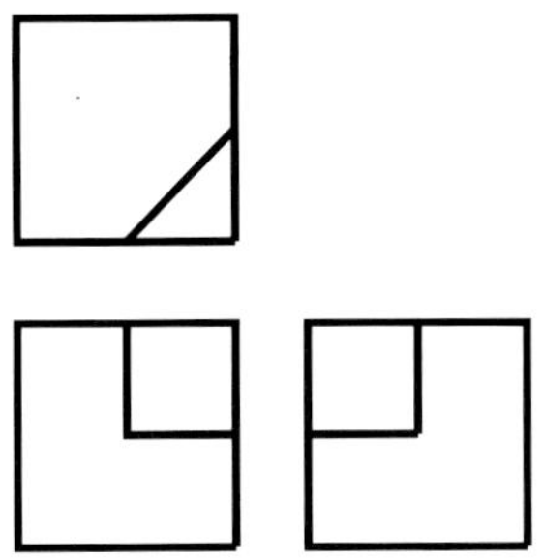

②

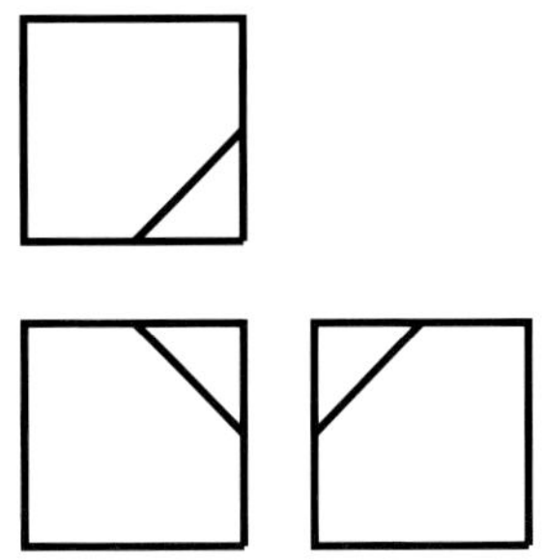

③

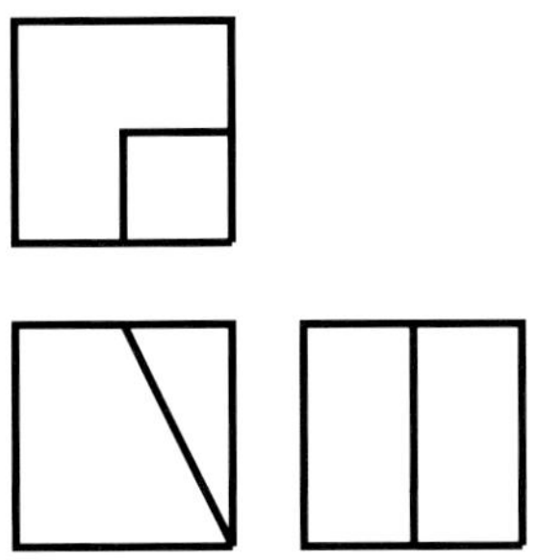

④

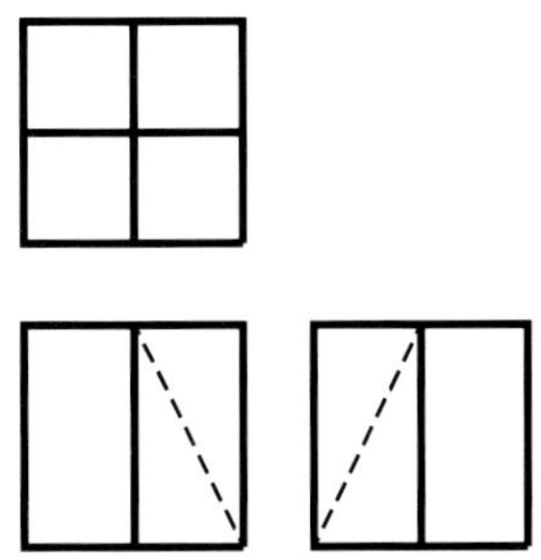

⑤

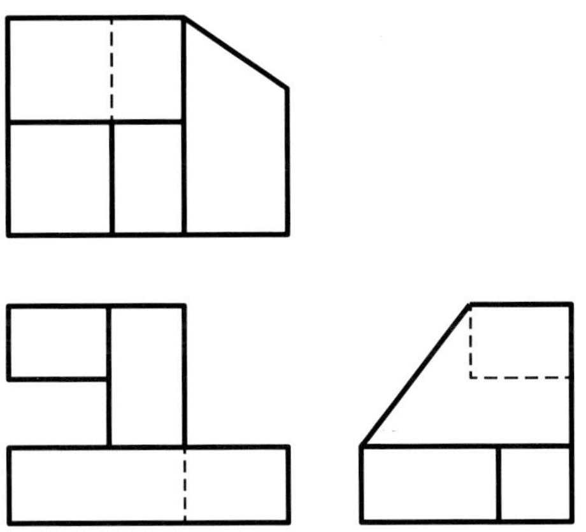

⑥

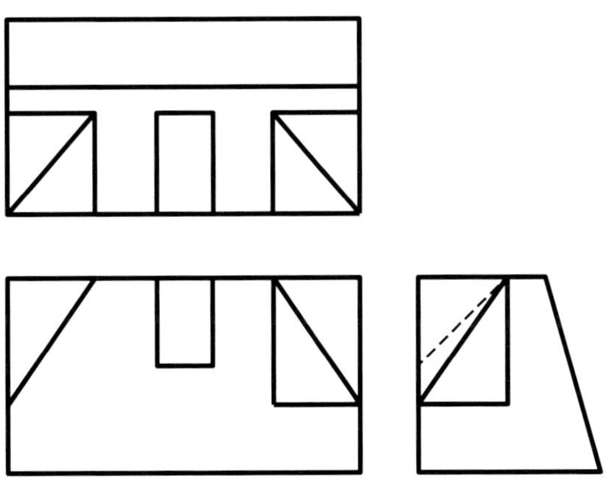

03 다음 투상도의 단면도를 그리시오.(①~⑭)

①

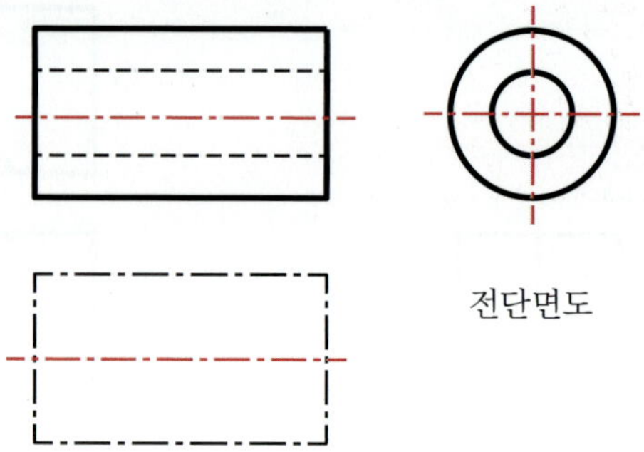

전단면도

②

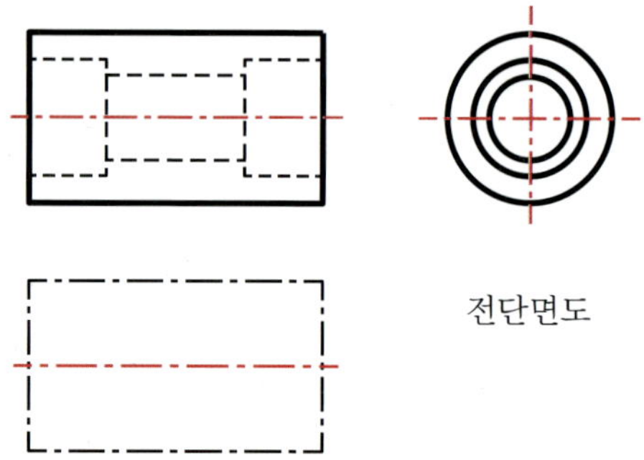

전단면도

③

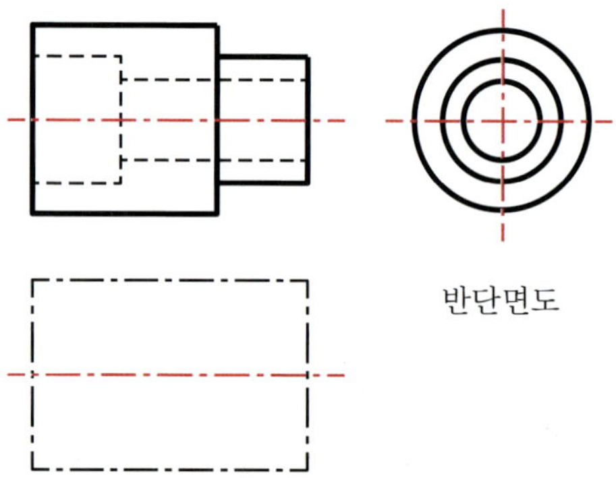

반단면도

④

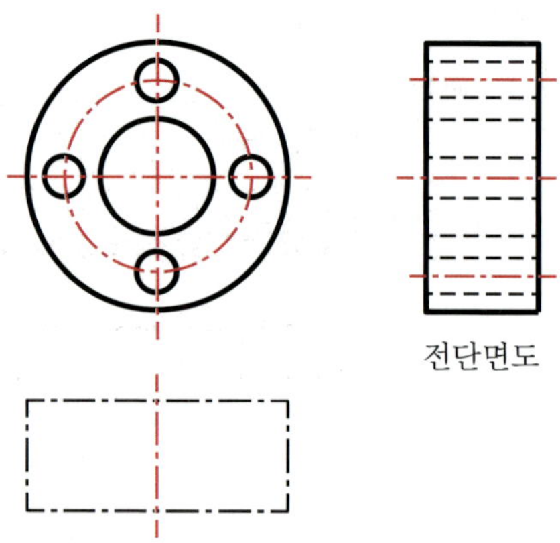

전단면도

⑤

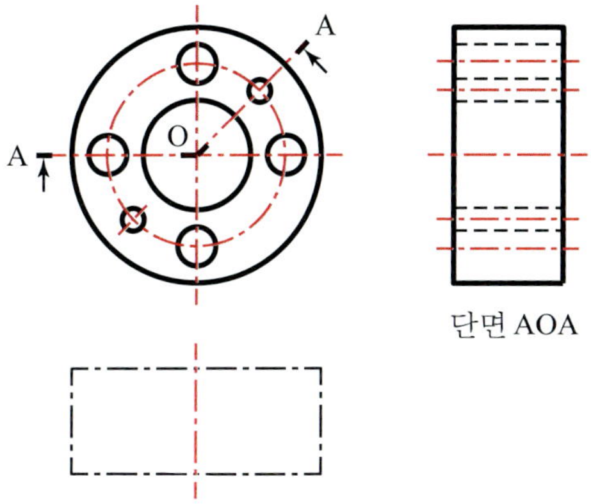

⑥

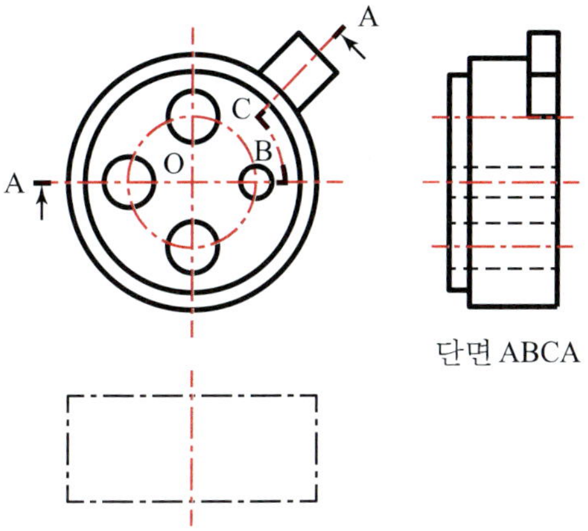

⑦

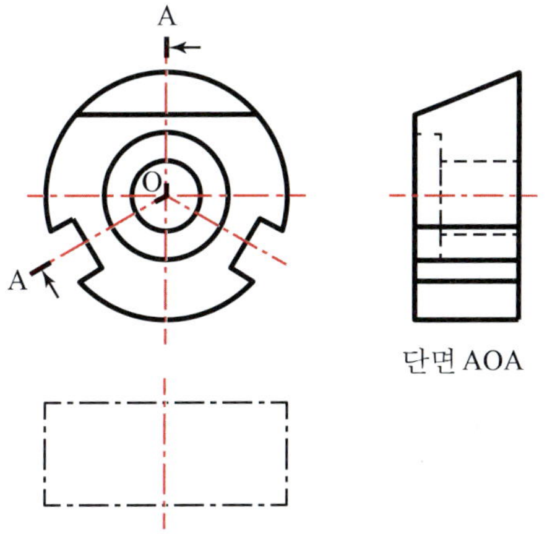

⑧

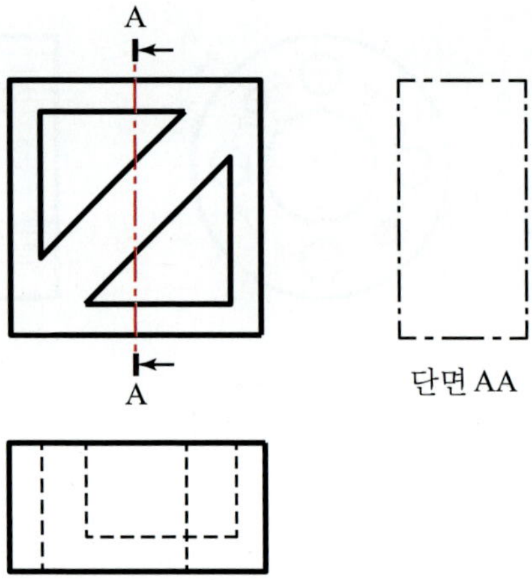

⑨

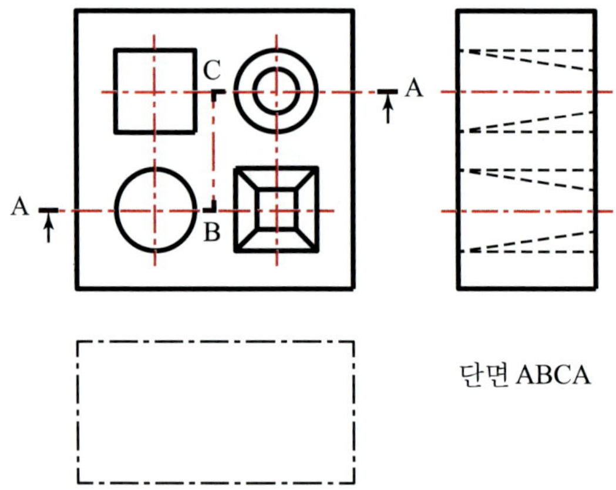

⑩

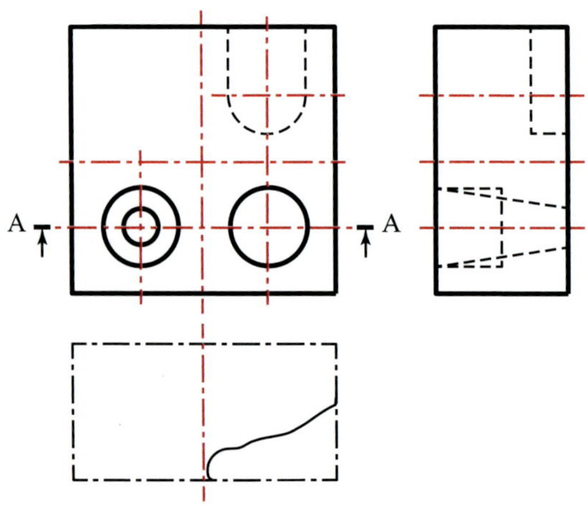

⑪

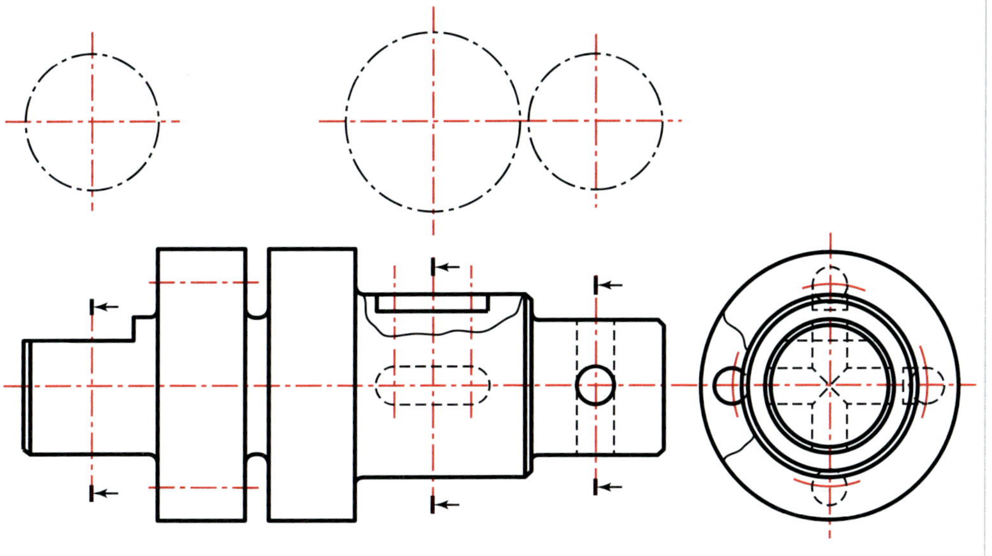

⑫

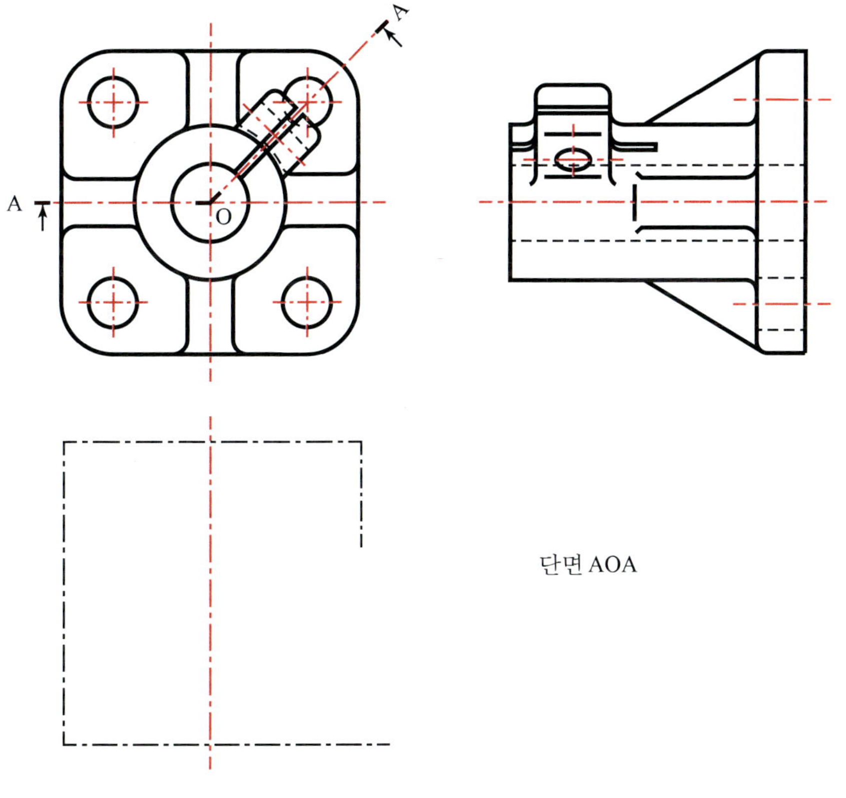

단면 AOA

(문제 03. 풀이)

①

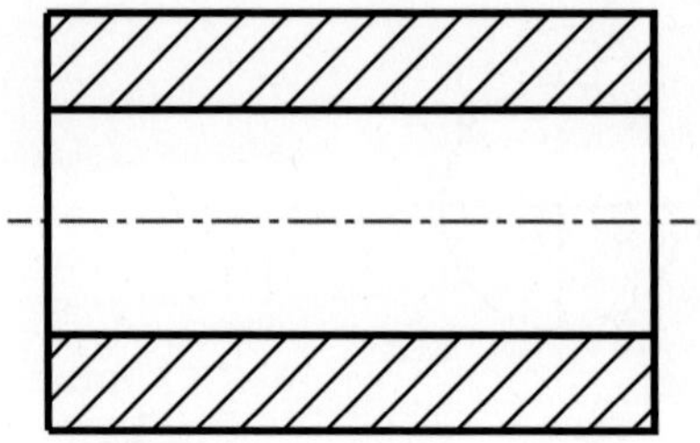

②

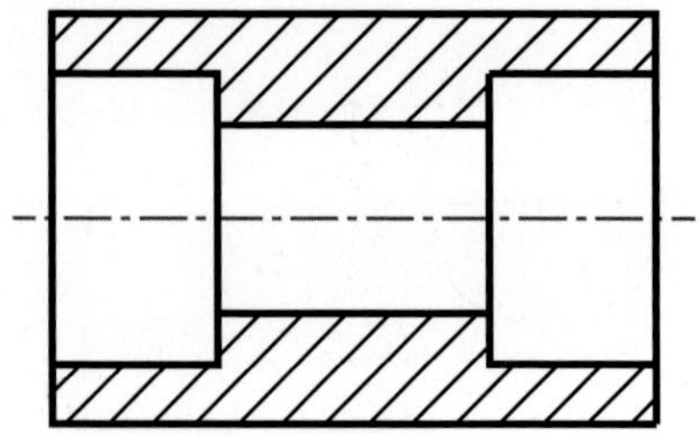

③

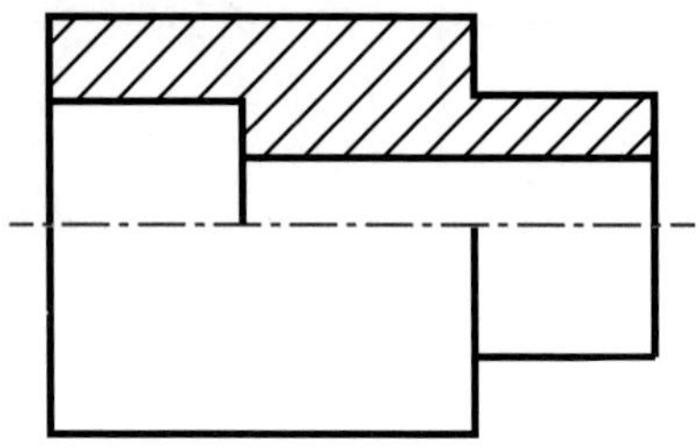

④

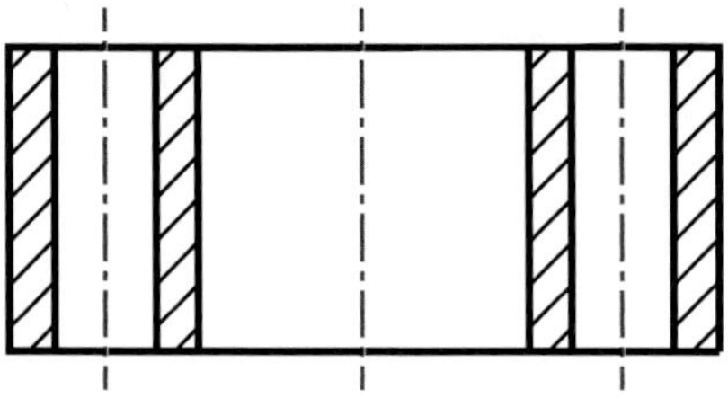

⑤

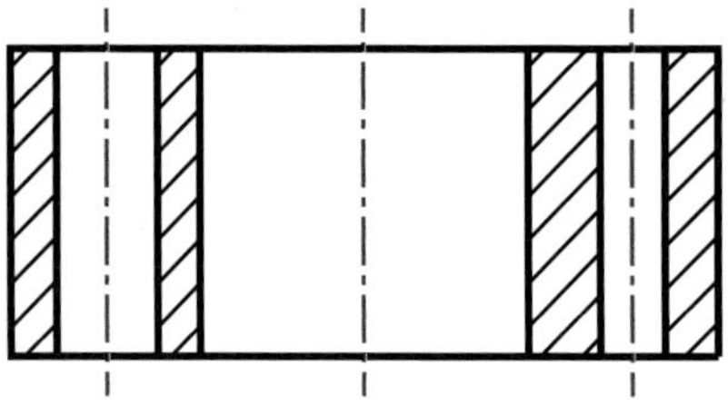

⑥

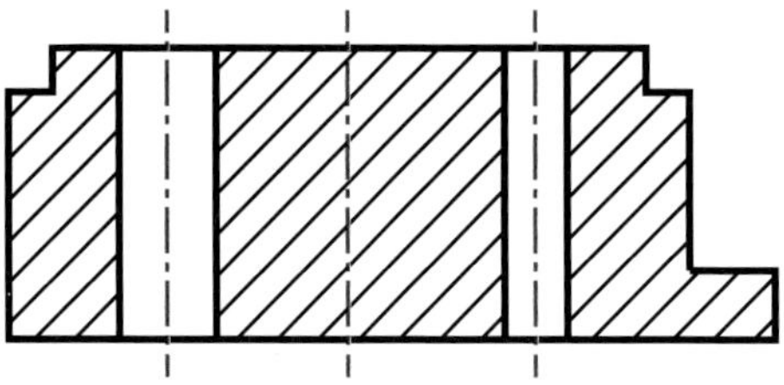

⑦

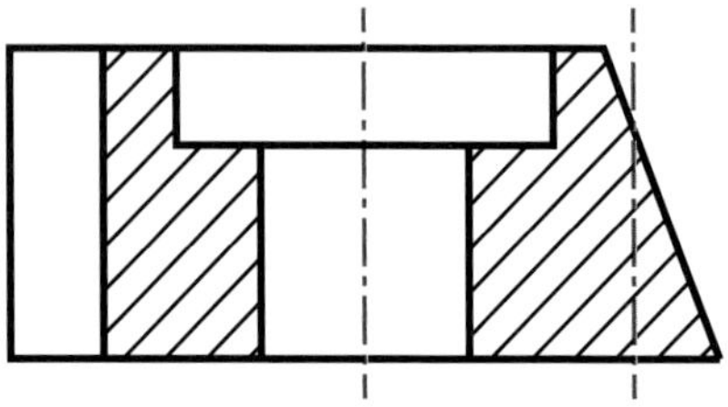

⑧

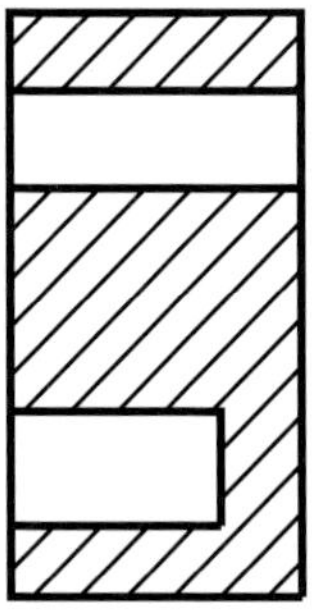

⑨

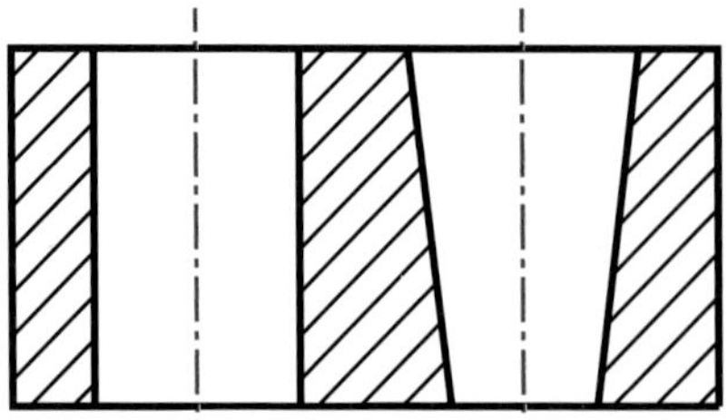

⑩

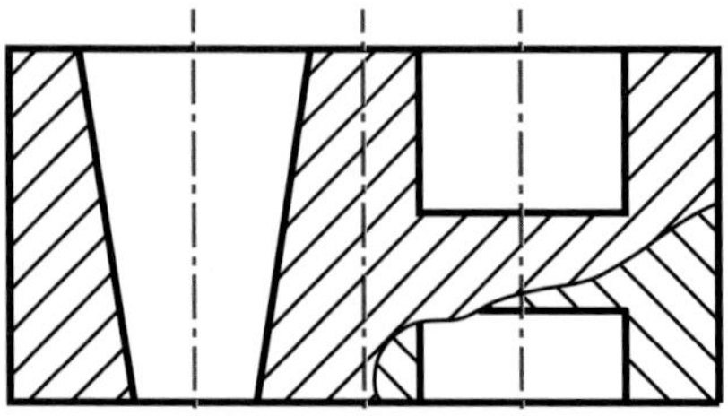

⑪

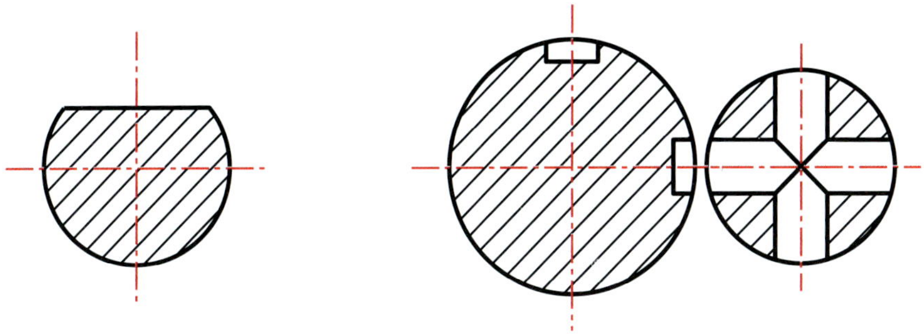

⑫

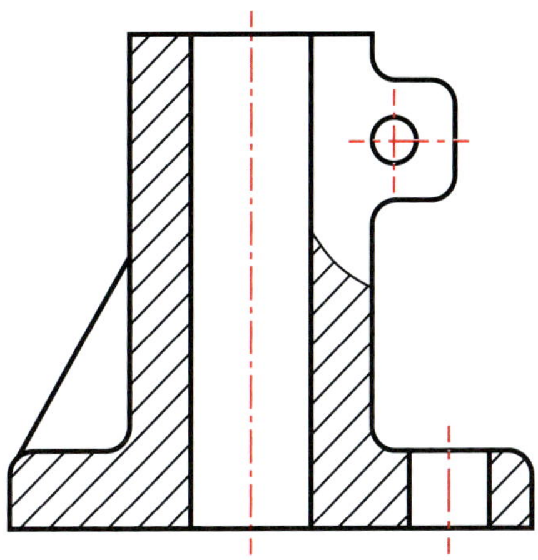

04 **다음 입체도의 제 3각법에 의한 기본 3면도(정면도, 평면도, 우측면도)를 그리시오.**

①

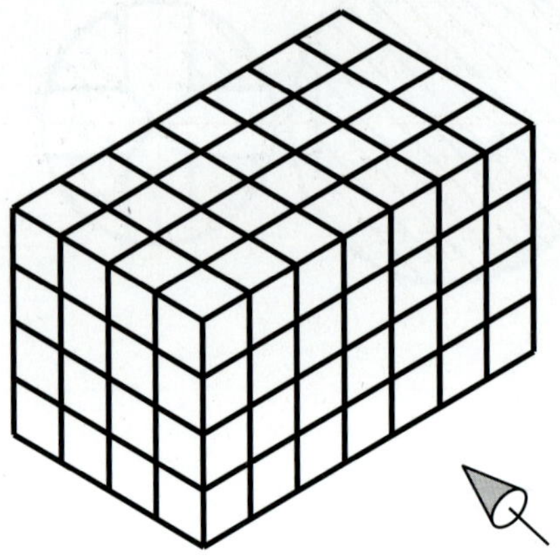

②

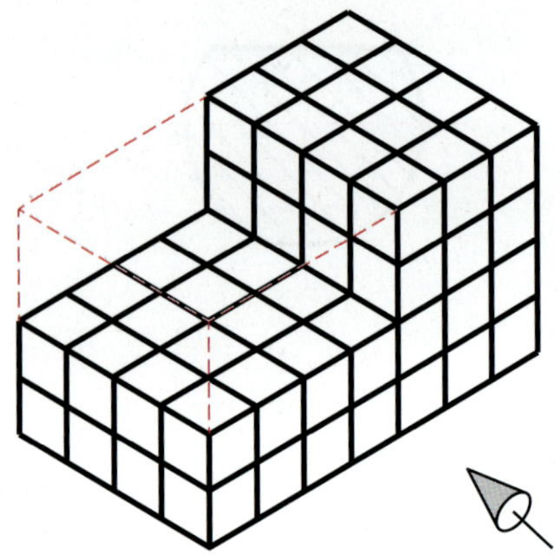

③

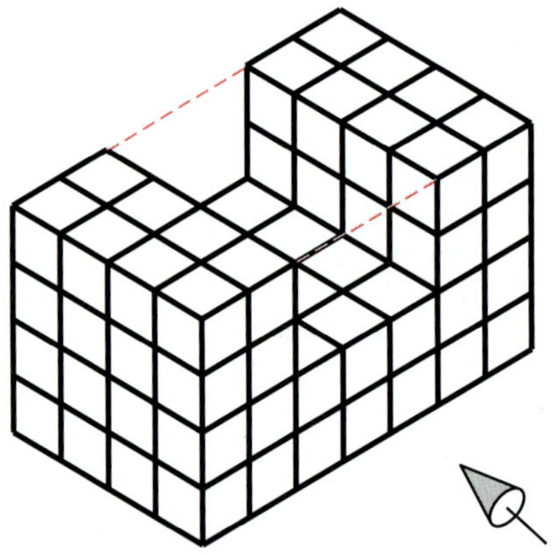

④

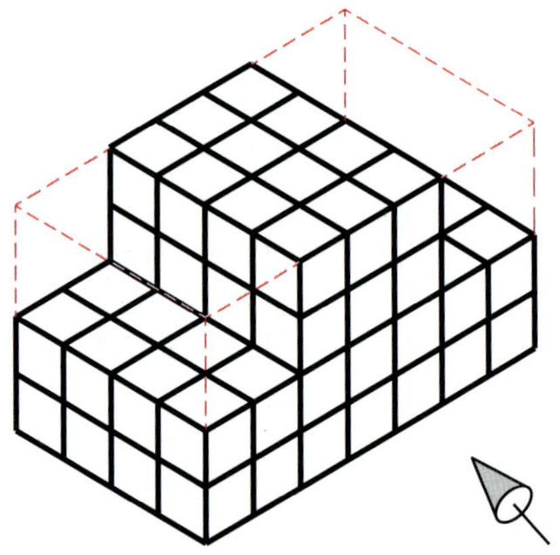

⑤

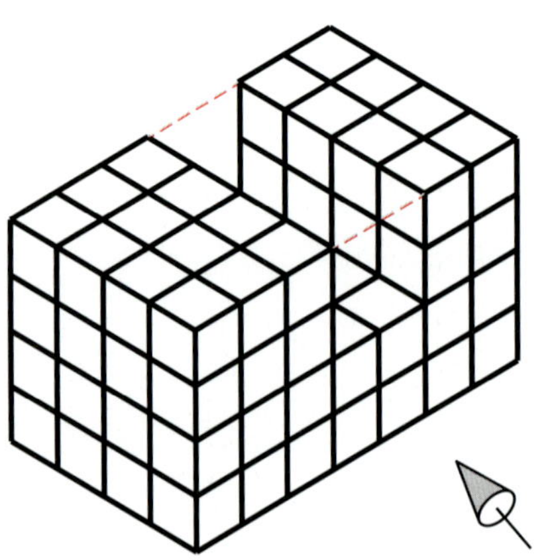

⑥

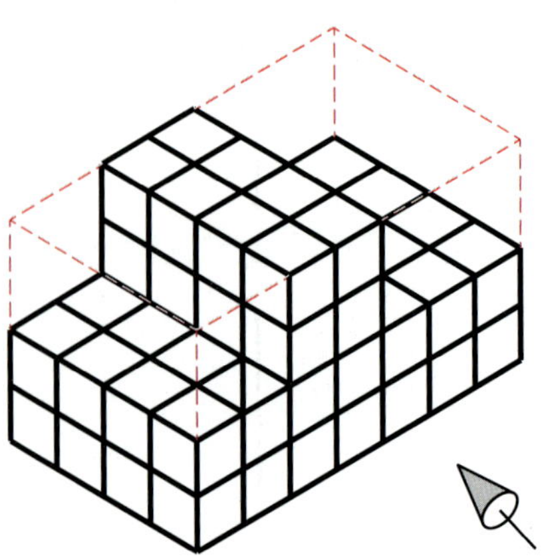

⑦

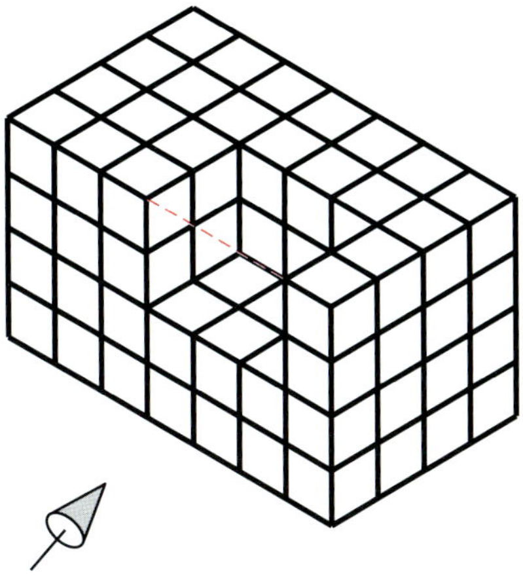

⑧

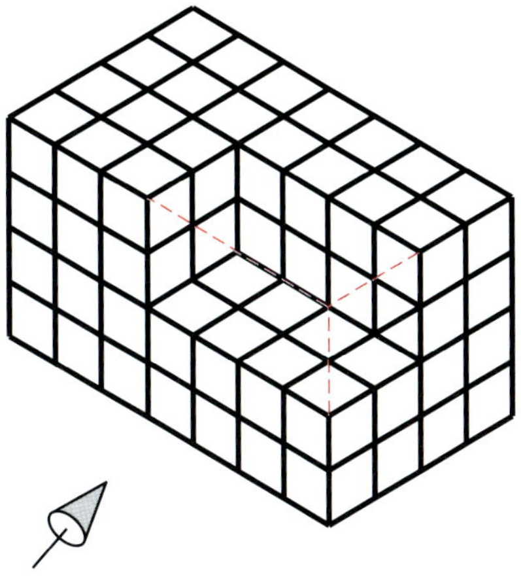

⑨

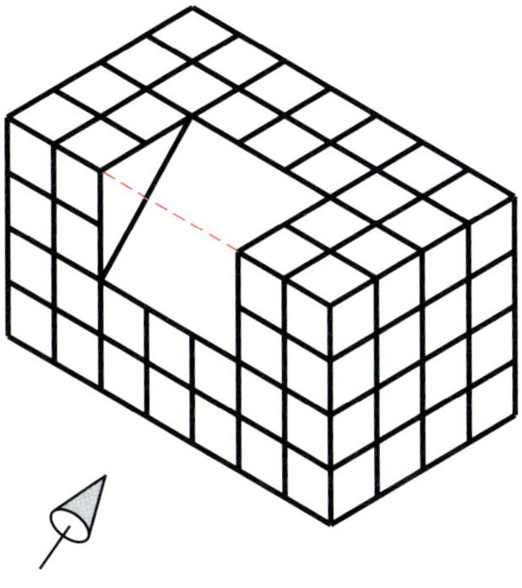

⑩

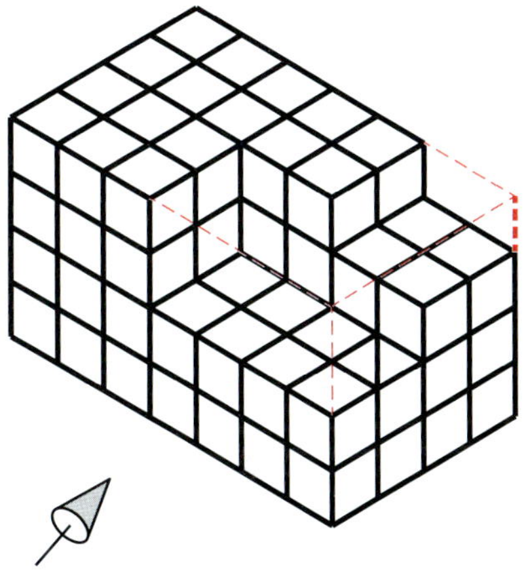

⑪

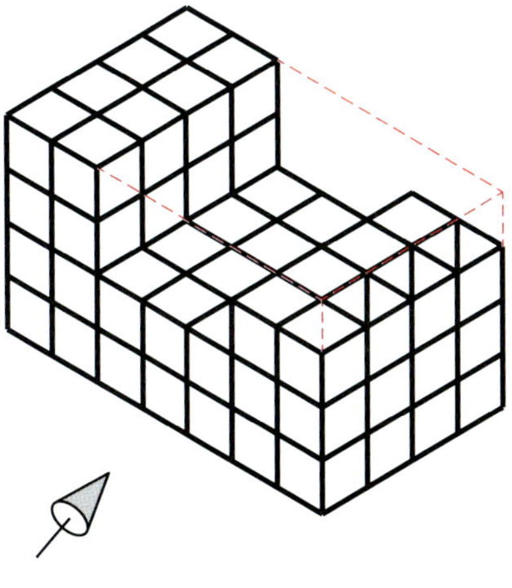

⑫

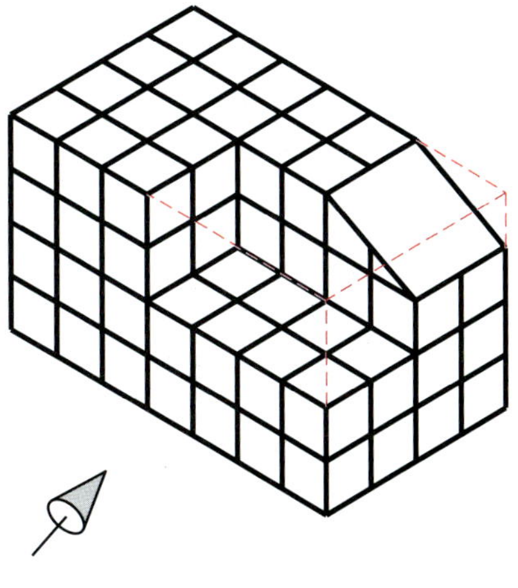

⑬

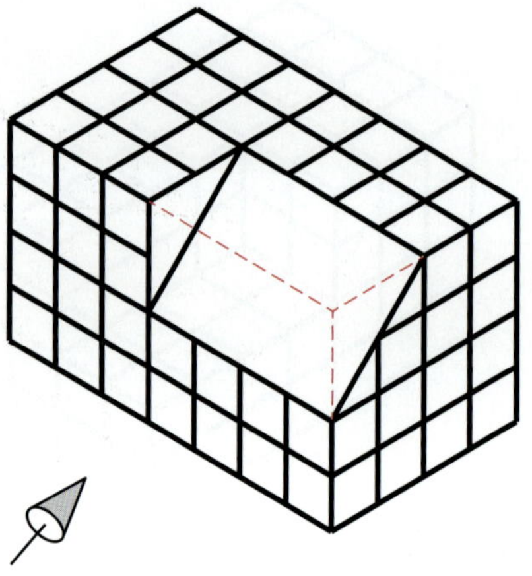

⑭

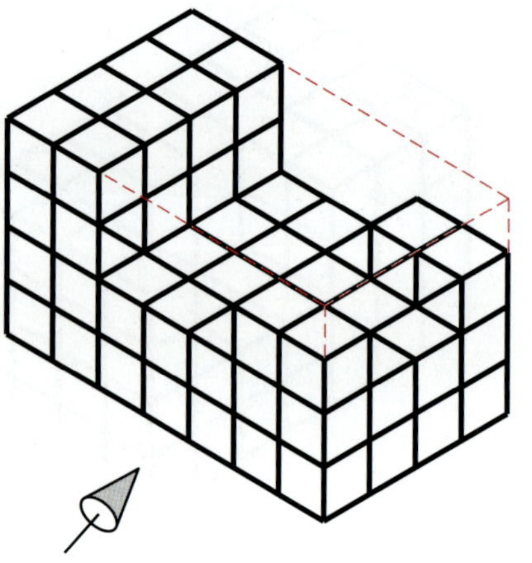

⑮

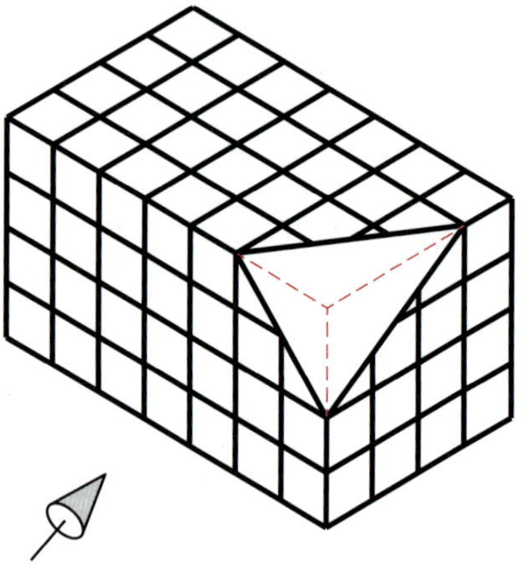

⑯

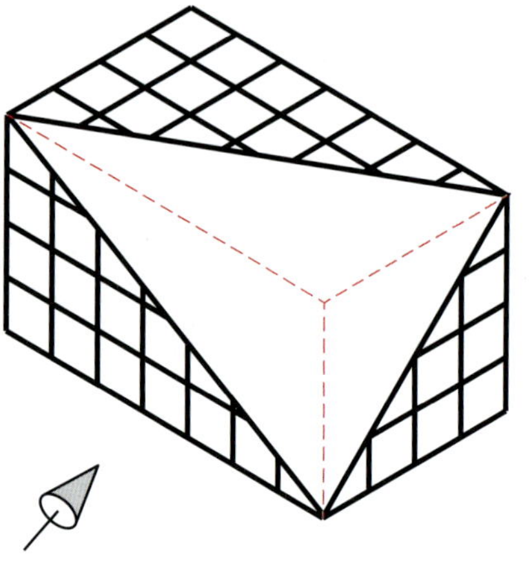

⑰

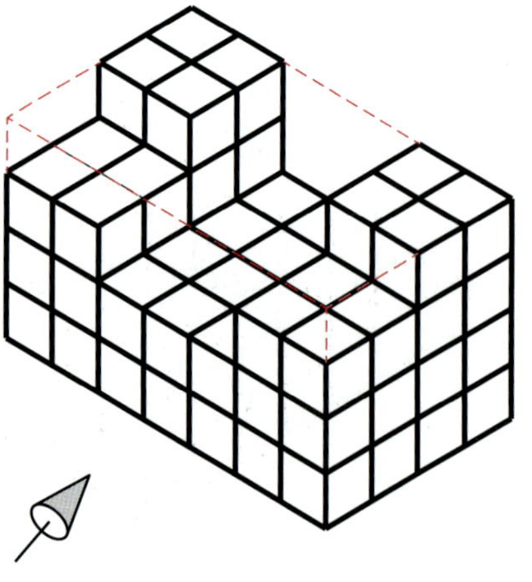

⑱

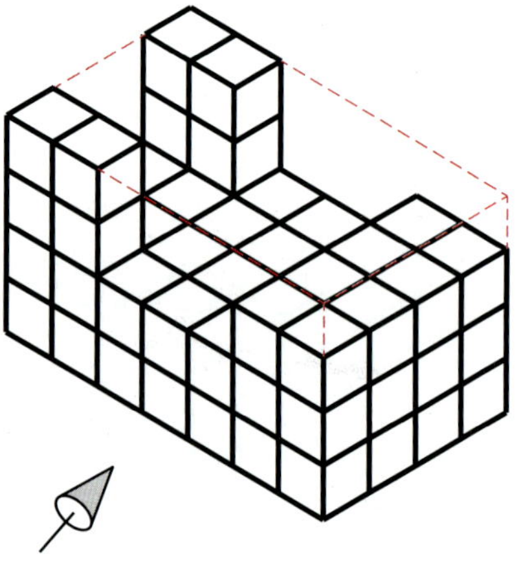

⑲

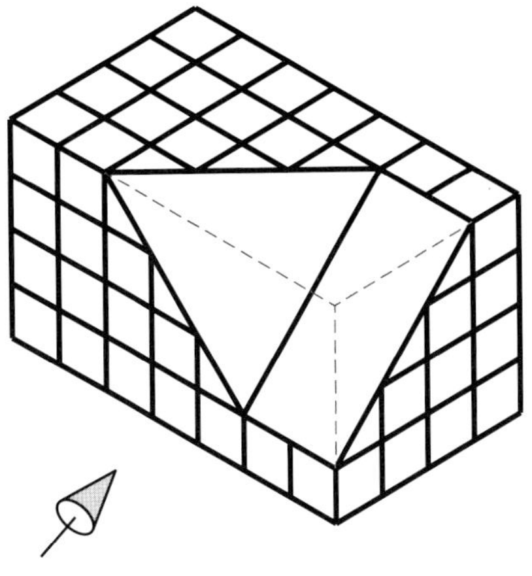

⑳

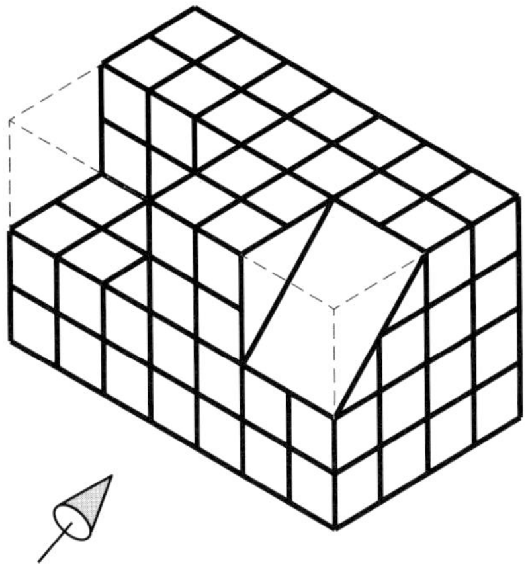

㉑

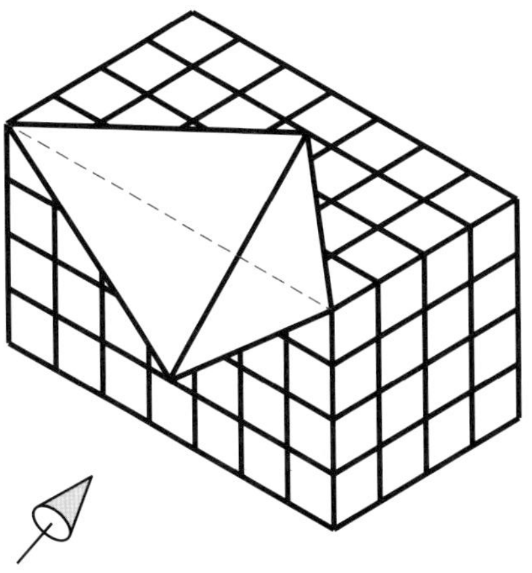

㉒

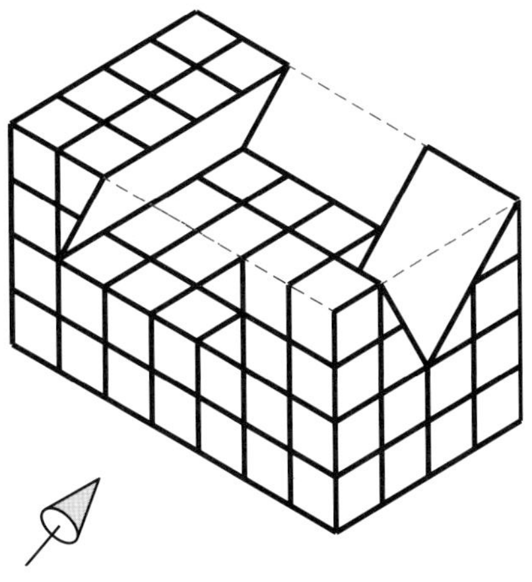

㉓

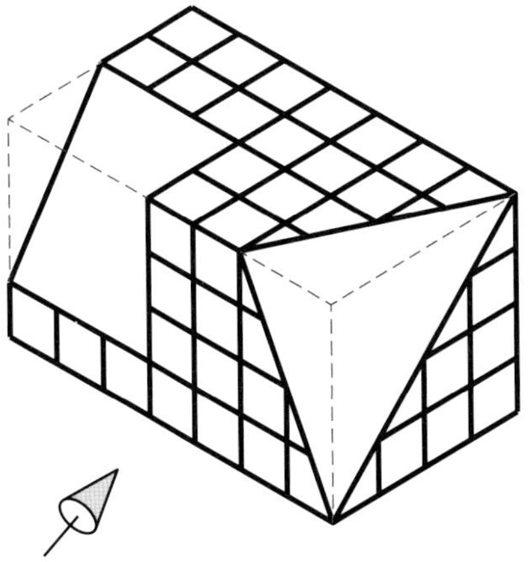

㉔

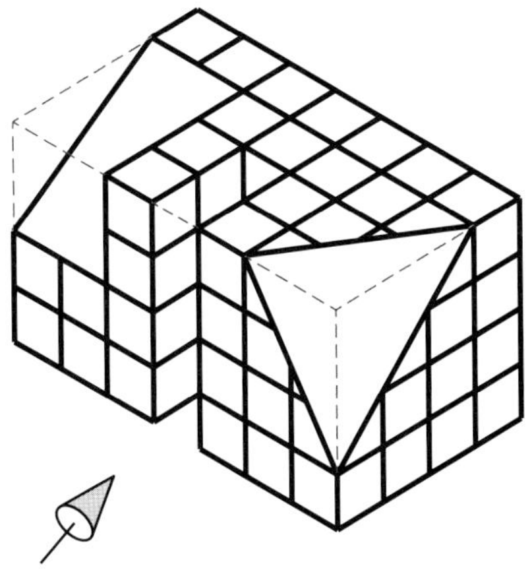

㉕

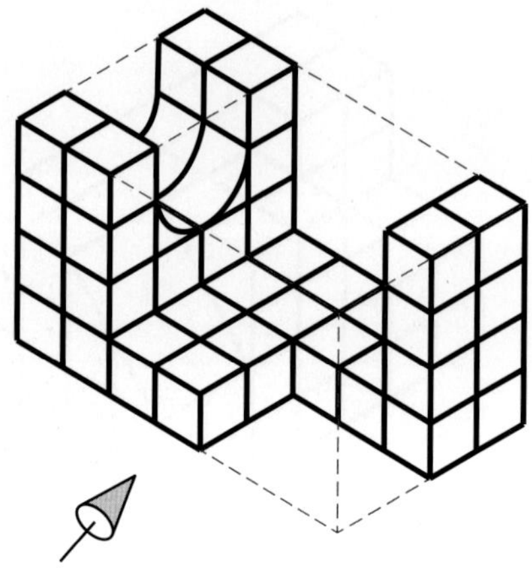

㉖

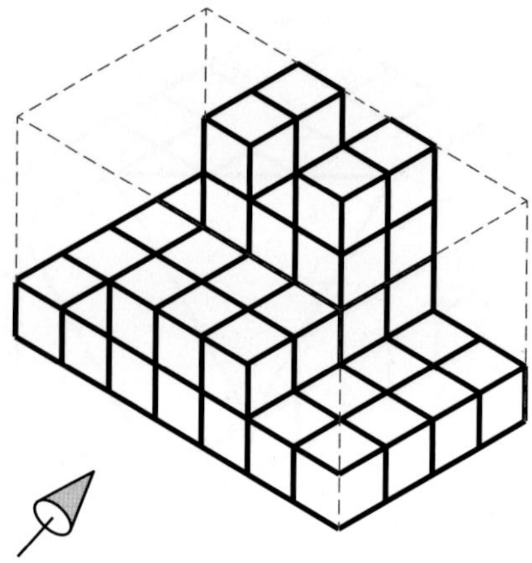

㉗

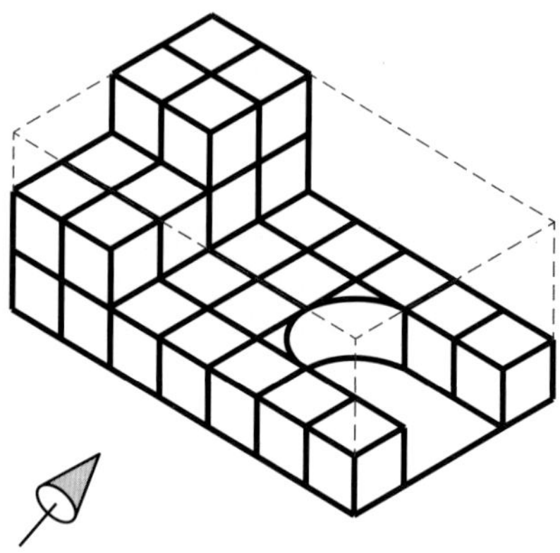

㉘

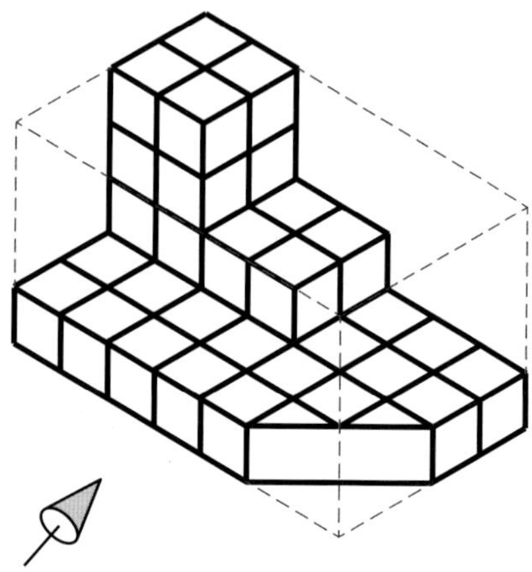

㉙

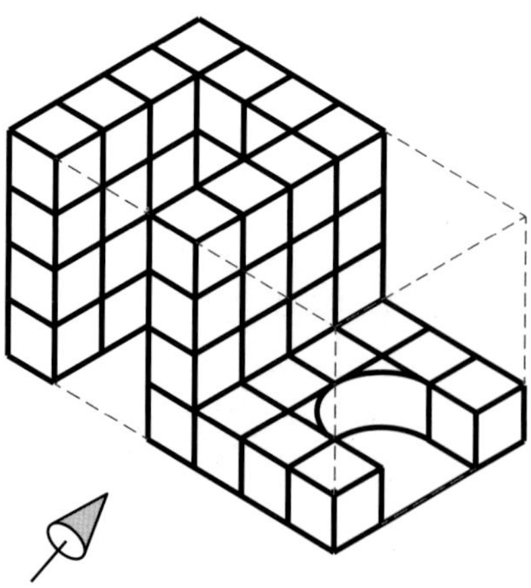

㉚

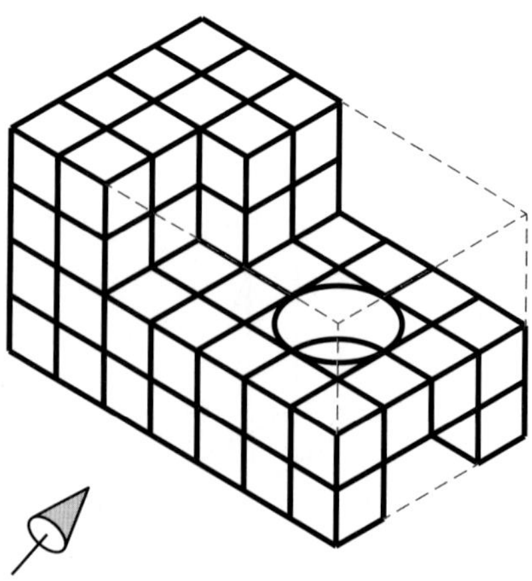

㉛

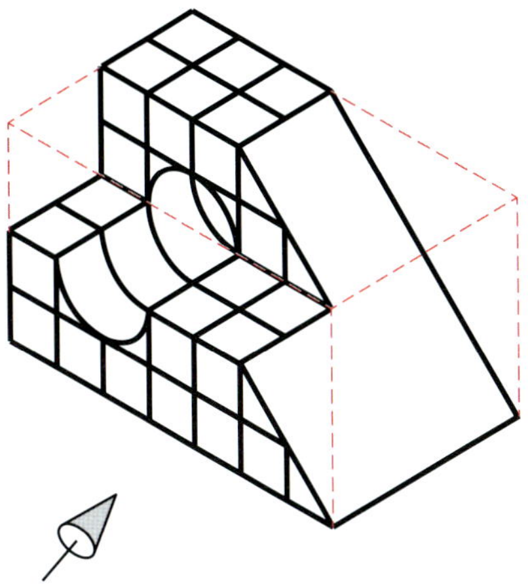

㉜

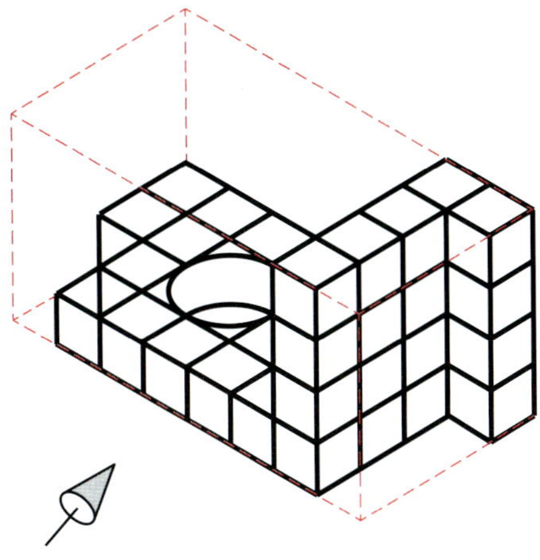

㉝

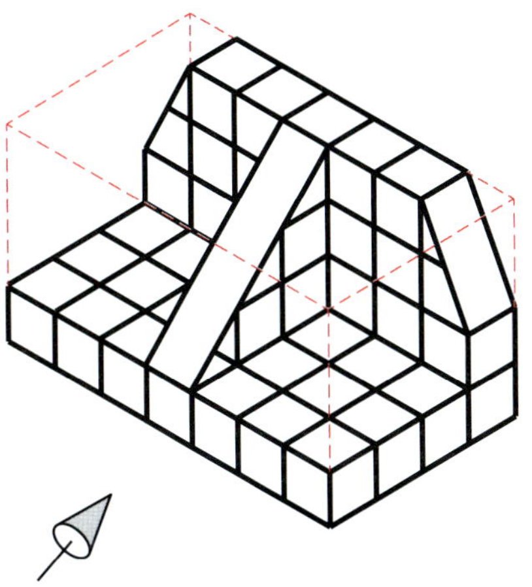

㉞

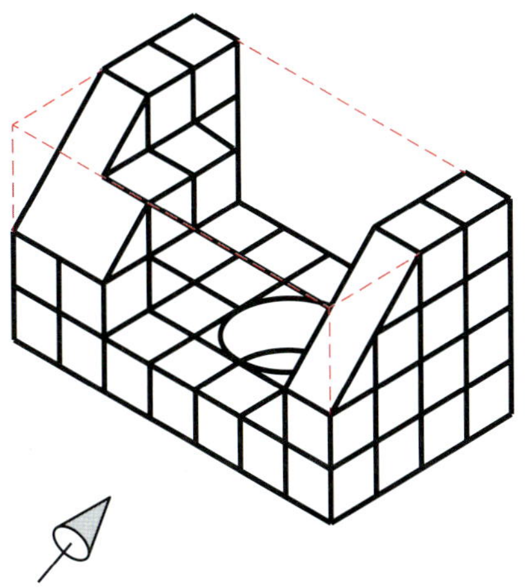

㉟

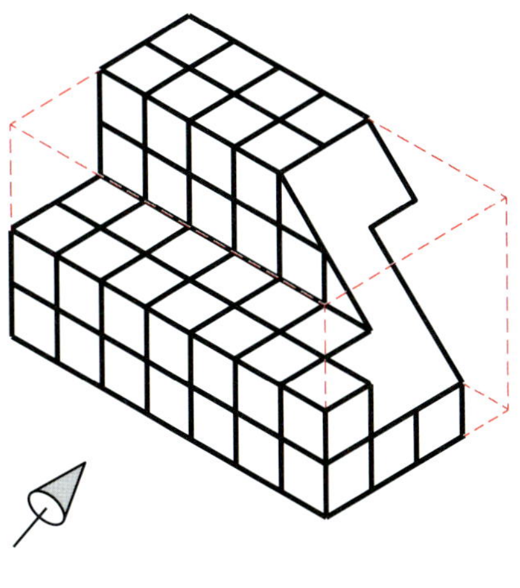

㊱

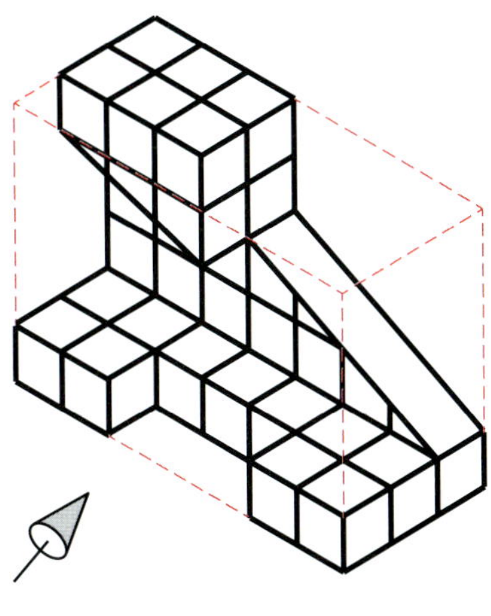

㊲

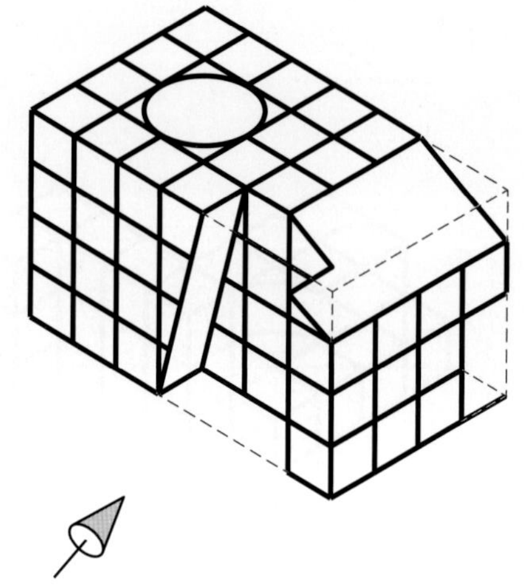

㊳

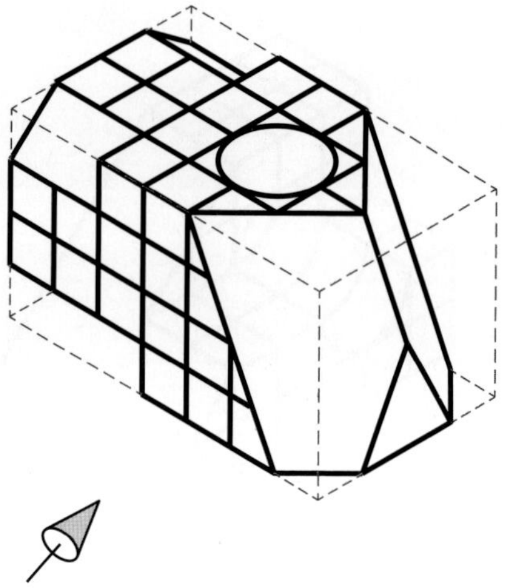

㊴

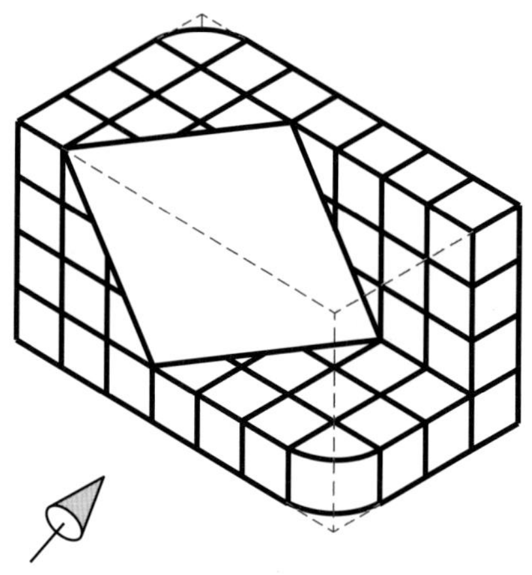

㊵

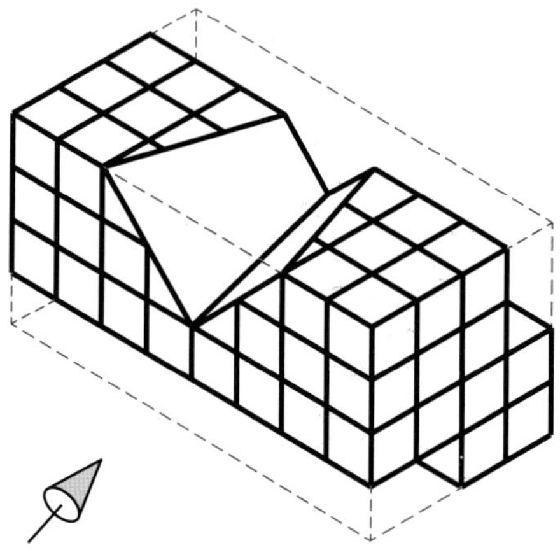

(문제 04. 풀이)

①

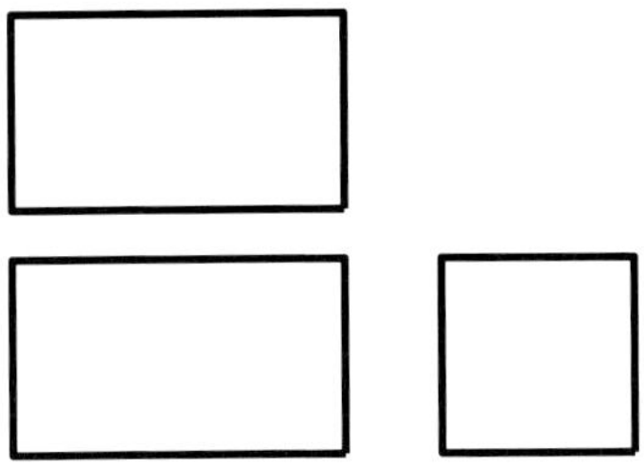

②

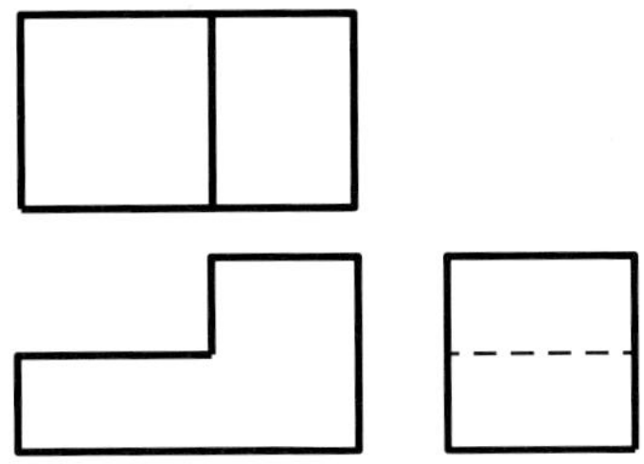

③

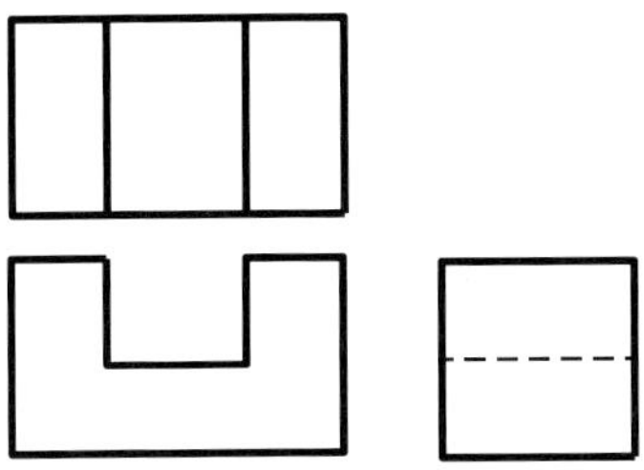

④

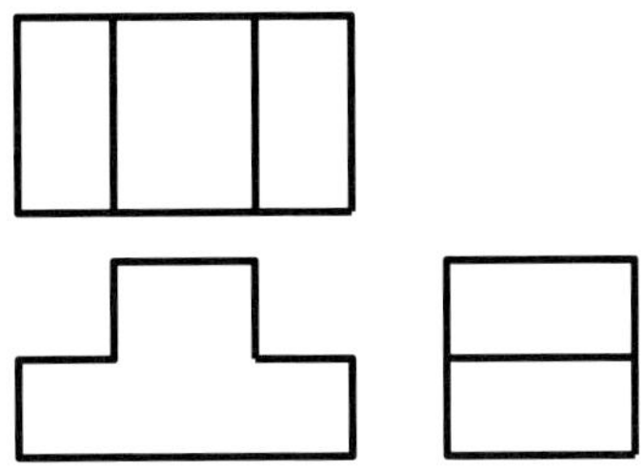

⑤

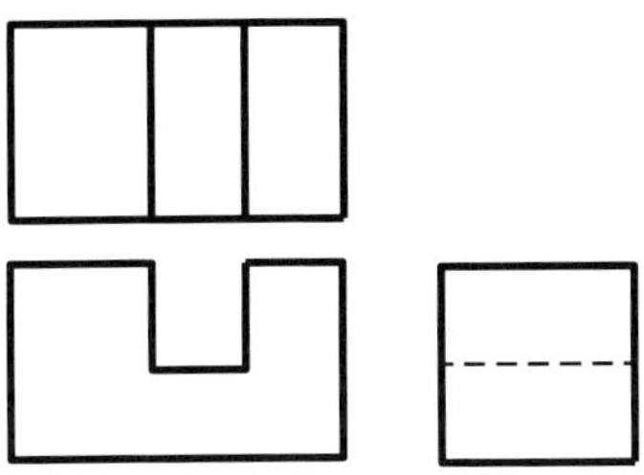

⑥

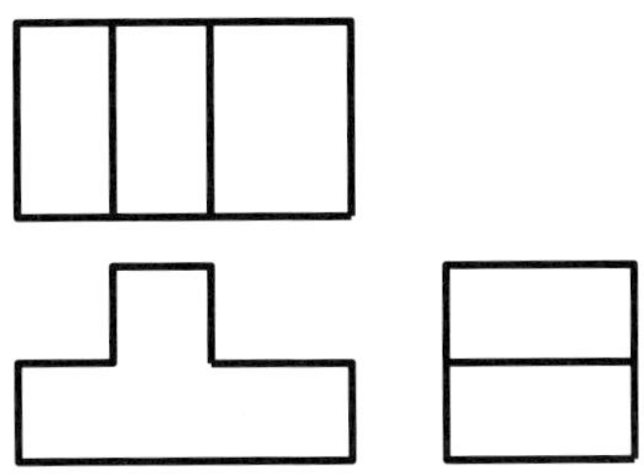

⑦

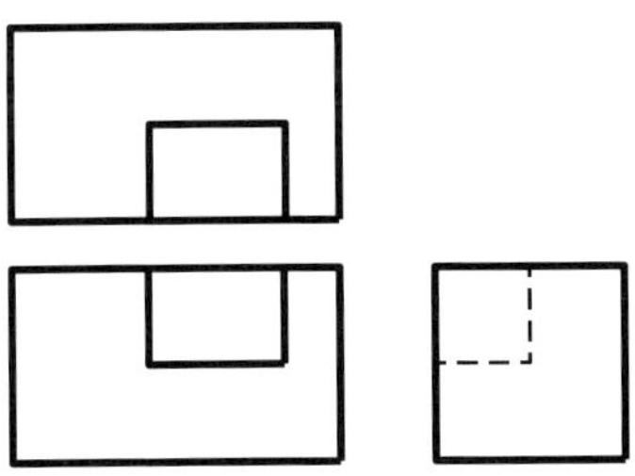

⑧

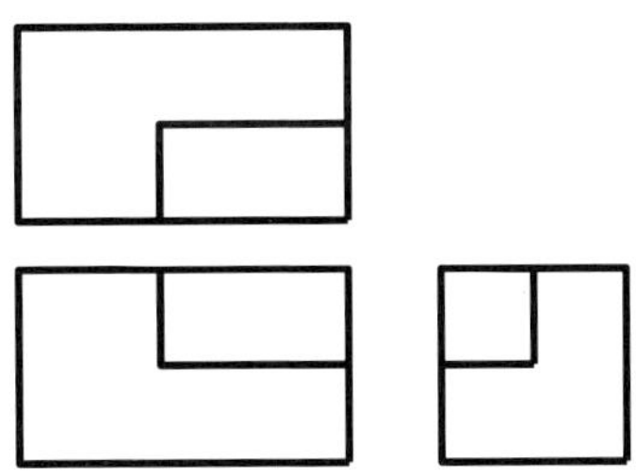

⑨

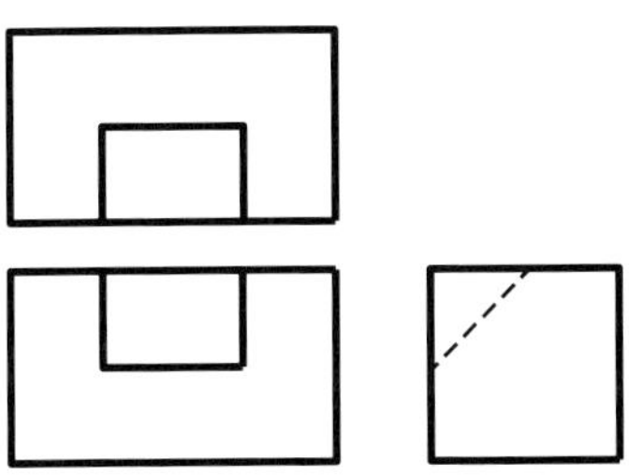

⑩

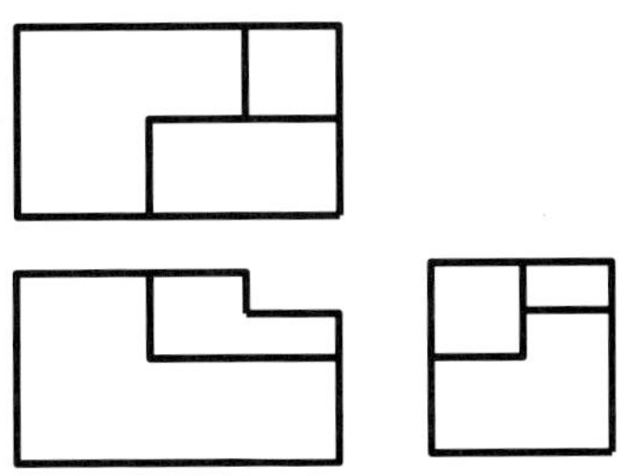

⑪

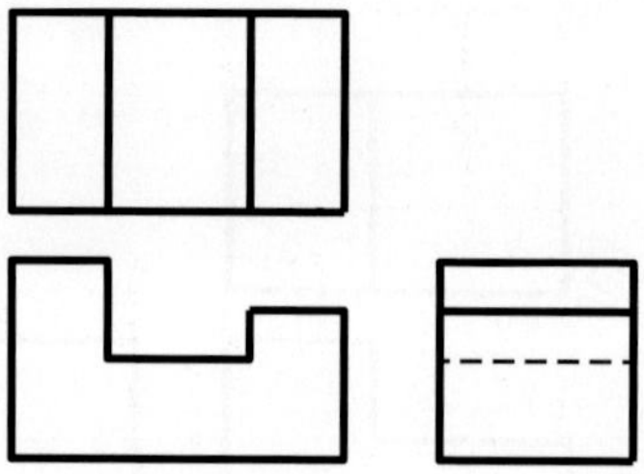

⑫

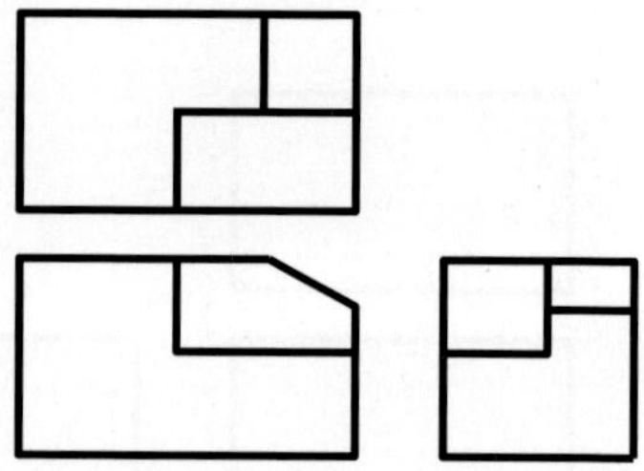

⑬

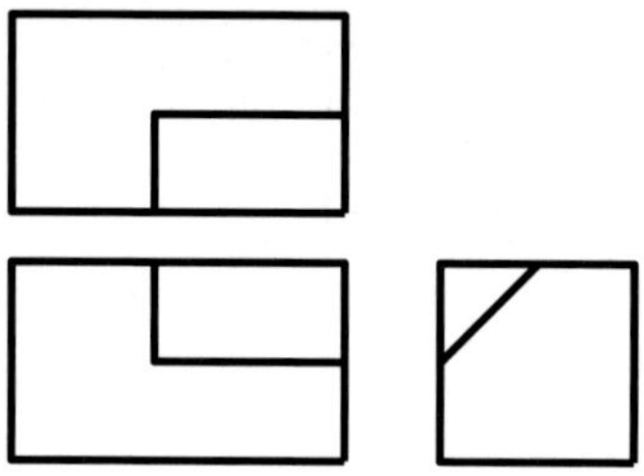

⑭

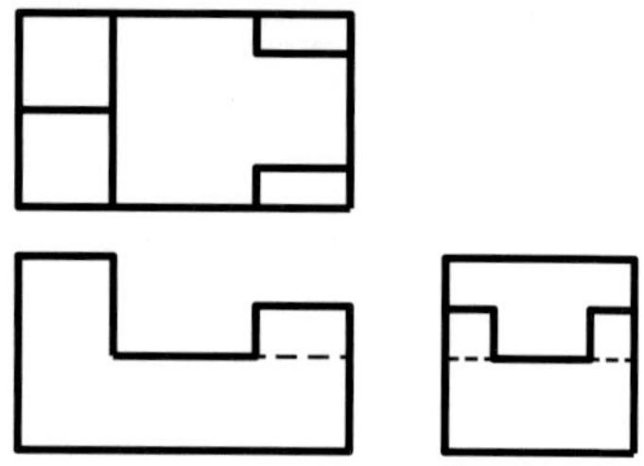

⑮

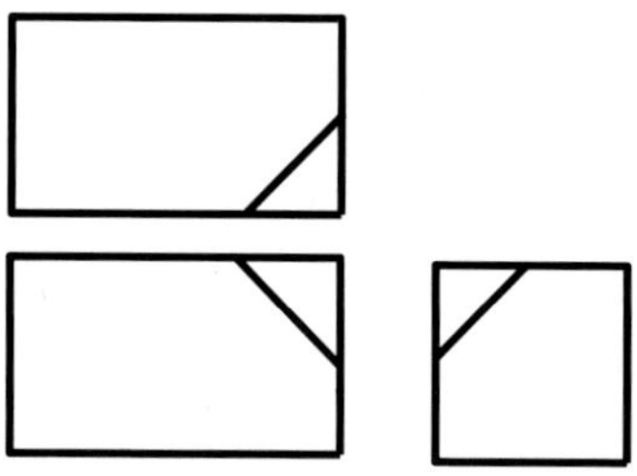

⑯

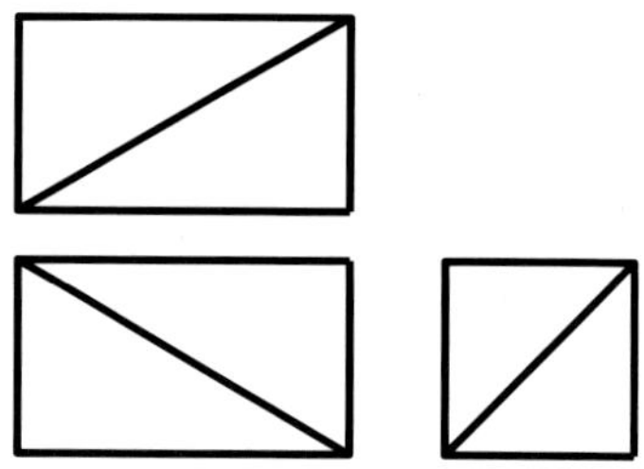

⑰

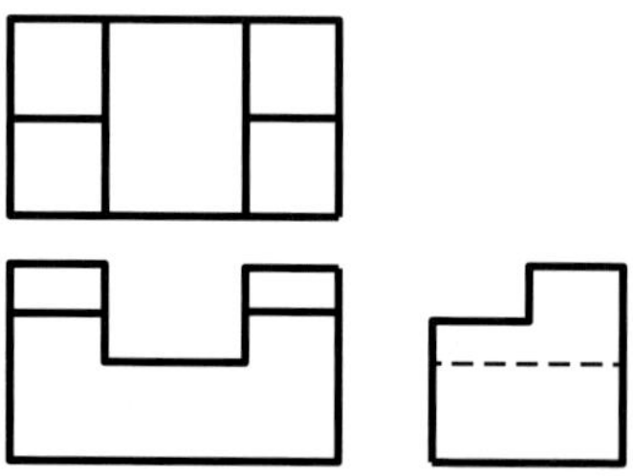

⑱

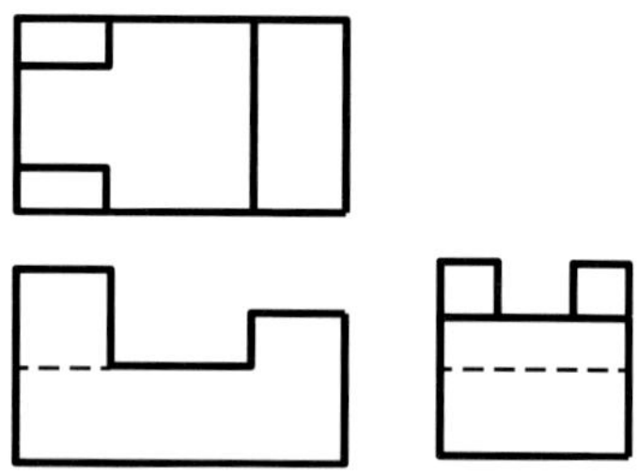

⑲

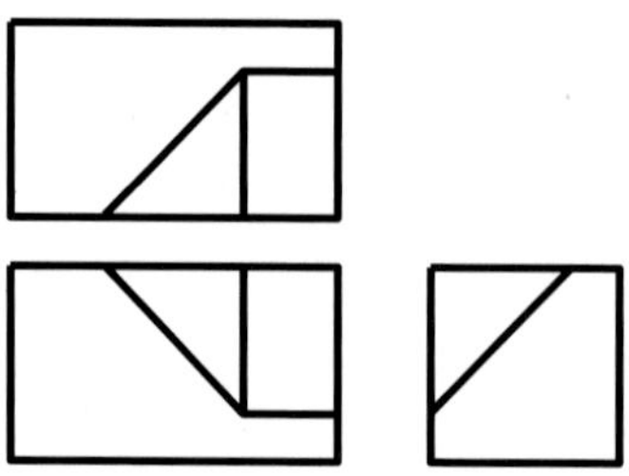

⑳

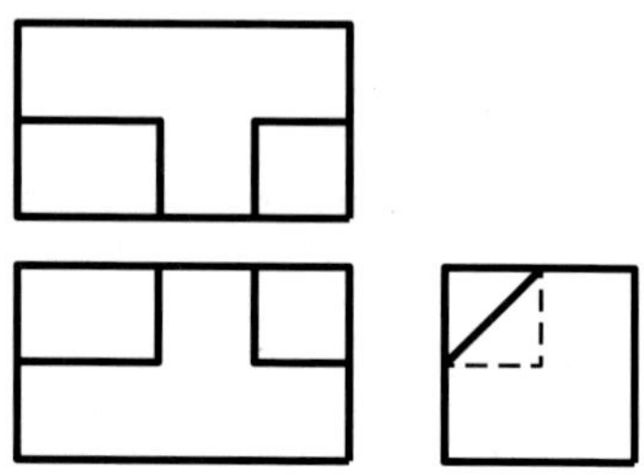

㉑

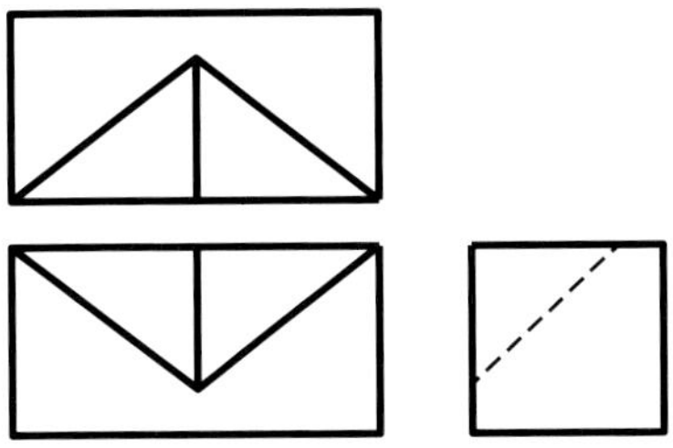

㉒

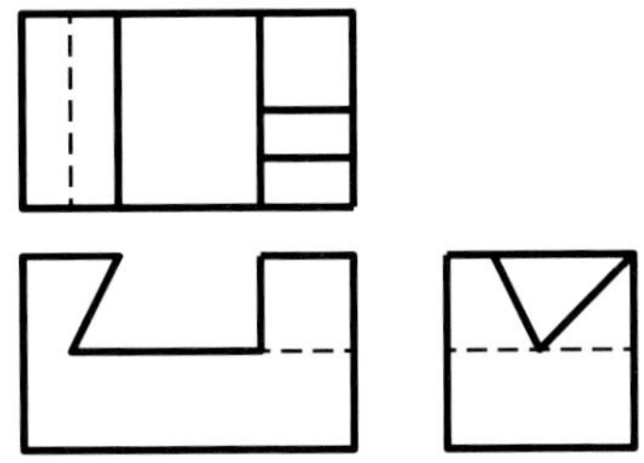

㉓

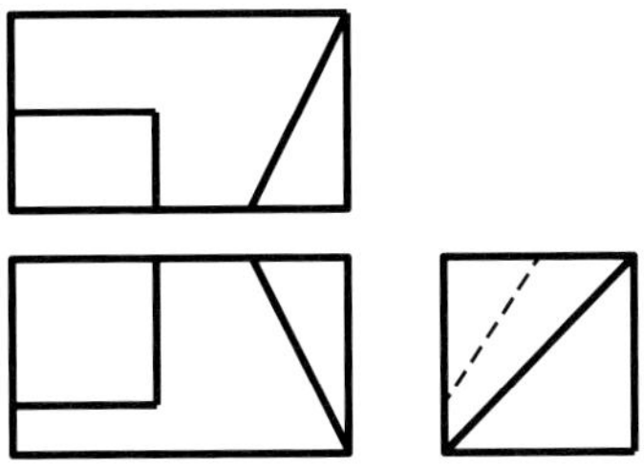

㉔

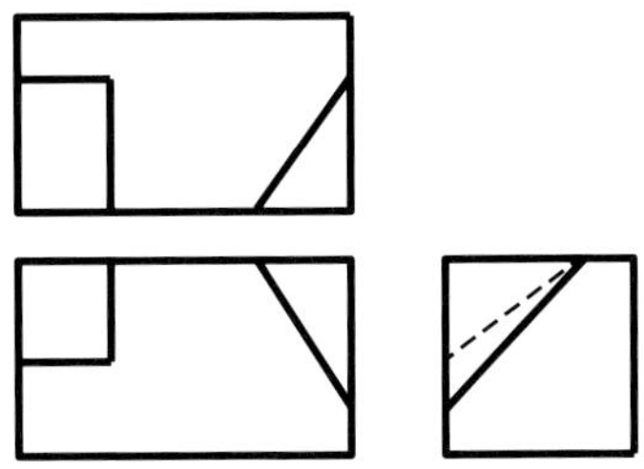

㉕

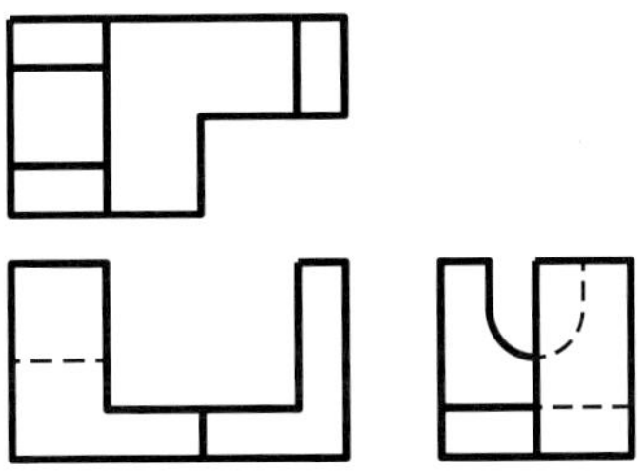

㉖

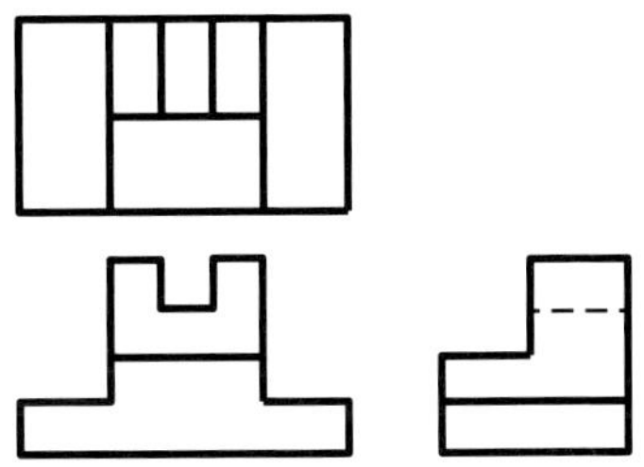

㉗

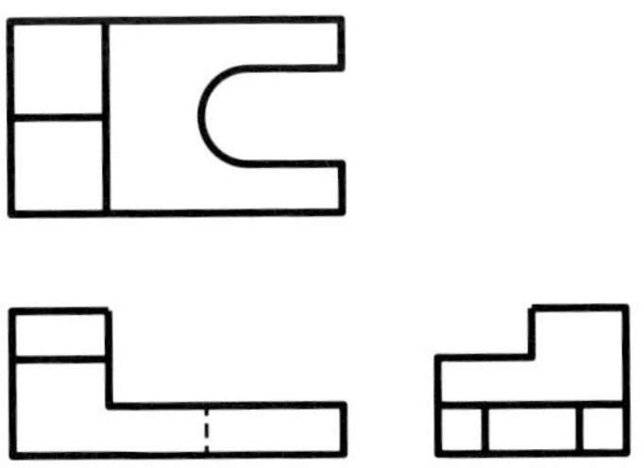

㉘

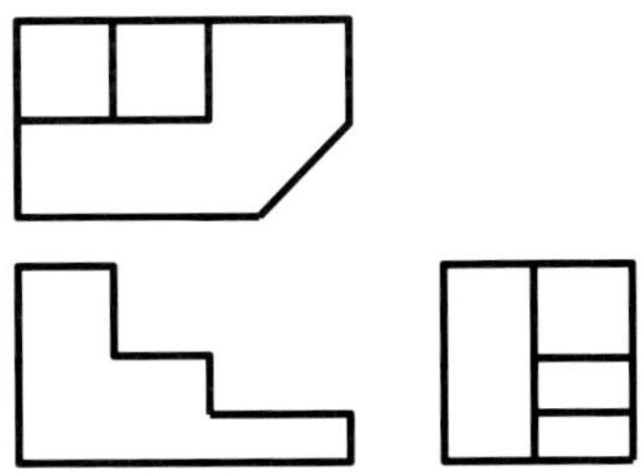

㉙

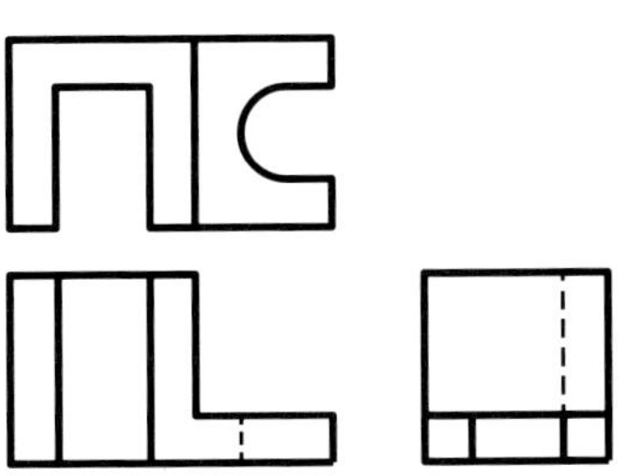

㉚

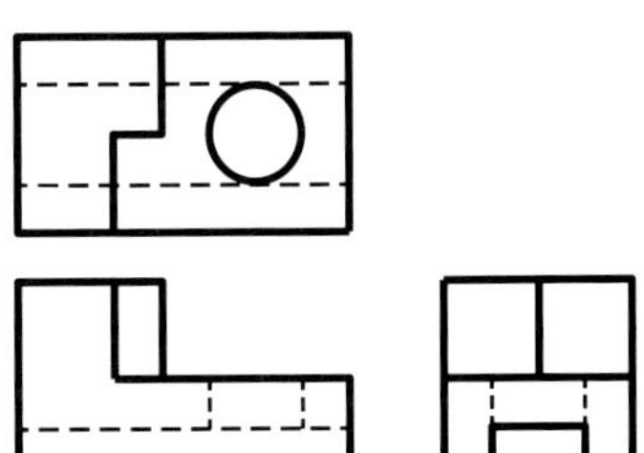

㉛

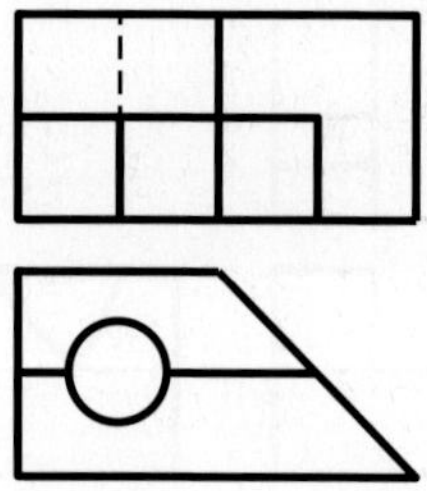

㉜

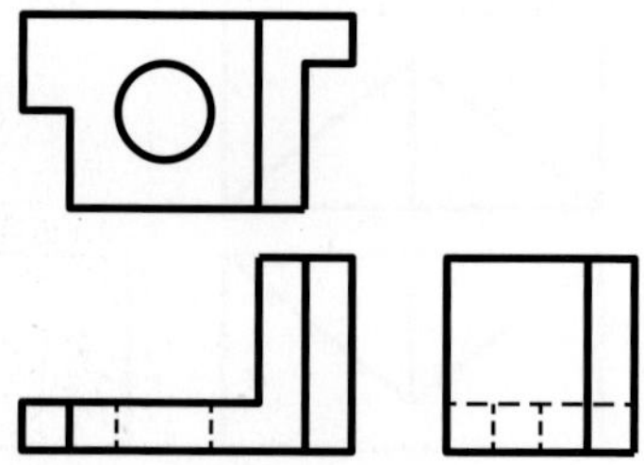

㉝

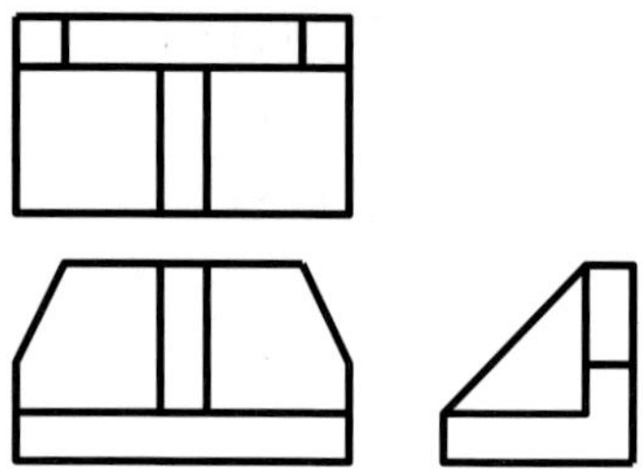

㉞

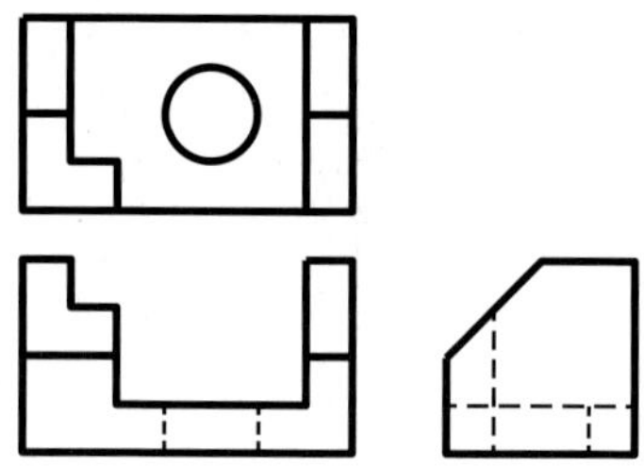

㉟

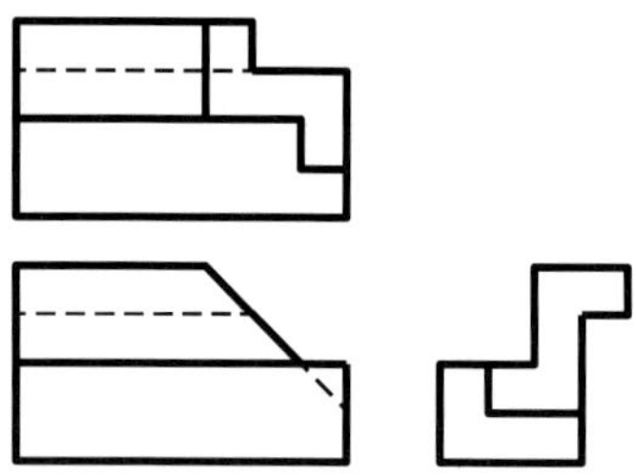

㊱

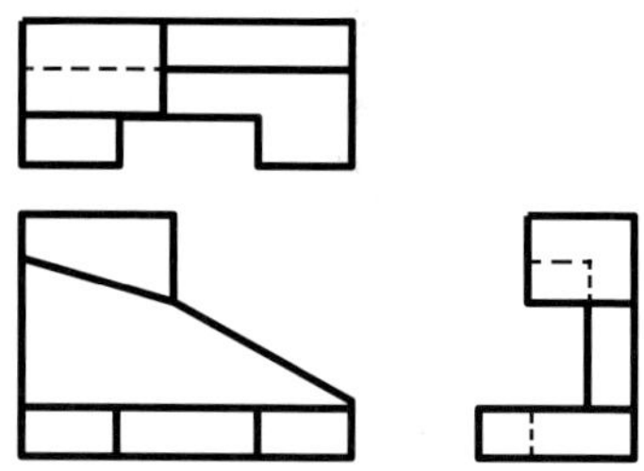

㊲

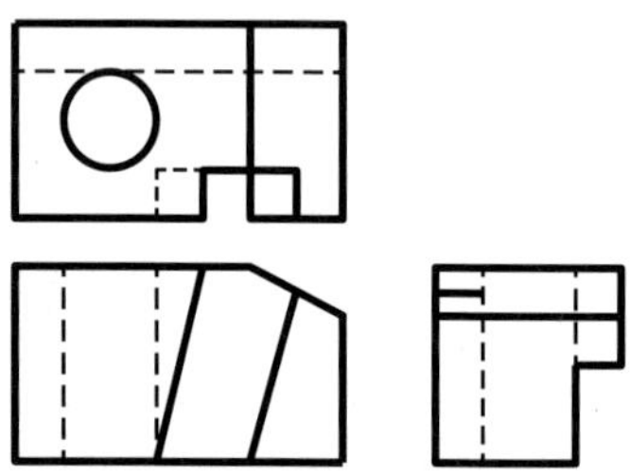

㊳

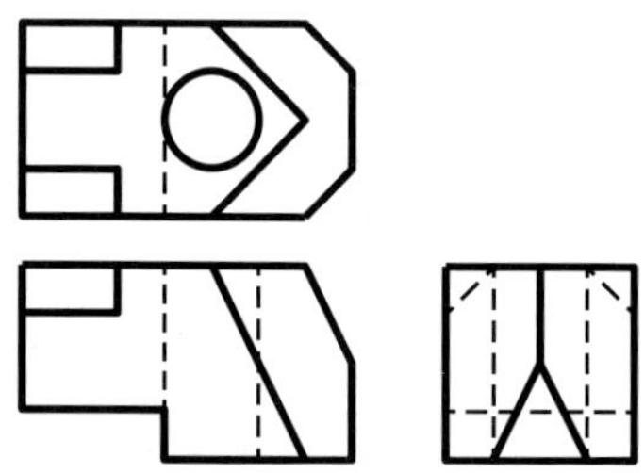

㊴

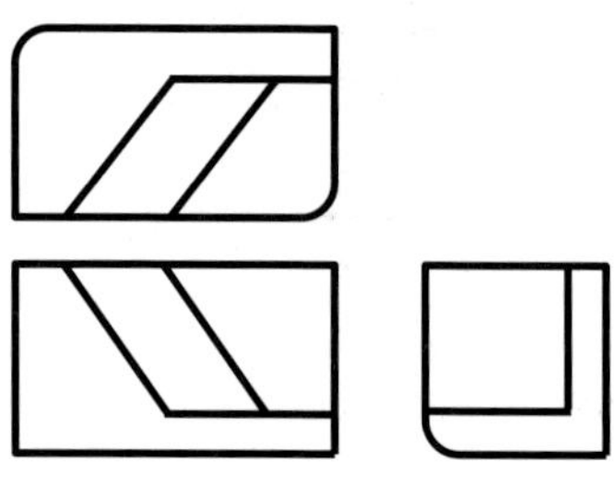

㊵

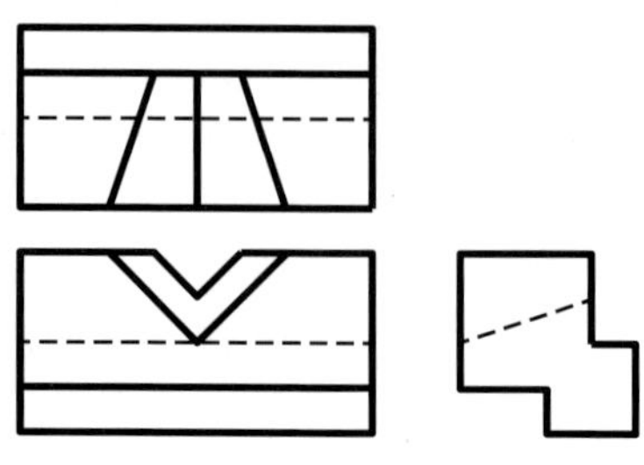

05 입체도의 한 눈금을 5mm로 정투상법에 의한 제3각법으로 기본 3면도를 그리고, 치수를 기입하시오.

①

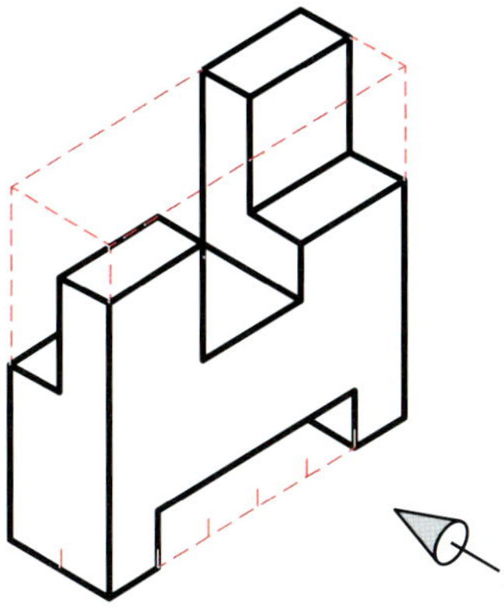

②

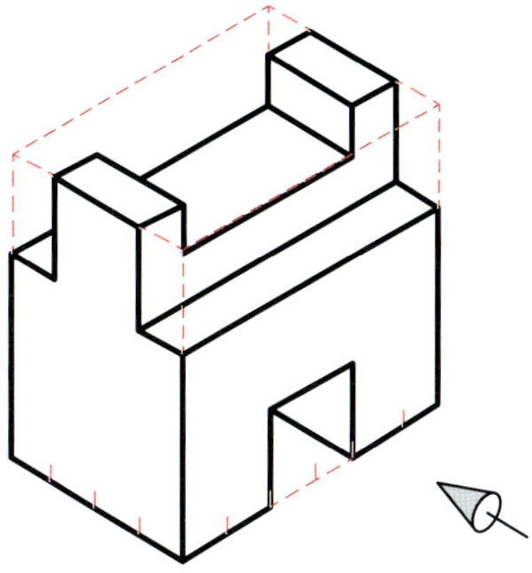

③

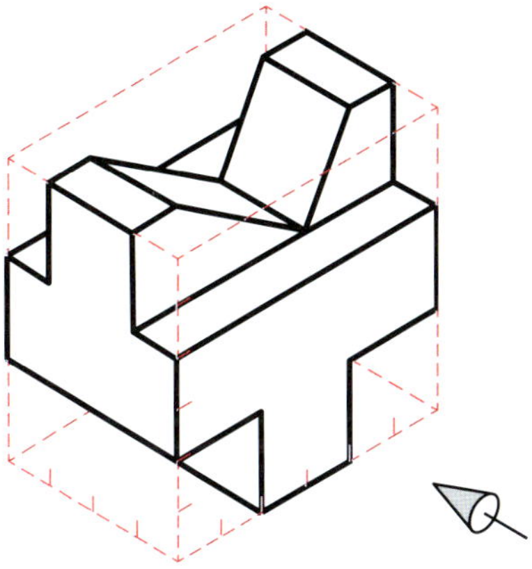

④

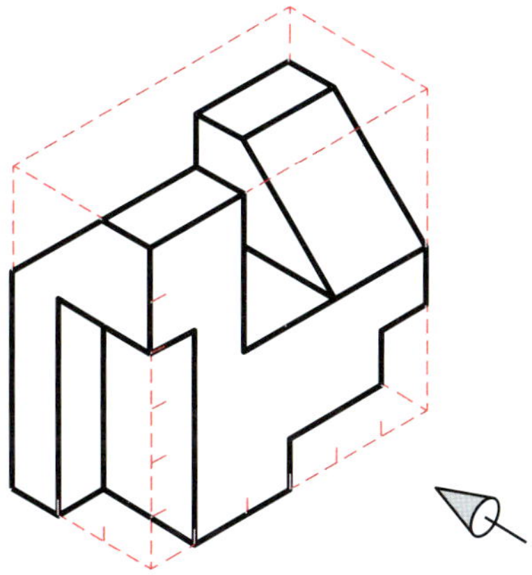

⑤

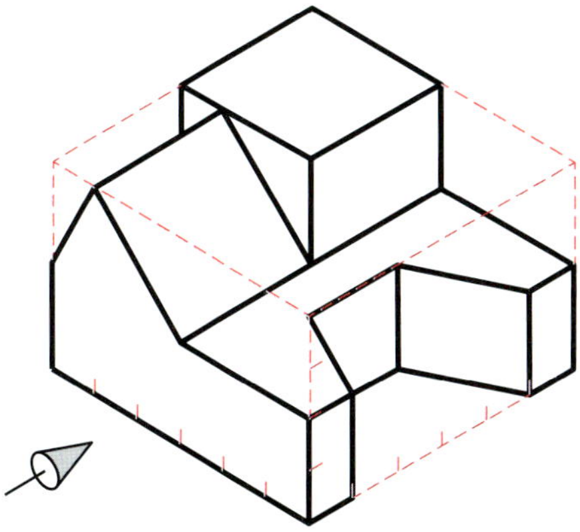

⑥

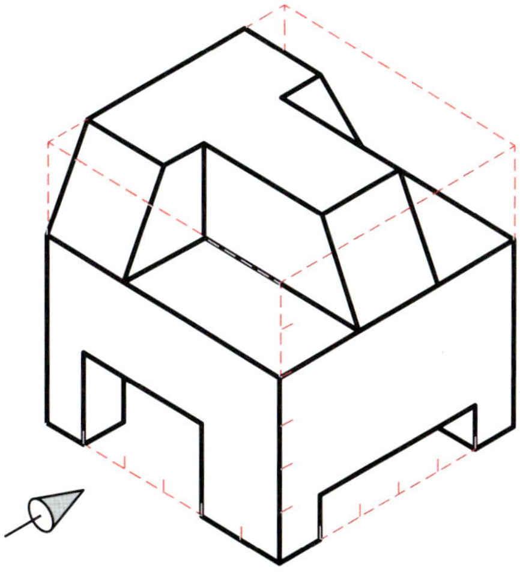

⑦

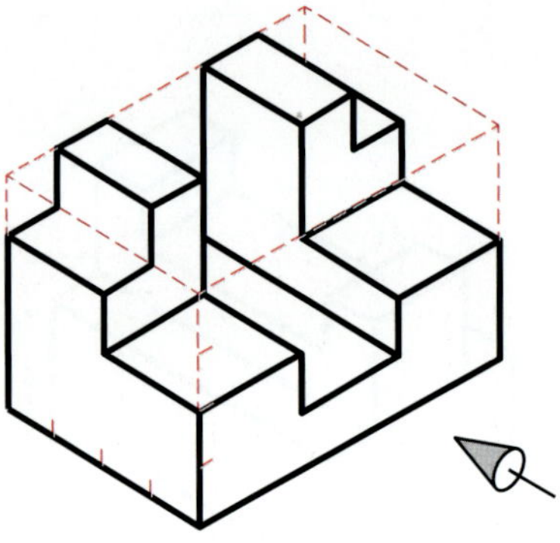

⑧

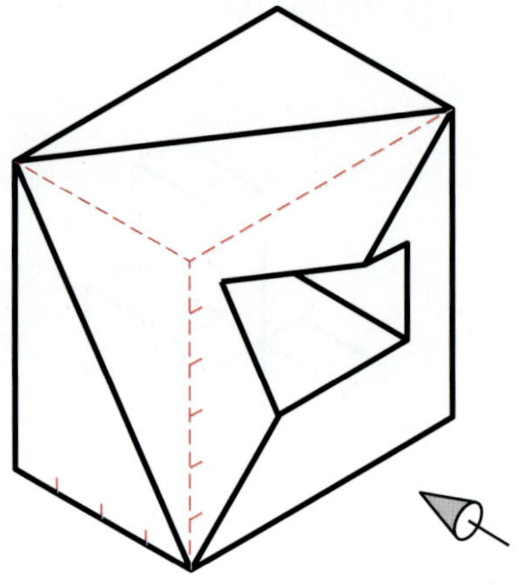

⑨

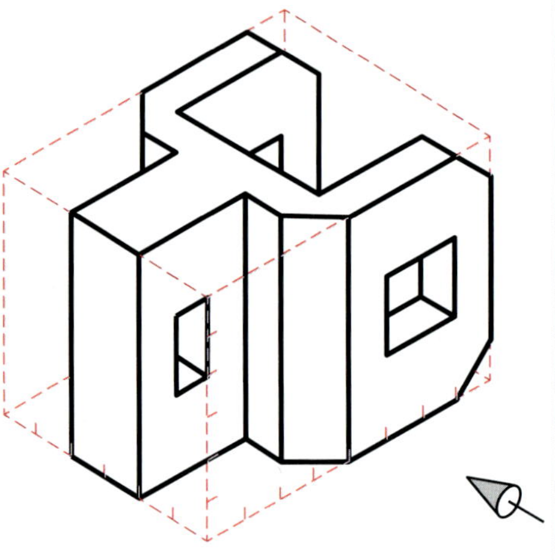

⑩

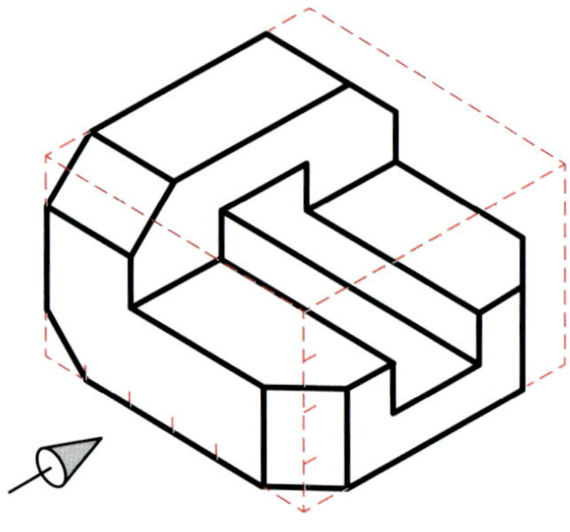

⑪

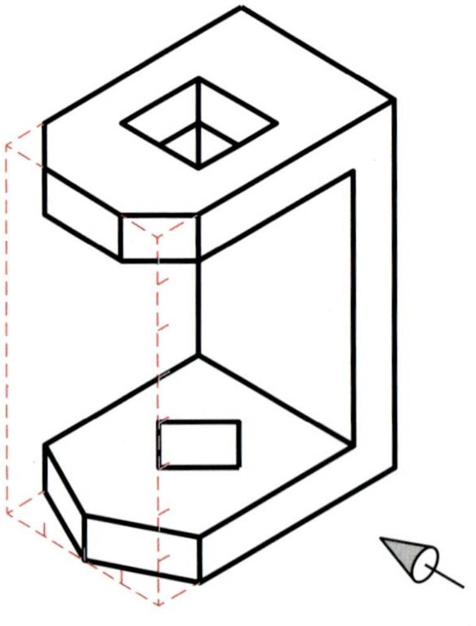

⑫

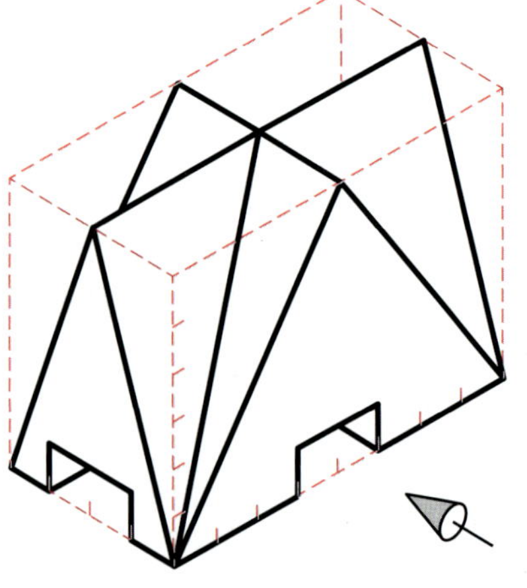

⑬

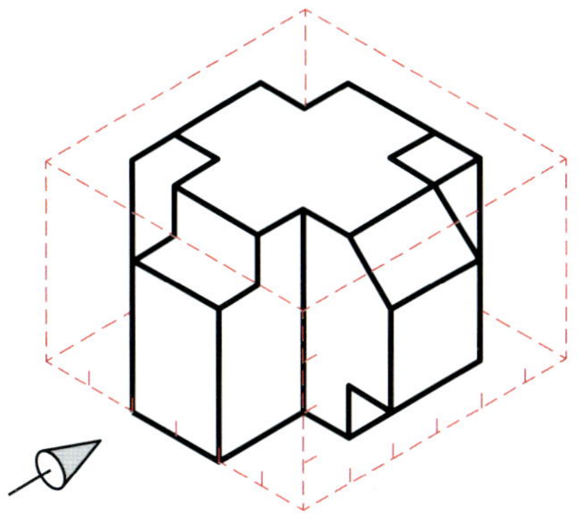

⑭

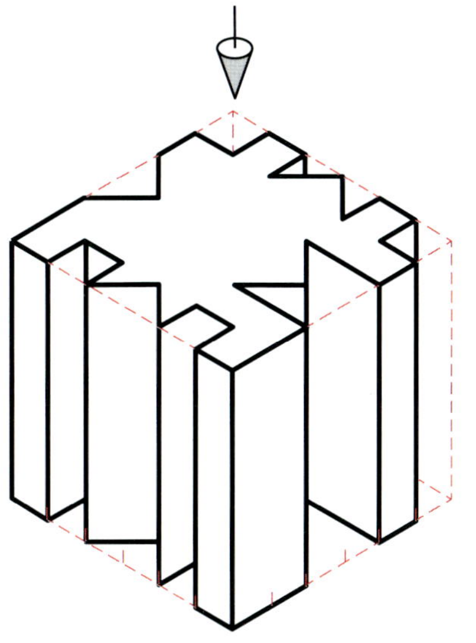

⑮

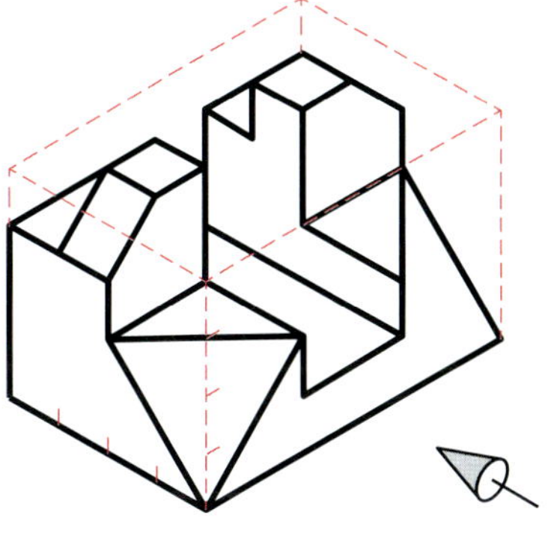

⑯

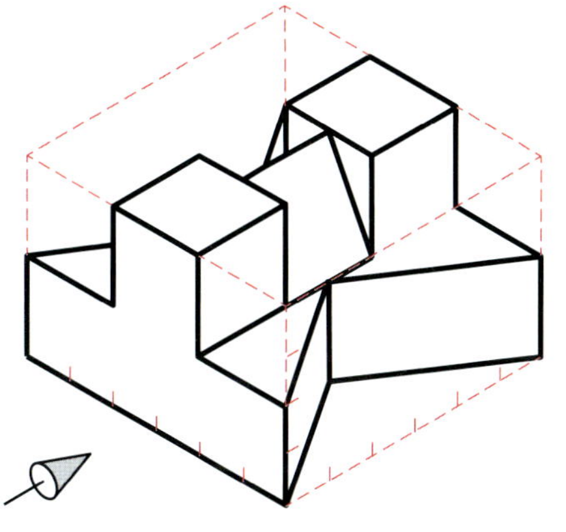

⑰

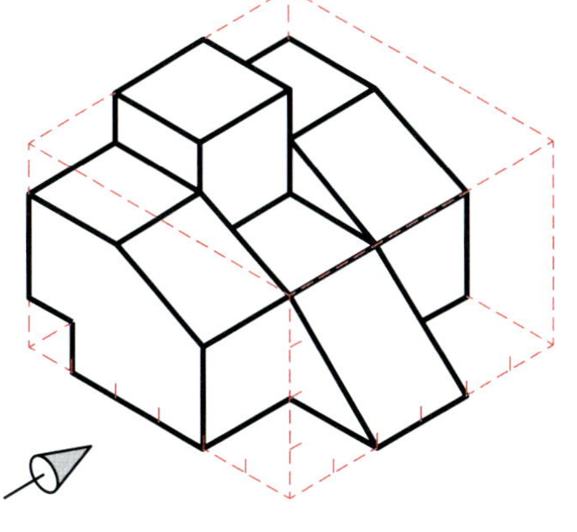

⑱

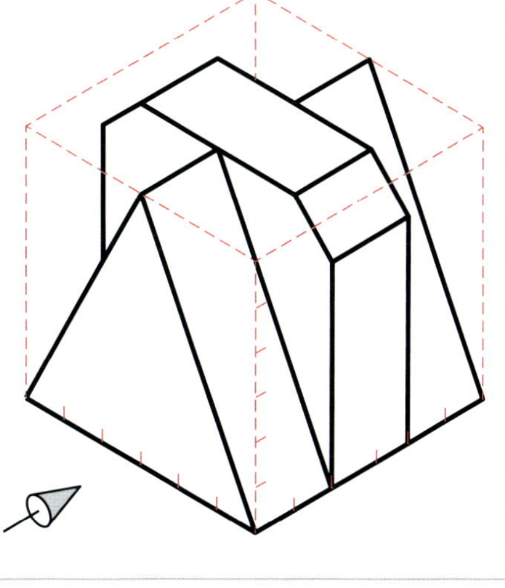

⑲

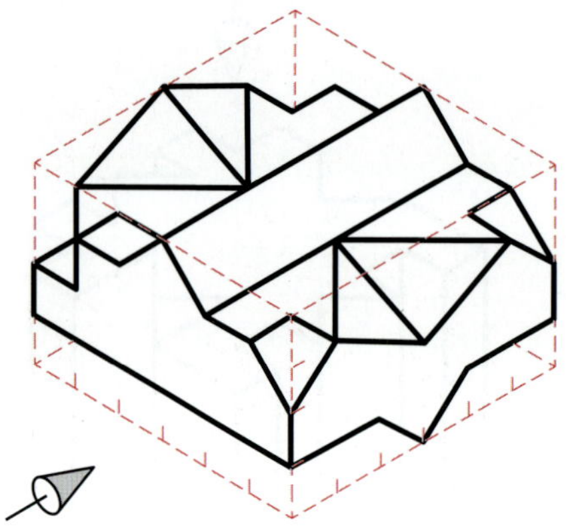

⑳

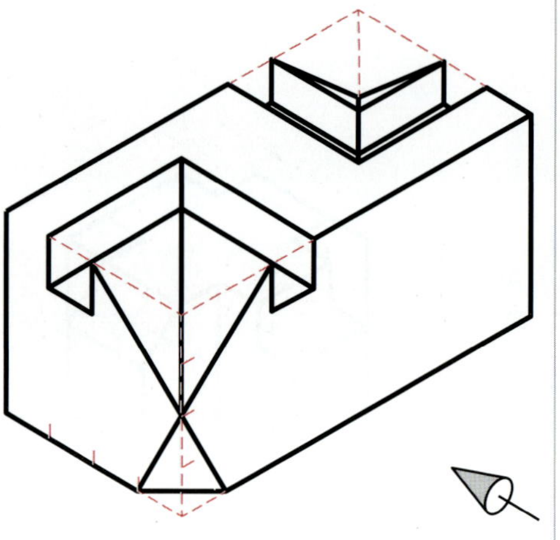

㉑

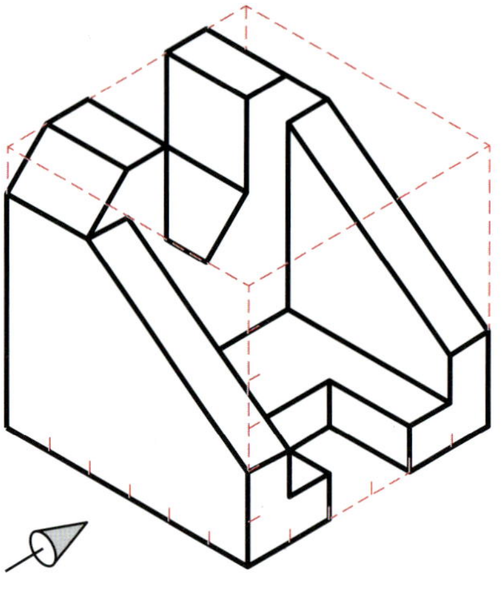

㉒

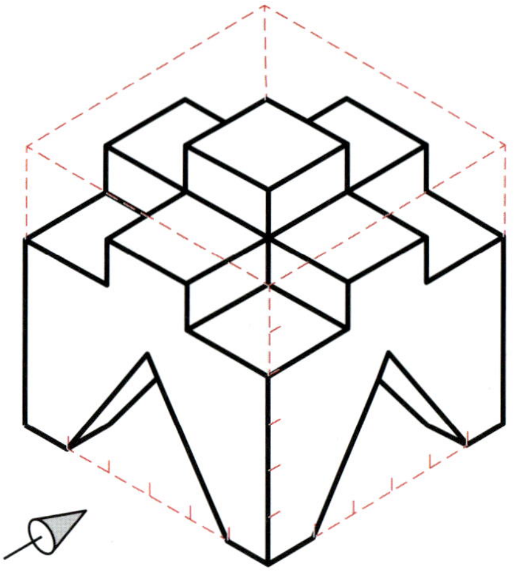

㉓

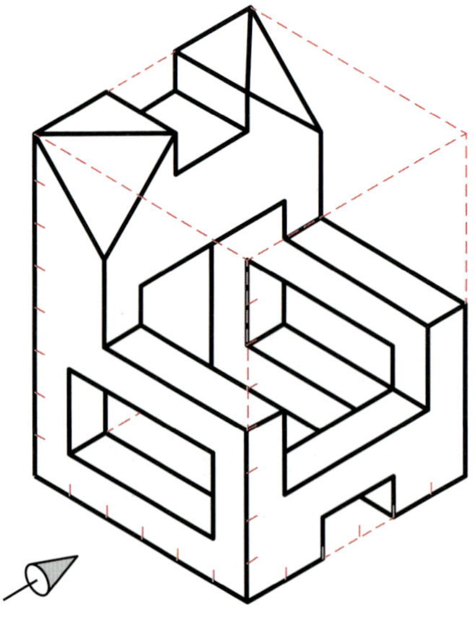

㉔

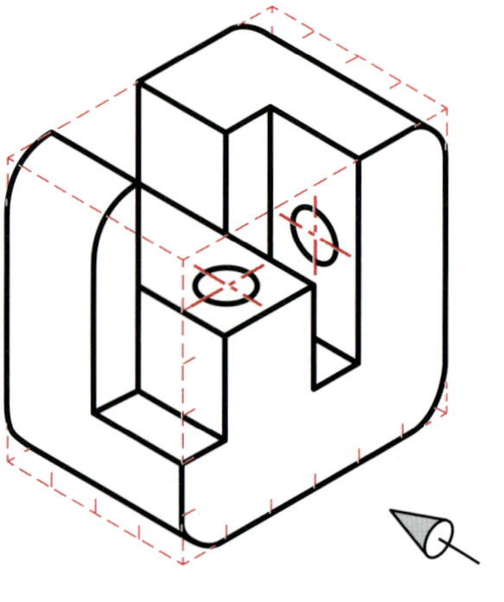

㉕

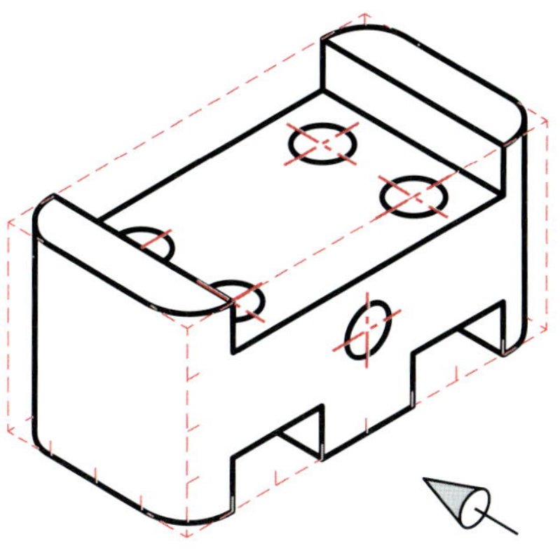

㉖

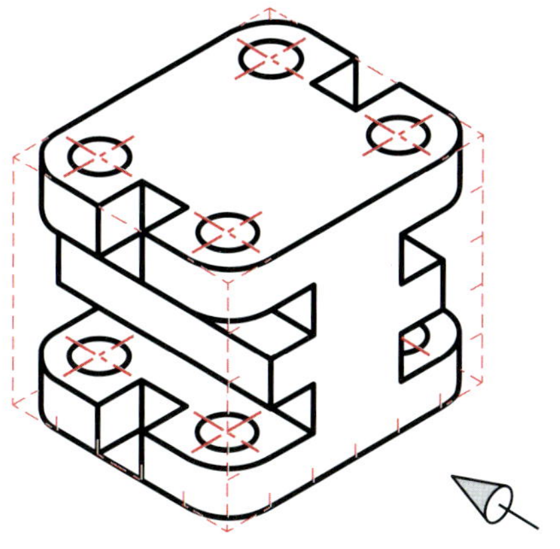

㉗

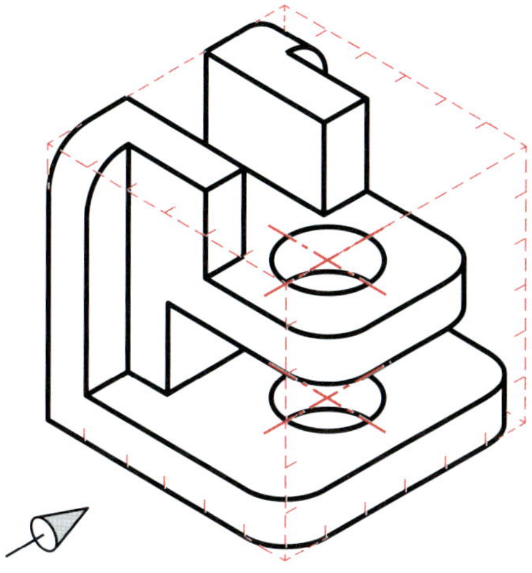

㉘

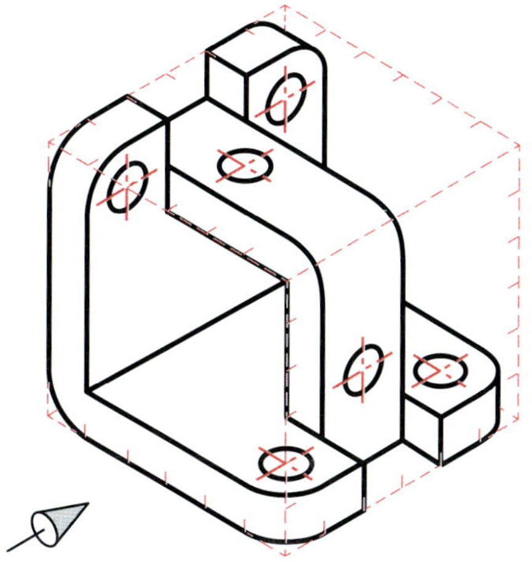

㉙

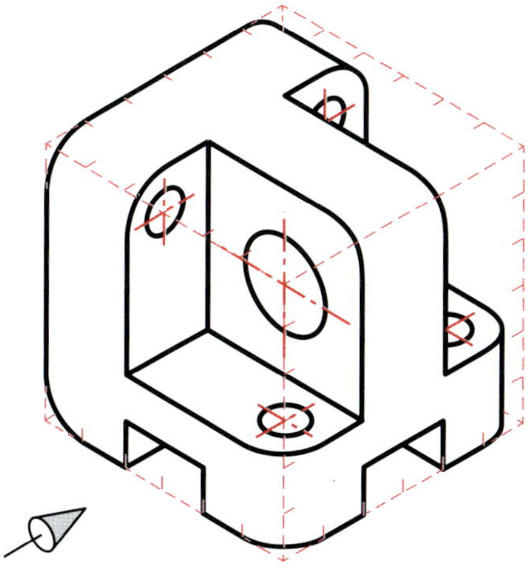

㉚

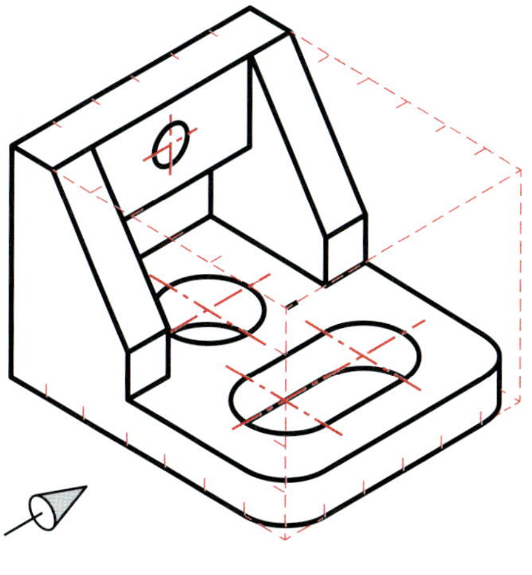

(문제 05. 풀이)

①

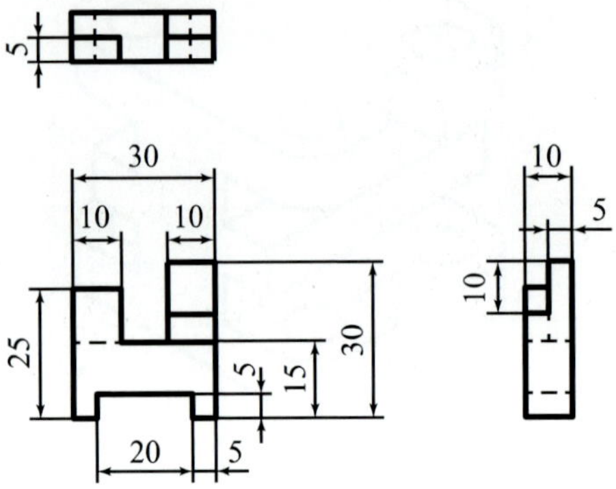

②

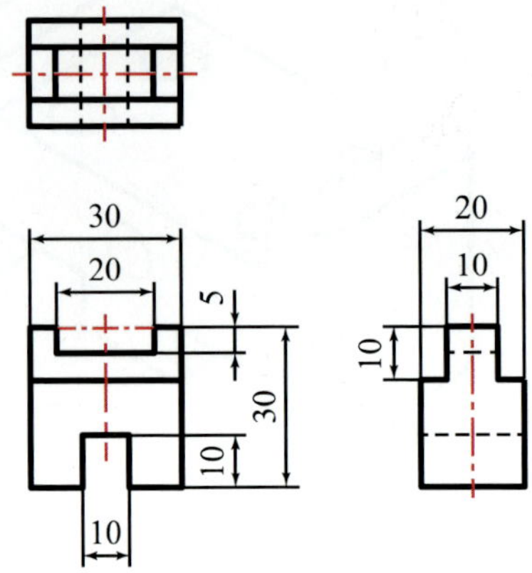

③

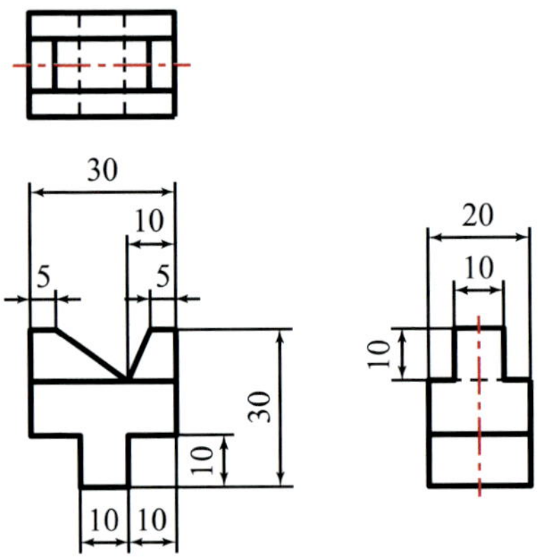

④

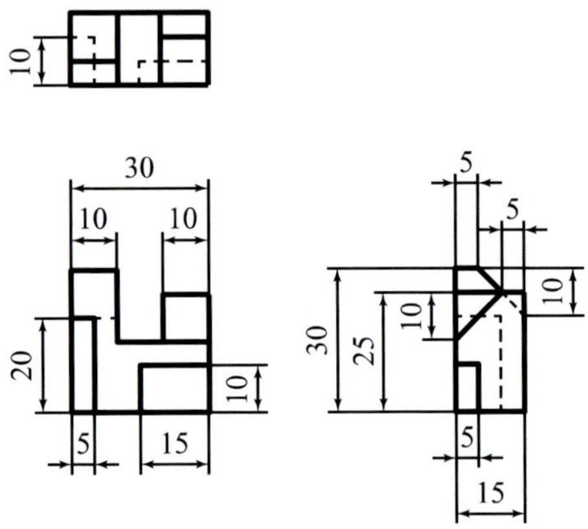

⑤

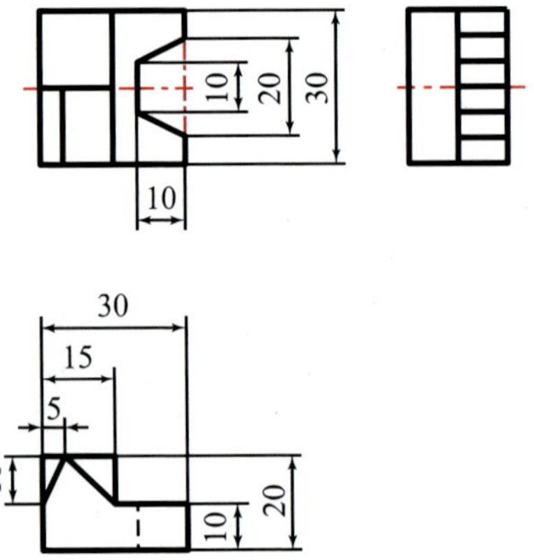

⑥

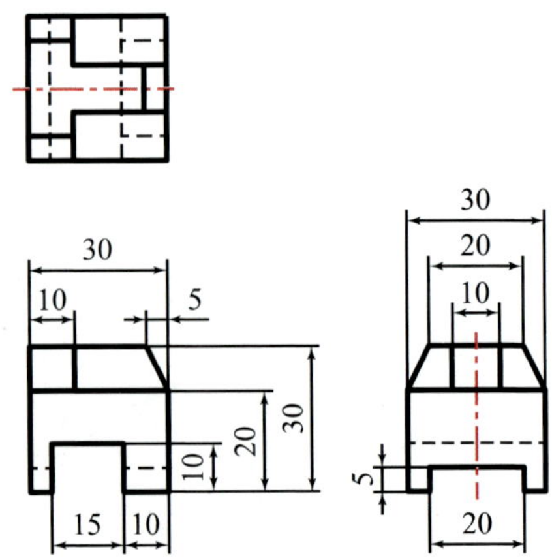

⑦

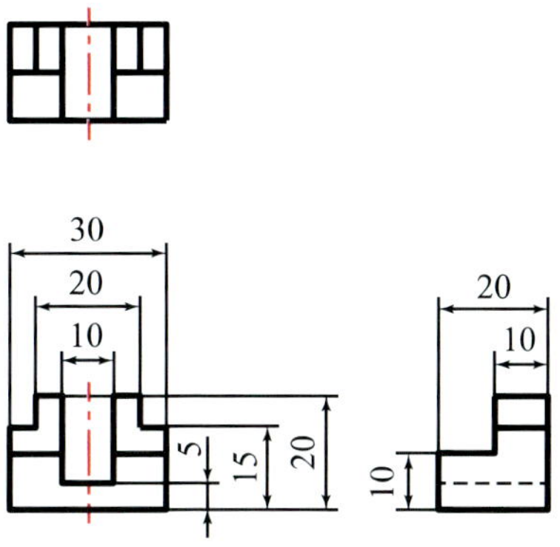
30
20
10
5
15
20
20
10
10

⑧

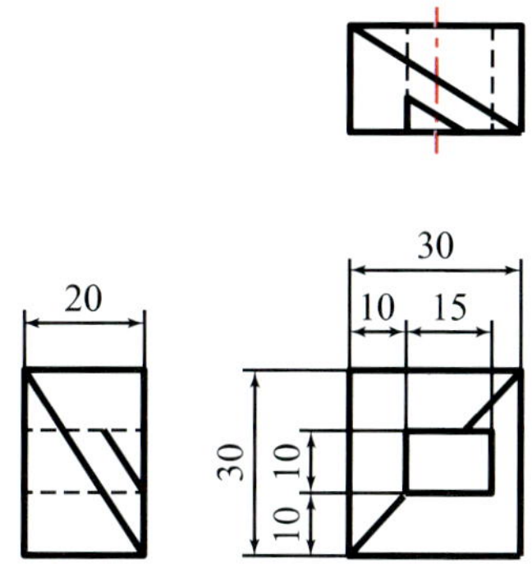
20
30
10
15
30
10
10

⑨

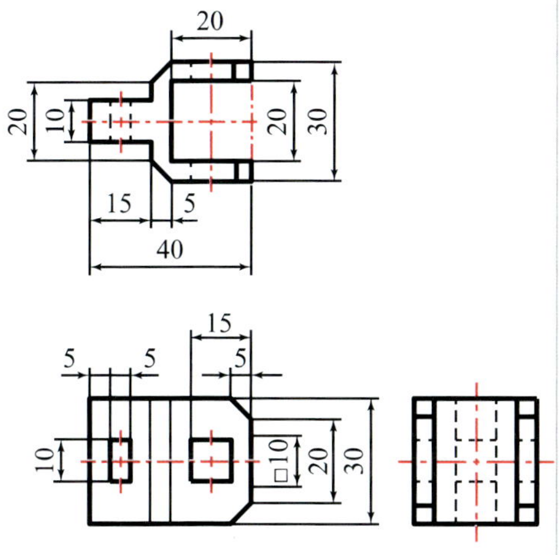
20
20
10
20
30
15
5
40
15
5
5
5
10
□10
20
30

⑩

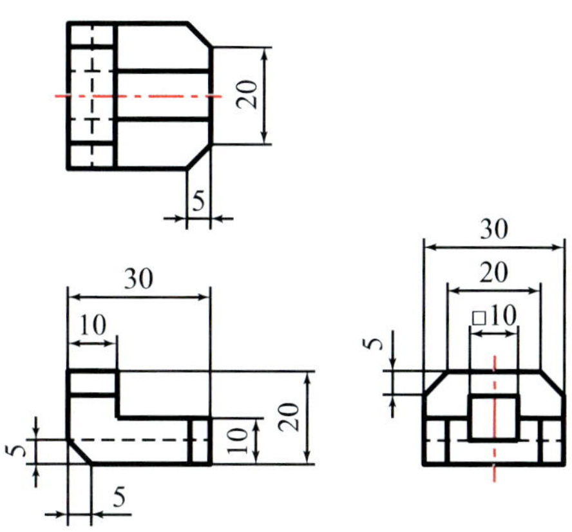
20
5
30
10
5
10
20
5
30
20
□10
5

⑪

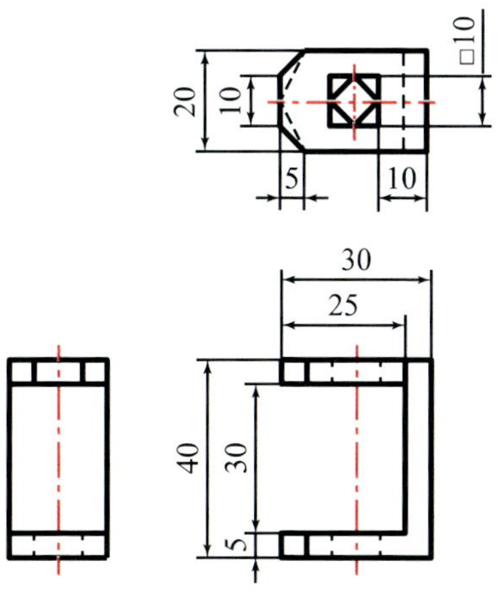
□10
20
10
5
10
30
25
40
30
5

⑫

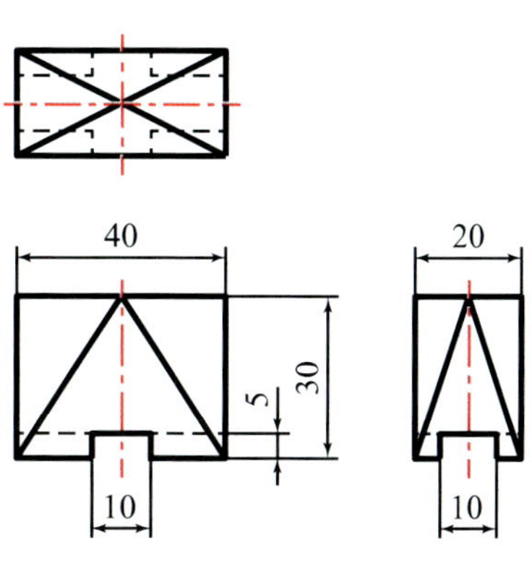
40
5
30
10
20
10

⑬

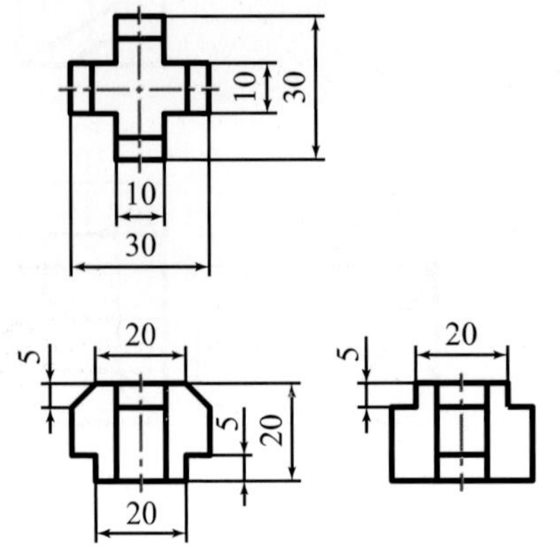
10
30
10
30
5
20
5
20
20
5
20

⑭

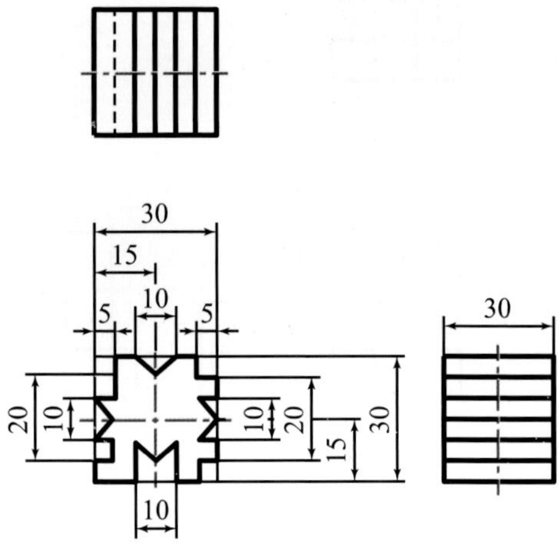
30
15
10
5
5
20
10
10
20
15
30
10
30

⑮

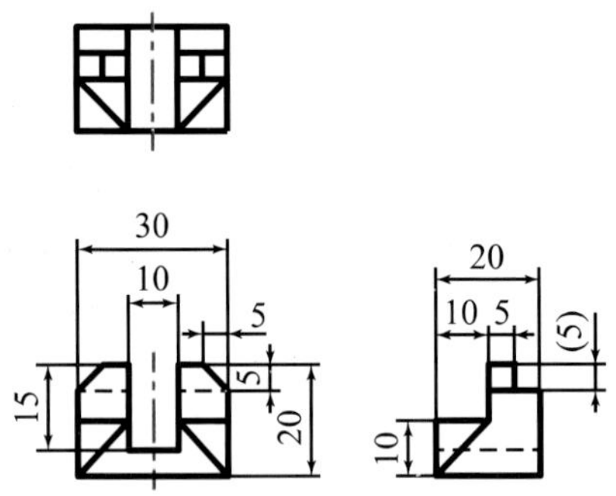
30
10
5
5
15
20
20
10 5
(5)
10

⑯

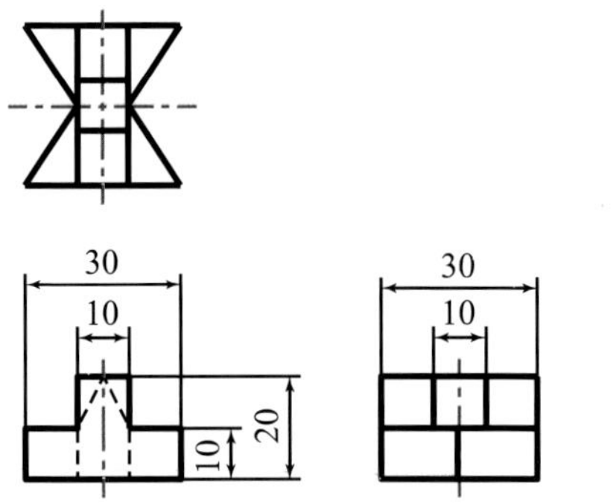
30
10
10
20
30
10

⑰

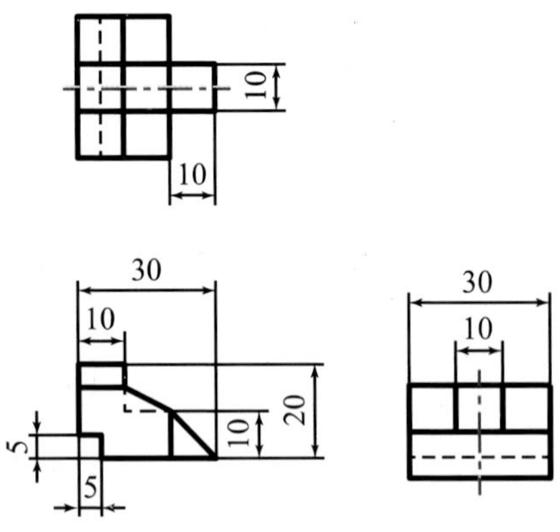
10
10
30
10
20
10
5
5
30
10

⑱

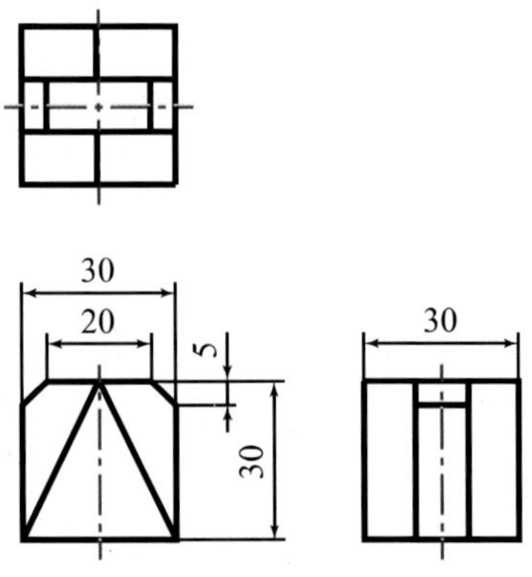
30
20
5
30
30

⑲

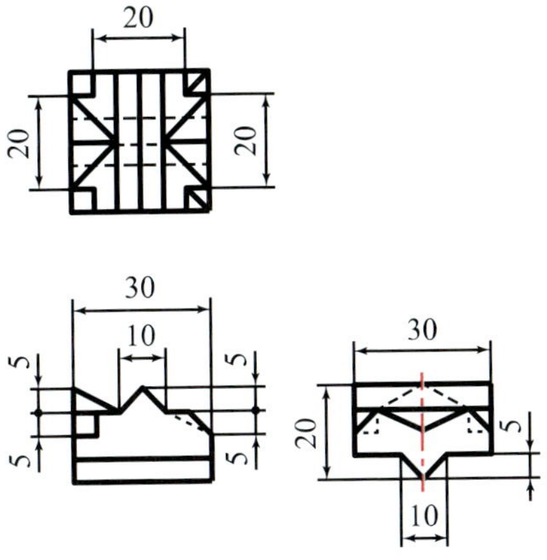

⑳

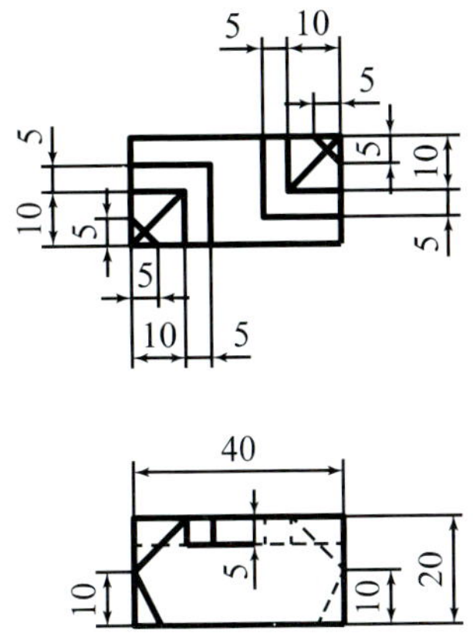

㉑

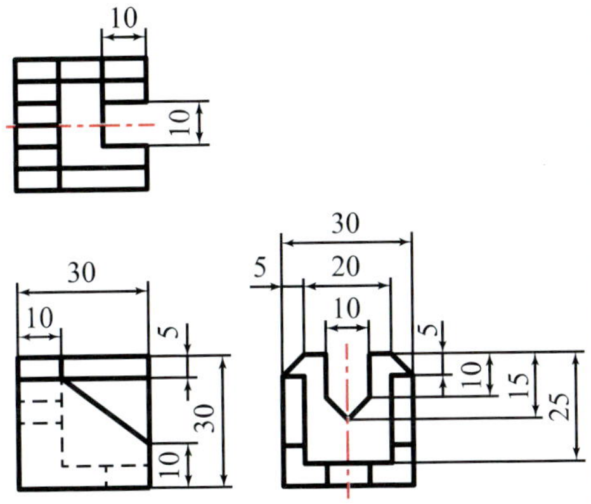

㉒

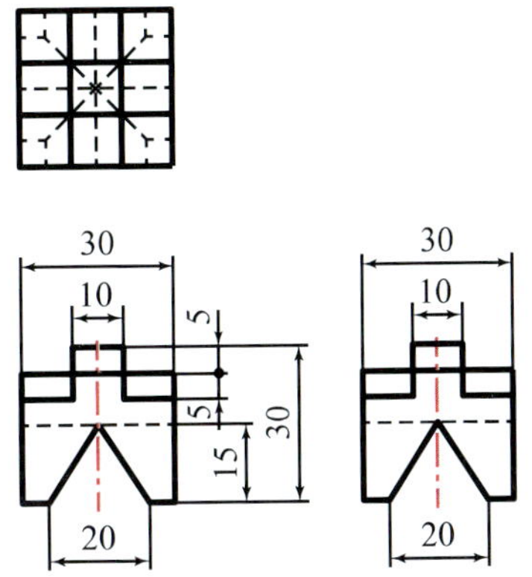

㉓

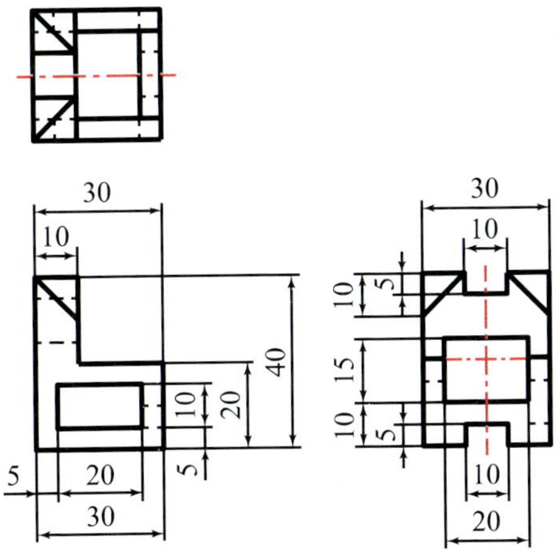

㉔

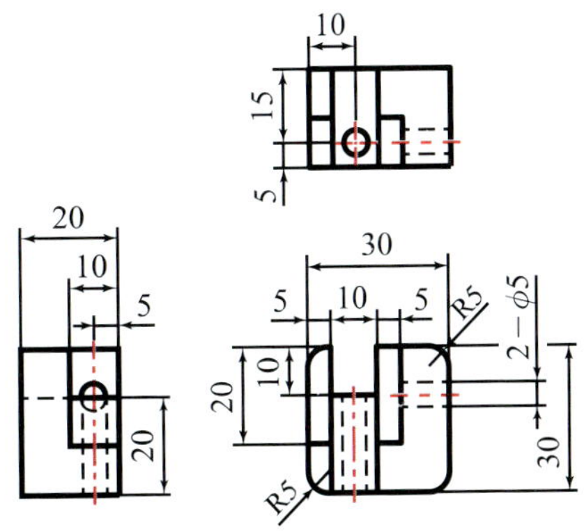

㉕

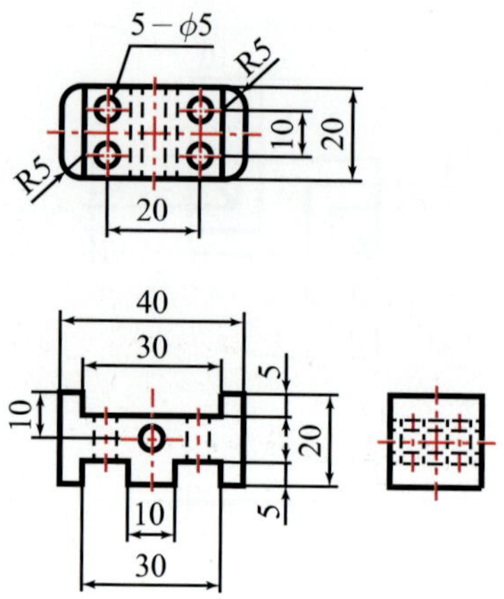
5－ϕ5
R5
R5
10
20
20
40
30
10
5
20
5
10
30

㉖

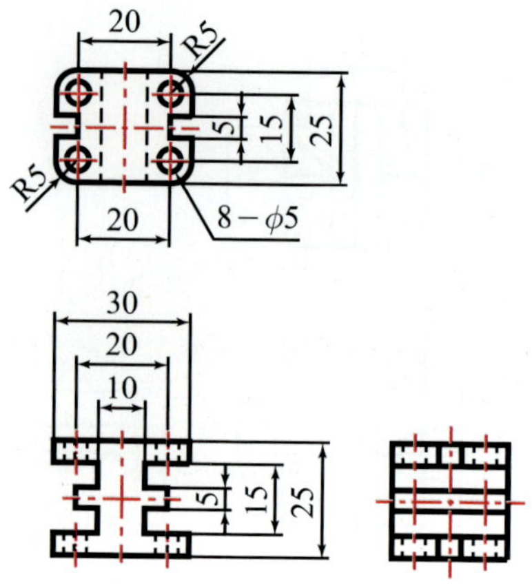
20
R5
5
15
25
R5
20
8－ϕ5
30
20
10
5
15
25

㉗

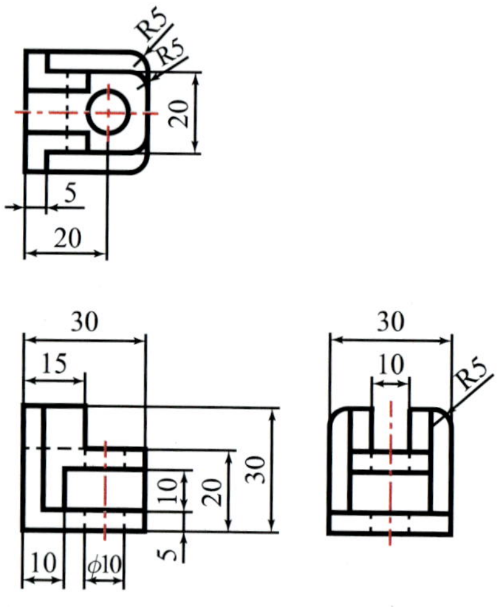
R5
R5
20
5
20
30
15
10
20
30
10
ϕ10
5
30
10
R5

㉘

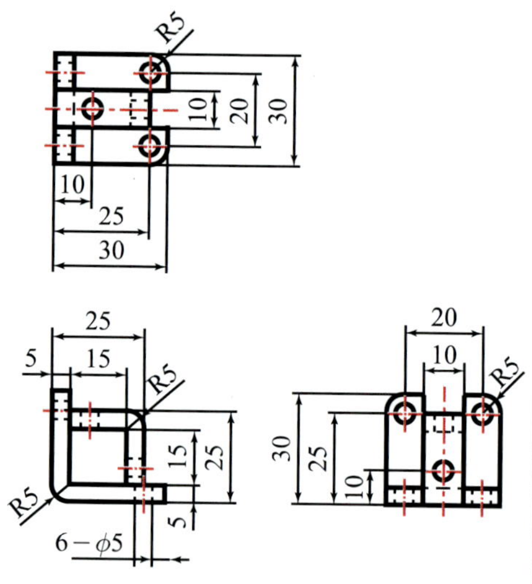
R5
10
20
30
10
25
30
25
5
15
R5
R5
15
25
5
6－ϕ5
20
10
R5
30
25
10

㉙

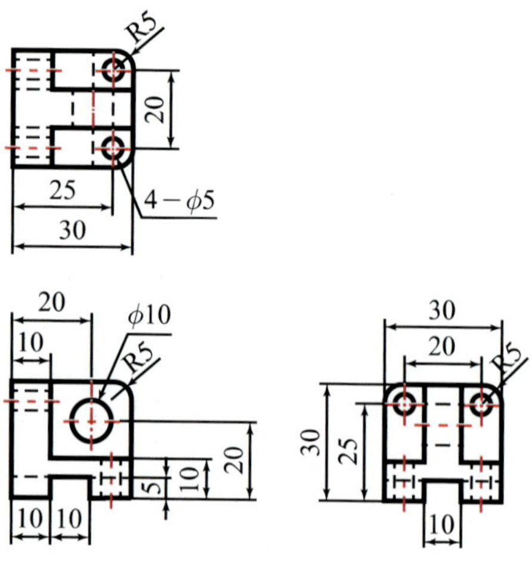
R5
20
25
4－ϕ5
30
20
ϕ10
10
R5
5
10
20
10
10
30
20
R5
30
25
10

㉚

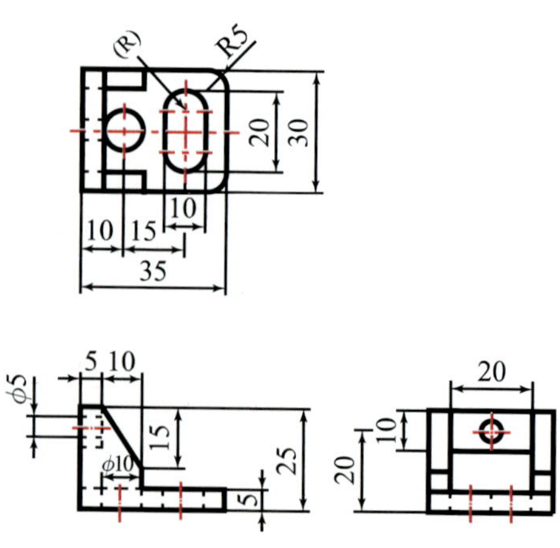
(R)
R5
20
30
10
15
10
35
ϕ5
5
10
15
ϕ10
25
5
20
10
20

06 입체도를 정투상법에 의한 제3각법으로 기본 3면도를 그리고, 치수를 기입하시오.

①

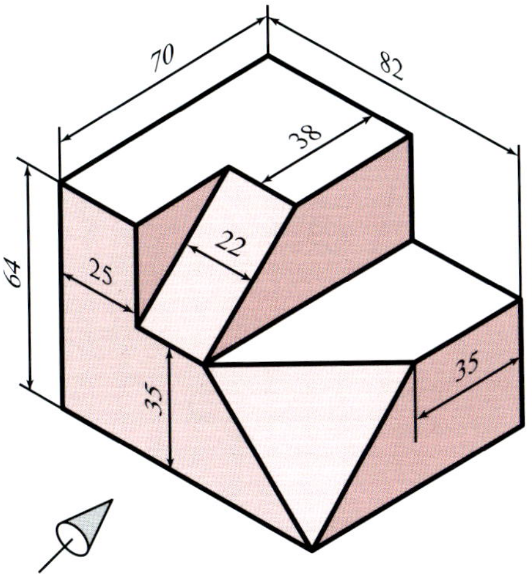

②

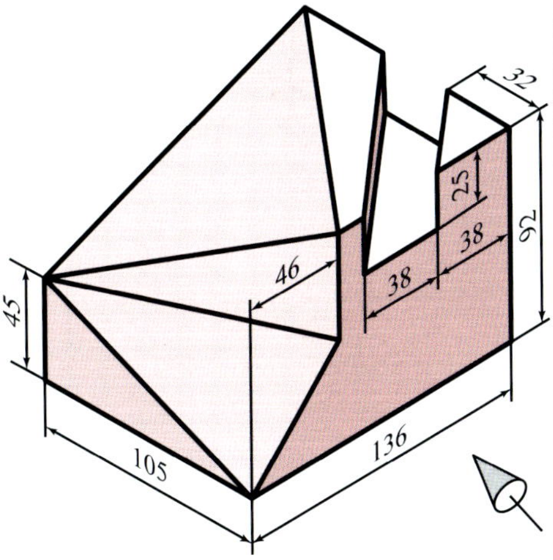

③

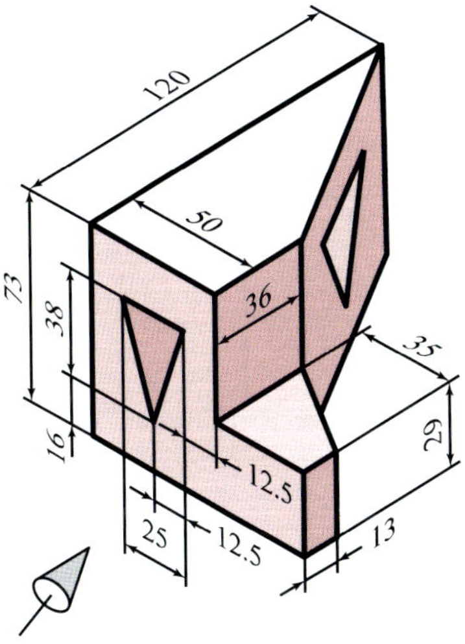

④

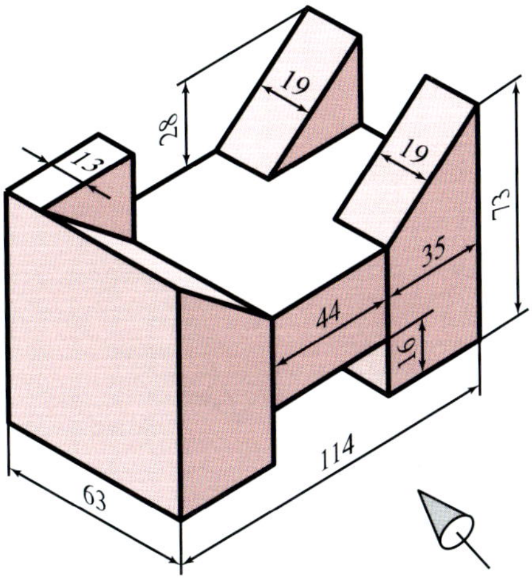

⑤

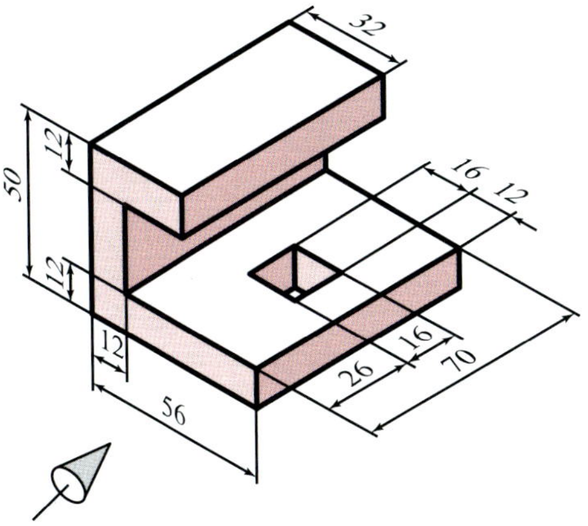

⑥

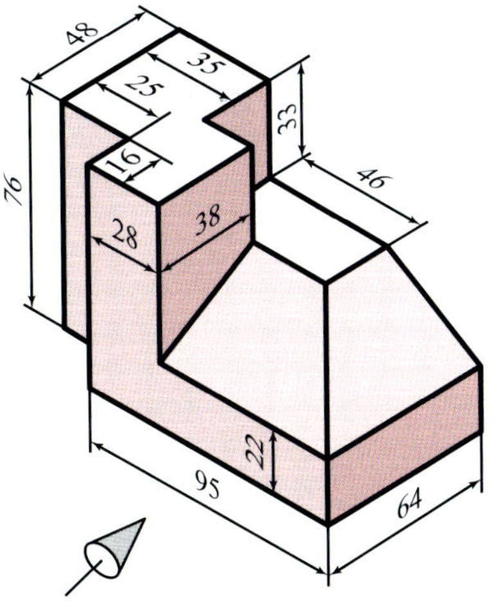

⑦

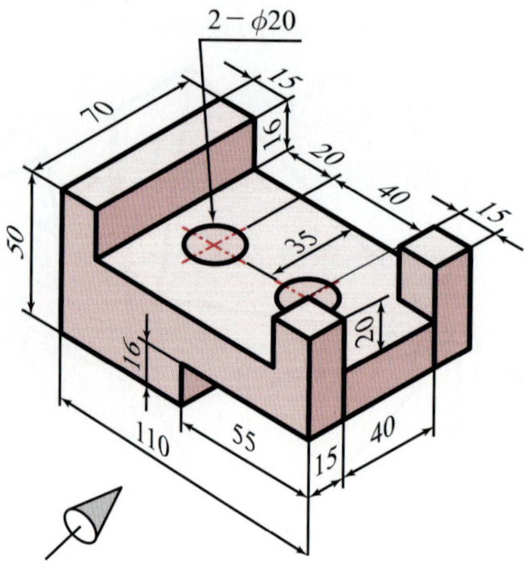
2 − φ20
70
15
16
20
40
15
35
50
20
16
110
55
40
15

⑧

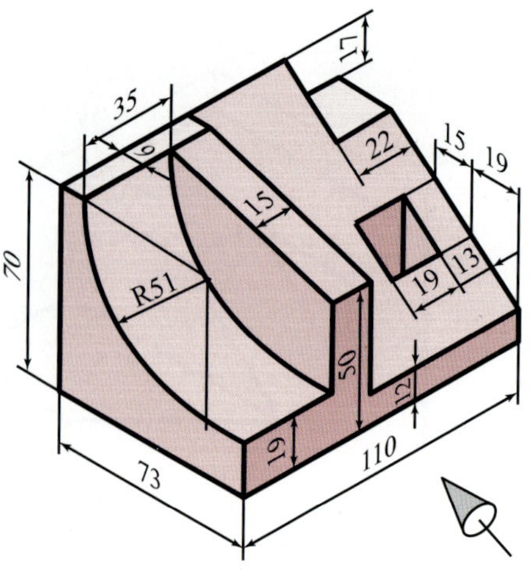
17
35
6
22
15
19
15
70
R51
13
19
50
12
19
73
110

⑨

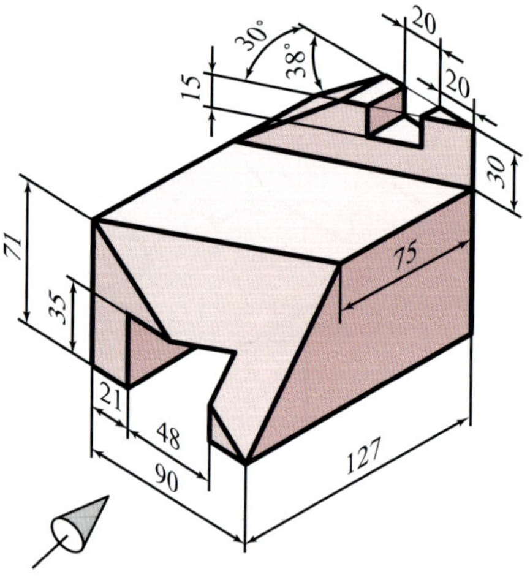
30°
38°
20
15
20
30
71
75
35
21
48
90
127

⑩

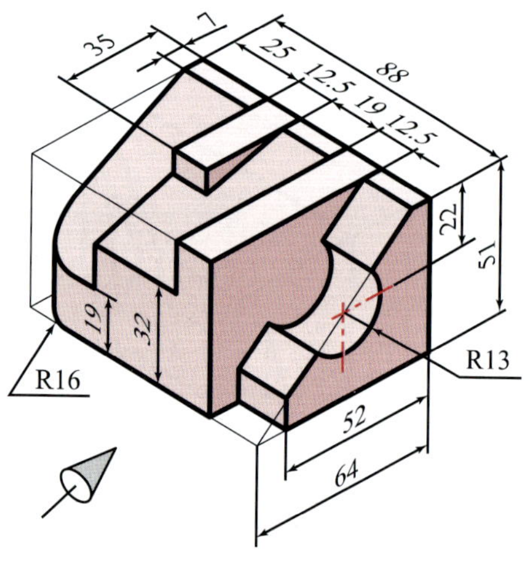
35
7
25
88
12.5
19
12.5
22
51
19
32
R13
R16
52
64

⑪

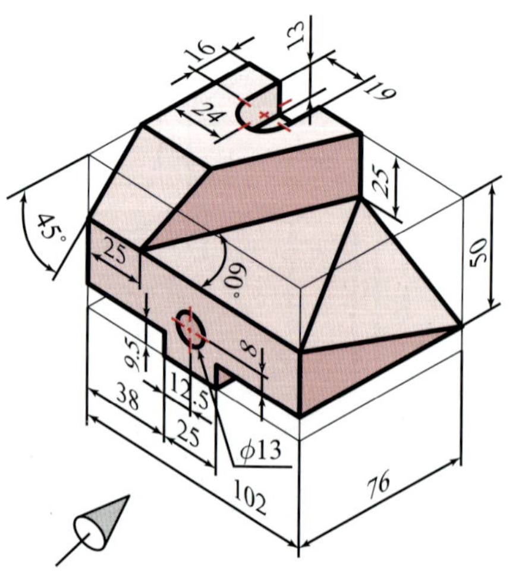
16
13
24
19
25
45°
25
60°
50
9.5
8
12.5
38
25
φ13
102
76

⑫

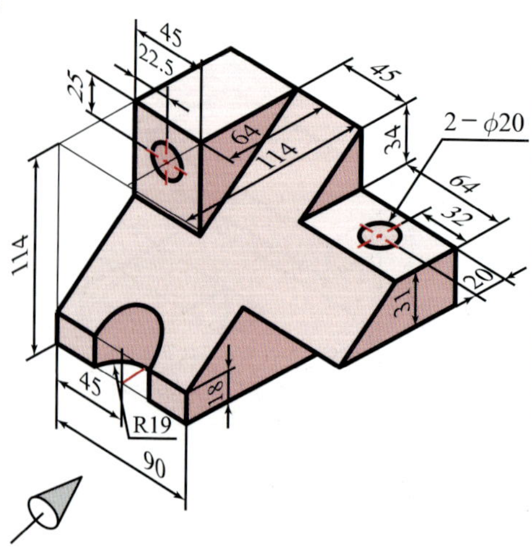
45
22.5
25
45
64
114
34
2 − φ20
64
32
114
20
31
18
45
R19
90

⑬

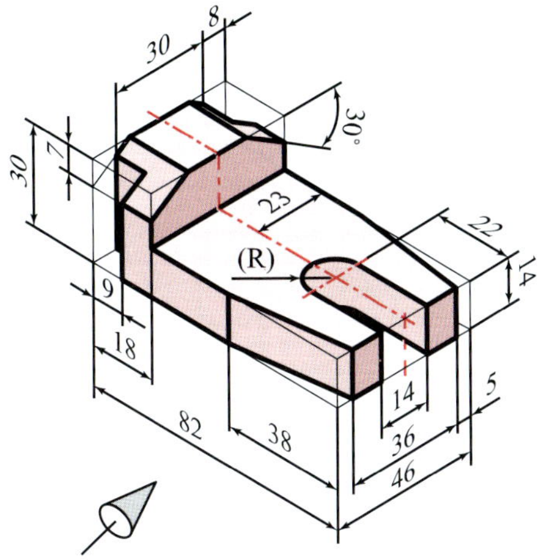
30
8
30°
30
7
23
22
14
(R)
9
18
14
5
82
38
36
46

⑭

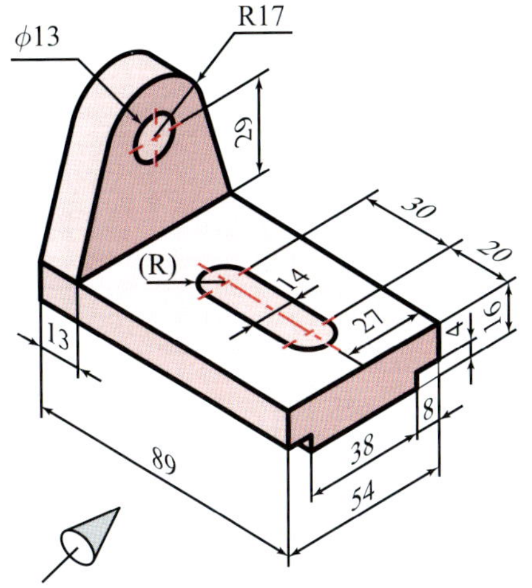
ϕ13
R17
29
30
20
(R)
14
27
4
16
13
8
38
89
54

⑮

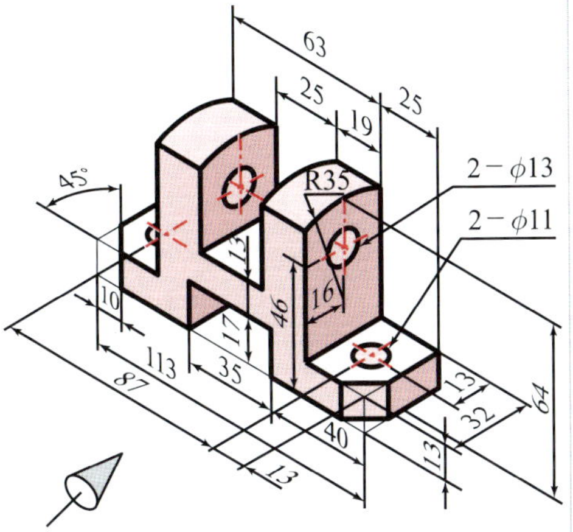
63
25
19
25
45°
R35
2－ϕ13
2－ϕ11
13
10
46
16
17
113
35
87
40
13
32
64
13
13

⑯

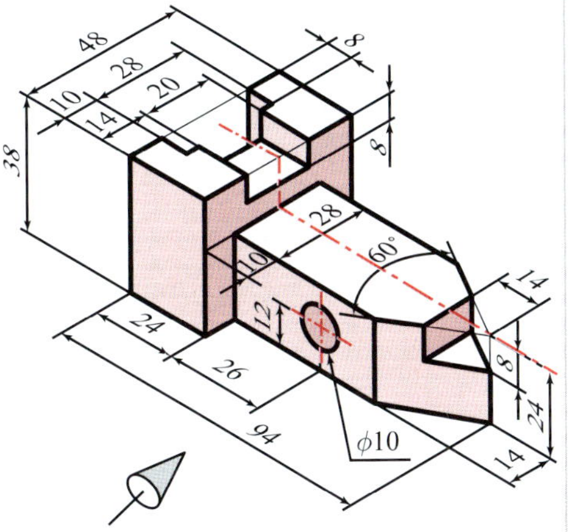
48
28
8
10
20
14
38
8
8
28
60°
10
14
12
24
26
8
94
ϕ10
24
14

⑰

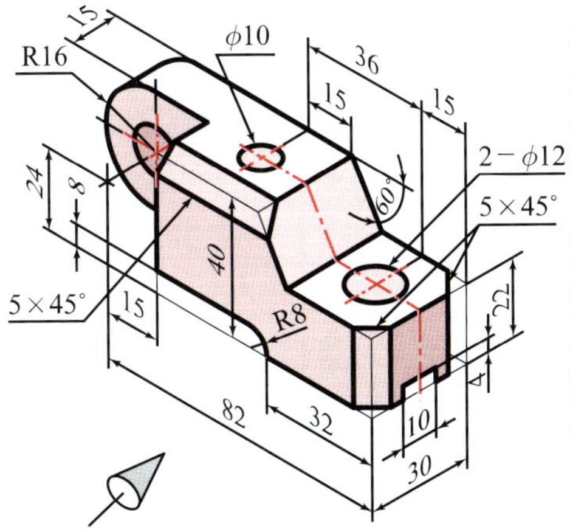
15
R16
ϕ10
36
15
15
24
8
60°
2－ϕ12
5×45°
40
22
5×45°
15
R8
4
82
32
10
30

⑱

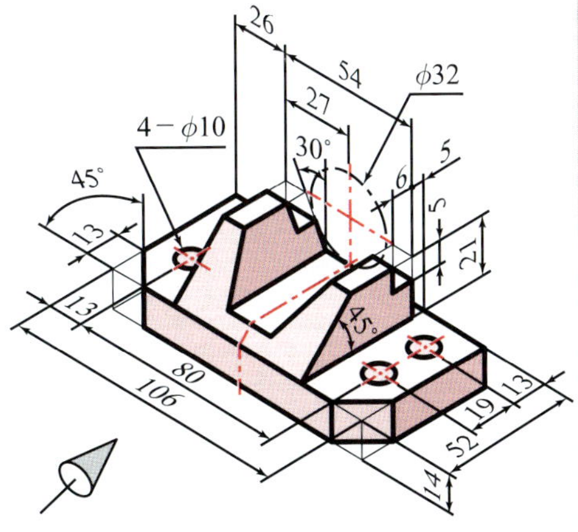
26
54
ϕ32
27
4－ϕ10
30°
5
45°
6
5
13
21
13
45°
80
106
13
19
52
14

⑲

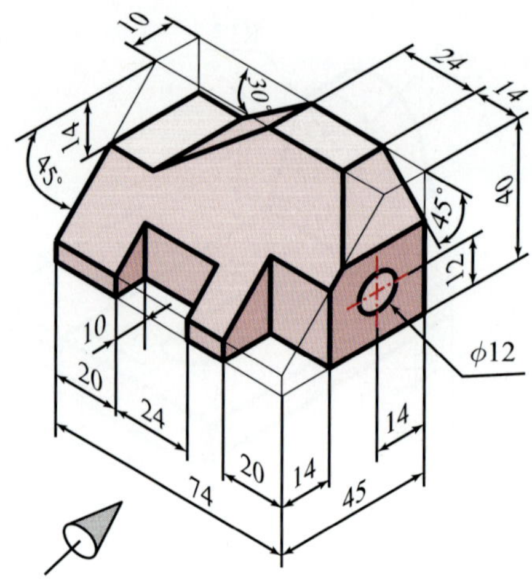
10
24
14
30°
14
45°
45°
40
12
φ12
10
20
24
74
20
14
45
14

⑳

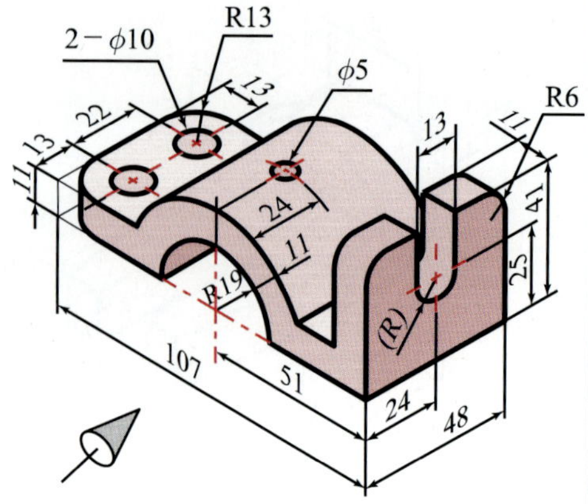
2−φ10
R13
φ5
R6
13
22
13
11
13
11
24
41
25
11
R19
(R)
107
51
24
48

㉑

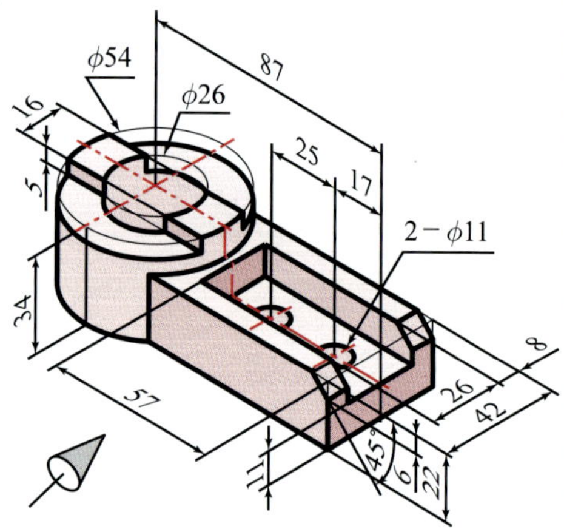
φ54
φ26
87
16
5
25
17
2−φ11
34
57
8
26
42
45°
11
6
22

㉒

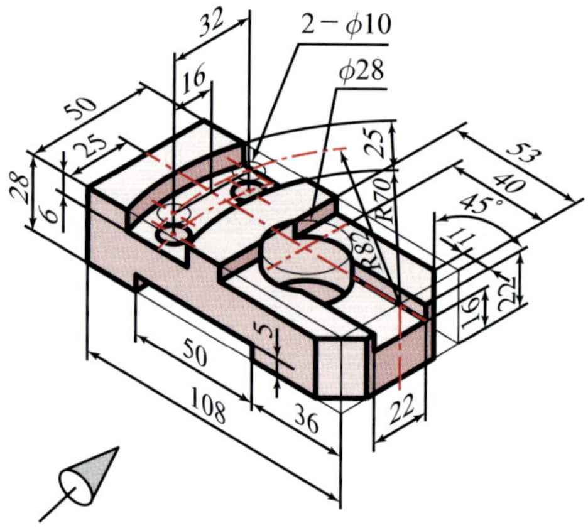
32
2−φ10
16
φ28
50
25
25
28
6
R70
53
40
45°
R87
11
22
16
5
50
108
36
22

㉓

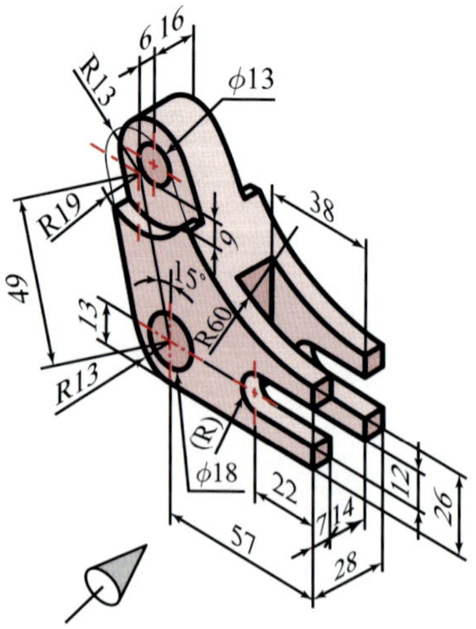
R13
6
16
φ13
38
R19
9
49
15°
R60
13
R13
(R)
φ18
22
12
26
57
7
14
28

㉔

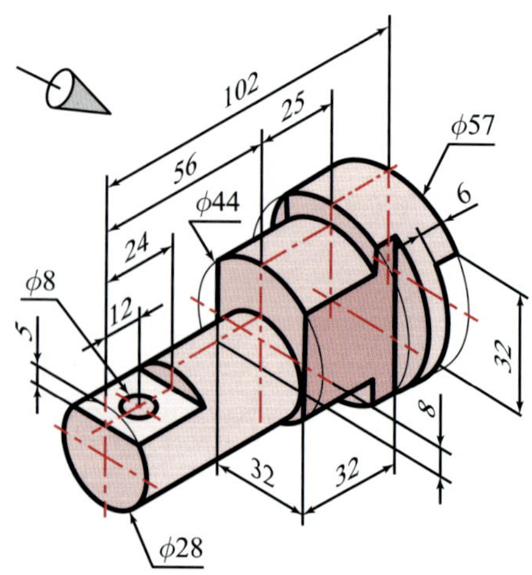
102
25
φ57
56
φ44
6
24
φ8
12
5
32
8
32
32
φ28

(문제 06. 풀이)

①

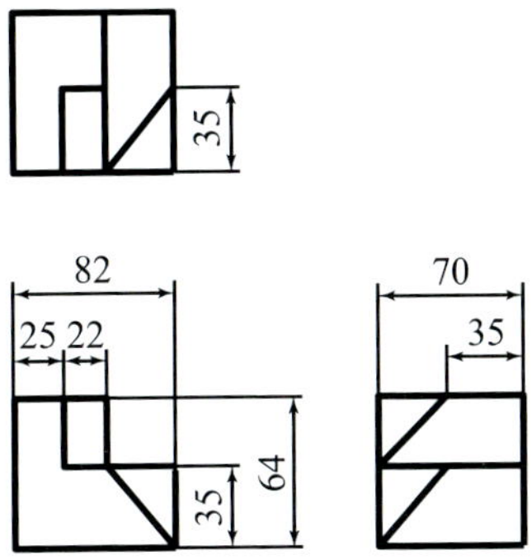

②

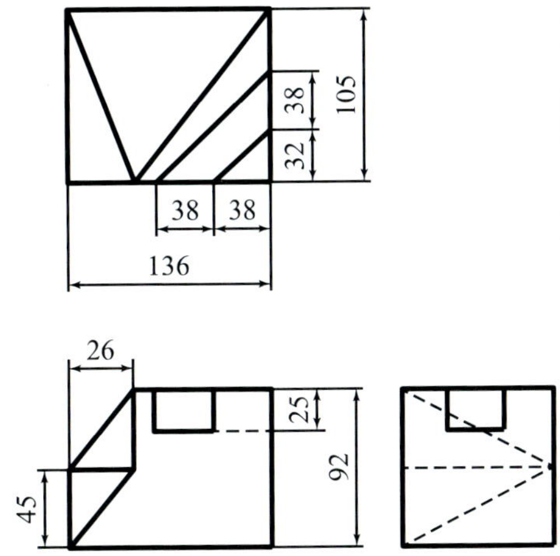

③

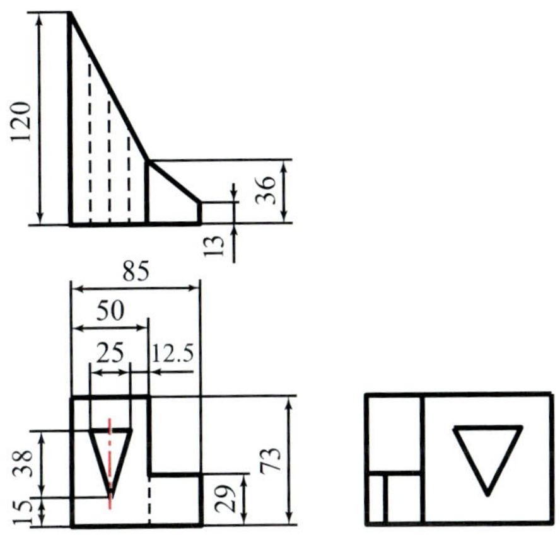

④

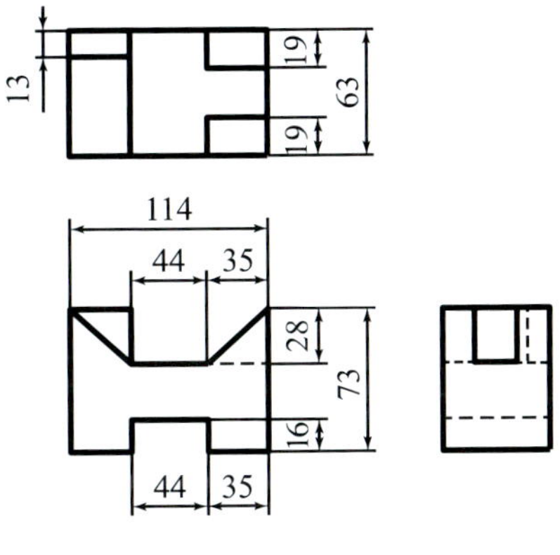

⑤

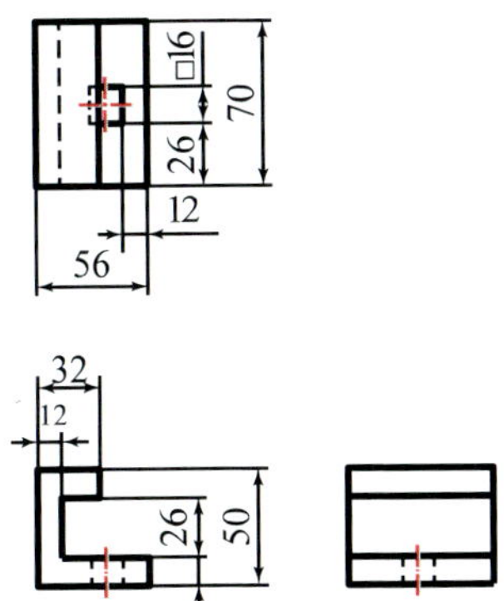

⑥

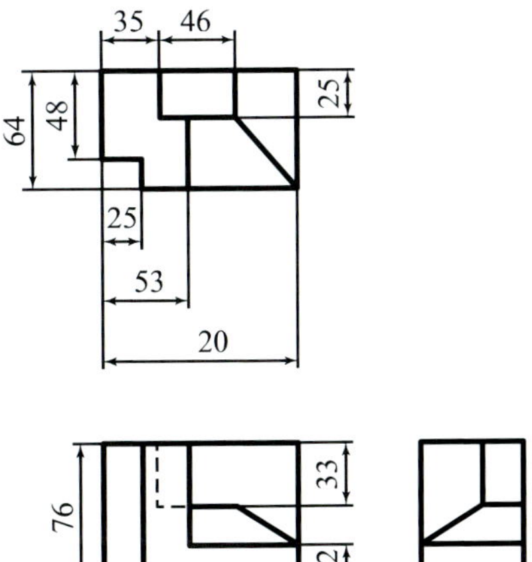

⑦

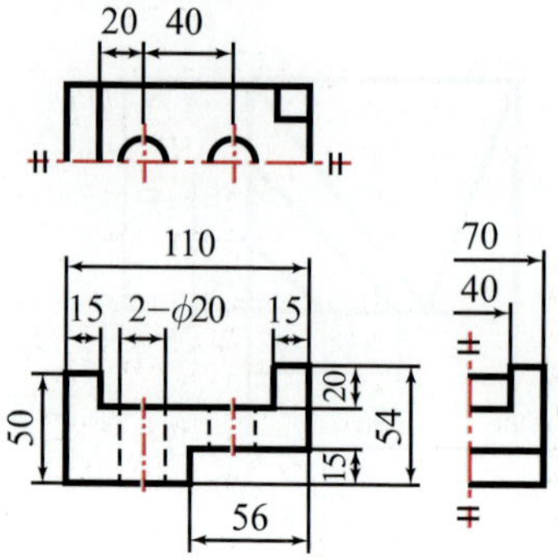
20 40
110
15 2−ϕ20 15
50
20
54
15
56
70
40

⑧

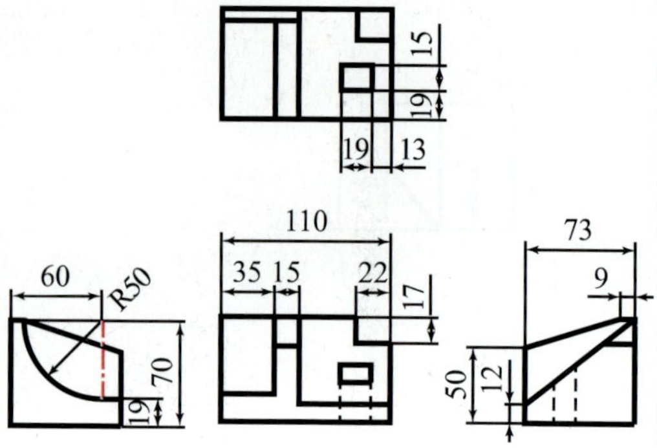
15
19
19 13
110
35 15 22
17
60
R50
70
19
73
9
50
12

⑨

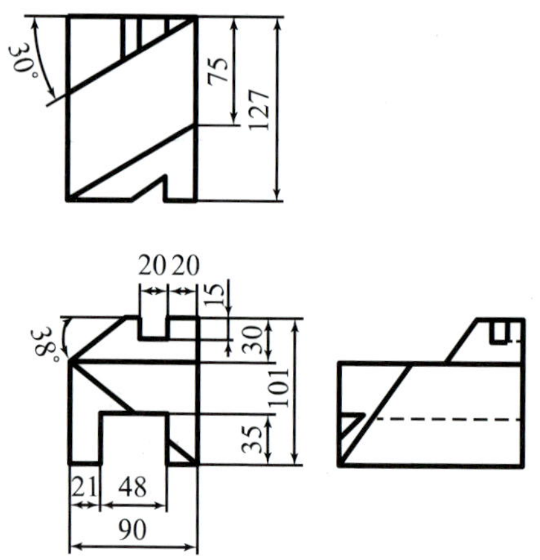
30°
75
127
20 20
15
38°
30
101
35
21 48
90

⑩

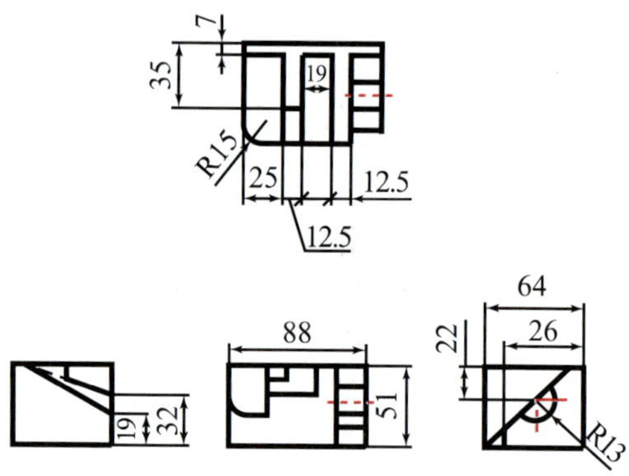
7
35
19
R15
25 12.5
12.5
64
22
26
88
19
32
51
R13

⑪

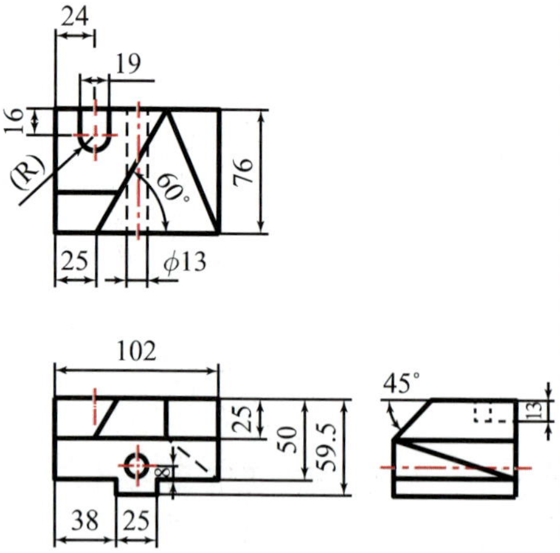
24
19
16
(R)
60°
76
25 ϕ13
102
25
50
59.5
8
38 25
45°
13

⑫

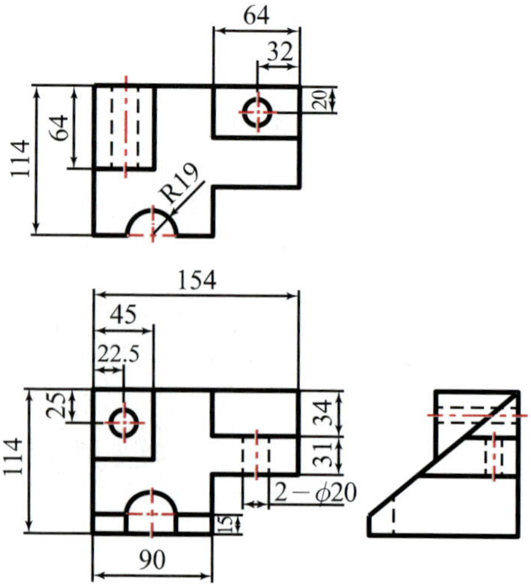
64
32
20
114
64
R19
154
45
22.5
25
34
114
31
2−ϕ20
15
90

⑬

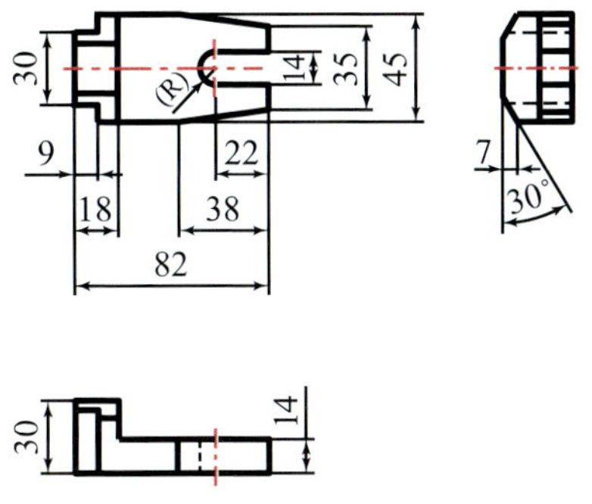
30
(R)
14
35
45
9
22
18
38
82
7
30°
30
14

⑭

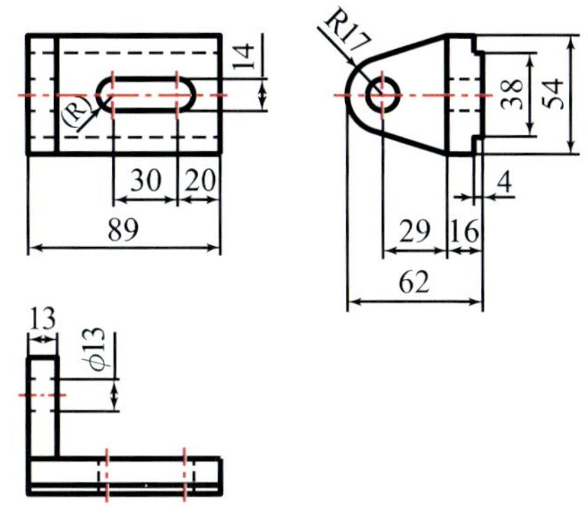
14
(R)
30
20
89
R17
38
54
4
29
16
62
13
ϕ13

⑮

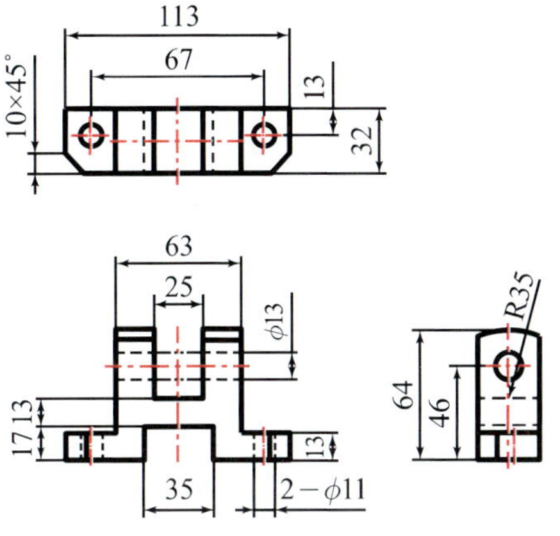
113
67
10×45°
13
32
63
25
ϕ13
R35
64
46
17
13
13
35
2−ϕ11

⑯

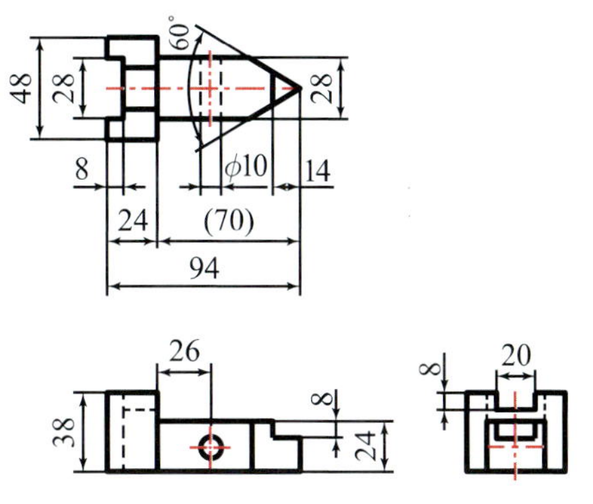
60°
48
28
28
8
ϕ10
14
24
(70)
94
26
38
8
24
8
20

⑰

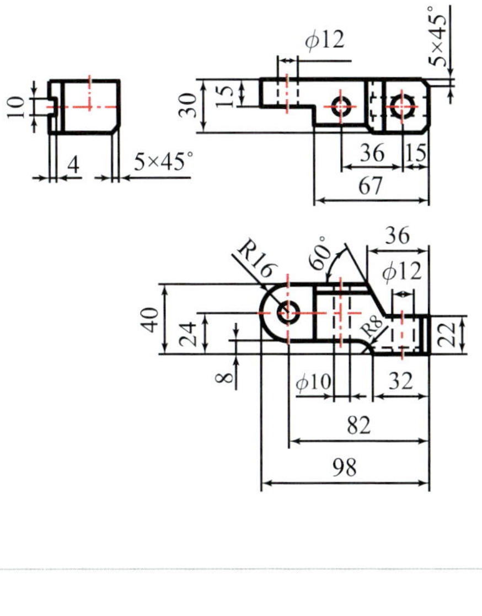
10
4
5×45°
ϕ12
5×45°
30
15
36
15
67
R16
60°
36
ϕ12
40
24
R8
22
8
ϕ10
32
82
98

⑱

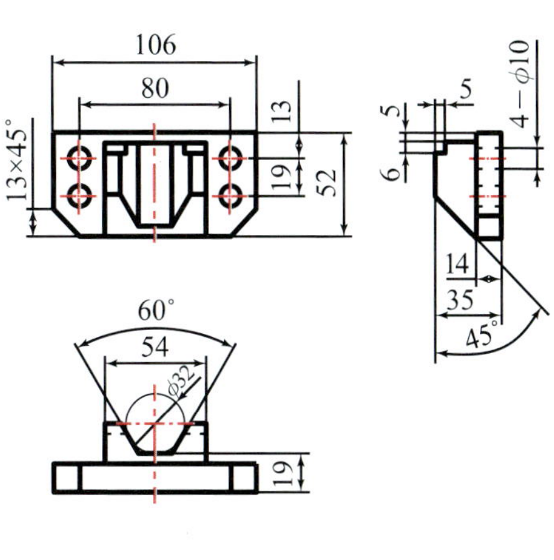
106
80
13×45°
13
19
52
5
5
4−ϕ10
6
14
35
45°
60°
54
ϕ32
19

⑲

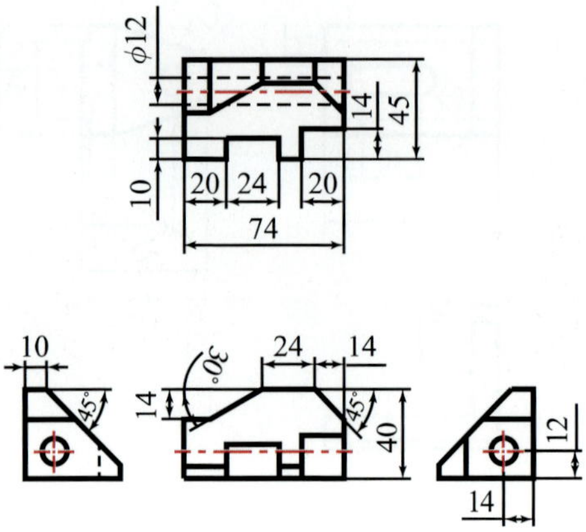
ϕ12
14
45
10
20
24
20
74
10
30°
24
14
45°
14
45°
40
12
14

⑳

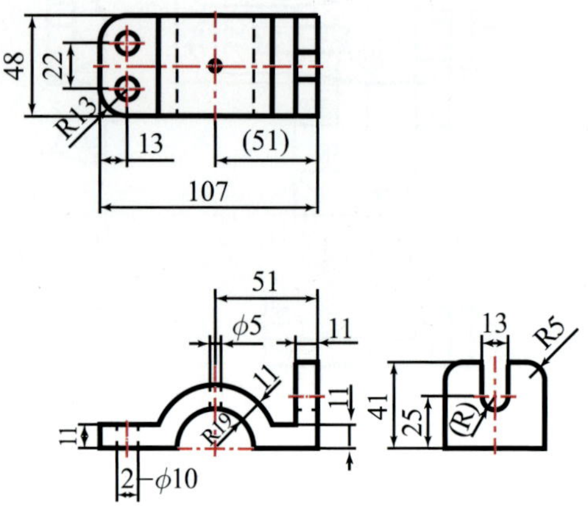
48
22
R13
13
(51)
107
51
ϕ5
11
11
11
R19
11
2−ϕ10
13
R5
41
25
(R)

㉑

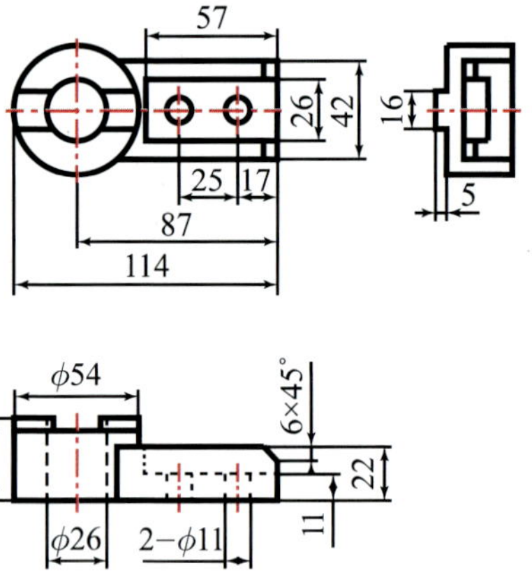
57
26
42
16
25
17
87
114
5
ϕ54
6×45°
34
22
11
ϕ26
2−ϕ11

㉒

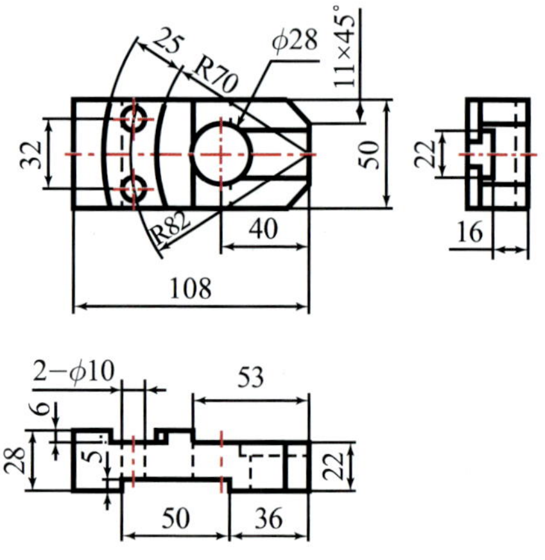
25
R70
ϕ28
11×45°
32
50
22
R82
40
16
108
2−ϕ10
53
6
28
5
22
50
36

㉓

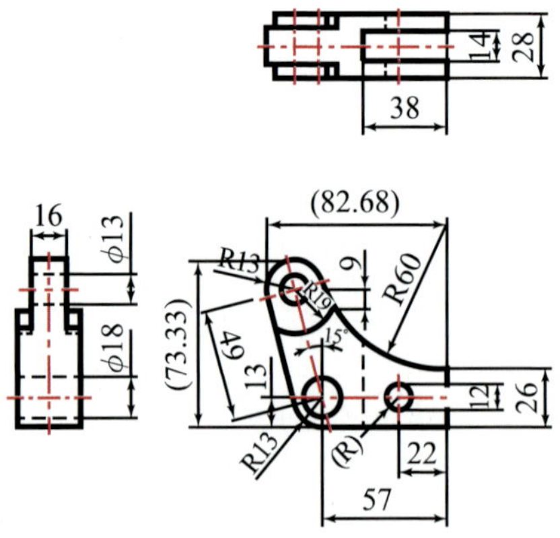
14
28
38
16
ϕ13
ϕ18
(82.68)
R13
9
R10
R60
49
(73.33)
13
12
26
R13
(R)
22
57

㉔

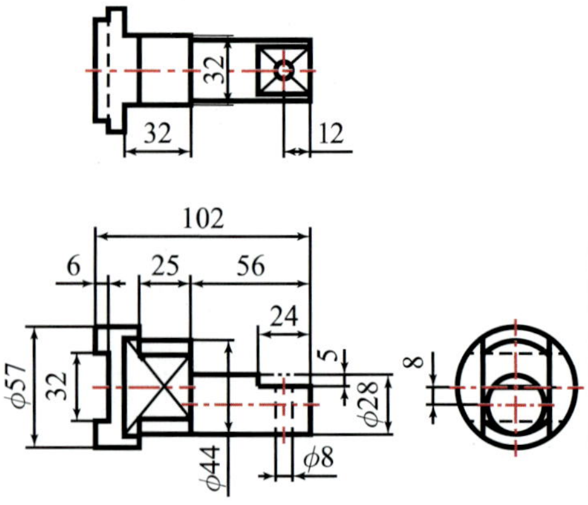
32
32
12
102
6
25
56
24
ϕ57
32
5
ϕ28
8
ϕ44
ϕ8

07 입체도를 보고 정투상법에 의한 제3각법으로 제도하시오.(단, 화살표 방향을 정면도로 하며 필요한 투상도만을 그리시오.)

①

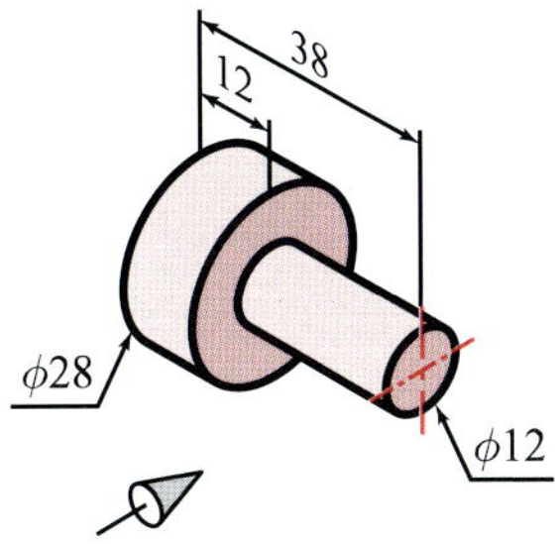

②

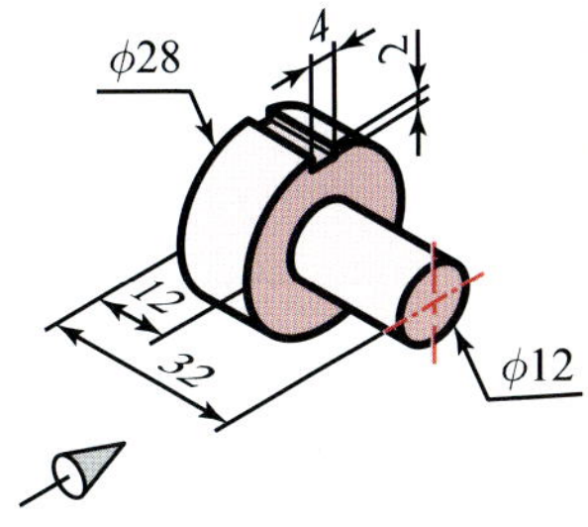

③

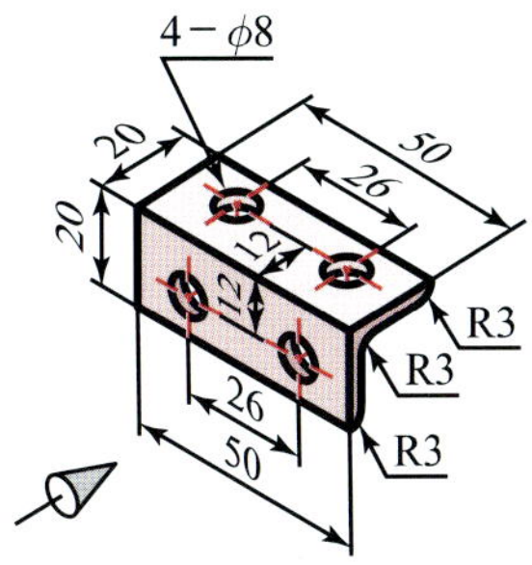

④

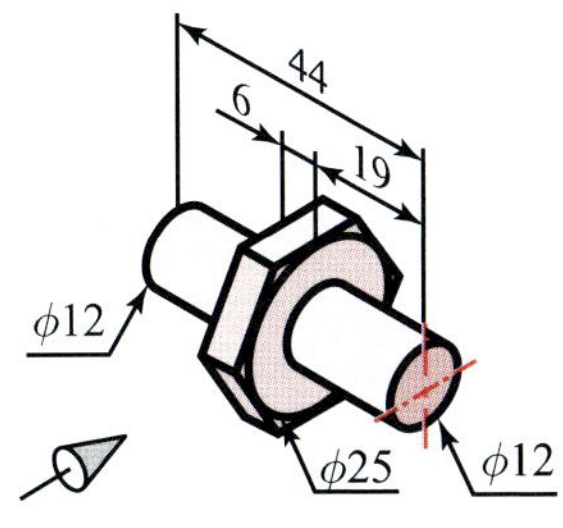

⑤

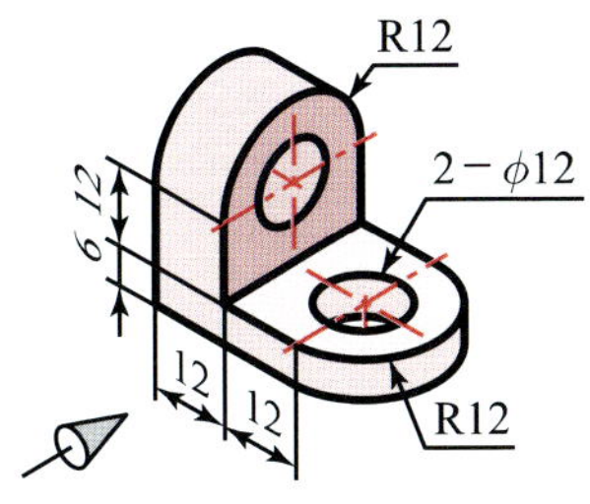

⑥

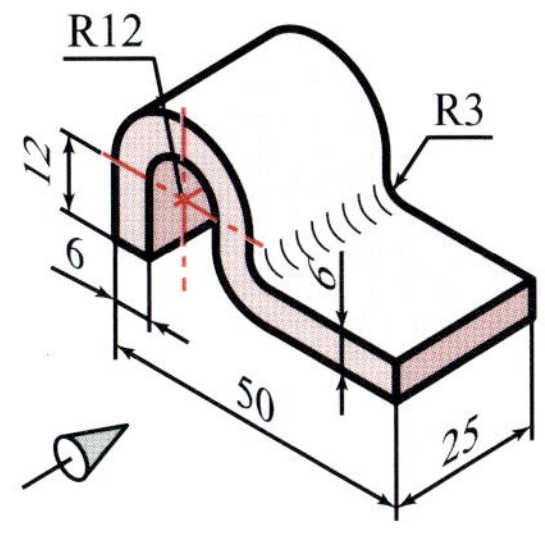

⑦

- 개스킷
- 합성고무

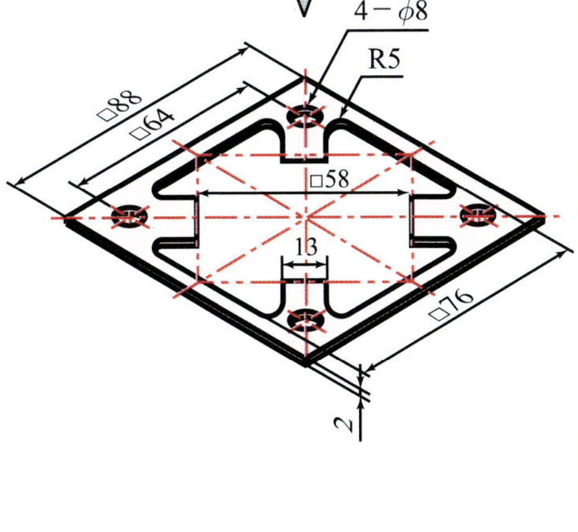

⑧

- 액슬 캡
- 지시없는 라운드는 R4

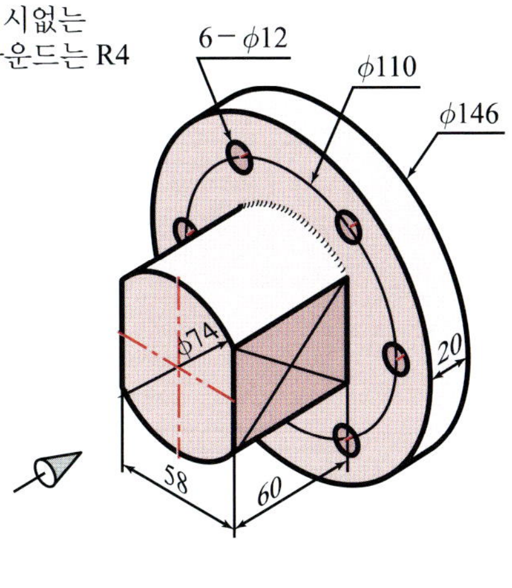

(문제 07. 풀이)

①

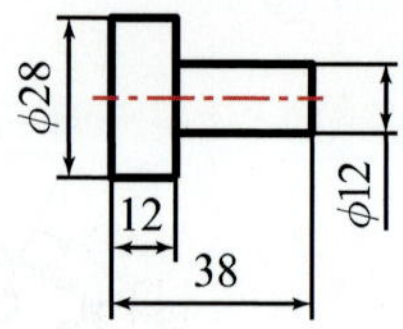

②

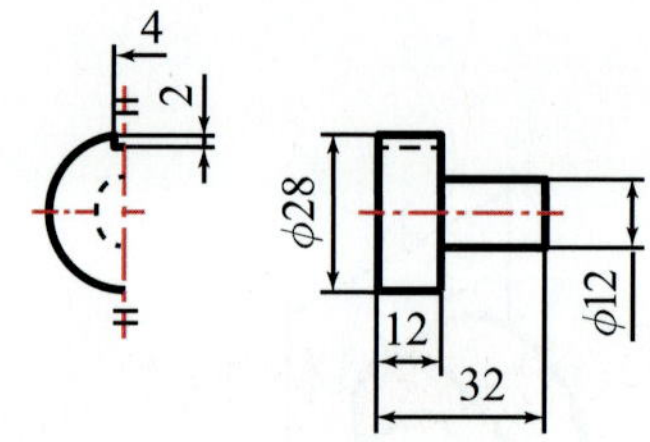

③

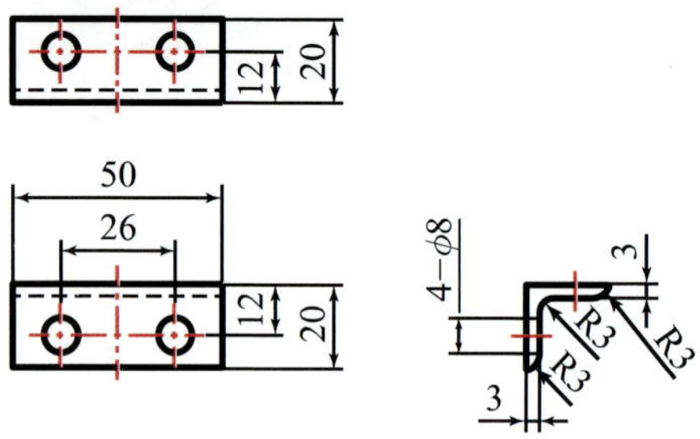

④

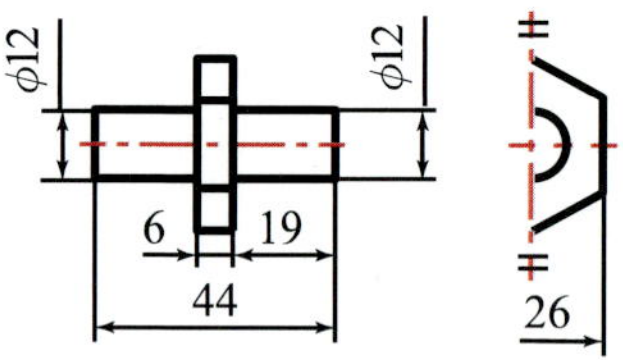

⑤

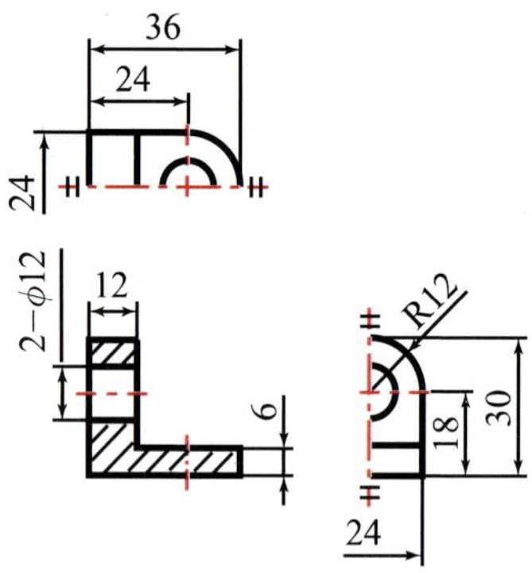

⑥

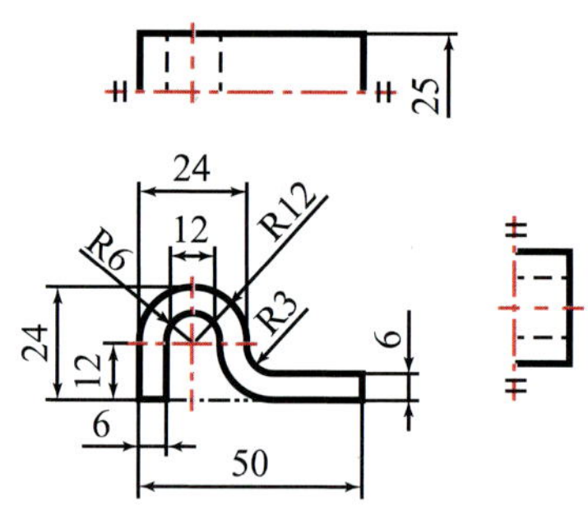

⑦

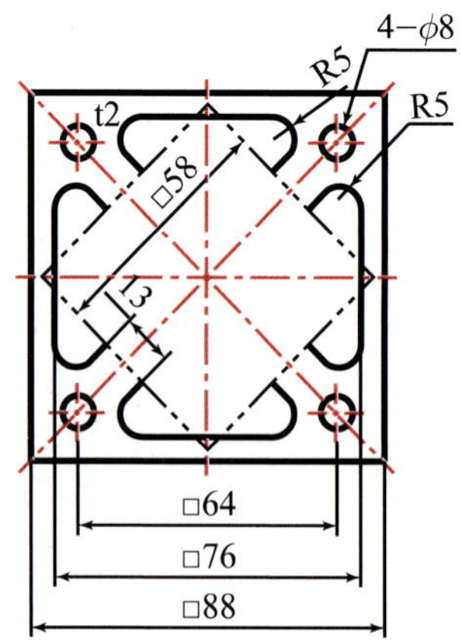

⑧

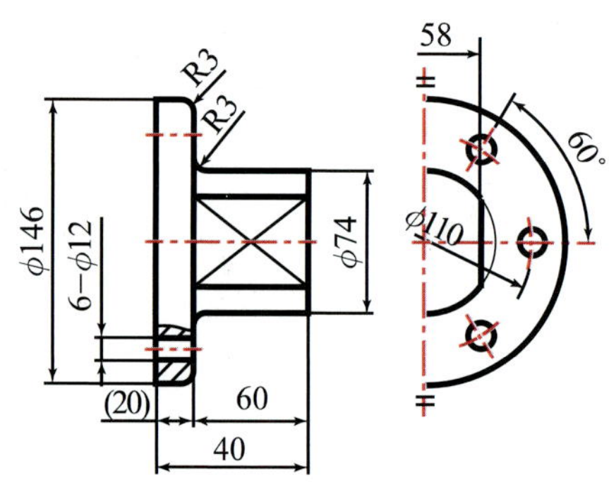

Appendix

부록

표 1. 재질기호를 표시하는 재질 및 규격명

(a) 첫째 자리의 문자(재질 명칭)

기호	재 질	기호	재 질
Al	알루미늄(aluminium)	MgA	마그네슘합금(magnesium alloy)
AlA	알루미늄합금(Al alloy)	NBs	네이벌황동(naval brass)
Br	청동(bronze)	NiS	양은(nickel silver)
Bs	황동(brass)	PB	인청동(phosphor bronze)
C	초경질합금(carbide alloy)	Pb	납(lead)
Cu	동(copper)	S	강철(steel)
F	철(ferrum)	SzB	실진 청동(silzin bronze)
HBs	강력황동(high strength brass)	W	화이트 메탈(white metal)
L	경합금(light alloy)	Zn	아연(zinc)
K	켈멧(kelmet)		

(b) 둘째 자리의 문자(규격품과 제품명)

기호	재 질	기호	재 질
Au	자동차용재	KH	철과 강 고속도강(high speed steel)
B	비철금속 봉재	L	궤도(rail)
B	철과 강 보일러(boiler)용 압연재	M	조선(marine)용 압연재
Br	단조용 봉재(forging bar)	MR	조선용 리벳(marine rivet)
BM	비철금속 머시닝(machining)용 봉재	N	철과 강 니켈강(nickel steel)
BR	철과 강 보일러용 리벳(rivet)	NC	니켈크롬강(nickel chromium steel)
C	철과 비철주조품(casting)	NS	스테인리스강(stainless steel)
CM	철과 강 가단주철품(malleable casting)	P	비철금속 판재(plate)
DB	볼트, 너트용 냉간인발(bolt drawn)	S	철과 강 구조용 압연재
E	발동기(engine)	SC	철과 강 철근 콘크리트용 봉재
F	철과 강 단조품(forging)	T	철과 비철 관(tube)
G	게이지(gauge)용재	TO	공구강(tool steel)
GP	철과 강 가스 파이프(gas pipe)	UP	철과 강 스프링강(spring steel)
H	철과 강 표면경화(case hardening)	V	철과 강 리벳(rivet)
HB	최강봉재(high strength bar)	W	철과 강 와이어(wire)
K	철과 강 공구강(tool steel)	WP	철과 강 피아노선(piano wire)

(c) 셋째 자리의 문자 (금속 종류)

(1) 인장강도를 kgf/mm^2의 수치로 표시한다.
(2) 숫자 다음에 A는 연질, B는 반경질, C는 경질 등을 기입한다.
(3) 단위 길이당 중량을 괄호 안에 기입한다.

(d) 셋째 자리의 문자 (금속기호의 끝에 특별히 첨가하는 기호)

구 분	기호	기호의 의미	구 분	기호	기호의 의미
종류에 의한 기호	A	갑		A	형강
	B	을		B	봉강
	C	병	알루미늄 합금의 열처리 기호	F	열처리를 하지 않은 재질
	D	정		O	어닐링처리한 재질
	E	무		H	가공경화한 재질
가공법·용도·형상 등에 의한 기호	D	냉각인발, 절삭, 연삭		1/2H	반경질
	CK	표면경화용		W	퀜칭한 후 시효경화 진행 중의 재료
	F	평판 } 아연철판			
	C	파판 } 아연철판			
	P	강판 } 일반용 연강재		T3	어닐링처리한 재질(주물용)
	F	평강 } 일반용 연강재		T6	퀜칭한 후 템퍼링처리한 재료

(e) 넷째 자리의 문자 (제조법)

기호	재 조 명	기호	재 조 명
Oh	평로강(open hearth steel)	Cc	도가니강(crucible steel)
Oa	산성(acidic) 평로강	R	압연(rolled)
Ob	염기성(basic) 평로강	F	단조(forged)
Bes	전로강(bessemer steel)	Ex	압출(extruded)
E	전기로강(eletric steel)	D	인발(drawn)

(f) 다섯째 자리의 문자 (제품형상 기호)

기호	제 품	기호	제 품	기호	제 품
P	강판	□	각재	□	평강
•	둥근강	△	6각장	I	I형강
◎	파이프	8	8각장	[	채널(channel)

표 2. 철강 및 비철금속 재료기호

<table>
<tr><th>KS D</th><th>명칭</th><th colspan="2">종별</th><th colspan="2">기호</th><th>인장 강도 kgf/mm^2</th><th>용도</th></tr>
<tr><td rowspan="4">3503</td><td rowspan="4">일반 구조용 압연 강재 (Rolled Steel for General Purposes)</td><td colspan="2">1종</td><td colspan="2">SB34</td><td>34～44</td><td>강판, 평강, 봉강 및 강대</td></tr>
<tr><td colspan="2">2종</td><td colspan="2">SB41</td><td>41～52</td><td>강판, 평강, 봉강 및 형강</td></tr>
<tr><td colspan="2">3종</td><td colspan="2">SB50</td><td>50～62</td><td>강판, 평강, 봉강 및 형강</td></tr>
<tr><td colspan="2">4종</td><td colspan="2">SB55</td><td>55 이상</td><td>두께, 지름, 변 또는 대변 거리가 40mm 이하의 강판, 평강, 형강, 봉강 및 강대
(비고) : 강관, 평강, 형강 및 봉강을 표시할 때의 기호는 종류의 기호 다음에 P(강판), F(평강), A(형강) 및 B(봉강)을 표시
(예) : SB34P(일반구조용 압연강재 강판 1종)</td></tr>
<tr><td rowspan="3">3507</td><td rowspan="3">배관용 탄소 강관 (Carbon Steel Pipe for Ordinary Piping)</td><td colspan="2" rowspan="2">일반 배관용 탄소 강관 (A관)</td><td rowspan="2">SPP</td><td>흑관</td><td rowspan="2">30 이상</td><td rowspan="2">아연도금을 하지 않는 관</td></tr>
<tr><td>백관</td></tr>
<tr><td colspan="2">수도 배관용 탄소 강관 (B관)</td><td>SPPW</td><td>백관</td><td>30 이상</td><td>아연도금을 한 관으로서 최대 정수두가 100 이하의 수도 배관용에 적용됨.</td></tr>
<tr><td rowspan="6">3509</td><td rowspan="6">피아노 선재 (Piano Wire Rod)</td><td rowspan="2">1종</td><td>A</td><td colspan="2">PWR1A</td><td></td><td>와이어 로프</td></tr>
<tr><td>B</td><td colspan="2">PWR1B</td><td></td><td></td></tr>
<tr><td rowspan="2">2종</td><td>A</td><td colspan="2">PWR2A</td><td></td><td>스프링</td></tr>
<tr><td>B</td><td colspan="2">PWR2B</td><td></td><td>P·C 강선</td></tr>
<tr><td rowspan="2">3종</td><td>A</td><td colspan="2">PWR3A</td><td></td><td>강연선</td></tr>
<tr><td>B</td><td colspan="2">PWR3B</td><td></td><td>강연선</td></tr>
<tr><td rowspan="3">3512</td><td rowspan="3">냉간압연강판 및 강대 (Cold Rolled Carbon steel Sheet and Strip)</td><td colspan="2">1종</td><td colspan="2">SBC1</td><td></td><td>일반용</td></tr>
<tr><td colspan="2">2종</td><td colspan="2">SBC2</td><td>28 이상</td><td>가공용(가공도가 작은 것)</td></tr>
<tr><td colspan="2">3종</td><td colspan="2">SBC3</td><td>28 이상</td><td>가공용(가공도가 큰 것)</td></tr>
<tr><td rowspan="3">3515</td><td rowspan="3">용접 구조용 압연강재 (Rolled Steel for Welded Strudture)</td><td rowspan="3">1종</td><td>A</td><td colspan="2">SWS 41A</td><td rowspan="3">41～52</td><td rowspan="3">강판, 대강, 형강 및 평강의 두께 100mm 이하.
강판 및 대강의 두께 50mm 이하.</td></tr>
<tr><td>B</td><td colspan="2">SWS 41B</td></tr>
<tr><td>C</td><td colspan="2">SWS 41C</td></tr>
</table>

KS D	명칭	종별		기호	인장 강도 kgf/mm^2	용도
3515	용접 구조용 압연강재 (Rolled Steel for Welded Strudture)	2종	A	SWS 50A	50～62	강판, 대강, 형강 및 평강의 두께 100mm 이하.
			B	SWS 50B		강판 및 대강의 두께 50mm 이하.
			C	SWS 50C		
		3종	A	SWS50YA	50～62	강판, 대강, 형강 및 평강의 두께 50mm 이하.
			B	SWS50YB		
		4종	A	SWS 53A	53～65	강판, 대강, 형강 및 평강의 두께 50mm 이하.
			C	SWS 53C		강판, 대강의 두께 50mm 이하.
		5종		SWS 58	58～73	강판 및 대강의 두께 5mm 이상, 50mm 이하.
3517	기계구조용 탄소강강판 (Carbon Steel Tubes for Machine Structural Purpose)	11종	A	STKM11A	30 이상	인쇄용 롤러, 배기 파이프, 스티어링, 모터 커버, 자전거 프레임, 가구
		12종	A	STKM12A	35 이상	크로스 멤버, 직기용 롤러 베어링 백메탈.
			B	STKM12B	40 이상	스티어링 시스템, 프로펠러 축, 중공축.
			C	STAM12C	48 이상	앞 포크
		13종	A	STKM13A	38 이상	프로펠러 샤프트, 스티어링 시스템, 크로스 멤버,
			B	STKM13B	45 이상	유압 실린더, 베어링 백메탈, 직기용.
			C	STAM13C	52 이상	롤러, 액시얼 튜브
		14종	A	STKM14A	42 이상	스티어링 시스템, 크로스 멤버, 액시얼 튜브,
			B	STKM14B	51 이상	유압 실린더
			C	STAM14C	56 이상	
		15종	A	STKM15A	48 이상	스티어링 시스템, 크로스 멤버, 엑시텐숀 튜브,
			C	STAM15C	59 이상	프로펠러 축.
		16종	A	STKM16A	52 이상	벨브 록 카축, 스티어링 시스템, 액시얼 튜브,
			C	STAM16C	63 이상	프로펠러 축, 보링 로드
		17종	A	STKM17A	56 이상	액시얼 튜브, 보링 로드
			C	STAM17C	66 이상	
		18종	A	STKM18A	45 이상	수압 철주, 포크, 튜브, 유압 실린더
			B	STKM18B	50 이상	
			C	STAM18C	52 이상	

KS D	명칭	종별	기호	인장 강도 kgf/mm²	용도
3522	고속도 공구강강재 (High Speed Tool Steel)	텅스텐계	SKH2	–	일반 절삭용, 기타 각종 공구
			SKH3	–	고속 중절삭용, 기타 각종 공구
			SKH4A	–	난삭재 절삭용, 기타 각종 공구
			SKH4B	–	〃
			SKH5	–	〃
			SKH10	–	고난삭재 절삭용, 기타 각종 공구
		몰리브덴계	SKH51	–	인성을 요하는 일반 절삭용, 기타 각종 공구
			SKH52 SKH53 SKH54	–	비교적 인성을 요하는 고속도재 절삭용, 기타 각종 공구
			SKH55 SKH56 SKH57	–	비교적 인성을 요하는 고속도 중절삭용, 기타 각종 공구
3522	특수마대강 (Cold Rolled Special Steel Strip)	탄소강	SM30CM	–	리테이너
			SM35CM	–	사무용 기계부품
			SM45CM	–	클러치 부품, 체인 부품, 양산 살대, 와셔
			SM50CM		카메라 등 구조 부품, 체인 부품, 스프링, 양산 살대, 클러치 부품, 와셔
			SM55CM		스프링, 안전 작업화, 깡통 따기, 톰프슨, 칼날, 양산살대, 카메라 등 구조부품, 목공용 톱
			SM60CM		체인부품, 목공용 톱, 부라인드 안전작업 화, 사무용 기계부품 와셔
			SM65CM		안전 작업화, 클러치 부품, 스프링
			SM70CM		스프링, 와셔, 목공용 톱
3551	특수마대강 (Cold Rolled Special Steel Strip)	탄소강	SM75CM		클러치 부품, 스프링
			SM85CM		〃
		탄소공구강	SK2M		면도용 칼, 칼, 쇠톱날, 셔터, 태엽
			SK3M		쇠톱날, 칼, 스프링
			SK4M		펜촉, 태엽, 게이지, 스프링, 칼, 메리야스용 바늘
			SK5M		태엽, 스프링, 칼, 메리야스용 바늘, 게이지, 클러치 부품, 목공용 및 제재용 톱줄 및 원형톱, 사무용 기계부품.

KS D	명칭	종별	기호	인장 강도 kgf/mm^2	용도
3551	특수마대강 (Cold Rolled Special Steel Strip)	탄소공구강	SK6M		스프링, 칼, 클러치, 부품, 와셔, 구두밑창, 포운
			SK7M		스프링, 칼, 포운, 목공용 칼, 구두밑창, 클러치 부품
		합금공구강	SKS11M		쇠톱줄
			SKS2M		쇠톱줄, 쇠톱날, 칼
			SKS7M		〃
			SKS5M		칼, 목공용 원형톱, 목공용 및 제재용 톱줄
			SKS51M		목공용 및 제재용 톱줄, 목공용 원형톱
		니켈크롬강	SNC2M		사무용 기계부품
			SNC3M		〃
			SNC21M		〃
		니켈크롬 몰리브덴강	SNCM2M		체인 부품
			SNCM22M		안전 박클, 체인 부품
		크롬 몰리브덴강	SCM1M		체 인 부 품
			SCM2M		체인 부품, 톰프슨 칼날
			SCM3M		체인부품, 사무용 기계부품
			SCM4M		〃
			SCM21M		〃
		스프링강	SUP6M		스프링
			SUP9M		특수 스프링
			SUP10M		〃
3556	피아노 선 (Piano Wires)	1종	PW1		주요 스프링
		2종	PW1		
		3종	PW3		밸브 스프링용
3701	스프링강 (Spring Steel)	1종	SPS1	110 이상	주로 겹판 스프링용
		2종	SPS2	115 이상	주로 코일 스프링용
		3종	SPS4	125 이상	주로 겹판 및 코일 스프링용
		4종	SPS4	125 이상	
		5종	SPS5	125 이상	
		6종	SPS6	125 이상	주로 코일 스프링용
		7종	SPS7	125 이상	주로 겹판 및 코일 스프링용

KS D	명칭	종별	기호	인장 강도 kgf/mm^2	용도
3707	크롬 강재 (Chromium Steels)	1종	SCr1	85 이상	이음쇠, 축류
		2종	SCr2	80 이상	볼트, 너트
		3종	SCr3	90 이상	압류, 스터드
		4종	SCr4	95 이상	강력 볼트, 압류
		5종	SCr5	100 이상	축류, 키, 핀
		21종	SCr21	80 이상	캠 축, 핀류
		22종	SCr22	85 이상	기어류, 비고 : 21종, 22종은 표면 경화용
3708	니켈크롬강재 (Nickel Chromium Steels)	1종	SNC1	75 이상	볼트, 너트류
		2종	SNC2	85 이상	크랭크 축, 기어류
		3종	SNC3	95 이상	축류, 기어류
		21종	SNC21	80 이상	피스톤 핀, 기어
		22종	SNC22	100 이상	캠축, 기어류, 비고 : 21종, 22종은 표면경화용
3710	탄소 강단 강품 (Carbon Steel Forgings)	1종	SF34	34～42	
		2종	SF40	40～50	
		3종	SF45	45～55	
		4종	SF50	50～60	
		5종	SF50	55～65	
		6종	SF60	60～70	
3711	크롬 몰리브덴강재 (Chromium Molbdenum Steels)	1종	SCM1	90 이상	볼트, 스터드, 프로펠러, 보스
		2종	SCM2	85 이상	소형 축류
		3종	SCM3	95 이상	강력 볼트, 스터드, 축류, 압류
		4종	SCM4	100 이상	기어류, 축류, 압류
		5종	SCM5	105 이상	
		21종	SCM21	85 이상	피스톤 핀, 축류, 기어
		22종	SCM22	95 이상	기어, 축류
		23종	SCM23	100 이상	〃
		24종	SCM24	105 이상	〃
					비고 : 21, 22, 23, 24종은 표면 경화용
3751	탄소공구강 (Carbon Tool Steel)	1종	STC1	63 이상	경질 바이트, 면도날, 각종 줄
		2종	STC2	〃	바이트, 플라이스, 제작용 공구, 드릴
		3종	STC3	〃	탭, 나사절삭용, 다이스, 쇠톱날, 철공용 끌, 게이지, 태엽, 펜촉

KS D	명칭	종별	기호	인장 강도 kgf/mm²	용도
3751	탄소공구강 (Carbon Tool Steel)	4종	STC4	61 이상	태엽, 목공용 드릴, 도기, 철공용 끌, 면도날, 목공용 띠톱, 펜촉
		5종	STC5	59 이상	각인, 스넵, 태엽, 목공용 띠톱, 원형톱, 펜촉, 등사판줄, 톱날
		6종	STC6	56 이상	각인, 스넵, 원형톱, 태엽, 우산대, 등사판줄
		7종	STC7	54 이상	각인, 스넵, 프레스 형, 칼
3752	기계구조용 탄소강강재 (Carbon Steel for Machine Structural Use)	1종	SM10C	32 이상	빌릿, 컬릿
		2종	SM15C	38 이상	볼트, 너트, 리벳
		3종	SM20C	41 이상	〃
		4종	SM25C	45 이상	볼트, 너트, 모터 축
		5종	SM30C	55 이상	볼트, 너트, 기계 부품
		6종	SM35C	58 이상	로드, 레버류, 기계 부품
		7종	SM40C	62 이상	연접봉, 이음쇠, 축류
		8종	SM45C	70 이상	크랭크 축류, 로드류
		9종	SM50C	75 이상	키, 핀, 축류
		10종	SM55C	80 이상	키, 핀류
		21종	SM9CK	40 이상	방직기 롤러
		22종	SM15CK	50 이상	캠, 피스톤 핀 ※ 21, 22종은 침탄용
3753	합금공구강 (Alloy Tool Steel)	절삭용 S1종	STS1	–	절삭 공구, 냉간 드로잉용 다이스
		S11종	STS11	–	
		S2종	STS2	–	탭, 드릴, 커터, 핵소(Hack Saw)
		S22종	STS22	–	
		5 S51종 7	STS5 STS51 STS7	–	원형톱, 띠톱, 핵소
		S8종	STS8	–	줄
		주로 내충격용 S4종	STS4	–	끌, 펀치, 스냅, 넵
		S41종	STS41	–	
		S42종	STS42	–	끌, 펀치, 칼날, 줄, 눈금용 공구
		S43종	STS43	–	착암기용 피스톤
		S44종	STS44	–	끌, 해딩 다이스

KS D	명칭	종별		기호	인장 강도 kgf/mm^2	용도
3753	합금공구강 (Alloy Tool Steel)	주로 내마모성 불변형용	S3종	STD3	–	게이지, 탭, 다이스, 절단기, 칼날
			S31종	STS31	–	게이지, 포밍 다이
			D1종	STD1	–	다이스
			D11종	STD11	–	게이지, 포밍 다이, 나사 전조롤러
			D12종	STD12	–	
			D2종	STD2	–	다이스
		주로 열간 가공용	D4종	STD4	–	프레스 형틀, 다이캐스팅용 다이
			D5종	STD5	–	
			D6종	STD6	–	
			D61종	STD61	–	
			F1종	STF1	–	
			~ 5종	STF5	–	다이형틀
			F6종	STF6	–	프레스용 다이
4101	탄소주강품 (Carbon Steel Casting)	1종		SC37	37 이상	전동기 부품용
		2종		SC42	42 이상	일반구조용
		3종		SC46	46 이상	〃
		4종		SC49	49 이상	〃
		5종		SC55	55 이상	〃
4301	회주철용 (Gray Cast Iron)	1종		GC10	10 이상	일반기계부품, 상수도 철관, 난방용품
		2종		GC15	15 이상	
		3종		GC20	20 이상	약간의 경도를 요하는 부분
		4종		GC25	25 이상	
		5종		GC30	30 이상	실린더 헤드, 피스톤, 공작기계 부품
		6종		GC35	35 이상	
4302	구상흑연 주철	1종		DC37	37 이상	
		2종		DC42	42 이상	
		3종		DC50	50 이상	
		4종		DC60	60 이상	
		5종		DC70	70 이상	
4303	흑심가단 주철	1종		BMC28	28 이상	
		2종		BMC32	32 이상	
		3종		BMC35	35 이상	
		4종		BMC37	37 이상	

KS D	명칭	종별		기호	인장 강도 kgf/mm^2	용도
4305	백심가단주철	1종		WMC34	34 이상	
		2종		WMC36	36 이상	
5504	동판 (Cooper Sheet and Plate)	1종	연질	CuS1-0	26 이하	전기와 열전도성이 좋고 전연성, 가공성, 내식성, 내후성이 요구된 곳. 전기 부품, 증류기구 건축용, 화학 공업용 개스킷, 기물 등
			1/4경질	CuS1-1/4	22 이상	
			1/2경질	CuS1-1/2	25 이상	
			경질	CuS1-H	28 이상	
		2종	연질	CuS2-0	26 이하	
			1/4경질	CuS2-1/4	22 이상	
			1/2경질	CuS2-1/2	25 이상	
			경질	CuS2-H	28 이상	
5516	인청동봉 (Phospher Bronze Rods and Bars)	1종		PBR1	50 이상	탄성, 내마멸성, 내식성 등을 요구하는 부품(기어, 베어링, 이음쇠, 나사)
		2종		PBR2	52 이상	
		3종		PBR3	55 이상	
6001	황동주물 (Brass Castings)	1종		BaC1	15 이상	플랜지, 전기 부속품, 전기 부품, 일반 기계 부품
		2종		BaC2	20 이상	
		3종		BaC3	25 이상	건축용 장식품, 일반 기계부품, 전기부품
6002	청동주물 (Bronze Castings)	1종		BrC1	25 이상	기계적 성질, 내식성이 우수하여 밸브, 콕 및 기계부품에 적합
		2종		BrC2	25 이상	
		3종		BrC3	20 이상	절삭성이 양호하여 기계부품, 밸브 및 콕 등에 적합
		4종		BrC4	22 이상	
		5종		BrC5	17 이상	절삭성이 양호하여 급수, 배수 및 건축용 등에 적합

표 3. KS와 JIS의 재료기호

한국공업규격				일본공업규격	
규격번호 (KS D)	규격 명	KS기호	기호 설명	JIS번호	JIS기호
2301	타프피치 형동	B-Tcu.C. Tcu	B-Billet, C-Cake, T-Tough Pitch	H 2123	b-Tcu.C. Tcu
2302	연 지금	Pb	Pb-Lead	H 2105	–
2304	알루미늄 지금	Al	Al-Aluminium	H 2102	–
2305	주석 지금	Sn	Sn-Tin	H 2108	–
2306	금속 크롬	Cr	Cr-Chromium	G 2313	Mcr
2307	니켈 지금	Ni	Ni-Nickel	H 2104	N
2308	은 지금	Ag	Ag-Silver	H 2141	–
2310	인동 지금	Pcu	P-Phosphor Cu-Copper	H 2501	Pcu
2312	금속 망간	M Mn E	M-Metal Mn-Mangnese E-Electric	H 2311	M Mn E
2313	금속 규소	MSi	M-Metal Si-Silicon	G 2312	MSn
2316	페로 티탄	FTiL	F-Ferro Ti-Titanium L-Low	G 2309	F TiH, F TiL
2320	주물용 황동 지금	BaIC	Bs-Brass. I-Ingot. C-Casting	G 2202	YBs CIn
2321	주물용 청동 지금	BIC	B-Bronze I-Ingot C-Casting	G 2203	BCIn
2322	주물용 인청동 지금	PBIC	P-Phosphor B-Bronze I-Ingot C-Casting	G 2204	PBCIn
2330	주물용 알루미늄 합금지금	AIC	Al-Aluminium C-Casting	G 2211	Cx V
2331	다이캐스팅용 알루미늄 합금 지금	AIDC	A-Aluminum I-Ingot D-Die C-Casting	G 2212	Dx V
2332	다이캐스팅용 알루미늄 재생 합금 지금	AIDCS	A-Aluminum I-Ingot D-Die C-Casting S-Secondary	G 2118	Dx S
2334	주물용 알루미늄 재생 합금 지금	CxxS	C-Casting S-Secondary	G 2117	Cxx S
2304	활자 합금 지금	T	T-Type	G 2231	K
2351	아연 지금	Zn	Zn-Zinc	G 2107	–
3501	열간 압연 강판 및 강대	SHP	S-Steel H-Hat P-Plate	G 3131	SPHC.SPHD SPHE

3503	일반 구조용 압연 강재	SB	S-Steel B-보통(일반)	G 3101	SS
3504	철근 콘크리트용 봉강	SBC	S-Steel B-Bar C-Concrete	G 3112	SR.SD.SDC
3506	아연도금 강관	SBHG	S-Steel B-보통 H-Hot G-Galvanized	G 3302	SPG
3507	배관용 탄소 강관	SPP SPPW	S-Steel P-Pipe P-Piping W-Water	G 3452	SGP
3508	아크 용접봉 심선재	SWRW	S-Steel W-Wire R-Rod W-Welding	G 3503	SWRY
3509	피아노 선재	PWR	P-Piano W-Wire R-Rod	G 3502	SWRS
3510	경강선	HSW	H-Hard S-Steel W-Wire	G 3521	SW
3511	재생 강재	SBR	S-Steel B-보통(일반) R-Rerolled	G 3111	SRB
3512	냉간압연 강판 및 강대	SBC	S-Steel B-보통(일반) C-Cold	G 3141	SPCC, SPCD SPCE
3515	용접구조용 압연강재	SWS	S-Steel W-Welded S-Structure	G 3106	SM
3516	주석도금 강판	ET, HD	E-Electric T-Tin H-Hot D-Dipped	G 3303	SPTE, SPTH
3517	기계구조용 탄소강 강판	STM	S-Steel T-Tube M-Machine	G 3445	STKM
3520	착색 아연도금 강판	SBG	S-Steel B-보통(일반) P-Precoated G-Galvanized	G 3312	SCG
3521	압력 용기용 강판	SPPV	S-Steel P-Plate P-Pressure V-Vessel	G 3115	SPV
3522	고속도 공구강 강재	SKH	S-Steel K-공구 H-High Sppd	G 4403	SKH
3523	중공강 강재	SKC	S-Steel K-공구 C-Chisel	G 4410	SKC
3525	고탄소 크롬 베어링 강재	STB	ST-Stainless B-Bearing	G 4805	SUJ
3526	마봉강용 일반 강재	SGD	S-Steel G-General D-Drawn	G 3108	SGD
3527	철근 콘크리트용 재생 봉강	SBCR	S-Steel B-Bar C-Concrete R-Reinforcement	G 3117	SRR, SDR

3528	전기아연도금 강판 및 강대	SEHC, SECC SEHE, SEHD SECD, SECE	S-Steel E-Electrolytic H-Hot C-Commercial C-Cold, D-Deep Drawn E-Deep Drawn Extra	G 3313	SEHC, SECC SEHE, SEHD SECD, SECE
3530	일반 구조용 경량 형강	SBC	S-Steel B-보통(일반) C-Coldforming	G 3350	SSC
3532	내식 내열 초합금판	NCF	Consion-Resisting and Heat	G 4901	NCF
			Resisting Supper Alloy Sheets and plates	G 4902	
3533	고압가스용 철판 및 강대	SG	Steel Gas	G 3116	SG
3534	스프링용 스테인리스 강대	STSC	Stainless Steel Cold	G 4313	SUS
3535	스프링용 스테인리스 강선	STSC	Stainless Steel Cold	G 4314	SUS
3536	구조용 스테인리스강 강판	STST	Stainless Steel Tube	G 3446	SUS
3550	피복 아크 용접봉 심선	SWW	S-Steel W-Wire W-Welding	G 3523	SWY
3552	철선	MSW	M-Mild S-Steel W-Wire	G 3532	SWH
3554	연강 선재	HSWR	M-Mild S-Steel W-Wire R-Rod	G 3505	SWRM
3555	강관용 열간 압연 탄소강 대강	HRS	H-Hot R-Rolled S-Steel	G 3132	SPHT
3556	피아노선	PW	P-Piano W-Wire	G 3522	SWP
3557	리벳용 압연 강재	SBV	S-Steel B-보통(일반) V-Rivet	G 3104	SV
3559	경강 선재	HSWR	H-Hard S-Steel W-Wire R-Rod	G 3506	SWRH
3560	보일러용 압연강재	SBB	S-Steel B-보통 B-Boiler	G 3103	SB
3561	마봉강(탄소강)	SB	S-Steel B-보통	G 3123	SS-B-D
3562	압력 배관용 탄소강 강관	SPPS	S-Steel P-Pipe P-Pressure S-Service	G 3454	STPG
3563	보일러 및 열교환기용 탄소 강관	STH	S-Steel T-Tube H-Heat	G 3461	STB

3564	고압 배관용 탄소 강관	SPPH	S-Steel P-Pipe P-Pressure H-High	G 3455	STS
3565	수도 도복장 강관	STPW-A STPW-C	S-Steel T-Tube P-Pipe W-Water A-Aspalt C-Coaltar	G 3443	–
3566	일반 구조용 탄소 강관	SPS	S-Steel P-Pipe S-Structure	G 3444	STK
3568	일반 구조용 각형 강관	SPSR	S-Steel P-Pipe S-Structural R-Rectanguler	G 3466	STKR
3569	저온 배관용 강관	SPLT	S-Steel P-Pipe L-Low T-Temperature	G 3460	STPL
3570	고온 배관용 강관	SPHT	S-Steel P-Pipe H-High T-Temperature	G 3456	STPT
3571	저온 열교환기용 강관	STLT	S-Steel T-Tube L-Low T-Temperature	G 3464	STBC
3572	보일러 열교환기용 합금 강관	STHA	S-Steel T-Tube H-Heat A-Alloy	G 3462	STBA
3573	배관용 합금강 강관	SPA	S-Steel P-Pipe A-Alloy	G 3458	STPA
3574	구조용 합금강 강관	STA	S-Steel T-Tube A-Alloy	G 3441	STKS
3575	고압가스 용기용 이음매 없는 강관	STHG	S-Steel T-Tube H-High G-Gas	G 3429	STH
3576	배관용 오스테나이트 스테인리스 강관	STSxT	S-Steel T-Tube S-Stainless	G 3459	SUSTP
3577	보일러 열교환기용 스테인리스 강관	STSxTB	ST-Stainless S-Steel T-Tube	G 3463	SUSxTB
3579	스프링용 탄소강 오일 템퍼선	SWO	S-Spring W-Wire O-Oil	G 3560	SWO
3580	밸브 스프링용 탄소강 오일 템퍼선	SWO-V	S-Spring W-Wire O-Oil V-Valve	G 3561	SWO-V
3581	밸브 스프링용 크롬 바나듐강 오일 템퍼선	SWOCV-V	S-Spring W-Wire O-Oil C-Chromium V-Vanadium V-Valve	G 3565	SWDCV-V
3582	밸브 스프링용 실리콘 크롬강 오일 템퍼선	SWOSC-V	S-Spring W-Wire O-Oil S-Silicon C-Chromium V-Valve	G 3566	SWOSC-V
3583	배관용 아크 용접 탄소 강관	SPW	S-Steel P-Pipe W-Welding	G 3457	STPY

3697	냉간 압조용 스테인리스 강선	STSW	Cold Rolled Stainless Steel Sheet and Wire	G 4315	SUS
3698	냉간 압연 스테인리스 강판	STSP	Cold Rolled Stainless Steel Sheet and Plate	G 4305	SUS
3699	열간압연 스테인리스 강대	STSxHS	ST-Stainless S-Steel H-Hot S-Strip	G 4306	SUSxHS
3700	냉간압연 스테인리스 강대	STSxCS	ST-Stainless S-Steel C-Cold S-Strip	G 4307	SUSxCS
3701	스프링 강	SPS	SP-Spring S-Steel	G 4801	SUP
3702	스테인리스 강선재	STSxWR	ST-Stainless S-Steel W-Wire R-Rod	G 4308	SUS
3703	스테인리스 강선	STSx WSWH	ST-Stainless S-Steel W-Wire S-Soft H-Hard	G 4309	SUB
3704	내열 강재	HRS	H-Heat R-Resisting S-Steel	G –	–
3705	열간압연 스테인리스 강관	STSxHP	ST-Stainless S-Steel H-Hot P-Plate	G 4306	SUS
3706	스테인리스 강봉	STSxB	ST-Stainless S-Steel B-Bar	G 4303	SUS
3707	크롬 강재	SCr	S-Steel Cr-Chromium	G 4104	SCR
3708	니켈 크롬강 강재	SNC	S-Steel N-Nickel C-Chromium	G 4102	SNC
3709	니켈 크롬 몰리브덴	SNCM	S-Steel N-Nickel C-Chromium M-Molybdenum	G 4103	SNCM
3710	탄소강 단강품	SF	S-Steel F-Forging	G 3201	SF
3711	크롬 몰리브덴 강재	SCM	S-Steel C-Chromium M-Molybdenum	G 4105	SCM
3712	페로 망간	FMn	F-Ferro Mn-Manganese	G 2301	FMn
3713	페로 실리콘	FSi	F-Ferro Si-Silicon	G 2302	FSi
3714	페로 크롬	FCr	F-Ferro Cr-Chromium	G 2303	FCr
3715	페로 텅스텐	FW	F-Ferro W-Wolfram(Tungsten)	G 2306	FW
3716	페로 몰리브덴	FMo	F-Ferro M-Molybdenum	G 2307	FMo
3717	실리콘 망간	SiMn	Si-Silicon Mn-Manganese	G 2304	Si Mn

3731	내열강봉	STR	Stainless Steel for Heat Resisting Steel	G 4311	SUH
3732	내열강판	STR	Stainless Steel for Heat Resisting Steel	G 4312	SUH
3751	탄소 공구강	STC	S-Steel T-Tool C-Carbon	G 4401	SK
3752	기계 단조용 탄소강재	SM	S-Steel M-Machine	G 4051	SxC
3753	함금 공구 강재	STS	S-Steel T-Tool S-Special	G 4404	SKS, SKD, SKT
3801	열간압연 규소강판	SExH	S-Steel E-Electric H-Hot	C 2551	SxF
3802	냉간압연 규소강대	SExC	S-Steel E-Electric C-Cold	C 2552	Sx
4101	탄소 주강품	SC	S-Steel C-Casting	C 5101	SC
4102	구조용 합금강 주강품	HSC	H-High S-Steel C-Casting	C 5111	SSC, CMn, CCrMO
4103	스테인리스 주강품	SSC	S-Stainless C-Casting	C 5121	SCS
4104	고망간 주강품	HMnSC	H-High Mn-Manganese S-Steel C-Casting	G 5131	SCMnH
4105	내열 주강품	HRSC	H-Heat R-Resistant S-Steel C-Casting	G 5122	SCH
4106	용접 구조용 주강품	SCW	S-Steel C-Casting W-Welded	G 5102	SCW
4109	압력용기용 조절형탄소강 및 저합금강 단강품	SFU	S-Steel Forging Clessels	G 3211	SFU
4301	회 주철품	GC	G-Gray C-Casting	G 5501	FC
4302	구상흑연 주철품	DC	D-Ductile C-Casting	G 5502	FCD
4303	흑심가단 주철품	BMC	B-Black M-Malleable C-Casting	G 5702	FCMB
4304	페라이트 가단 주철품	PMC	P-Pearlite M-Malleable C-Casting	G 5704	FCMP
4305	백심가단 주철품	WMC	W-White M-Malleable C-Casting	G 5703	FCMW
4315	고온 고압용 주강품	SCPH	S-Steel C-Casting P-Pressure H-High	G 5151	SCPH
5501	이음매 없는 타프피치 동관	TCuP	T-Touphpitch Cu-Copper Pipe	H 3606	TCuT

5502	타프피치 동봉	TCuBE TCuBD	T-Touphpitch Cu-Copper B-Bar E-Extruded, D-Drawing	H 3405	TCuBE, TCuBD
5503	쾌삭 황동봉	MBsBE MBsBD	M-Machinable, Bs-Brass, B-Bar E-Extruded, D-Drawing	H 3422	BsBMD, BsBME
5504	타프피치 동판	TCuS	T-Touphpitch Cu-Copper S-Sheet	H 3103	TCuP
5505	황동판	BsS	Bs-Brass S-Sheet	H 3201	BsP
5506	인청 동판 및 조	PBS, PBT	P-Phosphor B-Bronze S-Sheet T-Tape	H 3731	PBP, PBR
5507	단조용 황동봉	FBsBE, FBsBD	F-Forging Bs-Brass B-Bar E-Extruded, D-Drawing	H 3423	BsBFE, BsBFD
5508	스프링용 인청동판 및 조	PBSS, PBTS	P-Phosphor B-Bronze S-Sheet, S-Spring, T-Tape	H 3732	PBSP, SRPB
5509	악기 리드용 황동판	BsMR	Bs-Brass M-Musical R-Reed	H 3207	BsPV
5510	이음매 없는 황동판	BsSTx, BsSTxS	Bs-Brass S-Seamless T-Tube S-Special	H 3631	BsT
5511	인쇄용 동판	CuSP	Cu-Copper S-Sheet P-Printing	H 3102	CuPP
5512	연판	PbS	Pb-Lead S-Sheet	H 4301	PbP
5513	황동조	BsT	Bs-Brass T-Tape	H 3321	BsR
5514	함연 황동조	PbBsT	Pb-Lead Bs-Brass T-Tape	H 3322	PbBsR
5515	아연판	ZnP	Zn-Zinc P-Plate	H 4321	–
5516	인청 동봉	PBR	P-Phosphor B-Bronze R-Rod	H 3741	PBB, R
5517	타프피치 동조	CuT	Cu-Copper T-Tape	H 3304	TCuR
5518	인청 동선	PBW	P-Phosphor B-Bronze W-Wire	H 3751	PEW
5520	고강도 황동봉	HBsRE, HBsRD	H-High, Bs-Brass R-Rod E-Extruded, D-Drawing	H 3425	HBsBD, HBsBE

5521	특수 알루미늄 청동봉	ABRF, ABRE, ABRD	A-Aluminium B-Bronze R-Rod F-Forging E-Extruded, D-Drawing	H 3441	ABBD, ABBE, ABBF
5522	이음매 없는 인탈산 동관	DCuP, DCuPS	D-Deoxidized, Cu-Copper, P-Pipe, S-Special	H 3603	DCuT
5523	인탈산 동판	DCuS	D-Deoxidized, Cu-Copper S-Sheet	H 3104	DCuP
5524	네이벌 황동봉	NBsBE, NBsBD	N-Naval Bs-Brass B-Bar E-Extrusion D-Drawing	H 3424	NBsBD, NBsBE
5525	이음매 없는 단동판	RBsPxS	R-Red Bs-Brass P-Pipe S-Special	H 3641	RBsT
5526	백동판	NCuS	N-Nickel Cu-Copper S-Sheet	H 3251	GNP
5527	이음매 없는 제지틀 황동판	BsPp	Bs-Brass P-Paper	H 3634	BsPPp
5528	네이벌 황동판	NBsS	N-Naval Bs-Brass S-Sheet	H 3203	NBsP
5529	황동봉	BsBD, BsBE	Bs-Brass B-Bar D-Drawing E-Extrusion	H 3426	BsBD, BsBE
5530	동 부스바	CuBB	Cu-Copper B-Bus B-Bar	H 3361	CuBB
5531	뇌관용 동조	CuTD	Cu-Copper T-Tape D-Detonator	H 3302	CuRD
5532	배릴륨·동 합금판 및 조	BeCuS, BeCuT	Be-Beryllium Cu-Copper S-Sheet T-Tape	H 3801	BeCuP, BeCuR
5533	배릴륨·동 합금봉	BeCuB	Be-Beryllium Cu-Copper B-Bar	H 3802	BeCuB
5534	배릴륨·동 합금선	BeCuW	Be-Beryllium Cu-Copper W-Wire	H 3803	BeCuW
5535	단동선	RBsW	R-Red Bs-Brass W-Wire	H 3551	RBsW
5536	특수 알루미늄 청동판	ABS	A-Al B-Bronze S-Sheet	H 3208	ABP
5537	이음매 없는 복수기용 황동관	BsPF	Bs-Brass P-Pipe F-(복수기)	H 3632	BsBT
5538	이음매 없는 규소 청동관	SiBP	Si-Silicon B-Bronze P-Pipe	H 3651	SiBT

5539	이음매 없는 니켈동합금관	NCuP	N-Nickel Cu-Copper P-Pipe	H 3661	NCuT
5540	조명 및 전자기기용 몰리브덴선	VMW	V-Vaccum M-Molybdenum W-Wire	H 4481	VMW
5545	황동 용접관	BsPW	Bs-Brass P-Pipe W-Welding	H 3671	BsTW
5551	함연 황동선	PbBsW	Pb-Lead Bs-Brass W-Wire	H –	–
5552	함연 황동관	PbBsS	Pb-Lead Bs-Brass S-Sheet	H 3202	PbBsP
5553	타프피치 동선	CuW	Cu-Copper W-Wire	H 3504	TCuW
5554	황동선	BsW	Bs-Brass W-Wire	H 3521	BsW
5555	양백선	NSW	N-Nickel S-Silver W-Wire	H 3721	NSW
6001	황동 주물	BsC	Bs-Brass C-Casting	H 5101	YBsC
6002	청동 주물	BrC	Br-Bronze C-Casting	H 5111	BC
6003	화이트 메탈	WM	W-White M-Metal	H 5401	WJ
6004	베어링용 동연 합금주물	KM	K-Kelment M-Metal	H 5403	KJ
6005	아연합금 다이캐스팅	ZnDC	Zn-Zinc D-Die C-Casting	H 5301	ZDC
6006	알루미늄 합금 다이캐스팅	AIDC	Al-Alumium D-Die C-Casting	H 5302	ADC
6007	고강도 황동주물	HBsC	H-High Bs-Brass C-Casting	H 5102	HBsC
6008	알루미늄 합금주물	ACxA	Al-Alumium C-Casting A-Alloy	H 5202	AC
6010	인청동 주물	PBC	P-Phosphor B-Bronze C-Casting	H 5113	PBC
6011	연입 청동주물	PbBrC	Pb-Lead Br-Bronze C-Casting	H 5115	LBC
6012	베어링용 알루미늄 합금주물	AM	Al-Alumium M-Metal	H 5402	AJ
6013	초경합금	SGD	S-Special G-General D-Drawing	H 5501	SGD
6014	실진 청동주물	SzBrC	Sz-Silzin Br-Bronze C-Casting	H 5112	SzBC

6701	알루미늄 및 알루미늄 합금판 및 조	Axxxx, S.R.C	Al-Alumium S-Sheet R-Ribbon C-Clad	H 4000	Axxxx, P.R.E PC
6702	연관	PbP	Pb-Lead P-Pipe	H 4311	PbT
6703	수도용 연관	PbPW	Pb-Lead P-Pipe W-Water	H 4312	PbTW
6705	알루미늄 박	AlF	Al-Alumium F-Foil	H 4191	AlH
6706	고순도 알루미늄 박	AlFS	Al-Alumium F-Foil S-Special	H 4192	AOH
6707	양백판 및 조	NSPx, NSTx	N-Nickel S-Sheet P-Plate T-Tape	H 3701	NSP, NSR
6708	양백봉	NSB	N-Nickel S-Silver B-Bar	H 3711	NSB
6709	스프링용 양백판 및 조	NSSS, NSST	N-Nickel S-Silver S-Sheet S-Spring T-Tape	H 3702	NSSP, NSSR
6713	알루미늄 및 알루미늄 합 금 용접관	Axxxx TW	A-Alumium T-Tube W-Welded	H 4090	AxxxxTE, TDTES,TDS
6755	알루미늄선	AlW	Al-Alumium W-Wire	H 4040	AxBES, Ax BDS AxW
6756	알루미늄 리벳재	AlV	Al-Alumium V-Rivet	H 4120	AxBR
6757	알루미늄 및 알루미늄 합금 리벳재	Axxxx	Al-Alumium	H 4120	AxBR
6758	알루미늄 봉	AlB	Al-Alumium B-Bar	H 4040	AxBES Ax BDS,AxW
6759	내식 알루미늄합금 압출 형재	AlxE	Al-Alumium E-Extruded	H 4100	AxxxxS, SS
6760	이음매 없는 알루미늄 관	AlxP	Al-Alumium P-Pipe	H 4080	AxxxxTE, TDTES,TDS
6761	이음매 없는 알루미늄 및 알루미늄 합금관	Axxxx PE, PD	A-Alumium P-Pipe E-Extruded D-Drawing	H 4080	〃
6762	알루미늄 도체 및 알루미늄 합금도체	AELS	A-Alumium E-Electric C-Conductor S-Shapd	H 4180	AxxxxPB, SESBC, SBS, CTB, TBS
6763	알루미늄 및 알루미늄 합금봉 및 선	AxxxxBE, BDBES, BDS	A-A*l* B-Bar E-Extrusion D-Drawing S-Special	H 4040	Axxxx BE, BD BES, BDS
6770	알루미늄 및 알루미늄 합금 단조품	Axxxx FD, FH	Al-Alumium F-Forging D-Die H-Hand	H 4140	AxxxxFD, FH

7002	PC강선 및 PC강연선	SWPC	S-Steel W-Wire P-Prestressed	H 3536	SWPR, SWPD
7009	PC 경강선	SWHD, SWHR	S-Steel W-Wire H-Hard D-Deformed R-Round	H 3538	SWCR, SWCD
8302	철강소지상의 니켈 및 크롬 도금	SN	S-Steel N-Nickel	H 8612	FNM, FGM
8303	동 및 동합금 소지상의 니켈 및 크롬 도금	BN	B-Brass or B-Bronze N-Nickel	H 8613	BNM, BGM
8304	전기아연 도금	ZP, ZPC	Z-Zinc P-Plating C-Chromate	H 8610	ZM, ZMC
8305	아연 및 아연합금 소지상의 니켈 및 크롬 도금	ZN, ZNC	Z-Zinc N-Nickel C-Chromium	H 8614	
8308	용융 아연 도금	ZHD	Z-Zinc H-Hot D-Dipped	H 8641	HDZ
8309	용융 알루미늄 도금	AD	Al-Alumium D-Dipped	H 8642	HDA
8320	알루미늄 용사	AS, ASP, ASS, ASD	Al-Alumium S-Spray P-Primer, S-Sealing D-Diffusion	H 8301	AS, ASP, ASS, ASD
8322	아연 용사	ZnS	Z-Zinc S-Spray	H 8300	ZS, ZSP
9005	포장용 대강	SSP	S-Steel S-Strip P-Packing	H 3141	SPCC. SP CD, SPCE
2503	전자 연철봉	SUYB	S-Steel U-Use Y-Yoke B-Bar	C 2503	SUYB
2504	전자 연철판	SUYP	S-Steel U-Use Y-Yoke P-Plate	C 2504	SUYP
2505	영구자석용 재료	Mc,Su	M-Magnet C-Casting	C 2502	ME, MC, MP

참고문헌

1) ANSI : American National Standards Institute.
2) Bevard & Waters : Machine Design.
3) BS : British Standards Institution.
4) DIN : Deutsches Institut fur Normung, GERMANY.
5) T.E.French : A Manual of Engineering Drawing for Student and Draftman.
6) H.E.Grant : Engineeing Drawing.
7) John L. Feirer : Machine Tool Metalworking.
8) Bachmann/Forberg : Technisches Zeichnen.
9) W.J.Luzader : Foundamental of Engineeing Drawing.
10) ISO R 128 : Engineeing Drawing Principles of Presentation.
11) ISO R 129 : Engineeing Drawing Dimensioning.
12) ISO R 406 : Inscription of Liner and Angular Tolerances.
13) 大西 清 : JISによる 機械製作圖の読み方描き方.
14) 和田 稻苗 : 精說機械製圖.
15) 大西 清 : JISにもとづく 機械製作圖集.
16) 한국공업표준협회 : KS 총람.
17) 金世煥 외 3인 : 改定 KS에 의한 機械設計製圖.
18) 공업계 전문대학 교재편찬위원회 : 기계제도.
19) 大韓機械學會 : 機械用語集.
20) 김영상 : Engineering Drawing - 도면작성의 기초와 실예, 기계설계제도협의회.
21) 이국환·이경원 : 알기 쉬운 기계도면의 이해(1), 기전연구사.
22) 박성두 외 2인 : 알기 쉬운 기계제도의 기초
23) 김동휘 : 도면해독과 작도법

김 재 근 신성대학교 자동차계열 교수('97~'07)
신성대학교 제철산업과 교수('07~현재)

백 인 철 현대제철(주) 기술연구소('06~'18)
신성대학교 제철산업과 교수('18~현재)

東和技術

쉽게 배우는 제도

정가 25,000원

발　행 2021년 3월 10일 초판 1쇄
저　자 김재근 · 백인철
발행인 정우용
발행처 도서출판 **동 화 기 술**
경기도 파주시 광인사길 201(문발동, 파주출판도시)
Tel (031)955-4211~6　donghwapub@nate.com
Fax (031)955-4217　www.donghwapub.co.kr
(등록) 1977년 12월 19일/9-16호

ISBN 978-89-425-9309-5